"十二五"普通高等教育本科国家级规划教材

工程教育系列教材

教育部CDIO工程教育试点教材

U0268760

电路分析基础

第二版

■ 主编 巨辉 周蓉
■ 参编 黄小燕 陈丹 付克昌
　　　张绍全 姚玉琴

高等教育出版社·北京

内容简介

本书为"十二五"普通高等教育本科国家级规划教材，是在《电路分析基础》（第一版）基础上修订而成，主要讲述电路分析理论及其工程应用。全书内容包括：电路的基本概念与定律，电阻电路的一般分析方法、电路定理及电路等效，动态电路的时域分析，正弦稳态电路分析，三相电路，耦合电感和理想变压器，电路频率响应，双口网络。

本书以能力培养为导向，以实际电路问题为导引叙述电路基本概念、基本理论和方法，使读者带着问题学习知识，在解决问题的过程中掌握电路分析方法，提高知识的应用能力，并使读者的创新精神在问题答案的寻求过程中潜移默化提升，使读者充分体会到发现的乐趣。

本书可作为高等学校电子信息类、电气类、自动化类和仪器仪表类等专业应用型人才培养的教材，对从事电类专业及其他相关专业的工程技术人员亦有重要的参考价值。

图书在版编目（CIP）数据

电路分析基础 / 巨辉，周蓉主编. -- 2 版. -- 北京：高等教育出版社，2018.7 （2020.12重印）
ISBN 978-7-04-049596-6

Ⅰ. ①电… Ⅱ. ①巨… ②周… Ⅲ. ①电路分析-高等学校-教材 Ⅳ. ①TM133

中国版本图书馆 CIP 数据核字（2018）第 067921 号

Dianlu Fenxi Jichu

策划编辑	平庆庆	责任编辑	平庆庆	封面设计	李卫青	版式设计	杜微言
插图绘制	杜晓丹	责任校对	吕红颖	责任印制	赵义民		

出版发行	高等教育出版社	网　　址	http://www.hep.edu.cn
社　　址	北京市西城区德外大街 4 号		http://www.hep.com.cn
邮政编码	100120	网上订购	http://www.hepmall.com.cn
印　　刷	北京盛通印刷股份有限公司		http://www.hepmall.com
开　　本	787 mm×1092 mm　1/16		http://www.hepmall.cn
印　　张	22.5	版　　次	2012 年 5 月第 1 版
字　　数	460 千字		2018 年 7 月第 2 版
购书热线	010 - 58581118	印　　次	2020 年 12 月第 6 次印刷
咨询电话	400 - 810 - 0598	定　　价	44.70 元

本书如有缺页、倒页、脱页等质量问题，请到所购图书销售部门联系调换
版权所有　侵权必究
物 料 号　49596 - 00

电路分析基础

第二版

巨辉　周蓉

1 计算机访问 http://abook.hep.com.cn/1243222，或手机扫描二维码、下载并安装Abook应用。

2 注册并登录，进入"我的课程"。

3 输入封底数字课程账号（20位密码，刮开涂层可见），或通过Abook应用扫描封底数字课程账号二维码，完成课程绑定。

4 单击"进入课程"按钮，开始本数字课程的学习。

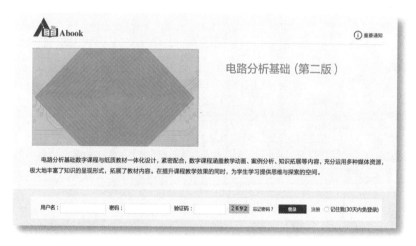

课程绑定后一年为数字课程使用有效期。受硬件限制，部分内容无法在手机端显示，请按提示通过计算机访问学习。

如有使用问题，请发邮件至 abook@hep.com.cn。

本书配套的数字资源包括3种类型：动画、案例分析、知识拓展。

——动画：您可以通过登录数字课程网站观看。

——案例分析：您可以通过登录数字课程网站观看。

——知识拓展：您可以通过登录数字课程网站观看。

扫描二维码
下载Abook应用

http://abook.hep.com.cn/1243222

工程教育系列教材
——教育部 CDIO 工程教育试点教材

编委会

序言

当前，世界范围内新一轮科技革命和产业变革加速进行，社会发展对人才培养提出了新要求，工程教育与产业发展的联系也愈加紧密并相互支撑。为推动工程教育改革创新，教育部积极推进新工科建设，2017 年 2 月以来，先后形成"复旦共识""天大行动"和"北京指南"，并发布《关于开展新工科研究与实践的通知》《关于推进新工科研究与实践项目的通知》，全力探索形成领跑全球工程教育的中国模式、中国经验，助力高等教育强国建设。为应对国家教育战略，各高等学校积极探索工程教育的新模式，力争从教育理念、目标、内容到方法对工程教育进行整体改革。

CDIO（Conceive，Design，Implement，Operate）工程教育模式是由美国麻省理工学院会同瑞典皇家工学院等四所著名大学倡导，与工业界共同合作创建的工程教育模式，并获得 2011 年度美国国家工程院（NAE）颁布的"戈登奖"。这种模式强调工科教育必须回归工程，坚持工程人才"知识、能力、素质"的协调发展，着重基础知识、个人能力、人际团队能力和工程系统能力等四个层面的能力培养，突破了传统的以学科知识传授为主的人才培养模式，培养具有创新创业能力和解决复杂工程能力的工程科技人才，更加适应产业界对工程人才的需求。CDIO 模式与工程专业认证的华盛顿协议（EC2000）具有高度的一致性。

2011 年，"工程教育系列教材-教育部 CDIO 工程教育试点教材"编委会编写出版了首批适应 CDIO 模式的教材，包括《电路分析基础》《模拟电子技术基础》《数字逻辑设计基础》《信号与系统》《单片微型计算机原理及接口技术》等五本教材，经过几年的使用和读者意见反馈，结合 CDIO 工程教育模式的发展和新工科建设的探索与实践情况，我们对修订和完善本套教材积累了一定的经验和增添了新鲜内容。

修订后的教材依然坚持贯彻实施工程教育一体化改革思路，将理论与实践有机结合、课内与课外有机结合、知识传授与能力培养有机结合、学习习惯与创新思维培养有机结合，实现知识、能力、素质的一体化培养，提高学生综合应用系统知识的能力。注重强调知识的应用和工程问题分析，力求做到将理论学习和工程应用集成于同一学习空间，通过基于案例的、基于问题的和基于工程项目的驱动，使学生提高学科知识学习的目的性和应用能力。

新事物的探索与推广总需要在不断的实践中得以成熟，我们希望新修订的教材推出能为 CDIO 工程教育模式改革和新工科建设提供微薄的助力，欢迎广大读者在使用过程中向我们提出宝贵的意见和建议。另外，CDIO 系列教材的编写，始终得到教育部高教司的支持和高等教育出版社的大力帮助，在此我们表示衷心的感谢。

"工程教育系列教材——教育部 CDIO
工程教育试点教材"编审委员会
2018 年 4 月

前言

随着我国高等工程教育改革不断深入，教育部"卓越工程师教育培养计划"试点工作和工科本科专业认证工作的推进，本教材第一版的编写主旨得到了广泛认同与赞许，教材也在应用型本科院校得到广泛关注和选用。经过这几年的教学实践，收到了不少有益的意见和建议。为此，我们对《电路分析基础》（第一版）进行了修订。

本次修订，保持了原版的编写主旨，即"突出基本理论与实际应用的结合，强化知识传授与能力培养的有机融合"，教材内容、结构以及编写风格与第一版保持一致。在此基础上，为了进一步强化知识的应用，在相关章节增加了技术实践案例或技术实践类例题。部分章节再次适当增加 MatLab 辅助分析应用内容、仿真示例等。

为了便于读者深刻理解电路理论，增加了对部分定理的证明和其他定理的说明。在重要小节或重要内容部分，适当增加了一些思考题或问题，使学生深入理解和掌握所学内容。

鉴于许多院校在大学一年级开设本课程，为了让学生读者更好地利用 MatLab 软件辅助分析电路问题，本次修订以附录形式增加 MatLab 软件的基本使用方法。

对第一版中的语言文字、图表错误进行了修正，对有些表述进一步规范化，并对主要的专业词汇加注了英文单词，便于读者深刻理解和区别相关专业名词的内涵。

在广大读者的支持、关心和爱护下，本教材于 2016 年被评为"十二五"普通高等教育本科国家级规划教材。我们坚信，本教材以电路理论与分析设计方法及其在工程中的应用为主线，以工程案例和应用实例及其问题为牵引来叙述电路理论知识的内在逻辑，对培养读者掌握电路理论、分析设计方法，提高知识应用能力、工程思维能力和创新能力，以及综合分析问题和解决问题的能力等方面，都具有重要的作用。

本书第二版由巨辉、周蓉主编，各章修订作者有黄小燕、陈丹、付克昌、张绍全、姚玉琴等老师。其中，周蓉负责第3章、第5章修订，黄小燕负责第1章、第2章及全书电路图修订，付克昌负责各章仿真内容及部分曲线修订，张绍全负责第7章、第9章修订，陈丹负责第6章、第10章修订，姚玉琴负责第4章、第8章修订。巨辉负责修订大纲编制及全书统稿工作。

需要指出的是，为适应高等工程教育改革和应用型人才培养的需要，本书的修订是一个不断完善、不断提高的过程。对本版中存在的错误和不妥之处，恳请各界读者一如既往不吝指正。

编 者

2018 年 3 月于成都

第一版前言

信息技术的快速发展正在日益深刻地影响着社会、经济、文化发展，改变着人类的生产、生活方式。同时，对从事信息技术、产品和系统研究、设计、开发和应用的技术人才的要求不断提高。一方面要求他们具有扎实的知识基础和宽泛的知识面，另一方面具有较强的能力，包括应用知识解决问题的能力、实践能力、创新能力、学习能力、交流沟通能力和团队合作能力以及强烈的社会责任感。这既是现代高等工程教育必须面对的挑战，也是高等教育教学改革的方向。电路分析基础课程作为电气信息类专业基础课程，同样面临着从传统的以"知识导向"为主向以"能力导向"为主的教学改革。为此，我们编写了这本教材，作为 CDIO 工程教育改革系列教材之一。

本教材按照 CDIO（Conceive，Design，Implement，Operate）工程教育创新模式，结合教育部"卓越工程师教育培养计划"的实施原则，突出基本理论与实际应用的结合，强化知识传授与能力培养的有机融合。以电路理论与分析方法及其在工程中的应用为主线，以典型工程实例需解决的问题引出各章节内容，使学生在问题的驱动下学习理论和方法。同时，各章都设置工程应用实例分析与电路设计内容，帮助学生在学习掌握基本理论的同时，学习实际电路分析与设计的方法，提高学生应用知识的能力。通过合理安排教材内容，在保证基本理论知识的前提下，兼顾计算机辅助电路分析和电路仿真方法的学习。力求处理好强化基本理论掌握与淡化技巧性解题训练、有限课时安排与教材内容增加的矛盾。

本教材的特点主要有：

（1）既明确每章节的知识目标，又明确能力目标。每章开篇都提出本章的知识目标和能力目标，并设置知识与能力测评练习，引导教师和学生的教学进程，评价教学效果。

（2）精选内容，强化基础，突出知识的工程应用。内容安排上采用以基本原理、基本理论结合典型工程应用实例的结构方式。

（3）结合时代背景，融合了计算机辅助电路分析和电路仿真的内容，使学生在掌握手工分析计算的同时，了解和掌握计算机辅助分析与电路仿真方法。

（4）为便于教材使用者学习和练习，每章既有手工分析与计算习题，也有工程训练项目和习题、计算机辅助分析与仿真题，并有小结。

（5）将配套实验与能力培养统筹考虑，大量增加设计性实验。

本教材可作为高等学校电子信息类、自动化类、电气类和计算机类等专业的电路分析相关课程的教材，也可供从事电路和系统设计的有关工程技术人员作为参考书。

参与本教材编写的人员均为成都信息工程学院的骨干教师，有着丰富的教学经验和科研经历。第 1、2 章由周蓉编写，第 3 章由张秀芳编写，第 4 章由陈丹编写，第 5 章由黄小燕编写，第 6 章由伍谨斐编写，第 7 章由何西凤编写，第 8 章由张绍全编写，第 9 章由赵丽娜编写，第 10 章由巨辉、姚玉琴编写。付克昌编写了全书的计算机辅助分析与仿真内容。全书由巨辉、周蓉担任主编，并负责全书的策划与统稿。审校由张秀芳和黄小燕完成。

本书在编写过程中，征求了部分 CDIO 试点学校相关专业老师的意见，得到了校内外相关教师和学校教务处的大力支持和帮助，在此表示衷心感谢。本书虽经多次讨论、试用并反复修改，但因时间仓促及作者水平所限，不当之处在所难免，敬请广大读者批评指正。

编　者

2011 年 10 月于成都

目　录

第1章 电路的基本概念与定律

教学目标

知识

- 建立并深刻理解电路、电路模型;电路中支路、回路、结点等结构元素;电流、电压和电功率等电路变量的基本概念。
- 掌握组成电路模型的基本电路元件(电阻、电容、电感、理想电源、受控源)的特性、电路符号。
- 掌握集总参数电路的基本定律(基尔霍夫电压定律和电流定律)。
- 掌握利用电路两类约束列写电路方程并求解电路变量或(和)电路元件参数值。

能力

- 根据简单的实际电路建立其电路模型。
- 根据电路问题合理假设电路变量的参考方向(或极性),并求解简单电路,根据计算结果解释电路现象。
- 利用基本的电工仪表正确测量实际电路中电压、电流值和电路元件的参数值。

引例 | 用电安全

图 1-0-1 所示的"止步高压危险"这种警告标志在许多用电场所经常见到,是否高压一定危险? 在干燥和多风的秋天,常常碰到这样的现象:脱毛衣时,会听到"噼啪"声响,并伴有闪光;朋友见面握手时,手指刚一接触到对方,会突然感到指尖针刺般刺痛;早晨起床梳头时,头发经常会"飘"起来,越理越乱;等等。这就是存在于人体的静电。虽然静电电压比能够引起伤害的电压大几百甚至几千倍,但却没有危害,这是为什么呢?

所有形式的能量,包括电能,都可能是危险的,而不仅仅是能造成伤害的高压。电能能否造成实际伤害在于电流大小以及电流如何流过受害者的身体。确定一个电源是否存在危险电流,以及在什么条件下会存在潜在的危险电流,是非常困难的,这需要懂得一些电气知识,如:电压与电流如何产生、如何度量以及它们之间有何关系;如何确定复杂的实际电路中电压与电流值;可以利用什么样的规律分析和理解电路中的电现象;等等。

止步高压危险

图 1-0-1 用电安全标志

1.1　电路分析概述

现代通信网、电话、计算机、电视、医疗设备、机器人、各种电力设施等是现代社会生活中必不可少的设备与系统,它们中包含了各种各样的电路。日常生产生活中的电系统按功能可以分为电力系统和信号处理系统。

电力系统生产电能,并对电能进行传输和分配。设计和运行电力系统的主要任务是保证系统中任何一台设备出现故障都不会影响整个电力系统电能的供应。

信号处理系统对承载信息的电信号进行处理。通过各种处理手段,使信号所包含的信息成为更合适的形式。

因此如何分析并设计满足要求的电系统尤为重要。电系统设计的概念模型如图 1-1-1 所示。

在电系统设计过程中,首先根据用户需求,拟制出详细的设计要求。再通过对设计要求进行分析,获得相应的预测电路模型。电路模型就是电系统的数学模型。电路模型元件称为理想电路元件。理想电路元件是实际电路器件(如电池或电灯)的数学模型。使用理想电路元件来表现实际电路器件的物理行为,精确度是非常重要的。电路分析工具以及电路分析则是对预测的电路模型进行分析计算。计算的结果再与期望值进行比较,如果计算值与期望值存在偏差,则应对预测电路模型进行优化调整,直到计算值与期望值相符为止。再利用电路模型,完成物理原型的设计,即选用实际电器件搭建电路系统。物理原型仍然需要通过多次实验进行测试,并将测量结果与设计要求进行比较,若测量结果表明物理原型与设计要求存在差异,则需反复对电路模型及物理原型进行优化,直到物理原型完全符合设计要求为止。至此,电系统的主要设计过程结束。

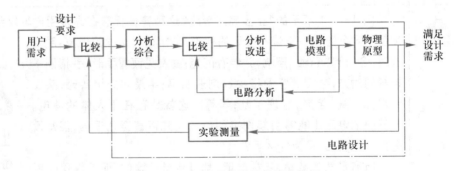

图 1-1-1　电系统设计的概念模型

综上所述,在电系统的整个设计过程中,电路分析起到了举足轻重的作用。电路分析是基于电路模型进行的电气系统特性预测,预测结果的精确度直接决定了构造的物理原型的实用性。在现代设计方法中,电路的分析、仿真已经成为电路系统设计周期中必不可少的环节。电路分析对于工程师是十分重要的,工程师只有具备了电路分析的能力才能具备电路设计的能力。作为一名工程师,可以通过参与各种技术革新,不断地改进和完善现有的系统,并开发新的系统,以满足不断发展的社会需求。作为一名学生,应主要学习前人解决问题的经验。通过阅读和讨论,思考这些问题在过去是如何被解决的,并通过相关的课后练习和实验进行能力培养,为成为一名具有解决实际问题能力的工程师做准备。

1.2 电路和电路模型

1. 实际电路

由电源、导线及各种用电元器件或电气设备按一定顺序组成的电流通路称为电路,有时也称为电网络。电路能够进行能量的传输、分配控制与转换(如配电线路与设备)和信息的传递与处理(如信号的放大、滤波、调谐和检波等)。

实际电路通常由四个要素组成:①电源(source),如电站的发电设备、电池等;②用电设备,也称负载(load),如电灯、计算机、电动机等;③控制装置,如自动、手动开关;④导线(line),通常由铜或铝等电阻率小的金属制成。实际电路的组成结构、具体功能以及设计方法各不相同,但遵循同一理论基础,即电路理论。

2. 电路模型

对实际电路的分析一般有两种办法:①用电工仪表对实际电路进行测量;②将实际电路抽象为电路模型(circuit model),而后用电路理论进行分析计算。方法②可以简化电路,使分析直观明了,本书主要侧重讨论此方法,同时介绍基本的电路测试方法。

将实际电路抽象为电路模型,需要将电路中的每一个实际器件的主要电磁特性进行抽象和概括。即去除实际部件的外形、尺寸等差异,抽取出共有的电磁性能,定义成理想元件。如电灯、电炉、电动机等用电设备,其耗电的电磁特性在电路模型中可抽象为理想电阻和电感元件。根据发生在实际电路器件中的电磁现象,按性质可分为四种基本的理想电路元件:①消耗电能(电阻);②供给电能(理想电源);③储存电场能量(理想电容);④储存磁场能量(理想电感)。

用理想电路元件来模拟实际电路中每个电气器件和设备,再根据这些器件的连接方式,用理想导线将这些电路元件连接起来,就得到该实际电路的电路模型。电路模型近似反映实际电路中电气设备和器件(实际部件)的伏安特性及它们的连接方式。

图 1-2-1 中图(a)所示是一个简单的手电筒实物,图(b)和图(c)所示分别是图(a)所示实物的电气图和电路图。

事实上,理想电路元件是对实际元件的抽象,与实际电路尺寸大小无关。电路模型可以把一个发电厂简化成一个电源,也可以把一个晶体管转化为由几个电阻、电容和受控电源组成的集合。若电路元件外形尺寸不大,与其工作的信号波

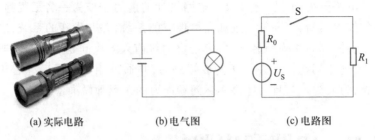

(a) 实际电路　　　　(b) 电气图　　　　(c) 电路图

图 1-2-1　手电筒及其电路

长相比可以忽略不计，则这些元件被称为集总参数元件（lumped parameter element）。若电路本身的几何尺寸 L 相对于电路的工作频率 f 所对应的电磁波波长 λ 小得多（$\lambda = c/f$，其中 c 是光速，$c = 3 \times 10^8 \mathrm{m/s}$），则这些电路被称为集总参数电路（lumped parameter circuit）。在分析集总参数电路时，可以忽略元件和电路本身的几何尺寸。例如，电路工作在工频 50 Hz 时，波长 $\lambda = 6\,000$ km。多数电路满足 $L \ll \lambda$，属于集总参数电路；电路工作在低频时，绝大部分的电路元件可视为集总参数模型；电路工作在高频时，若工作信号的波长和体积尺寸相比已不可忽略，则要考虑电路的分布参数，以更真实地反映电路的实际工作状况。分布参数电路（distributed parameter circuit）是指电路本身的几何尺寸相对于工作波长不可忽略的电路。本课程重点讨论集总参数电路的分析方法。

　　表 1-2-1 列出我国国家标准电气图（electric diagram）中的部分图形符号。运用表格中的图形符号，可以画出实际电路中各器件相互连接的电气图。表 1-2-2 列出部分电路元件的图形符号。运用表格中的图形符号，可以画出反映实际电路中各器件电气特性及相互连接关系的电路模型图，简称电路图。

表 1-2-1　部分电气图用图形符号					
（根据国家标准 GB 4728）					
名称	符号	名称	符号	名称	符号
导线	——	传声器		电阻器	
连接的导线	+	扬声器		可变电阻器	
接地		二极管		电容器	
接机壳		稳压二极管		线圈、绕组	
开关		隧道二极管		变压器	
熔断器		晶体管		铁心变压器	
灯	⊗	运算放大器		直流发电机	Ⓖ
电压表	Ⓥ	电池		直流电动机	Ⓜ

名称	符号	名称	符号	名称	符号
理想电流源	⊖	理想导线	—	电容	⊣⊢
理想电压源	⊖	连接的导线	✛	电感	⌇⌇⌇
受控电流源	◇	电位参考点	⊥	理想变压器 耦合电感	⧉
受控电压源	◇	理想开关	／	回转器	⊃⊂
电阻	▭	开路	∘ ∘	理想运放	▷∞
可调电阻	▱	短路	∘―∘		
非线性电阻	▱	理想二极管	▷|	二端元件	▭

表 1-2-2　部分电路元件图形符号

目标 1 测评

T1-1　图 T1-1 表示晶体管放大电路。列表指出图 T1-1(a)所示实际电路图中各器件与 T1-1(b)图中符号的对应关系。

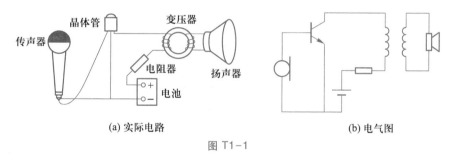

(a) 实际电路　　　　　　　　　　(b) 电气图

图 T1-1

T1-2　一对汽车照明灯按图 T1-2 的排列连接到 12 V 电池上。图中,箭头符号用来显示该端直接连到汽车的金属框架上。

（1）用电阻和理想电压源构造一个电路模型;

（2）检查理想电路元件和它表示的实际电路组件是否相符。

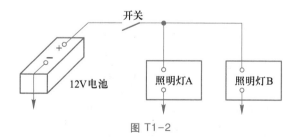

图 T1-2

1.3　电路变量

电路的电气特性通常是用电流、电压和电功率等物理量来描述的。通过电路分析使人们能够了解电路的特性,这也恰恰是人们最为关注的。电路分析的基本任务是计算或测试电路中的电流、电压和电功率。

1.3.1　电荷与电流

在引例中提到的静电现象是由电荷的定向移动堆积产生的,电荷是解释所有电现象的基础。

通常,将带电粒子(电子、质子)所带电的量称为电荷量或电荷。电荷用符号 q 或 Q 表示,它的国际单位制(SI)单位为库[仑](C)。电荷的定向移动产生电流,电流定义为单位时间内通过导体横截面的电荷量,用符号 i 或 I 表示,其数学表达式为

$$i = \frac{\mathrm{d}q}{\mathrm{d}t} \tag{1-3-1}$$

电流的国际单位制(SI)单位为安[培](A)。

电流不但有数值大小,而且有方向。数值大小和方向均不随时间变化的电流,称为恒定电流,一般用符号 I 表示,即通常说的直流(direct current,dc 或 DC),如图 1-3-1(a)所示。数值大小和方向随时间变化的电流,称为时变(time varying)电流,一般用符号 i 表示。时变电流在某一时刻 t 的值 $i(t)$,称为瞬时值。数值大小和方向作周期性(periodic)变化且平均值为零的时变电流,称为交流电流,简称为交流(alternating current,ac 或 AC),如图 1-3-1(b)所示。交流电流是时变电流的一种常见形式,生活用电,如计算机、电灯、电风扇和洗衣机等的供电都是交流电,在后面的章节里将深入介绍。

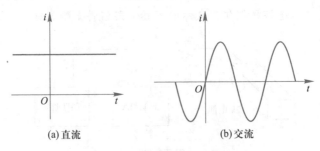

(a)直流　　　　　　　　　　(b)交流

图 1-3-1　直流与交流曲线

1. 电流参考方向(reference direction)

习惯上把正电荷移动的方向规定为电流的实际方向。在分析电路时,实际方

向并不知道且很难确定,故可任意假设一个方向为电流的参考方向,用箭头或双下标法标在电路图上,如图 1-3-2 所示。

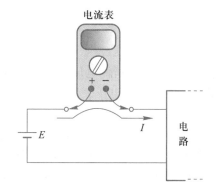

图 1-3-2 电流参考方向

在分析电路时,参考方向一旦设定,不宜随意改动。按照假设的参考方向,运用分析方法得到的电流结果若为正,说明所设电流参考方向与实际方向一致;反之,电流结果若为负,说明所设电流参考方向与实际方向相反。注意:电流值的正负,只有在设定参考方向的前提下才有意义。

综上所述,根据电流的参考方向以及电流值的正负,就能确定电流的实际方向。故图 1-3-2(a)、(b)中的电流关系如下:

$$i_{ab} = -i_{ba} \qquad (1-3-2)$$

2. 电流测量

在直流电路中,根据电流的实际方向将电流表串联接入待测支路里,使电流的实际方向从直流电流表的正极流入,如图 1-3-3 所示。电流表上所标的"+""-"号是直流电流表的正、负极。电流表读数即为待测支路的电流。

图 1-3-3 电流表连接

1.3.2 电压

电荷的移动会发生能量的交换,在电场力的作用下,单位正电荷由电路中 a 点移动到 b 点所获得或失去的能量,称为 ab 两点的电压,即

$$u = \frac{\mathrm{d}W}{\mathrm{d}q} \qquad (1-3-3)$$

式(1-3-3)中 W 表示能量,单位为焦[耳](J)。电压的国际单位制(SI)单位为伏[特](V)。

同电流一样,电压不但有数值大小,还有极性。数值大小和极性均不随时间变化的电压,称为恒定电压或直流电压,一般用符号 U 表示;数值大小和极性随时间变化的电压,称为时变电压,一般用符号 u 表示。数值大小和极性作周期性变化且平均值为零的时变电压,称为交流电压。

1. 电压参考极性

习惯上把电压的实际极性规定为高电位指向低电位的方向。电路中某点的电位是相对于某参考点的电压,此参考点是人为选定的,通常选择无穷远处为 0 电位点。与电流类似,电路中各电压的实际极性并不能事先确定,在分析电路时,需要假设电压的参考极性,高电位为正极,低电位为负极,分别用"+"号和"-"号标注在电路图中,如图 1-3-4 所示。

电压参考极性一旦设定,不要随意改动。按照假设的参考极性,运用分析方法得到的电压 $U_{ab}>0$,表明 a 点的电位比 b 点电位高,即 ab 两点间电压的参考极性与实际极性一致;若 $U_{ab}<0$,表明 b 点的电位比 a 点电位高,即 ab 两点间电压的参考极性与实际极性相反。注意:电压值的正负,只有在设定参考极性的前提下才有意义。

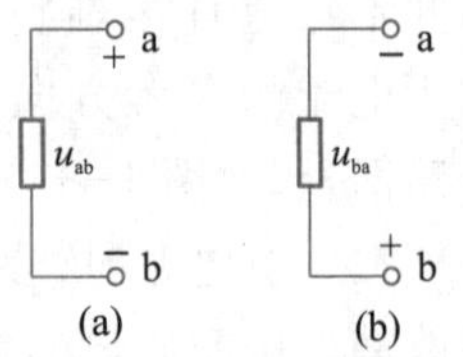

图 1-3-4 电压参考极性

综上所述,根据电压的参考极性以及电压值的正负,就能确定电压的实际极性。故图1-3-4(a)、(b)中的电压关系如下:

$$u_{ab} = u_a - u_b = -u_{ba} \qquad (1-3-4)$$

2. 电压测量

测量直流电压,应根据电压的实际极性将直流电压表并联接入电路,使直流电压表的正极接所测电压的实际高电位端,负极接所测电压的实际低电位端,如图 1-3-5 所示。电压表读数即为待测电路的端电压。

3. 关联参考方向

结合电流、电压的参考方向,对电路中任一元件或网络,其两端电压的参考极性和流过它的电流参考方向的组合有四种可能,如图 1-3-6 所示。图 1-3-6 中元件或网络具有两个端钮,也称为二端元件或二端网络。

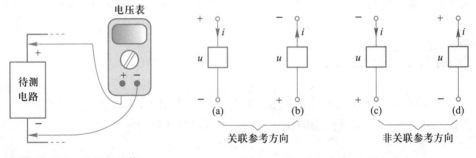

图 1-3-5 电压表连接

图 1-3-6 元件电流、电压参考方向

为了方便电路的分析和计算,常采用电压、电流的关联(associated)参考方向,即电流从电压的参考"+"流入,从电压的参考"-"流出,如图 1-3-6(a)、(b)所示。反之,当电流从电压的参考"-"流入,从电压的参考"+"流出,如图 1-3-6 中(c)、(d)所示,则称为非关联参考方向。

1.3.3 电功率与能量

除电流、电压外,电路分析中的另一个重要变量是电功率,电功率也称为功率。当电压、电流采用关联参考方向时,二端元件或二端网络吸收的功率为

$$P = \frac{dW}{dt} = \frac{dW}{dq} \cdot \frac{dq}{dt} = ui \qquad (1-3-5)$$

功率的国际单位制(SI)单位为瓦[特](W)。式 (1-3-5)中 W 是能量,单位为焦[耳](J),t 是时间,单位为[秒](s)。

功率也是一个代数量,电流的参考方向和电压的参考极性间的关系决定了功率的符号。当二端元件的电压和电流之间是关联参考方向时,$P = +ui$;当电压和电流之间是非关联参考方向时,$P = -ui$,如图 1-3-7 所示。代入电压和电流的值,若得到 $P > 0$ 时,表明该元件(如电阻)吸收(消耗)功率;若得到 $P < 0$ 时,表明该元件(如电源)发出(产生)功率。对任一集总参数电路,遵循能量守恒定律,在任一时刻,消耗的功率总和等于产生的功率总和。

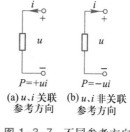

(a) u、i 关联参考方向 　(b) u、i 非关联参考方向

图 1-3-7　不同参考方向对功率计算的影响

由 $P = \pm ui$ 可知,功率由电流和电压决定。实际上,任何电气设备的电压和电流都要受到条件的限制。例如,电流受温度升高的限制,电压受绝缘材料耐压的限制等。电流过大或电压过高,都会损害电气设备。因此,实际设备应在其额定值下工作。

1. 功率测量

功率测量用于测量电气设备消耗的功率,广泛应用于家用电器、照明设备、工业机器等研究开发或生产线等方面,本书将在正弦稳态电路及三相电路部分详细介绍功率测量方法。

2. 能量

能量(power)是功率对时间的积分,由 t_0 至 t 时间内电路吸收的能量可表示为

$$W(t_0, t) = \int_{t_0}^{t} P(\xi) \mathrm{d}\xi = \int_{t_0}^{t} u(\xi) i(\xi) \mathrm{d}\xi \tag{1-3-6}$$

能量的国际单位制(SI)单位为焦[耳],符号为 J,它等于功率为 1 W 的用电设备在 1 s 内消耗的电能。工程和生活中还常用千瓦[小]时(kW·h)作为电能的单位,1 kW·h 俗称 1 度(电)。

表 1-3-1 是本书常用的国际单位制单位,表 1-3-2 是常用国际单位制词头。

表 1-3-1　部分国际单位制单位(SI单位)					
量的名称	单位名词	单位符号	量的名称	单位名词	单位符号
长度	米	m	电荷[量]	库[仑]	C
时间	秒	s	电位、电压	伏[特]	V
电流	安[培]	A	电容	法[拉]	F
频率	赫[兹]	Hz	电阻	欧[姆]	Ω
能量、功	焦[耳]	J	电导	西[门子]	S
功率	瓦[特]	W	电感	亨[利]	H

因数	10^9	10^6	10^3	10^{-3}	10^{-6}	10^{-9}	10^{-12}
名称	吉	兆	千	毫	微	纳	皮
符号	G	M	k	m	μ	n	p

表 1-3-2   部分国际单位制词头

目标 2 测评

T1-3　在图 T1-3 中 a、b 两点的电位分别为 $U_a = 3$ V，$U_b = 2$ V，电流的方向由 a 到 b，大小为 2 A。如何表示流过元件的电流 I 和元件两端的电压 U？

T1-4　求图 T1-4 所示一般化电路元件分别在 (1) $U = 50$ V，(2) $U = -50$ V 两种情况下吸收的功率。

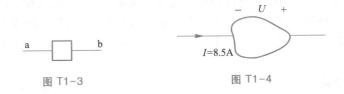

图 T1-3   图 T1-4

1.4　基尔霍夫定律

在介绍了电路模型和电路基本变量后，本节将重点介绍电路的基本定律，即基尔霍夫定律。基尔霍夫定律是 1845 年由德国物理学家 Gustav Robert Kirchhoff 提出的，阐明的是集总参数电路中流入和流出结点的各电流间以及沿回路的各段电压间的约束关系。基尔霍夫定律包括电流定律和电压定律。

1.4.1　电路名词

1. 支路

一组流过同一电流的元件，组成一条支路(branch)。

如图 1-4-1 所示电路中，一共有三条支路。其中，元件 1、2 组成一条支路，元件 3 也是一条支路，元件 4、5 也组成一条支路。有些场合也规定，一个二端元件就称为一条支路。支路的端电压称为支路电压；流经支路的电流称为支路电流。

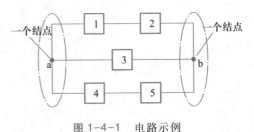

图 1-4-1   电路示例

2. 结点

两条以上支路的连接点称为结点(node)。结点只是理想导体的汇合点,不可能积累电荷。在结点处,电荷不可能被创造,也不可能消失。在图1-4-1所示电路中,有两个结点,如图中的点画线包围部分。

3. 回路

由支路组成的闭合路径称为回路(loop)。图1-4-1所示电路中一共有三个回路:分别由元件1、2、3,元件3、4、5,元件1、2、4、5组成。

4. 网孔

在回路内部不含有其他支路的回路称为网孔(mesh)。图1-4-1所示电路中只有两个网孔,元件1、2、3组成一个网孔,元件3、4、5组成另一个网孔。

5. 网络

由多个元件组成的电路也可称为网络(network)。

1.4.2 基尔霍夫电流定律

基尔霍夫电流定律(Kirchhoff's current law),简写为KCL,可描述为对任一集总参数电路,在任一时刻,流入(或"流出")任一结点的电流的代数和等于零。其数学表达式为

$$\sum_{n=1}^{N} i_n = 0 \tag{1-4-1}$$

式(1-4-1)中,N 为与结点相连的支路数,i_n 是流入(或"流出")该结点的电流,可以规定流入结点的电流为正,则流出结点的电流为负。也可以规定流出结点的电流为正,则流入结点的电流为负。其中的"代数和"表示在相加时需考虑电流的符号。

定律给出了电路中各个支路电流变量之间的约束关系,对线性电路和非线性电路都普遍适用。若已知电路中某些支路电流,根据KCL的约束关系可以求出另一些支路电流。

如图1-4-2所示电路中 i_1、i_3、i_4 流入结点;i_2、i_5 从结点流出。若规定流入结点的电流为正,流出结点的电流为负,使用KCL列写方程,则有

图1-4-2　KCL举例

$$i_1 + (-i_2) + i_3 + i_4 + (-i_5) = 0 \tag{1-4-2}$$

对式(1-4-2)进行移项后,得到

$$i_1 + i_3 + i_4 = i_2 + i_5 \tag{1-4-3}$$

由此可知,对任一集总参数电路,在任一时刻,流入任一结点的电流之和等于流出该结点的电流之和。

定义中的"任一结点"也可以扩展为"任一封闭面",即流入(或"流出")任一

封闭面的电流的代数和等于零。

　　如图 1-4-3 中的点画线就是一个假想的封闭面,封闭面可以看成一个扩展的结点,结点也可以看成是一个缩小的封闭面。因此,流入该封闭面的电流之和等于流出该封闭面的电流之和。

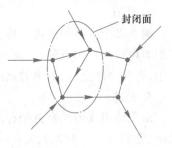

图 1-4-3　KCL 推广应用

例 1-4-1

求解图 1-4-4 所示电路中的电流 I_3、I_4、I_6、I_7。

解　方法 1　求解电流 I_3、I_4、I_6、I_7,可用 KCL 列写结点 a、b、c、d 的电流方程,如图 1-4-4 所示。

对结点 a:

$$I_1+(-I_2)+(-I_3)=0$$
$$I_3=I_1+(-I_2)$$

得　　　　$I_3=[10+(-12)]\ A=-2\ A$

对结点 b:

$$I_2+I_4+(-I_5)=0$$
$$I_4=-[I_2+(-I_5)]$$

得　　　　$I_4=-[12+(-8)]\ A=-4\ A$

对结点 c:

$$I_3+(-I_4)+(-I_6)=0$$
$$I_6=I_3+(-I_4)$$

得　　　　$I_6=(-2+4)\ A=2\ A$

对结点 d:

$$I_5+I_6+(-I_7)=0$$
$$I_7=I_5+I_6$$

得　　　　$I_7=(8+2)\ A=10\ A$

方法 2　求解电流 I_3、I_4、I_6,仍然和方法 1 的思路一样。求解电流 I_7,假定一个封闭面,如图 1-4-5 中的点画线内的电路部分。

根据流入封闭面的电流之和等于流出封闭面的电流之和,得到 $I_7=I_1$,故 $I_7=10\ A$。

思考图 1-4-6 中电流 I_1 如何计算?

在任一时刻,流入任一结点(或封闭面)的全部支路电流的代数和等于零,意味着由全部支路电流

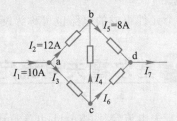

图 1-4-4　例 1-4-1 电路

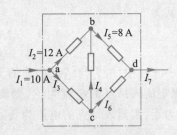

图 1-4-5　假定封闭面

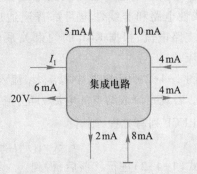

图 1-4-6　KCL 应用于集成电路

带入结点(或封闭面)的总电荷量为零,这说明了 KCL 是电荷守恒定律的体现。

1.4.3　基尔霍夫电压定律

基尔霍夫电压定律(Kirchhoff's voltage law),简写为 KVL,其可表述为对任一集总参数电路,在任一时刻,环绕任一回路(可自行假定为逆时针环绕或者顺时针环绕),所有支路电压降(或"电压升")的代数和等于零。其数学表达式为

$$\sum_{m=1}^{M} u_m = 0 \tag{1-4-4}$$

式(1-4-4)中,M 是回路中支路电压的个数,u_m 是回路中的支路电压,当支路电压降(或"电压升")的方向与回路的环绕方向相同时,支路电压 u_m 前为正号;当支路电压降(或"电压升")的方向与回路的环绕方向相反时,支路电压 u_m 前为负号。定义中"代数和"表示相加时应考虑电压前的符号。电压升是一个负的电压降,电压降是一个负的电压升。有些场合也可以用双下标法来表示电压降,如 u_{ab} 表示的就是由 a 点到 b 点的电压降。即 a 点为参考"+"极处,b 点为参考"–"极处。

KVL 定律给出了电路中各个支路电压变量之间的约束关系,是能量守恒定律和电荷守恒定律综合运用于集总参数电路的结果。若已知回路中某些支路电压,根据 KVL 的约束关系可以求出另一些支路电压。

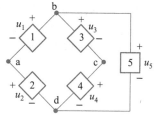

图 1-4-7　具有三个回路的电路

图 1-4-7 中,元件 1、2 组成一条支路,元件 3、4 组成一条支路,元件 5 为一条支路,三条支路可组成三个回路。假设回路绕行方向为顺时针方向,利用 KVL 列写方程

$$u_3 + u_4 + (-u_2) + (-u_1) = 0 \tag{1-4-5}$$

$$u_5 + (-u_2) + (-u_1) = 0 \tag{1-4-6}$$

$$u_5 + (-u_4) + (-u_3) = 0 \tag{1-4-7}$$

对式(1-4-5)、式(1-4-6)、式(1-4-7)进行移项后,有

$$u_3 + u_4 = u_2 + u_1 \tag{1-4-8}$$

$$u_5 = u_2 + u_1 \tag{1-4-9}$$

$$u_5 = u_4 + u_3 \tag{1-4-10}$$

由式(1-4-8)、式(1-4-9)、式(1-4-10)可归纳出,对任一集总参数电路,在任一时刻,环绕任一回路(可自行假定为逆时针环绕或者顺时针环绕),所有支路电压降之和等于所有支路电压升之和。

例 1-4-2

求解图 1-4-8 所示电路中的电压 U_a、U_b。

解 在图 1-4-8 中只有三条相连的支路,并没有形成闭合回路。对于此种情况,可以对 KVL 进行扩展,可将定义中的"任一回路"扩展为"任一假想回路",即对任一集总参数电路,在任一时刻,环绕任一假想回路(可自行假定为逆时针环绕或者顺时针环绕),所有支路电压降(或"电压升")的代数和等于零。设假想回路的绕行方向为顺时针方向,如图 1-4-9 所示,同样利用 KVL 列写方程,有

$$U_a + (-15) + 25 = 0$$

$$U_a = [(-25) + 15]\ \text{V} = -10\ \text{V}$$

$$U_b + 20 = 0$$

$$U_b = -20\ \text{V}$$

由上式可知,任意两点之间的电压与计算时两点之间所选择的路径无关,一旦选定某一路径,则两点之间的电压等于所选路径上所有支路电压降的代数和。

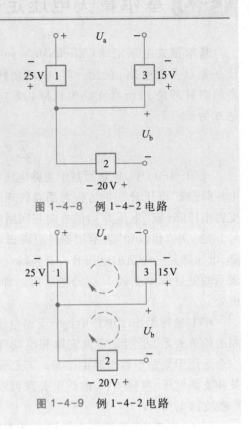

图 1-4-8 例 1-4-2 电路

图 1-4-9 例 1-4-2 电路

目标 3 测评

T1-5 判断下列说法是否正确。

(1) 利用 KVL 分析电路时,按照回路的绕行方向,各支路电压的参考极性不能全设为电压升,否则该回路只有电压升而无电压降。

(2) 应用 KVL 方程求解某一支路电压时,若改变回路中所有其他已知支路电压的参考极性,将使求得的结果有符号的差别。

(3) 从物理意义上说,KVL 应该对电压的实际极性才是正确的,而对电压的参考极性未必是正确的。

T1-6 求图 T1-6 所示网络中的电流 I_1 和 I_2。

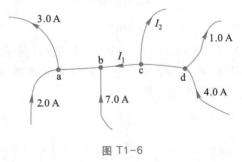

图 T1-6

1.5 电路元件

组成电路的基本元素是元件,电路元件是实际器件的理想化物理模型。元件的连接方式及其电特性是分析电路中电压、电流和功率的依据。研究元件的电特性就是研究元件电压与电流之间的关系,电压电流关系简写为 VCR(voltage current relation)。

电路元件按能否独立产生电能分为有源(active)元件和无源(passive)元件。有源元件如交直流发电机、干电池、光电池等;无源元件如电阻器、电容器、电感器和导线等。电路元件按其与外电路连接端钮数目分为二端元件、三端元件和四端元件等。

1.5.1 电阻元件

电阻元件是从实际电阻器抽象出来的理想化模型,是一种对电流呈现出阻碍性质(消耗能量)的元件。电流流过电阻必然要消耗能量,因此,沿电流流动方向必然会出现电压降。常见的电阻元件有:电阻器、白炽灯、电炉等。实际电阻的类型如图 1-5-1 所示。

(a) 碳膜电阻

(b) 贴片电阻

(c) 水泥电阻

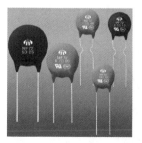
(d) 热敏电阻

(e) 压敏电阻

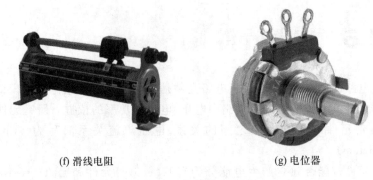

(f) 滑线电阻　　　　　　　　　(g) 电位器

图 1-5-1　实际电阻类型

在任意时刻,电阻元件两端的电压 $u(t)$ 与通过其电流 $i(t)$ 的关系为

$$f(u,i) = 0 \qquad\qquad (1-5-1)$$

这一关系可以由 u-i 平面或 i-u 平面上的一条曲线所决定,该关系曲线称为元件的伏安特性曲线。

电流和电压大小成比例的电阻元件称为线性电阻元件,线性电阻元件的符号如图 1-5-2(a) 所示。线性电阻元件的伏安特性曲线为 u-i 平面上通过坐标原点的一条直线,该直线的斜率即为它的电阻值,简称电阻,如图 1-5-2(b) 所示。

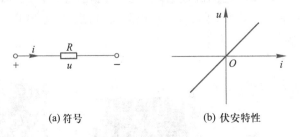

(a) 符号　　　　　　　　　　(b) 伏安特性

图 1-5-2　线性电阻

电流和电压的大小不成比例的电阻元件为非线性电阻元件。非线性电阻的符号如图 1-5-3(a) 所示。非线性电阻元件的伏安特性曲线为 u-i 平面上通过坐标原点的一条曲线,如图 1-5-3(b) 所示。

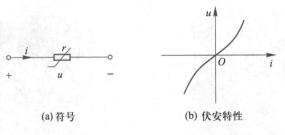

(a) 符号　　　　　　　　　　(b) 伏安特性

图 1-5-3　非线性电阻

本节着重讨论线性电阻元件的特性。

如果线性电阻元件的电阻为 R,则电阻元件电压与电流的关系为

$$u = Ri \tag{1-5-2}$$

式(1-5-2)中,R 为电阻,单位为欧[姆](Ω);i 为流过该电阻的电流,单位为安[培](A);u 为该电阻元件两端的电压,单位为伏[特](V)。这就是大家所熟知的欧姆定律(Ohm's law)。它表明了电阻元件的特性,即电流流过电阻,就会沿着电流的方向出现电压降,其值为电流与电阻的乘积。注意:只有在电压与电流为关联参考方向时才可以使用式(1-5-2)。如果电压与电流为非关联参考方向,则欧姆定律应写为

$$u = -Ri \tag{1-5-3}$$

令 $G = 1/R$,则式(1-5-2)变为

$$i = Gu \tag{1-5-4}$$

式(1-5-4)中,G 称为电阻元件的电导,单位是西[门子],符号为 S。

如果线性电阻元件的电流与电压为非关联参考方向,则欧姆定律又可记为

$$i = -Gu \tag{1-5-5}$$

线性电阻元件有两种特殊情况值得注意:一种情况是电阻为零,通过的电流为任何有限值时,其两端电压总是零,这时把它称为"短路",短路的伏安特性如图1-5-4所示;另一种情况是电阻 R 为无限大,其两端电压为任何有限值时,通过电流总是零,这时把它称为"开路",开路的伏安特性如图1-5-5所示。

图 1-5-4　电阻短路伏安特性

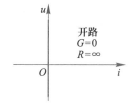

图 1-5-5　电阻开路伏安特性

应用:电阻色环表示方法

最通用的颜色代码是在电阻器外壳上,用1~4 圈颜色指出电阻的标称值和容差,如图 1-5-6 所示。每种颜色对应于一个数值,如表 1-5-1 所示。第一圈和第二圈的颜色分别代表电阻标称值的前两位。因为第一个数字不会为零,所以第一圈不会是黑色。第三圈的颜色除银和金以外,代表第一、二圈表示的两位数后面有几个零。第三圈银色代表乘数为 10^{-2}。第三圈金色代表乘数为 10^{-1}。第四圈代表容差,金色相当于 5%,银色是 10%,没有圈表示 20%。

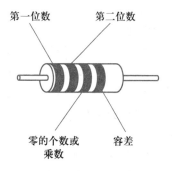

图 1-5-6　电阻色环图

颜色	数字	颜色	数字
黑	0	蓝	6
棕	1	紫	7
红	2	灰	8
橙	3	白	9
黄	4	金	0.1
绿	5	银	0.01

表 1-5-1 电阻颜色代码表

1.5.2 理想电源

理想电源是实际电源的理想化模型,又称为独立(independent)电源。理想电源是不依赖于电路其他元件而能提供确定电压或电流的有源元件。独立电源的电压或电流仅是时间的函数。

1. 理想电压源

与电阻元件不同,理想电压源的电压与电流并无一定关系。它具有两个特点:(1)其端电压由电源本身决定,是定值 U_S 或是时间的函数 $u_S(t)$,与流过的电流无关;(2)流过它的电流不是由电压源本身确定的,而是由与之相连接的外部电路决定的。

理想电压源的图形符号如图 1-5-7 (a)所示。其伏安特性曲线为 u-i 平面上一条平行于 i 轴且纵坐标为 $u_S(t)$ 或 U_S 的直线,如图 1-5-7(b)所示。

实际电压源模型如图 1-5-8 所示,有干电池、稳压电源等。

实际电压源与理想电压源是有差别的,它总有内阻,其端电压不是定值,可以用一个理想电压源与电阻串联的模型来表示,其电路模型和伏安特性如图 1-5-9

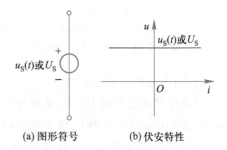

(a) 图形符号　　(b) 伏安特性

图 1-5-7　理想电压源的图形符号和
伏安特性

所示。实际电压源的电压 $u(t)$ 往往会随着电源电流 $i(t)$ 的增加而下降。

2. 理想电流源

理想电流源具有两个特点:(1)其流过电流由电源本身决定,为定值 I_S 或是时间的函数 $i_S(t)$,与端电压无关;(2)它的端电压不是由电流源本身确定的,而是由与之相连接的外电路决定的。

(a) 干电池

(b) 稳压电源

图 1-5-8 实际电压源模型

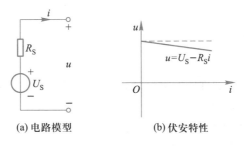

(a) 电路模型 (b) 伏安特性

图 1-5-9 实际电压源的电路模型和伏安特性

理想电流源的图形符号如图 1-5-10(a) 所示。其伏安特性曲线为 u-i 平面上一条平行于 u 轴且横坐标为 $i_S(t)$ 或 I_S 的直线，如图 1-5-10(b) 所示。

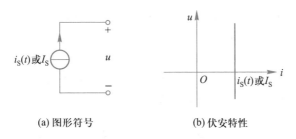

(a) 图形符号 (b) 伏安特性

图 1-5-10 理想电流源的图形符号和伏安特性

人们比较熟悉电压源，对于电流源则较为生疏。电流源可由稳流电子设备产生，有些电子器件的输出具备电流源特性。光电池是一个电流源的例子，在具有一定照度的光线照射下，光电池将被激发产生一定值的电流，这个电流与照度成正比，即光照度不变，则电流值不变。光电池如图 1-5-11 所示。

图 1-5-11 光电池

实际电流源与理想电流源也有差别，其电流值不为定值，可以用一个理想电流源与电阻并联的电路模型来表征实际电流源，其电路模型和伏安特性如图1-5-12所示。实际电流源的电流往往会随着电源电压的增加而下降。

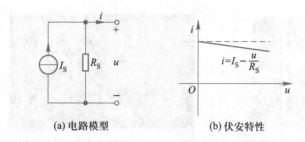

(a) 电路模型   (b) 伏安特性

图 1-5-12   实际电流源的电路模型和伏安特性

1.5.3 受控源

为了描述某些电子器件的实际性能,在电路模型中常将其抽象为另一种理想元件——受控源(controlled source)。受控源又称为非独立电源,即电压或电流大小及方向受电路中其他支路的电压或电流控制的电源。常见的具有受控源特性的元器件如图 1-5-13 所示,有晶体管、场效应管、运算放大器等。

图 1-5-14 所示为受控源的电路模型,受控源用菱形符号表示,由两条支路组成,其中一条是控制支路,另一条是受控支路,为四端元件。根据控制量和受控

(a) 晶体管   (b) 运算放大器

图 1-5-13   具有受控源特性的元器件

量是电压 u 或电流 i,分为四种常见的模型:当受控量是电压时,用受控电压源表示;当受控量是电流时,用受控电流源表示。

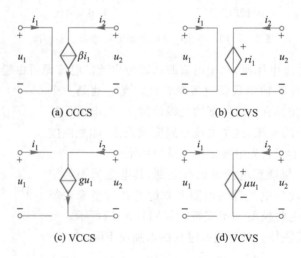

(a) CCCS   (b) CCVS

(c) VCCS   (d) VCVS

图 1-5-14   受控源电路模型

1. 电流控制电流源(参见图 1-5-14(a))(current controlled current source,CCCS)

$$\begin{cases} u_1 = 0 \\ i_2 = \beta i_1 \end{cases} \qquad (1-5-6)$$

β:电流控制系数(电流放大倍数)

2. 电流控制电压源(参见图 1-5-14(b))(current controlled voltage source,CCVS)

$$\begin{cases} u_1 = 0 \\ u_2 = r i_1 \end{cases} \qquad (1-5-7)$$

r:电压控制系数(转移电阻)

3. 电压控制电流源(参见图 1-5-14(c))(voltage controlled current source,VCCS)

$$\begin{cases} i_1 = 0 \\ i_2 = g u_1 \end{cases} \qquad (1-5-8)$$

g:电流控制系数(转移电导)

4. 电压控制电压源(参见图 1-5-14(d))(voltage controlled voltage source, VCVS)

$$\begin{cases} i_1 = 0 \\ u_2 = \mu u_1 \end{cases} \qquad (1-5-9)$$

μ:电压控制系数(电压放大倍数)

例 1-5-1

求图 1-5-15 所示电路中受控电流源吸收的功率。

解 首先确定受控电流源两端的电压,其值与 2 Ω 电阻的端电压相同。因此,利用电路中的结点和回路列写方程,求出电流 I_1。

设受控电流源电压的参考方向、回路 1 的绕行方向如图 1-5-16 所示。

对结点 a:

$$I + 2I_1 - I_1 = 0$$

对回路 1:

$$I + 2I_1 - 6 = 0$$

解得

$$I_1 = 6 \text{ A} \qquad U = 2I_1 = 12 \text{ V}$$

受控电流源两端电压与流过电流为非关联参考方向,受控电流源功率为

$$P = -U \times 2I_1 = -144 \text{ W}$$

受控电流源发出功率为 144 W。

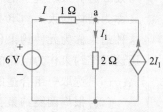

图 1-5-15 例 1-5-1 电路

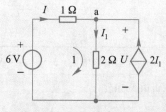

图 1-5-16 例 1-5-1 电路

注意:该题应用 KCL 和 KVL 来求解支路的电流。如果原图中没有标注电压和电流的参考方向,要先设定参考方向,并标注在图中。

目标 4 测评

T1-7　已知电阻值 $R = 2\ \Omega$，试画出在图 T1-7(a)、(b)、(c) 三种情况下，AB 两端的电压、电流关系图。

T1-8　指出图 T1-8 所示电路图中各电源的类型，并画出理想电源的电压电流关系图，列写受控源的 VCR 方程。

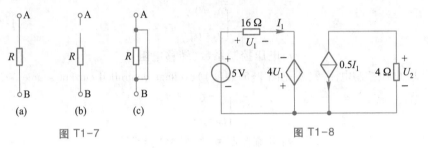

图 T1-7　　　　　　　　　图 T1-8

1.6　两类约束

前几节中已讨论了 KCL、KVL 以及电阻元件、理想电源和受控源的 VCR，并运用它们分析了一些较简单的电路。KCL、KVL 只与电路元件的连接形式有关，一旦元件组成为一定拓扑结构形式的电路后，电路中就出现了结点和回路，与一个结点连接的各支路电流必受 KCL 约束；与一个回路相联系的各支路电压必受 KVL 约束。这种只取决于电路结构形式的约束称为拓扑约束（topological constraints），又称为结构约束。VCR 只与元件的性质有关，对元件的电压、电流形成一种约束，这种约束称为元件约束（element constraints）。在不改变电路结构的情况下，可运用这两类约束作为电路的一般分析方法。其基本步骤如下：

（1）选取一组合适的电路变量（电压和/或电流）；

（2）根据两类约束，建立该组变量的独立的电路方程；

（3）求解电路变量。

例 1-6-1

图 1-6-1 所示电路中 $I_1 = 3\ \text{A}$，$U_2 = 4\ \text{V}$。求电流 I、电压 U、U_s。

解　根据电阻 VCR，得

$$I = \frac{U_2}{2} = 2\ \text{A} \qquad U_1 = 2I_1 = 6\ \text{V}$$

根据回路 1 和回路 2，分别列写 KVL 方程，得

$$4U_1 - U_2 - U = 0 \qquad U_s - U_1 - U_2 - U = 0$$

解得

$$U = 20\ \text{V} \qquad U_s = 30\ \text{V}$$

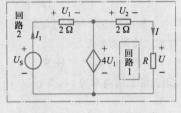

图 1-6-1　例 1-6-1 电路

目标 5 测评

T1-9 图 T1-9 中受控电压源的控制电压 U 分别为以下值:(a)4 V;(b)5 V;(c)10 V。求电路中的电流 I。

T1-10 在下列情况下,求图 T1-10 所示电路中的电流 I:

(a)$I_1 = 2$ A,$I_2 = 0$;(b)$I_1 = -1$ A,$I_2 = 4$ A;(c)$I_1 = I_2 = 1$ A。

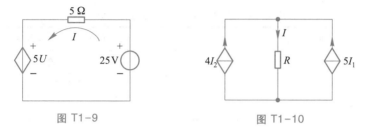

图 T1-9   图 T1-10

T1-11 图 T1-11 所示电路中电流 I 为 0.4 A,求电压 U_3 及其极性。

T1-12 图 T1-12 所示电路,$I_1 = 3$ A,$U_2 = 4$ V。求电流 I、电压 U、U_S 和电阻 R,并求理想电压源、受控电压源发出的功率。

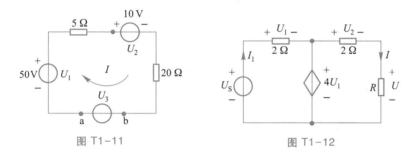

图 T1-11   图 T1-12

1.7 技术实践

1.7.1 用电安全分析

在本章引例中提到,大电流流过人体可能引起伤害。限制流过人体的电流大小是安全用电、保证人体不受伤害的重要保障。

电流对人体的伤害有三种:电击、电伤和电磁场伤害。电击是指电流通过人体,破坏人体心脏、肺及神经系统的正常功能;电伤是指电流的热效应、化学效应和机械效应对人体的伤害,主要是指电弧烧伤、熔化金属溅出烫伤等;电磁场伤害是指在高频电磁场的作用下,人会出现头晕、乏力、记忆力减退、失眠、多梦等神经系统的症状。一般认为:电流通过人体的心脏、肺部和中枢神经系统的危险性比较大,特别是电流通过心脏时,危险性最大。所以从手到脚的电流途径最为危险。表 1-7-1 给出不同电流通过人体时的生理机能反应和对人体的伤害程度。表中的数字是近似的,通过事故原因分析获得。安全的电气设计将电流限制在几毫安之内,或不满足对人体造成伤害的可能条件。但如果保持时间很长,即使电流小到 8~10 mA,也可致命。

表 1-7-1	不同电流下人体的生理反应
电流大小	生理反应以及伤害程度
交流 0.5 mA,直流 2 mA	能够感觉但不遭受伤害
交流 30 mA 以下,直流 50 mA 以下	电击后能够自主摆脱
交流 30 mA 以上,直流 50 mA 以上	电击后危及生命

现在构造一个简单的人体电路模型。人体作为电流的导体时,用电阻作为人体的模型。图 1-7-1(a)表示了潜在的危险情况。人的一臂与一腿之间有电位差存在。图 1-7-1(b)所示为图 1-7-1(a)所示人体的电路模型。臂、腿、颈和躯干(胸和腹部)有各自的电阻。注意:电流的路径通过躯干,躯干包含心脏,一个潜在的致命因素。

(a) 人体一臂一腿间有电位差图

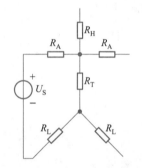

(b) 相应图(a)的人体简化模型

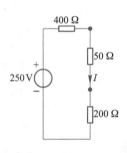

(c) 人体的臂和腿之间遭250V电击时的人体简化模型

图 1-7-1 用电安全分析

例 1-7-1

某电力设备可能使人遭到 250 V 电击,试分析由此产生的电流是否构成危险,以便张贴警告标志或采取其他预防措施。假定电源电压为 250 V,臂电阻 R_A 为 400 Ω,躯干电阻 R_T 为 50 Ω,腿电阻 R_L 为 200 Ω。

解 由图 1-7-1(b)可知,电流不流过颈部和另一臂和腿,可以简化电路模型如图 1-7-1(c)所示,设流过心脏的电流为 I,则由 KVL 可得
$$-250+400I+50I+200I=0$$

解得 $$I=\frac{250}{650} \text{A}=385 \text{ mA}$$

因此,通过心脏的电流达到 385 mA,参照表 1-7-1,它足以致命。所以,必须张贴警告标志或采取其他预防措施,防止有人遭受电击。

1.7.2 电费计算

电费计算是每个家庭日常生活中必须面对的问题。电费取决于电能消费量及区间单价。电能消费量以千瓦时(俗称度)度量。

例 1-7-2

表 1-7-2 是某五口之家在 1 月份的主要家用电器耗电量,其中高峰电 520 度,低谷电 320 度。本用户地区执行阶梯电价,即:高峰电费 0.56 元/度,低谷电费 0.28 元/度;以 100 度为基准,超出部分在 100~400 度则加收 0.03 元/度;超出 400 度以上部分则加收 0.1 元/度。试计算该用户 1 月份应缴电费。

表 1-7-2 主要家用电器 1 月份的耗电情况

家用电器	耗电量/度	家用电器	耗电量/度
热水器	100	洗衣机	100
冰箱	20	烤面包机	20
照明	200	干衣机	100
电视	100	微波炉	50
电熨斗	50	个人计算机	100

解 依据阶梯电价计算如下。

第一项 高峰电费:520 度×0.56 元/度 = 291.2 元

第二项 低谷电费:320 度×0.28 元/度 = 89.6 元

以 100 度为基准(即 100 度以内不加收费用),共超出(840−100)度=740 度,其中 100~400 度之间为 300 度,400 度以上为 440 度。

第三项 100~400 度加收电费:300 度×0.03 元/度 = 9 元

第四项 超出 400 度加收电费:440 度×0.1 元/度 = 44 元

以上四项加起来就是该用户 1 月份应该缴纳的电费:(291.2+89.6+9+44)元 = 433.8 元。

1.8 计算机辅助分析

随着计算机和计算机应用技术的普及和快速发展,计算机在工程技术和教育中得到了广泛的应用。电路的计算机辅助分析在电路的设计、分析和实现中发挥着重要的作用。

传统的电路设计方法,从方案的提出与验证均需要人工完成,尤其是系统的验证需要经过实际搭建调试电路来完成,花费大、效率低。电子设计自动化(electronic design automation,EDA),使电子系统的整个设计过程或大部分过程在计算机上完成。

Matlab 使
用简介

Multisim9
使用简介

　　在电子电气工程中,目前最常用的计算机辅助分析软件主要有 electronic workbench(简称 EWB)、PSpice 和 MATLAB 等。其中 EWB 具有界面直观、操作方便等优点,可以帮助读者更快、更好地掌握本书讲述的内容,熟悉常用电子仪器的测量方法,掌握电路的性能。MATLAB 具有数据分析、数值计算和符号计算、工程与科学绘图功能;具有界面友好、语言自然及良好的通用性和可扩展性等优点。因此,本书将 EWB 和 MATLAB 作为电路分析的计算机辅助工具,所有仿真实例在 Multisim 9.0(EWB 的新版)和 MATLAB 6.5 仿真软件下完成。

　　需要特别指出的是:电路的计算机辅助分析决不能替代良好的"纸加笔"的传统分析方法。首先,学会分析才能够进行设计,对软件工具的过多依赖将限制必要的分析技能的发展。其次,传统的分析方法有利于读者更全面、牢固地掌握电路的基本概念、基本原理和分析技术。而计算机辅助分析方法可以减少大量的数值计算重复性的工作,以便将更多时间集中到有关工程细节上。

本章小结

　　1. 实际电路由电气设备和元器件连接而成,电路模型由理想化的电路元件连接而成。电路模型是对实际电路在一定假设条件下的建模。

　　2. 电流是对电荷流动速率的衡量,电压是对移动电荷所需能量的衡量,功率是对电路中提供或吸收能量速率的度量。

　　3. 电路中电流流动具有方向性,电压具有极性。在分析电路时,必须事先假设电流和电压的参考方向(极性)。为了计算方便,通常假设电压、电流为关联参考方向。

　　4. 电路中在能量分配达到平衡时,有些元件在吸收能量(功率),有些元件在发出能量(功率)。

　　5. 电路元件的特性可以用其电压电流关系表示。不同电路元件具有不同的电压电流关系,它是进行电路分析的第一类约束条件,即元件性质约束。

　　6. 基尔霍夫电压定律表明绕电路中任一闭合路径的电压降的代数和为零,描述了此闭合路径中的能量守恒。基尔霍夫电流定律表明电路中流入任一结点的电流的代数和为零,描述了流入该结点的电荷流动的连续性。基尔霍夫定律只与电路的结构有关,与元件特性无关。它构成电路分析的第二类约束条件,即结构约束,亦称为拓扑约束。

基础与提高题

P1-1 两个元件 A 和 B 按图 P1-1 方式连接,连线中,电流 I 的参考方向和电压 U 的参考极性如图所示。根据下面给定的数值,计算连接后的功率,并说明哪个元件吸收功率,哪个元件发出功率。

（a）$I = 5$ A,$U = 120$ V；（b）$I = -8$ A,$U = 250$ V；

（c）$I = 16$ A,$U = -150$ V；（d）$I = -10$ A,$U = -150$ V。

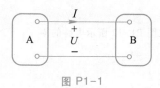

图 P1-1

P1-2 对于互连元件的计算有一种检查方法,即看提供的全部功率是否等于吸收的全部功率(能量守恒定律)。用这种方法检查图 P1-2 所示的接线图,并说明它是否满足功率守恒。每一个元件的电压和电流如表 P1-2 所示。

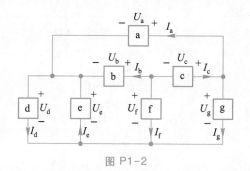

图 P1-2

表 P1-2 元件的电压和电流

元件	电压/V	电流/A
a	48	12
b	−18	−4
c	30	−10
d	36	16
e	36	8
f	−54	14
g	84	22

P1-3 求图 P1-3 所示电路中的 U 和 I。

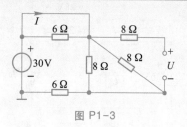

图 P1-3

P1-4 如图 P1-4 所示,计算(a)电压 U_{ab}(使用基尔霍夫电压定律);(b)电流 I。

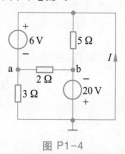

图 P1-4

P1-5 求图 P1-5 所示电路中每个元件吸收的功率。

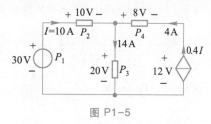

图 P1-5

P1-6 求图 P1-6 所示电路中的 I_0。

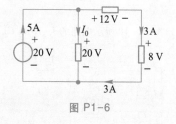

图 P1-6

P1-7 求图 P1-7 所示电路中的 U_0。

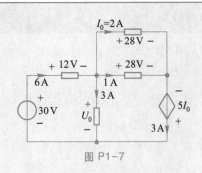

图 P1-7

P1-8 当(a)$I = 2$ A；(b)$I = 20$ mA；(c)$I = -3$ A 时，求解图 P1-8 所示电路中元件吸收的功率 P_1、P_2、P_3。

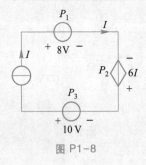

图 P1-8

P1-9 求图 P1-9 所示电路中每个元件吸收的功率。

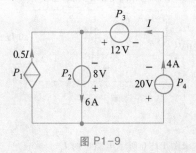

图 P1-9

P1-10 求图 P1-10 所示电路的 I_1、I_2 和 U。

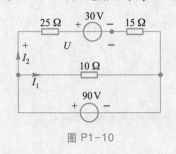

图 P1-10

P1-11 求图 P1-11 所示电路的 I 和受控源吸收的功率。

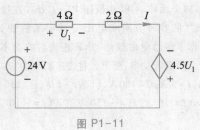

图 P1-11

P1-12 求图 P1-12 所示电路的 U_1。

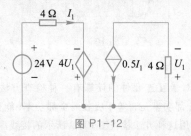

图 P1-12

P1-13 求图 P1-13 所示电路中 a、b 两端的开路电压 U_{ab}。

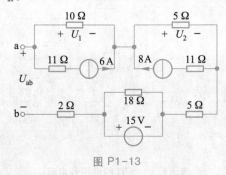

图 P1-13

P1-14 求图 P1-14 所示电路的未知电流。

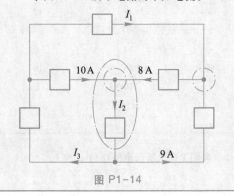

图 P1-14

P1-15 求图 P1-15 所示电路中的 U。

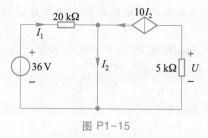

图 P1-15

P1-16 求图 P1-16 所示电路的电流 I。

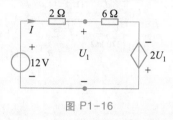

图 P1-16

P1-17 求图 P1-17 所示电路中的开路电压 U。

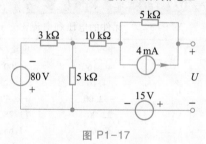

图 P1-17

P1-18 求图 P1-18 所示电路中的电压 U_1。

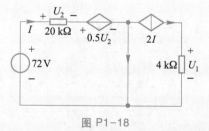

图 P1-18

P1-19 图 P1-19 所示电路图中有一个电流为 I(单位为 A)的理想电流源串联一个 8 V 理想电压源和一个电流控制的受控电压源,它提供的电压(单位为 V)等于通过它的电流(单位为 A)的 2 倍。对于如下条件,求理想电压源吸收的功率 P_1 和受控电压源吸收的功率 P_2。(a)$I=4$ A;(b)$I=5$ mA;(c)$I=-3$ A。

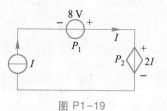

图 P1-19

P1-20 联系工程实际中电压测量与电流测量,试分析如图 P1-20 所示电路的测量操作是否正确,若不正确,应如何改正并说明理由。

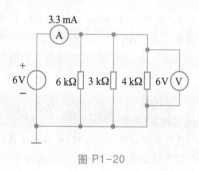

图 P1-20

P1-21 求图 P1-21 所示电路中的 U_0、U_{03}、U_2、U_{23}、U_{12} 和 I_1。

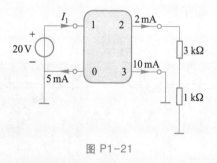

图 P1-21

P1-22 设 $U_{BE}=0.7$ V,$U_E=2$ V,确定图 P1-22 所示电路中的直流变量的值,即:(a)确定 I_E 和 I_C;(b)计算 I_B;(c)确定 U_B 和 U_C;(d)计算 U_{CE} 和 U_{BC}。

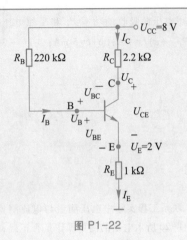

图 P1-22

P1-23　场效应管(field-effect transistor, FET)在电子设计中越来越重要,图 P1-23 所示电路是一个场效应管基本偏置电路(简单地说,偏置就是利用直流电压为器件建立一组特殊的操作条件)。试应用本章介绍的基本定律和电路图提供的信息完成以下分析:

(a)确定电压 U_G 和 U_S;(b)求电流 I_1, I_2, I_D 和 I_S;(c)确定 U_{DS};(d)计算 U_{DG}。

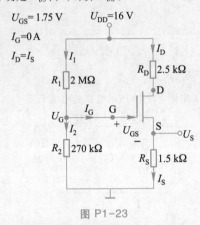

图 P1-23

工程题

P1-24　当汽车的蓄电池没电时,通常可以通过与其他汽车电池连接来充电。电池的正端连接在一起,负端连接在一起。如图 P1-24 所示。假定图中电流 I 测量值为 30 A。问:

(a)哪辆小汽车电池没电了?

(b)如果连接持续了 1 min,多少能量被传输到没电的电池里?

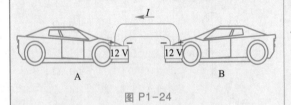

图 P1-24

P1-25　假定你是一项工程的主管工程师,一位下级工程师报告,如图 P1-25 的接线图没有通过功率检查。接线图的数据如表 P1-25 所示。

(a)下级正确吗? 解释理由。

(b)如果下级是正确的,能发现数据中的错误吗?

表 P1-25　元件的电压和电流

元件	电压/V	电流/A
a	46.16	6.00
b	14.16	4.72
c	-32.00	-6.40
d	22.00	1.28
e	33.60	1.68
f	66.00	-0.4
g	2.56	1.28
h	-0.40	0.40

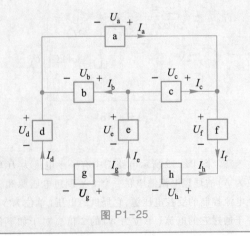

图 P1-25

P1-26 部分家用电器设备的连接如图 P1-26 所示,其中空气开关的电流超过 20 A 则自动跳闸。

（a）试用理想元件构造其电路模型;

（b）确定每条并联支路的电流,判断空气开关是否会跳闸;

（c）计算电源提供的功率。

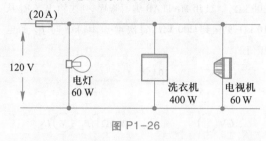

图 P1-26

P1-27 设计一个电气布线系统,使其能够从两个或更多的位置控制某个电器,这是经常需要的。例如,控制楼梯顶端和底端的照明设备。家庭布线采用 3 路或 4 路开关实现控制。3 路开关是三端、两位置开关,4 路开关是四端、两位置开关。开关示意图如图 P1-27 所示。图 P1-27（a）是 4 路开关,图 P1-27（b）所示是 3 路开关。

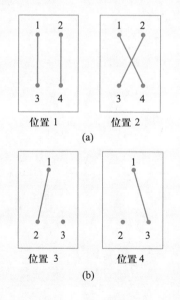

图 P1-27（a）、（b）

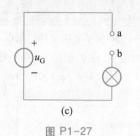

（c）

图 P1-27

（a）说明两个 3 路开关应该怎样接在图 P1-27（c）所示电路的 a、b 两点之间,才能够从两个位置控制灯 1 的开和关。

（b）如果需要从更多的位置控制灯（或电器）,可将 4 路开关与两个 3 路开关联合起来使用。如果超出两个位置,每增加一个位置,就要增加一个 4 路开关。说明一个 4 路开关加两个 3 路开关在图 P1-27（c）电路中 a、b 两点之间应该怎样连接,才能够从 3 个位置控制灯（提示:4 路开关位于 3 路开关之间）。

P1-28 为什么说电压大小不能唯一地确定因电击造成的伤害?为了理解这一点,请考虑正文实例中提到的静电电击情况。当人走过地毯时,脚与地面存在摩擦,因此人的身体被充电,这些电荷使人整个身体呈现潜在的电压。如果再触摸金属门把手时,在人与门把手之间产生了电位差,此时,电流流过导体物质——空气,不是人的身体!

假定在人手和门把手之间的空间模型是 1 MΩ 电阻,如果电流引起轻微的 3 mA 电击,多大的电压存在于人手和把手之间?

P1-29 设电能费用是每千瓦时 0.6 元,一个月内,有 8 个 100 W 电灯,每个工作 50 h;10 个 60 W 电灯,每个工作 70 h;一台 2 kW 空调机,工作 80 h;一台 3 kW 电灶,工作 45 h;一台 420 W 彩色电视机,使用 180 h;一台 300 W 冰箱使用 75 h。计算电费账单。

仿真题

P1-30 图 P1-30 所示电路元件的端电压和电流在 $t<0$ 和 $t>3$ s 时为零,在 0 至 3 s 间隔里表达式为:$u=t(3-t)$V,$0<t<3$ s;$i=(6-4t)$mA,$0<t<3$ s。试问:

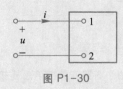

图 P1-30

(a) 在什么时刻提供到电路元件的功率达到最大值?

(b) 在(a)求出的时刻,其功率为多少?

(c) 在什么时刻从电路元件提供出的功率达到最大值?

(d) 在(c)求出的时刻,其功率为多少?

(e) 计算在 0、1 s、2 s 和 3 s 提供到电路的能量。

P1-31 对于图 P1-31 所示电路,当 R_2 变化时,电压 U_2 将随之变化,可用万用表测出 U_2(万用表内阻为 200 kΩ)。试用 MATLAB 编写程序,列表输出当 R_2 从 10 kΩ 变化到 200 kΩ,每次增加 10 kΩ 时 U_2 的电压值。

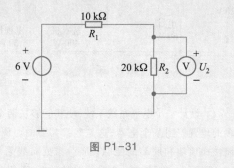

图 P1-31

第 2 章　电阻电路的一般分析方法

第 1 章学习了两类约束：元件伏安关系和基尔霍夫定律，现在可以应用这两类约束来进一步学习两个常用的电路分析方法：网孔分析法（mesh analysis）和结点分析法（nodal analysis）。网孔分析法是建立网孔电流方程组并求解出网孔电流；结点分析法是建立结点电压方程组并求解出结点电压；利用网孔电流或结点电压可以计算出线性电路中任意支路的电流、电压及功率。

教学目标

知识

- 建立并深刻理解电路中回路（网孔）、结点及回路（网孔）电流、结点电压等基本概念。
- 深刻理解网孔分析法和结点分析法的理论依据，熟练掌握用网孔分析法和结点分析法分析电路的基本方法和过程。
- 学习并掌握应用 MATLAB 软件求解网孔电流方程组和结点电压方程组的方法。

能力

- 根据给定电路合理选择网孔电流或结点电压变量，建立求解问题的网孔电流或结点电压方程组并正确求解。
- 根据电路中的特殊问题合理假设相关电路变量，并灵活运用结点分析法或网孔分析法求解电路。
- 利用 MATLAB 软件，运用结点分析法或网孔分析法求解较大型的电路问题。

引例 | 铂电阻温度传感器

　　温度传感器被广泛应用于工农业生产、科学研究和生活等领域。温度传感器的种类很多，铂电阻温度传感器是其中的一种。这种温度传感器的核心元件就是铂电阻。金属铂（Pt）的电阻值随温度变化而变化，并且具有很好的重现性和稳定性，利用铂的此种物理特性制成的传感器称为铂电阻温度传感器，通常使用的铂电阻温度传感器零度阻值为 100 Ω，电阻变化率为 0.385 1 Ω/℃。铂电阻温度传感器精度高，稳定性好，应用温度范围广，是中低温区（-200~650 ℃）最常用的一种温度检测器，不仅广泛应用于工业测温，而且被制成各种标准温度计（涵盖国家和世界基准温度）供计量和校准使用。测量电路如图 2-0-1 所示，图中 R_t 是铂电阻。

如何通过这种电桥电路来测量温度呢? 通过测量电桥非平衡时两桥臂之间电压的大小来表征温度的高低。如何对该电路进行分析,求得两桥臂之间电压的大小,进而得到温度测量值? 在第 1 章中我们学过两类约束,可通过元件电压电流关系和基尔霍夫定律来列写电路方程,由于电路中涉及的变量较多,因此所列写的方程个数较多,给求解带来一定的困难。若采用本章介绍的两种电路分析的方法则可以大大减少方程的个数,降低计算的难度。

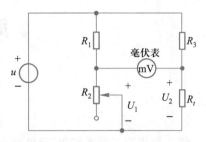

图 2-0-1   惠斯通电桥, R_t 是铂电阻

2.1 网孔分析法

在 1.4.1 中已经介绍过网孔的概念,即在回路内部不含有其他支路的回路称为网孔。网孔电流(mesh current)是在网孔内部,沿网孔边界流动的电流。网孔电流是假想的电流,通过对它的分析,可以大大地简化支路电流的求解过程。

图 2-1-1 中共有两个网孔,设电流 i_1、i_2 沿网孔 1 和网孔 2 边界闭合流动,如图所示,电流 i_1、i_2 即为网孔电流。如果一个平面电路,包含 b 条支路和 n 个结点,那么它共有$(b-n+1)$个网孔电流。

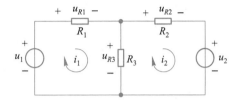

图 2-1-1 网孔电流 i_1、i_2

2.1.1 网孔分析法概述

用网孔电流作变量建立的电路方程,称为网孔方程。网孔方程建立的依据是 KVL 和元件(或支路)VCR。以图 2-1-1 为例,说明如何建立网孔方程。

(1)对每个网孔设网孔电流。设网孔电流 i_1、i_2,如图 2-1-1 所示。

(2)列写每个网孔的 KVL 方程。

$$\begin{cases} u_{R1}+u_{R3}=u_1 \\ u_{R3}-u_{R2}=u_2 \end{cases} \tag{2-1-1}$$

(3)用网孔电流表示元件或支路 VCR。

$$\begin{cases} u_{R1}=i_1 R_1 \\ u_{R2}=i_2 R_2 \\ u_{R3}=(i_1-i_2)R_3 \end{cases} \tag{2-1-2}$$

将各元件或支路 VCR 代入到网孔 KVL 方程,得到

$$\begin{cases} R_1 i_1+R_3(i_1-i_2)=u_1 \\ R_3(i_1-i_2)-R_2 i_2=u_2 \end{cases} \tag{2-1-3}$$

注意:

(1)在第一步中网孔电流的方向可以任意设置,但为了后面计算方便,一般将所有网孔电流设置成一致方向,即都设成顺时针或逆时针方向。

(2)将方程组(2-1-3)进行整理,得到以下形式

$$\begin{cases} (R_1+R_3)i_1-R_3 i_2=u_1 \\ -R_3 i_1+(R_2+R_3)i_2=-u_2 \end{cases} \tag{2-1-4}$$

式(2-1-4)即为网孔方程,网孔 1 方程中,i_1 的系数是网孔 1 的所有电阻之和(R_1+R_3),i_2 的系数是网孔 1 和网孔 2 公共电阻之和,以同样的方式观察式(2-1-4)

中网孔 2 方程,可以得到列写网孔方程的一般方法,总结为如下形式:

$$\begin{cases} R_{11}i_{M1}+R_{12}i_{M2}=u_{S1} \\ R_{21}i_{M1}+R_{22}i_{M2}=u_{S2} \end{cases} \tag{2-1-5}$$

式(2-1-5)中,R_{11} 和 R_{22} 称为网孔 1 和网孔 2 的自电阻(self resistance),它们是每个网孔所有电阻之和,自电阻前面的符号始终为正。

R_{12} 和 R_{21} 称为网孔 1 和网孔 2 的互电阻(mutual resistance),它由两个网孔之间的公共电阻构成,且互电阻有正有负,其符号由流过公共电阻的网孔电流方向来确定。若两网孔电流同方向流过公共电阻,则互电阻为正,反之为负。若电路中所有的网孔电流都假设为一致方向,则互电阻恒为负。

u_{S1} 和 u_{S2} 表示网孔 1 和网孔 2 中沿网孔电流方向各电压源电压升的代数和。

把式(2-1-5)推广到 m 个网孔的电路,按照以上规律列写网孔方程

$$\begin{cases} R_{11}i_{M1}+R_{12}i_{M2}+\cdots+R_{1m}i_{Mm}=u_{S11} \\ R_{21}i_{M1}+R_{22}i_{M2}+\cdots+R_{2m}i_{Mm}=u_{S22} \\ \qquad\cdots\cdots\cdots\cdots \\ R_{m1}i_{M1}+R_{m2}i_{M2}+\cdots+R_{mm}i_{Mm}=u_{Smm} \end{cases} \tag{2-1-6}$$

本节的网孔方程只适用于平面电路。

例 2-1-1

用网孔分析法求图 2-1-2 所示电路的电流 I。

解 该电路有三个网孔,分别设网孔电流为 I_1,I_2 和 I_3,参考方向都设为顺时针方向,如图 2-1-2 所示,列写网孔方程如下

$$\begin{cases} (1+1+1)I_1-I_2-I_3=9 \\ -I_1+(1+1)I_2-I_3=4 \\ -I_1-I_2+(1+1)I_3=-9-2 \end{cases}$$

对以上方程组求解,得到

$$I_1=2\ \text{A}, \quad I_2=1\ \text{A}, \quad I_3=-4\ \text{A}$$

支路电流 I 可以用网孔电流来表示

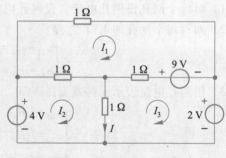

图 2-1-2 例 2-1-1 电路

$$I=I_2-I_3=[1-(-4)]\ \text{A}=5\ \text{A}$$

2.1.2 含理想电流源的网孔分析法

若电路中出现理想电流源,又该如何列写网孔方程呢?根据电流源所处的位置不同,归纳为以下几类。

1. 理想电流源位于独立支路

直接取理想电流源电流为该网孔电流,即列写该网孔的方程时用理想电流源电流表示网孔电流。

例 2-1-2

电路如图 2-1-3 所示,试求电流 I。

解 本电路中有三个网孔,分别设三个网孔电流为 I_1,I_2 和 I_3,1.6 A 理想电流源所在支路为网孔 1 单独所有,称为独立支路,因此,网孔电流 $I_1 = 1.6$ A,即为网孔 1 的电流方程,其他网孔方程按上小节规律写。

$$\begin{cases} I_1 = 1.6 \\ -10I_1 + (10+4+4)I_2 - 4I_3 = 0 \\ -4I_2 + (4+2)I_3 = -70 \end{cases}$$

求解得到

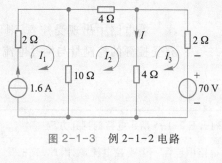

图 2-1-3　例 2-1-2 电路

$I_2 = -2$ A,$I_3 = -13$ A

$I = I_2 - I_3 = [-2 - (-13)]$ A $= 11$ A

2. 理想电流源位于网孔公共支路

设理想电流源两端电压为 u,将此电流源暂当做电压源列写方程,同时补充理想电流源与相应网孔电流之间的关系方程。

例 2-1-3

电路如图 2-1-4 所示,求流经 3 Ω 电阻的电流 I。

解 电路有三个网孔,分别设三个网孔电流为 I_1,I_2 和 I_3。6 A 理想电流源位于独立支路,网孔电流 $I_1 = 6$ A;3 A 理想电流源位于网孔 2 和网孔 3 的共有支路,称为公共支路,设 3 A 理想电流源的端电压为 U,将其看做电压源,如图 2-1-4 所示。

列写网孔方程

$$\begin{cases} I_1 = 6 \\ -2I_1 + (1+2)I_2 = -U \\ -3I_1 + (3+1)I_3 = U \end{cases}$$

同时,需补充 3A 电流源与相关网孔电流之间的一个约束方程

$$I_3 - I_2 = 3$$

解得

$$I_2 = \frac{18}{7} \text{ A}, \quad I_3 = \frac{39}{7} \text{ A}$$

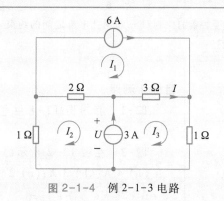

图 2-1-4　例 2-1-3 电路

流经 3 Ω 电阻的电流为

$$I = I_3 - I_1 = -\frac{3}{7} \text{ A}$$

列网孔方程时,假设电流源的端电压之后,增加了一个未知数,因此,需补充一个电流源和网孔电流之间的约束方程。

2.1.3 含受控源的网孔分析法

若电路中出现受控源,则可暂时把受控源看做独立源列写网孔方程,同时补充受控源的控制量与网孔电流之间的约束方程。

例 2-1-4

列出图 2-1-5 所示电路的网孔方程。

解 电路中包含一个受控电流源,因此,先把受控电流源当成一个理想电流源来处理。且该受控电流源位于公共支路,设其端电压为 U_C,如图 2-1-5 所示,列写网孔方程

$$\begin{cases} (1+2)I_1 - I_2 - 2I_3 = 10 - U_C \\ -I_1 + (1+2+3)I_2 - 3I_3 = 0 \\ -2I_1 - 3I_2 + (2+3+1)I_3 = U_C \end{cases}$$

此外,补充受控电流源电流和相关网孔电流之间的关系方程

$$I_3 - I_1 = \frac{U}{6}$$

以及受控源的控制量 U 和网孔电流之间的约束方程

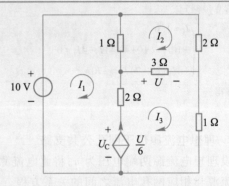

图 2-1-5 例 2-1-4 电路

$$U = 3 \times (I_3 - I_2)$$

根据以上网孔方程和两个补充方程,就可以求出所需要的电路变量。

目标 1 测评

T2-1 指出图 T2-1 中电路的支路数、结点数和网孔数,试列出其网孔电流方程。

T2-2 在图 T2-2 所示的电路图中,电流 I_1 等于

(a) 4 A;(b) 3 A;(c) 2 A;(d) 1 A。

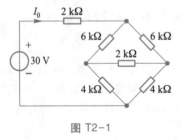

图 T2-1

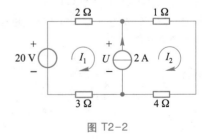

图 T2-2

2.2 结点分析法

结点分析法是以结点电压（node voltages）为电路变量来建立方程的方法。运用这一方法，常可以用数目较少的方程求解电路中的支路电压和支路电流。

在有 n 个结点的电路中，任选一个结点为参考结点（reference node），即该结点电位设为零，其余结点为独立结点（nonreference node），每一独立结点到参考结点的电压，就称为该结点的结点电压。图 2-2-1 所示电路中，有 4 个结点，若选择结点 4 为参考结点，则其他三个结点相对于参考结点 4 的结点电压分别为 u_1、u_2 和 u_3。

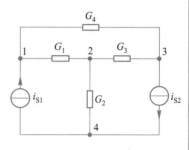

图 2-2-1 结点分析法用图 1

2.2.1 结点分析法概述

电路中各结点电压是否满足 KVL？（为什么？请读者证明。）

以结点电压为变量建立的方程组称为结点方程。结点方程建立的依据是 KCL 及支路 VCR。以图 2-2-2 为例，说明如何建立结点方程。

（1）选择参考结点，假设独立结点的结点电压分别为 u_1、u_2、u_3，如图 2-2-2 所示。

（2）对独立结点 1、2、3 分别列写 KCL 方程。

$$\begin{cases} i_1+i_4=i_{S1} \\ i_2+i_3=i_1 \\ i_{S2}=i_3+i_4 \end{cases} \quad (2-2-1)$$

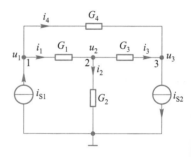

图 2-2-2 结点分析法用图 2

（3）列写各支路的 VCR，其中支路电压用结点电压表示。

$$\begin{cases} i_1=G_1(u_1-u_2) \\ i_2=G_2u_2 \\ i_3=G_3(u_2-u_3) \\ i_4=G_4(u_1-u_3) \end{cases} \quad (2-2-2)$$

（4）将各支路电流代入到 KCL 方程，经过整理可得到结点方程如下。

$$\begin{cases} (G_1+G_4)u_1-G_1u_2-G_4u_3=i_{S1} \\ -G_1u_1+(G_1+G_2+G_3)u_2-G_3u_3=0 \\ -G_4u_1-G_3u_2+(G_3+G_4)u_3=-i_{S2} \end{cases} \quad (2-2-3)$$

由式(2-2-3)可解出各结点电压。由结点电压便可求出电路中的待求变量。

由式(2-2-3)可以写出结点方程的一般形式

$$\begin{cases} G_{11}u_1+G_{12}u_2+G_{13}u_3=i_{S11} \\ G_{21}u_1+G_{22}u_2+G_{23}u_3=i_{S22} \\ G_{31}u_1+G_{32}u_2+G_{33}u_3=i_{S33} \end{cases} \qquad (2-2-4)$$

式(2-2-4)中，G_{11} 是与结点 1 连接的所有电导之和，称为结点 1 的自电导(self conductance)，例如 $G_{11}=G_1+G_4$。G_{22}、G_{33} 也有类似的含义，分别为结点 2、结点 3 的自电导。

G_{12} 是结点 1、结点 2 之间的所有公有电导之和的负值，称为结点 1 和结点 2 之间的互电导(mutual conductance)，例如 $G_{12}=-G_1$。G_{13}、G_{21}、G_{23}、G_{31}、G_{32} 也有类似的含义，分别为其下标两个数字所示结点间的互电导。互电导恒为负。

i_{S11} 是流入结点 1 的所有电流源电流的代数和。例如 $i_{S11}=i_{S1}$。i_{S22}、i_{S33} 也有类似的含义，分别为流入结点 2、结点 3 的所有电流源电流的代数和。

该方法同样适用于具有 $n-1$ 个独立结点的电路，方程数＝独立结点数，且方程中的变量为结点电压 u_1、u_2、$\cdots$、u_{n-1}。

上述结点分析法适用于支路较多、结点较少的电路，对平面和非平面电路都适用。

例 2-2-1

用结点分析法求图 2-2-3 所示电路中各支路电流。

解　首先选择参考结点，然后对各独立结点列写结点方程。根据结点电压求出支路电压，进而求出支路电流。

选择参考结点，设独立结点 1、2 的电压分别为 U_1、U_2，如图 2-2-3 所示，列写结点方程。

$$\begin{cases} \left(\dfrac{1}{2}+\dfrac{1}{2}\right)U_1-\dfrac{1}{2}U_2=-3-4 \\ -\dfrac{1}{2}U_1+\left(1+\dfrac{1}{2}+\dfrac{1}{2}\right)U_2=4 \end{cases}$$

整理，可得

$$\begin{cases} U_1-\dfrac{1}{2}U_2=-7 \\ -\dfrac{1}{2}U_1+2U_2=4 \end{cases}$$

解得

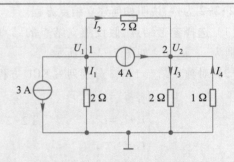

图 2-2-3　例 2-2-1 电路

$$U_1=-\frac{48}{7}\text{ V} \qquad U_2=\frac{2}{7}\text{ V}$$

支路电流为

$$I_1=\frac{U_1}{2}=-\frac{24}{7}\text{ A} \qquad I_2=\frac{U_1-U_2}{2}=-\frac{25}{7}\text{ A}$$

$$I_3=\frac{U_2}{2}=\frac{1}{7}\text{ A} \qquad I_4=-\frac{U_2}{1}=-\frac{2}{7}\text{ A}$$

2.2.2 含理想电压源的结点分析法

对于含有理想电压源的电路,如何运用结点分析法求解呢?

1. 含理想电压源与电阻串联支路

通过例题 2-2-2,说明含理想电压源与电阻串联支路的电路列写结点方程的方法。

例 2-2-2

试用结点电压求图 2-2-4 所示电路中的支路电流 i。

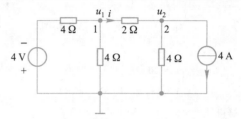

图 2-2-4　例 2-2-2 电路图

解　图 2-2-4 所示电路中,含理想电压源与电阻串联支路。对这种情形的处理方法是:将这条支路等效成是理想电流源并联电阻支路(原理在 3.4.2 节实际电源的两种电路模型及其等效变换中详细介绍),其中电阻数值不变,计入自电导和互电导;电流源写在方程的右端,具体数值为电压源数值/电阻值,代数符号与电压源的极性有关,电压源正极性在独立结点近侧为正,否则为负。

选择参考结点如图 2-2-4 所示,结点方程为

$$\begin{cases} \left(\dfrac{1}{2}+\dfrac{1}{4}+\dfrac{1}{4}\right)u_1-\dfrac{1}{2}u_2=-\dfrac{4}{4} \\ -\dfrac{1}{2}u_1+\left(\dfrac{1}{2}+\dfrac{1}{4}\right)u_2=-4 \end{cases}$$

解得:

$$u_1=-\frac{11}{2}\ \text{V}$$

$$u_2=-9\ \text{V}$$

$$i=\frac{u_1-u_2}{2}=\frac{7}{4}\ \text{A}$$

2. 含无串联电阻电压源支路

通过例题 2-2-3,说明含有无串联电阻电压源支路的电路列写结点电压方程的方法。

例 2-2-3

试用结点分析法求图 2-2-5 所示电路中的 20 V 电压源提供的功率。

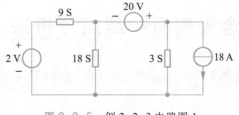

图 2-2-5　例 2-2-3 电路图 1

解 若电路中有一条无串联电阻电压源支路,可选择电压源其中一个端钮作为参考结点,则另一个端钮的结点电压便已知。选择参考结点如图 2-2-6 所示,则结点方程为

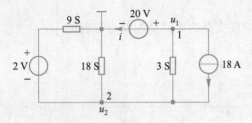

图 2-2-6 例 2-2-3 电路图 2

$$\begin{cases} u_1 = 20 \\ -3u_1 + (9+18+3)u_2 = 2\times9-18 \end{cases}$$

解得:
$$u_1 = 20 \text{ V} \quad u_2 = 2 \text{ V}$$
$$i = -(u_1 - u_2)\times3 - 18 = -72 \text{ A}$$
$$P = 20i = 20\times(-72) \text{ W} = -1\ 440 \text{ W}$$

20 V 电压源提供的功率为 1 440 W。

有时电路中会有多条无串联电阻电压源支路,且两支路没有公共结点,不可能使多个电压源都同时接参考结点。对这种情形的处理方法是:选择一条无串联电阻电压源支路的一个端钮为参考结点。其他的无串联电阻电压源支路必然要跨接在两个独立结点间,该电压源提供的电流是不能忽略的,因为结点电压方程实质上就是 KCL 方程,所有与该结点有关的电流都必须计算在内。此时可以设电压源的电流值,将电压源看成未知电流量的电流源列写方程。故假设无串联电阻电压源流过的电流为 i。因引入新的变量 i,必须补充用结点电压表示该理想电压源电压的约束方程。

电路如图 2-2-7(a)所示,用结点分析法求电路中的电流 i。

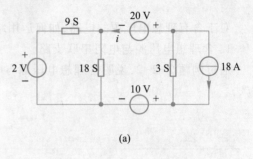

(a)

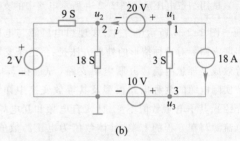

(b)

图 2-2-7 例 2-2-3 电路图 3

选择参考结点如图 2-2-7(b)所示,则结点方程为

$$\begin{cases} 3u_1 - 3u_3 = -i - 18 \\ (9+18)u_2 = 2\times9 + i \\ u_3 = 10 \end{cases}$$

补充方程 $\quad u_1 - u_2 = 20$

解得 $\quad u_1 = 19 \text{ V} \quad u_2 = -1 \text{ V}$
$$u_3 = 10 \text{ V} \quad i = -45 \text{ A}$$

上面的例题说明,参考结点的选择很重要,选择合适的参考结点可以减少变量以及方程的个数,降低电路求解的难度。

2.2.3 含受控源的结点分析法

通过例 2-2-4,说明含有受控源电路列写结点方程的方法。

例 2-2-4

试列出求解图 2-2-8 所示电路中 u_0 所需的结点方程及补充方程。

解　对这种情形的处理方法是,首先将受控源暂时看为独立电源列写结点方程,然后补充方程:用结点电压表示受控源的控制量,联立两组方程求解。

分别对结点 1、2、3 列写结点方程

$$\begin{cases} G_1 u_1 - G_1 u_2 = 3u_X - i_S \\ u_2 = 5i_X \\ -G_2 u_2 + (G_2 + G_3) u_3 = i_S \end{cases}$$

补充方程

$$\begin{cases} u_1 - u_2 = u_X \\ i_X = G_3 u_3 \\ u_0 = u_3 \end{cases}$$

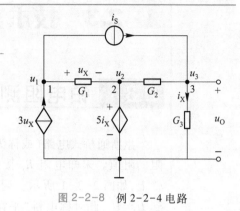

图 2-2-8　例 2-2-4 电路

例 2-2-5

将图 2-2-8 所示电路中受控电流源支路串联一电导 G_4,试列写求解 u_0 所需的结点方程及补充方程。

解　与电流源(理想电流源或受控电流源)支路串联的电导(或电阻)是虚元件,不能进入结点方程。

因此求解 u_0 所需的结点方程及补充方程与例 2-2-4 中的相同。

目标 2 测评

T2-3　在图 T2-3 所示的电路图中有多少个结点? 如用结点分析法求解该电路,需要列写多少个结点电压方程和补充方程?

T2-4　用结点分析方法计算图 T2-4 中的电压 U_1 和 U_2。

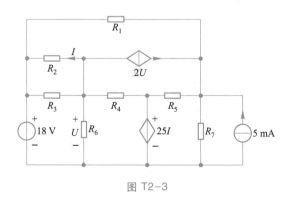

图 T2-3

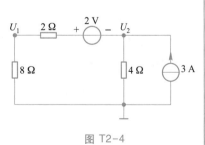

图 T2-4

2.3 技术实践

2.3.1 铂电阻测温电路分析

惠斯通桥式电路(或称为电阻桥)在很多场合都有应用,可以用它来测未知电阻的阻值。未知电阻 R_x 接到桥电路的桥臂上,如图 2-3-1 所示。调节可变电阻直到 $U_1 = U_2$,此时称电桥"平衡"了。利用分压原理,有

$$U_1 = \frac{R_2}{R_1+R_2}U = U_2 = \frac{R_x}{R_3+R_x}U$$

$$(2-3-1)$$

或

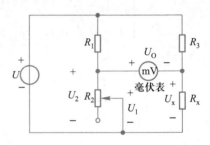

图 2-3-1 惠斯通电桥,R_x 是待测电阻

$$\frac{R_2}{R_1+R_2} = \frac{R_x}{R_3+R_x} \Rightarrow R_2R_3 = R_1R_x$$

则待测电阻为

$$R_x = \frac{R_3}{R_1}R_2 \qquad\qquad (2-3-2)$$

若 $R_1 = R_3$,调节 R_2 直到电压表指针指示为零,则 $R_x = R_2$。

惠斯通桥式电路除了可以用来测电阻外,还可利用电桥的不平衡来测量温度。若将图 2-3-1 中的待测电阻 R_x 换成铂电阻 R_t,利用铂电阻的电阻值随温度变化而变化的特性就可以得到测温电路。在测温电路中只要合理设计电阻 R_1、R_2、R_3 的阻值就可使电压表(采用数字万用表毫伏挡)的读数跟温度 t 之间满足线性比例关系,如 $U_0 = t/10$ mV。

例 2-3-1

图 2-3-1 中,若 $R_1 = 500\ \Omega$,$R_3 = 300\ \Omega$,且当 R_2 调到 $150\ \Omega$ 时,电桥是平衡的,求未知电阻 R_x。

解 由式(2-3-2)可得

$$R_x = \frac{R_3}{R_1}R_2 = \frac{300}{500}\times150\ \Omega = 90\ \Omega$$

例 2-3-2

图 2-3-2 为铂电阻测温电路,根据设计,被测温度 $t = 10 U_0$,U_0 为毫伏值,温度单位为 ℃。只要测出 U_0 电压值就可获得被测温度 t。求当 $R_t = 120\ \Omega$ 时对应的温度值。

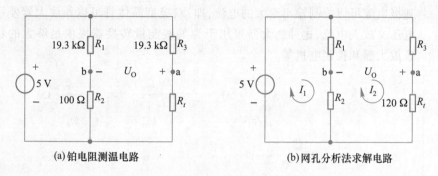

(a) 铂电阻测温电路　　　　　(b) 网孔分析法求解电路

图 2-3-2　例 2-3-2 电路图

解　用网孔分析法求解 $U_0(t)$,电路有两个网孔,设网孔电流 I_1,I_2 如图 2-3-2(b) 所示。

列写网孔方程

$$\begin{cases} (R_1 + R_2) I_1 - (R_1 + R_2) I_2 = 5 \\ -(R_1 + R_2) I_1 + (R_1 + R_2 + R_3 + R_t) I_2 = 0 \\ U_0(t) = R_t I_2 + R_2 (I_2 - I_1) \end{cases}$$

代入数据,解得 $U_0(t) \approx 5$ mV,此时对应的温度值为 $t = 10\ U_0(t) = 50\ ℃$。

由于导线电阻带来的附加误差使得测量的温度误差较大,为了提高测量精度,工业上一般都采用三线制接法,该接法电路如图 2-3-3 所示。

三线制接法的信号线电阻分布在电桥的两臂,

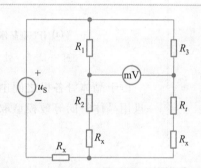

图 2-3-3　三线制测温电路

因此它们造成的测量误差可以抵消,所以三线制接法测量精度高。

2.3.2 直流晶体管电路分析

人们熟知的家用电器或个人计算机等电子产品中大量使用了集成电路,构成集成电路的基本元件是三端器件,通常称为晶体管(或三极管),常见的几种晶体管如图 2-3-4 所示。

晶体管有两种基本类型:双极型晶体管(BJT)和场效应晶体管(FET)。双极型晶体管有三个极,称为发射极(E)、基极(B)和集电极(C)。

双极型晶体管有三种工作状态:饱和状态、放

图 2-3-4　几种不同类型的晶体管

大状态和截止状态。当双极型晶体管工作在放大模式时,可以看成一个电流控制的受控电流源,此时 $I_E=(1+\beta)I_B$,β 称为共发射极电流增益,是给定晶体管的特性参数,并认为是常量,β 值的范围在 50~1 000 之间。所以,在电路分析中,可以用图 2-3-5(b) 的等效模型来代替图 2-3-5(a) 所示的 NPN 型晶体管。一个很小的基极电流可以控制输出很大的电流,即:双极型晶体管可以作放大器使用,既放大电压又放大电流,这种放大器可用于为某些能量转换器提供足够大的功率,如音频放大器和控制电机等。

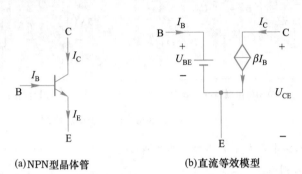

(a)NPN型晶体管   (b)直流等效模型

图 2-3-5   处于放大工作模式的 NPN 晶体管直流等效模型

由于晶体管各极之间电位不同,不能直接用结点分析法来分析晶体管电路,一旦用晶体管的等效模型取代晶体管后,即可用结点法来求解电路。

例 2-3-3

求图 2-3-6 所示晶体管电路中 I_B、I_C 和 U_0,晶体管工作于放大模式,且 $\beta=50$。

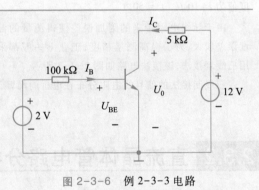

图 2-3-6   例 2-3-3 电路

解 对于输入回路,由 KVL 得

$$-2+10\times10^4 I_B+U_{BE}=0$$

在放大状态下,$U_{BE}=0.7$ V,代入上式得

$$I_B=\frac{2-0.7}{10\times10^4}A=1.3\times10^{-5}A=13\ \mu A$$

而 $I_C=\beta I_B$,所以

$$I_C=50\times1.3\times10^{-5}A=6.5\times10^{-4}A=0.65\ mA$$

对于输出回路,由 KVL 得

$$-U_0-5\times10^3\times I_C+12=0$$

得

$$U_0=(12-5\times10^3\times0.65\times10^{-3})V=8.75\ V$$

例 2-3-4

如图 2-3-7 所示的双极型晶体管电路,若 $\beta = 150$, $U_{BE} = 0.7$ V,求 U_0。

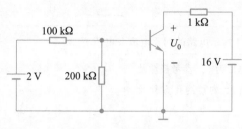

图 2-3-7 例 2-3-4 电路

解 将图 2-3-7 电路中的晶体管用如图 2-3-8 所示的等效模型代替,由图 2-3-8 得

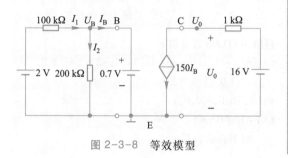

图 2-3-8 等效模型

$$\begin{cases} U_B = 0.7 \\ \dfrac{1}{1 \times 10^3} U_0 = -150 I_B + \dfrac{16}{1 \times 10^3} \end{cases}$$

补充方程

$$\begin{cases} I_1 = \dfrac{2 - U_B}{100 \times 10^3} \\ I_2 = \dfrac{U_B}{200 \times 10^3} \\ I_B = I_1 - I_2 \end{cases}$$

求得

$$I_B = 9.5\ \mu A \qquad U_0 = 14.575\ V$$

2.4 计算机辅助分析

根据 2.1 节、2.2 节的方法可以很容易地列出网孔电流方程和结点电压方程,然而当网孔方程或结点方程较多的时候,计算起来比较复杂,容易出错。MATLAB 软件具有很强的矩阵运算能力,可用于电路变量的求解。

利用 MATLAB 进行电路的网孔分析或结点分析可以归纳为以下步骤:

(1)设网孔电流或结点电压及其他待求变量;

(2)按 2.1 节和 2.2 节的方法列写电路的网孔电流方程或结点电压方程及其补充方程,得到方程组;

(3)将方程组化为线性方程组的一般形式,即:通过移项将所有变量(包括受控源的控制量)移到方程组的左边,常数项在方程组的右边;

(4)令系数矩阵为 G,常数项组成的列向量为 I,所有变量组成的列向量为 Y,则方程组可简化为 $G \times Y = I$,即 $Y = G^{-1} \times I$;

(5)利用 MATLAB 命令对 G、Y 和 I 赋值;

(6)输入 $Y = \text{inv}(G) * I$,得到各变量的值,其中,$\text{inv}(G)$ 表示对矩阵 G 求逆。

2.4.1 网孔分析方法

例 2-4-1

用 MATLAB 求解图 2-4-1 所示电路的网孔电流及电压 U。

解 (1) 设受控电流源的端电压为 U_C,参考极性及各网孔电流方向如图 2-4-1 所示,列写网孔方程及补充方程

$$\begin{cases} (1+2)I_1 - I_2 - 2I_3 = 10 - U_C \\ -I_1 + (1+2+3)I_2 - 3I_3 = 0 \\ -2I_1 - 3I_2 + (2+3+1)I_3 = U_C \\ I_3 - I_1 = \dfrac{U}{6} \\ U = 3(I_3 - I_2) \end{cases}$$

(2) 将方程组化为线性方程组的一般形式

$$\begin{cases} 3I_1 - I_2 - 2I_3 + U_C = 10 \\ -I_1 + 6I_2 - 3I_3 = 0 \\ -2I_1 - 3I_2 + 6I_3 - U_C = 0 \\ -I_1 + I_3 - \dfrac{U}{6} = 0 \\ 3I_2 - 3I_3 + U = 0 \end{cases}$$

系数矩阵为

$$\boldsymbol{G} = \begin{vmatrix} 3 & -1 & -2 & 1 & 0 \\ -1 & 6 & -3 & 0 & 0 \\ -2 & -3 & 6 & -1 & 0 \\ -1 & 0 & 1 & 0 & -\dfrac{1}{6} \\ 0 & 1 & -3 & 0 & 1 \end{vmatrix}, \quad \boldsymbol{I} = \begin{vmatrix} 10 \\ 0 \\ 0 \\ 0 \\ 0 \end{vmatrix}$$

令

$$\boldsymbol{Y} = \begin{vmatrix} I_1 \\ I_2 \\ I_3 \\ U_C \\ U \end{vmatrix}$$

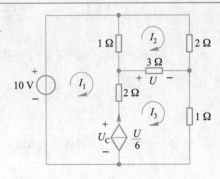

图 2-4-1 例 2-4-1 电路

利用 MATLAB 计算如下:

\>\>G = [3 -1 -2 1 0;-1 6 -3 0 0;-2 -3 6 -1 0;-1 0 1 0 -1/6;0 2 -3 0 1];

\>\>I = [10;0;0;0;0];

\>\>Y = inv(G) * I

结果显示如下:

Y =

    3.2

    2.8

    4.5

   12.2

    7.9

即,各待求变量分别为

$$I_1 = 3.2 \text{ A}, \quad I_2 = 2.8 \text{ A}, \quad I_3 = 4.5 \text{ A},$$
$$U_C = 12.2 \text{ V}, \quad U = 7.9 \text{ V}$$

2.4.2 结点分析方法

例 2-4-2

写出如图 2-4-2 所示电路的结点方程,并利用 MATLAB 求各结点电压。

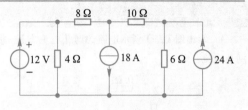

图 2-4-2　例 2-4-2 电路 1

解　本电路中有 4 个结点,选择一个作为参考结点,其余三个为独立结点,如图 2-4-3 所示。

设各结点电压分别为 U_1、U_2 和 U_3,可以列出三个结点电压方程

$$\left(\frac{1}{4}+\frac{1}{8}\right)U_1 - \frac{1}{8}U_2 = 12$$

$$-\frac{1}{8}U_1 + \left(\frac{1}{8}+\frac{1}{10}\right)U_2 - \frac{1}{10}U_3 = -18$$

$$-\frac{1}{10}U_2 + \left(\frac{1}{10}+\frac{1}{6}\right)U_3 = 24$$

对应的系数矩阵为

$$\boldsymbol{G} = \begin{bmatrix} \dfrac{3}{8} & -\dfrac{1}{8} & 0 \\[2mm] -\dfrac{1}{8} & \dfrac{9}{40} & -\dfrac{1}{10} \\[2mm] 0 & -\dfrac{1}{10} & \dfrac{4}{15} \end{bmatrix}, \quad \boldsymbol{I} = \begin{bmatrix} 12 \\ -18 \\ 24 \end{bmatrix}$$

令

$$\boldsymbol{Y} = \begin{bmatrix} U_1 \\ U_2 \\ U_3 \end{bmatrix}$$

利用 MATLAB 计算如下:

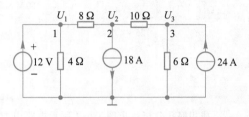

图 2-4-3　例 2-4-2 电路 2

```
>>G=[3/8 -1/8 0;-1/8 9/40 -0.1;0 -0.1 4/15];
  I=[12;-18;24];
>>Y=inv(G)*I
```

结果显示如下:

```
Y =
     20.6
    -34.3
     77.1
```

即,各结点电压分别为

$$U_1 = 20.6 \text{ V}, \quad U_2 = -34.3 \text{ V}, \quad U_3 = 77.1 \text{ V}$$

本章小结

1. 网孔分析法是以平面电路的网孔电流为电路变量,将基尔霍夫电压定律应用于网孔的电路分析方法。一旦获得网孔电流,即可求得电路中的其他电路变量。

2. 结点分析法是以电路中结点电压为电路变量,将基尔霍夫电流定律应用于除参考结点外的其他结点的电路分析方法。一旦获得结点电压,即可求得电路中的其他电路变量。

结点分析法一般用于结点少,回路多的电路中。既适用于求解平面电路,也适用于非平面电路。网孔分析法一般用于平面电路中网孔较少,结点较多的电路求解。对非平面电路应采用回路法,它是网孔分析法在非平面电路中的推广。

基础与提高题

P2-1 写出图 P2-1 所示电路的网孔电流方程,并求网孔电流。

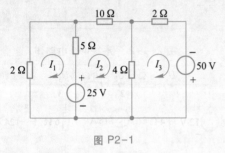

图 P2-1

P2-2 应用网孔分析法求图 P2-2 所示电路中的电流 I。

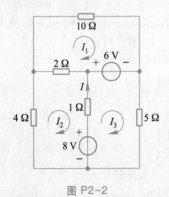

图 P2-2

P2-3 利用网孔分析法求图 P2-3 所示电路中的电压 U_{ab} 和电流 I_0。

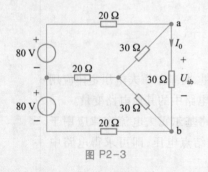

图 P2-3

P2-4 用网孔分析法求图 P2-4 所示电路中的电流 I_0。

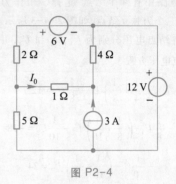

图 P2-4

P2-5 求图 P2-5 所示电路中的电流 I。

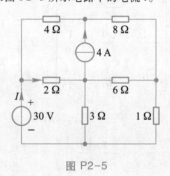

图 P2-5

P2-6 求图 P2-6 所示电路的网孔电流。

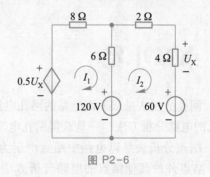

图 P2-6

P2-7 求图 P2-7 所示电路的网孔电流。

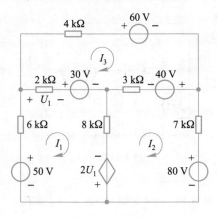

图 P2-7

P2-8 应用网孔分析法求图 P2-8 所示电路中的 U_0 和 I_0。

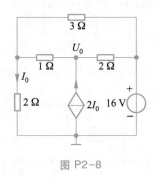

图 P2-8

P2-9 应用网孔分析法求图 P2-9 所示电路中的 I_0。

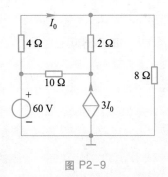

图 P2-9

P2-10 应用网孔分析法求图 P2-10 所示电路中的 U_0 和 I_0。

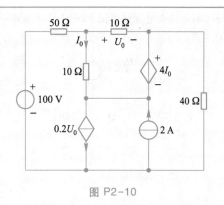

图 P2-10

P2-11 利用结点分析方法求图 P2-11 所示电路中的电压 U_1, U_2 和各电阻消耗的功率。

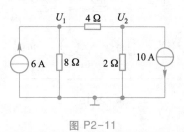

图 P2-11

P2-12 利用结点电压法求图 P2-12 所示电路中电流 $I_1 \sim I_4$。

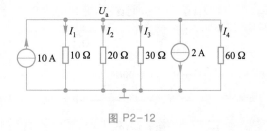

图 P2-12

P2-13 利用结点电压法求图 P2-13 所示电路中电压 U_0。

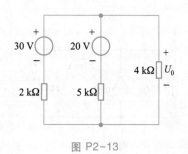

图 P2-13

P2-14 利用结点电压法求图 P2-14 所示电路中电压 U_0。

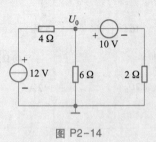

图 P2-14

P2-15 利用结点电压法求图 P2-15 所示电路中电流 I_1 和 I_2。

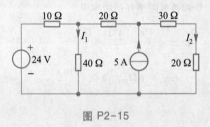

图 P2-15

P2-16 利用结点电压法求图 P2-16 所示电路中电流 I_0。

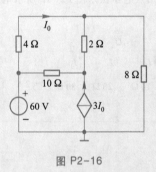

图 P2-16

P2-17 求图 P2-17 所示电路的结点电压 U_0。

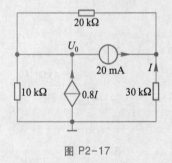

图 P2-17

P2-18 用结点电压法求图 P2-18 所示电路中的 U_1。

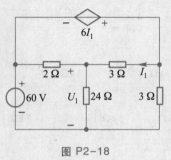

图 P2-18

P2-19 求图 P2-19 中的结点电压 U_1、U_2 和 U_3。

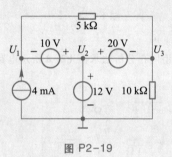

图 P2-19

P2-20 用结点分析法求图 P2-20 所示电路的 I。

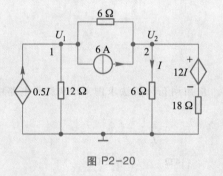

图 P2-20

工程题

P2-21 两个 12 V 蓄电池由一个 16 V 发电机充电,蓄电池的内阻是 0.5 Ω 和 0.8 Ω,发电机内阻是 2 Ω,求流入蓄电池正端的电流。

P2-22 在图 P2-22 所示的晶体管电路中,已知 $\beta = 200, U_{BE} = 0.7$ V,求 I_B, U_{CE} 和 U_O。

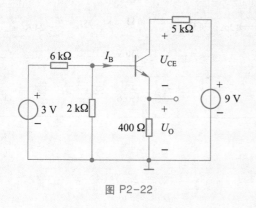

图 P2-22

P2-23 图 P2-23 是一简化的晶体管放大电路,求电压 U_O。

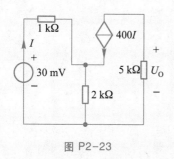

图 P2-23

P2-24 某晶体管放大器电路如图 P2-24 所示,求 $\dfrac{U_O}{U_S}$。

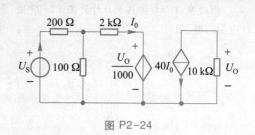

图 P2-24

P2-25 图 P2-25 所示的晶体管电路中,若 $\beta = 100, U_{BE} = 0.7$ V,求 U_O 和 U_{CE}。

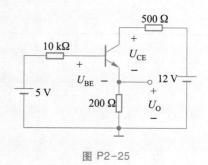

图 P2-25

P2-26 图 P2-26 所示的双极晶体管电路中,若 $\beta = 80, U_{BE} = 0.7$ V,求 U_O 和 I_O。

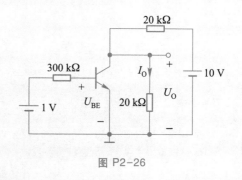

图 P2-26

仿真题

P2-27　借助 MATLAB 仿真工具计算图 P2-27 中 10 Ω 电阻的端电压 $U_{10\,\Omega}$。

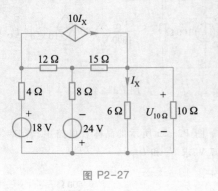

图 P2-27

P2-28　电路如图 P2-28 所示,用结点分析法求流过 6 Ω 电阻的电流以及受控源发出(或者吸收)的功率。

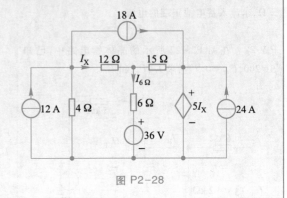

图 P2-28

第3章　电路定理及电路等效

第2章学习了两种电路分析法：网孔分析法和结点分析法，它们的主要优点是对电路结构无需做任何更改，但是对一个大而复杂的电路，其求解过程比较繁杂。

随着电路应用领域的扩展，不免会遇到更为复杂的电路。为处理复杂电路，工程专家们研究出一些定理以简化电路分析计算，如戴维宁（Thevenin）定理和诺顿（Norton）定理，这些定理适用于线性电路分析。本章首先介绍线性电路的概念，然后引入叠加定理、戴维宁定理、诺顿定理和最大功率传输定理等，最后将这些定理应用于扩音器系统、测量电阻等实际问题中。

教学目标

知识

- 建立并深刻理解线性电路、无源单口网络、含源单口网络、电路等效等概念。深刻理解线性电路的齐次性、叠加性特性。
- 深刻理解叠加定理、戴维宁定理、诺顿定理和最大功率传输定理的理论依据，熟练掌握齐次定理、叠加定理、戴维宁定理、诺顿定理和最大功率传输定理在电路分析中的应用方法和分析过程。
- 学习并掌握应用 EWB 软件进行电路仿真和测试的方法。

能力

- 根据给定电路问题合理选择适用的定理，并应用这些定理对电路进行正确分析和求解。
- 正确绘制运用电路定理或等效方法分析电路过程中的各种变换电路。
- 设计精确的电路参数和电路变量的测试方案并进行测试。
- 利用 EWB 软件熟练地对给定电路进行仿真和测试。

引例　扩音器系统

家用电器能够将电能转换成其他能量，如扩音器将电能转换为声能、电灯将电能转换为光能、电炉及电烤箱将电能转换为热能。其中，扩音器是日常生活中常用的一种电子设备，其系统构成如图 3-0-1 所示，包括音频放大器和扬声器。设想音频放大器提供恒定功率，若同时外接多个扬声器，那么以不同的方式连接，会有什么样的音响效果？另外，当人们在收听音乐时，偶尔会发生失真现象，这又是什么引起的，该如何避免呢？

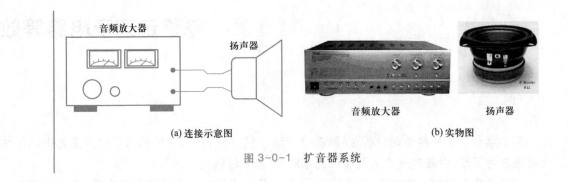

(a) 连接示意图   (b) 实物图

图 3-0-1 扩音器系统

3.1 齐次定理与叠加定理

由线性元件和独立电源组成的电路称为线性电路。独立电源作为电路的输入（input），对电路起激励（excitation）作用。电压源的电压以及电流源的电流，与其他元件的电压、电流相比则不同，前者是激励，而后者则是由激励引起的响应（response）。只要电路的其他元件是线性的，电路的响应与激励之间就存在线性关系。线性关系包含"齐次性"（homogeneity property）和"叠加性"（superposition），通常称为"齐次定理"和"叠加定理"，本小节中将对这两个定理及其在电路分析中的应用作详细介绍。

3.1.1 齐次定理

齐次定理：在线性电路中，当输入（或"激励"）增大 k 倍时，输出（或"响应"）也增大 k 倍。

对一个电阻元件，欧姆定律约定了电流 i 与电压 u 之间的关系，即

$$u = Ri \tag{3-1-1}$$

假设 i 为输入，u 为输出，则当电流 i 增大 k 倍后，电压 u 也增大 k 倍，即有

$$ku = kRi \tag{3-1-2}$$

由此可知，电阻的电压电流关系满足"齐次性"，即"比例性"。如图 3-1-1 所示，线性电路中只有电压源 u_S 这一个激励，若将经过电阻 R 的电流 i 作为电路的响应，假设当 $u_S = 10$ V 时，$i = 2$ A，则可根据线性电路的齐次性推导出以下结论：当 $u_S = 1$ V 时，$i = 0.2$ A；当 $i = 1$ mA 时，$u_S = 5$ mV。

图 3-1-1 激励为 u_S 的线性电路

例 3-1-1

求解图 3-1-2 中的电流 i_0。

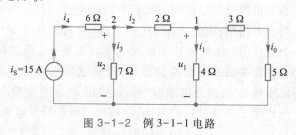

图 3-1-2 例 3-1-1 电路

解 由图 3-1-2 可知该电路是由独立电流源与线性电阻元件组成,属于线性电路。假设 $i_0 = 1$ A,则有

$$u_1 = (3+5)i_0 = 8 \text{ V}$$

$$i_1 = u_1/4 = 2 \text{ A}$$

在结点 1 运用 KCL 定律

$$i_2 = i_1 + i_0 = 3 \text{ A}$$

$$u_2 = u_1 + 2i_2 = (8+6) \text{ V} = 14 \text{ V}$$

$$i_3 = u_2/7 = 2 \text{ A}$$

在结点 2 运用 KCL 定律

$$i_4 = i_3 + i_2 = 5 \text{ A}$$

因此 $$i_S = i_4 = 5 \text{ A}$$

即当 $i_0 = 1$ A 时,有 $i_S = 5$ A,则根据线性电路的齐次特性可知:当 $i_S = 15$ A 时,$i_0 = 3$ A,即图 3-1-2 中的电流 i_0 等于 3 A。

3.1.2 叠加定理

当一个电路中存在多个独立电源时,可以用第 2 章学习的网孔分析法和结点分析法去求解电路中的响应。除此之外,本节将介绍另一种分析方法——叠加定理,它是线性电路分析的基本方法之一,可以使复杂激励问题简化为单一激励问题。

叠加定理:在存在多个激励的线性电路中,任一元件上产生的电压或电流,可以看成是单个激励单独作用时,在该元件上产生的电压或电流的代数和。也可表述为:多个激励作用于电路产生的响应,等于各个激励单独作用于电路产生响应的代数和。

假如流过电阻的电流为 $(i_1 + i_2)$ 时,可根据式(3-1-1)所示欧姆定律,求出电阻两端的电压 u 为

$$u = R(i_1 + i_2) \tag{3-1-3}$$

对式(3-1-3)稍作变换后得

$$u = R(i_1 + i_2) = Ri_1 + Ri_2 = u_1 + u_2 \tag{3-1-4}$$

式(3-1-4)中 $u_1 = Ri_1$、$u_2 = Ri_2$,相当于两个电流 i_1、i_2 分别单独作用时,在电阻两端产生的电压响应。

在应用叠加定理时,需注意:

(1) 单个激励单独作用,则需要对电路中的其他激励进行置零处理,即电压源短路处理,电流源开路处理。

(2) 受控源保留。

使用叠加定理分析电路时可按以下步骤进行:

(1) 划分电路图:有几个激励(独立源)就对应几个分电路图,每个分电路图中保留一个激励(独立源),其他激励均置零处理(电压源短路,电流源开路);受控源则必须保留在每一个分电路图中;待求变量的名称需与原图中有所区别,如原图中待求变量为 u,则分电路图中可以采用 u'、u'' 等变量名来表示。

(2) 运用第 1、2 章学过的方法,求解单一激励线性电路中的响应分量。

(3) 对在分电路图中求解出的响应分量,进行代数和运算,求出待求响应。

例 3-1-2

利用叠加定理求图 3-1-3 所示电路中的电压 U。

图 3-1-3　例 3-1-2 电路

解　图 3-1-3 所示电路中有两个独立源。当 6 V 电压源单独作用时,待求电压变量记为 U',如图 3-1-4(a)所示;当 3 A 电流源单独作用时,待求电压变量记为 U'',如图 3-1-4(b)所示。

$$U' = \frac{4}{4+8} \times 6 \text{ V} = 2 \text{ V},$$

$$U'' = \frac{8}{4+8} \times 3 \times 4 \text{ V} = 8 \text{ V}$$

依据叠加定理有　$U = U' + U'' = (2+8) \text{ V} = 10 \text{ V}$

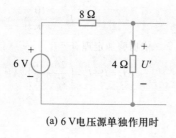
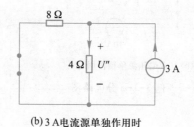

(a) 6 V电压源单独作用时　　　(b) 3 A电流源单独作用时

图 3-1-4　例 3-1-2 分电路图

例 3-1-3

利用叠加定理求图 3-1-5 所示电路中的电流 I_0。

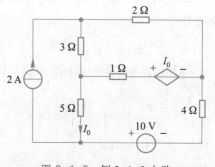

图 3-1-5　例 3-1-3 电路

解　电路中有两个独立源,一个受控源。画出独立源单独作用时的分电路图,在分电路图中受控源均应保留。当 2 A 电流源单独作用时,待求电流变量记为 I_0',如图 3-1-6(a)所示;当 10 V 电压源单独作用时,待求电流变量记为 I_0'',如图 3-1-6(b)所示。

在图 3-1-6(a)中利用网孔法求解电流 I_0'。假设网孔电流分别为 I_1、I_2、I_3,列写的网孔电流方程如下

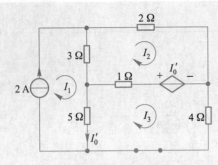

(a) 2 A 电流源单独作用时

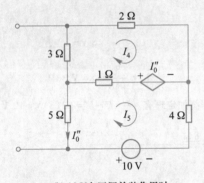

(b) 10 V 电压源单独作用时

图 3-1-6 例 3-1-3 分电路图

$$\begin{cases} I_1 = 2 \\ -3I_1 + 6I_2 - I_3 = I'_0 \\ -5I_1 - I_2 + 10I_3 = -I'_0 \end{cases} \quad (3-1-5)$$

补充方程

$$I'_0 = I_1 - I_3 \quad (3-1-6)$$

联立求解式(3-1-5)和式(3-1-6),得

$$I'_0 = \frac{26}{27} \text{ A}$$

在图 3-1-6(b)中利用网孔法求解电流 I''_0。假设网孔电流分别为 I_4、I_5,则列写的网孔电流方程如下

$$\begin{cases} 6I_4 - I_5 = I''_0 \\ -I_4 + 10I_5 = 10 - I''_0 \end{cases} \quad (3-1-7)$$

补充方程

$$I''_0 = -I_5 \quad (3-1-8)$$

联立求解式(3-1-7)和式(3-1-8),得

$$I''_0 = -\frac{10}{9} \text{ A}$$

依据叠加定理有

$$I_0 = I'_0 + I''_0 = \left(\frac{26}{27} - \frac{10}{9} \right) \text{ A} = -\frac{4}{27} \text{ A}$$

例 3-1-4

电路如图 3-1-7 所示,$u_S = 36$ V,$i_S = 9$ A,$R_1 = 12$ Ω、$R_2 = 6$ Ω,试用叠加定理求解 R_2 的电流 i_2 和功率 p_2

解 当 36 V 电压源单独作用时,如图 3-1-8(a)所示,可求得

$$i'_2 = \frac{u_S}{R_1 + R_2} = \frac{36}{12 + 6} = 2 \text{ A}$$

当 9 A 电流源单独作用时,如图 3-1-8(b)所示,可求得

$$i''_2 = \left(\frac{R_1}{R_1 + R_2} \right) i_S = \left(\frac{12}{12 + 6} \right) \times 9 = 6 \text{ A}$$

因此,$i_2 = i'_2 + i''_2 = 2 + 6 = 8$ A

故得 R_2 的功率 $p_2 = R_2 i_2^2 = 6 \times 8^2 = 384$ W

如果分别求出每一独立源单独作用时 R_2 的功率,则可得

$$p'_2 = 6 \times 2^2 = 24 \text{ W} \quad p''_2 = 6 \times 6^2 = 216 \text{ W}$$

$$p_2 = p'_2 + p''_2 = 240 \text{ W} \neq 384 \text{ W}$$

由此例可以得出:电阻的功率不能由叠加定理直接求得。一般来说,功率不服从叠加定理。我们可以用叠加定理求得电流、电压后再去计算功率。

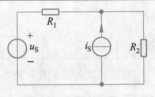

图 3-1-7 例 3-1-4 电路

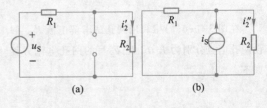

图 3-1-8 例 3-1-4 分电路图

目标 1 测评

叠加定理
理解

T3-1　用叠加定理求图 T3-1 所示电路中各电源共同作用下的电流 I。

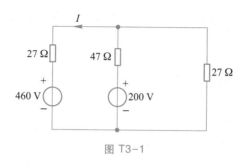

图 T3-1

3.2 电路等效的一般概念

　　运用网孔分析法或结点分析法对复杂电路,特别是只对某条支路电压、电流进行分析时,会感觉联立方程太多,解方程工作量太大。运用叠加定理分析电路,可以将结构复杂的多电源电路分析问题简化为结构较简单的单电源电路分析问题。因此,为了使电路分析和计算更加简单快捷,在本节将提出另一重要分析方法——等效变换法。

　　由元件相连接组成、与外电路只有两个端钮连接的网络整体,称为二端网络。当强调二端网络的端口特性,而忽略网络内部情况时,又称二端网络为单口网络,简称为单口。网络根据与外电路的连接端钮,可分为单口网络、双口网络和多口网络等。当网络内的元件与网络外的某些变量无任何能通过电或非电方式的联系时,则称这样的网络为明确的。本书所讨论的单口网络均为明确的单口网络。

　　单口网络又根据网络内所含元件类型分为无源单口网络和含源单口网络。当单口内只含有电阻元件、受控源,无独立电源时,这样的单口称为无源单口网络,如图 3-2-1(a)所示;当单口内含有独立电源时,这样的单口称为含源单口网络,如图 3-2-1(b)所示。

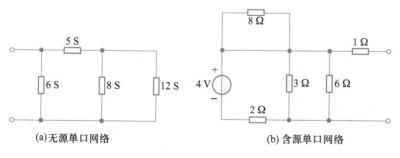

(a)无源单口网络　　　　　　(b)含源单口网络

图 3-2-1　单口网络

描述单口网络主要有以下三种方式:(1)详尽的电路模型;(2)端口特性;(3)等效电路。

单口网络的端口特性由端口电压电流关系(简称为 VCR)或伏安特性曲线来表征。根据单口 VCR 方程得到的电路,称为单口的等效电路。

如图 3-2-2 所示,等效是指:如果两个单口网络 N 和 N′端口上的电压电流关系完全相同,或它们的伏安特性曲线在 u-i 平面上完全重叠,则称这两个单口网络是等效的。一般来说,等效的 N 和 N′网络内部的结构

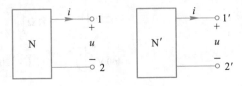

图 3-2-2　两个单口网络

和参数并不相同。"等效"只是说 N 和 N′在端口处的电压电流关系相同。"等效"在电路理论中是极其重要的概念,"等效变换法"在电路分析中是经常使用的方法,它可以简化电路,方便地得到需要的结果。

三种单口网络描述方式中,在不清楚网络内电路的具体情况时,可用实验法获得网络端口特性;在清楚网络内电路的具体情况时,可用等效法获得单口等效电路。下面具体通过 3.3 节和 3.4 节讨论单口网络的等效电路。

3.3　无源单口网络的等效电路

无源单口网络可分为纯电阻单口网络和含受控源单口网络两种。对于结构复杂的纯电阻单口网络可根据电阻的串、并联公式直接得到该单口的等效电路。对于网络中有 Y 形连接或 Δ 形连接的纯电阻单口网络,可进行 Y-Δ(或 Δ-Y)变换后再利用电阻的串、并联公式得到该单口的等效电路。但对于含受控源的单口网络,即使结构简单,一般也需根据等效的定义,利用伏安法(假设受控源的控制量为 1,求出端口电压、电流具体值)或外施端口电源法(外加电压源 u,求电流 i;或外加电流源 i,求电压 u)来获取该单口的等效电路。

3.3.1　电阻的串联与并联等效

1. 电阻的串联

多个二端元件首尾相连,各元件流过同一电流的连接方式称为串联。串联连接的电路元件具有相同的电流。图 3-3-1 所示电路中的电阻 R_1 和 R_2 是串联连接,流过的电流均为 i。

由欧姆定律得

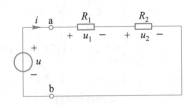

图 3-3-1　电阻的串联

$$u_1 = iR_1, \quad u_2 = iR_2$$

由 KVL 定律得

$$u = u_1 + u_2 = iR_1 + iR_2 = i(R_1 + R_2) \tag{3-3-1}$$

或

$$i = \frac{u}{R_1 + R_2}$$

式 (3-3-1) 也可写为

$$u = iR_{eq}$$

其中

$$R_{eq} = R_1 + R_2$$

R_{eq} 为串联电阻 R_1 和 R_2 的等效电阻。图 3-3-1
可简化为图 3-3-2。

如果 n 个电阻串联,其等效电阻的阻值等于 n 个
电阻值的和。即

$$R_{eq} = \sum_{k=1}^{n} R_i = R_1 + R_2 + \cdots + R_n \tag{3-3-2}$$

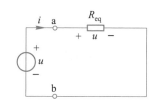

图 3-3-2 图 3-3-1
串联电路的简化电路

电阻串联及其等效电路如图 3-3-3 所示。需要
注意的是,等效电阻的阻值永远大于串联连接中的最大的电阻值。

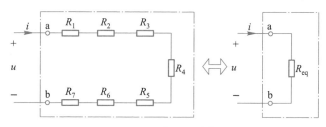

图 3-3-3 电阻串联及其等效电路

2. 电阻的并联

多个二端元件两端跨接同一电压称为并联。并联连接的电路元件具有相同
的电压。图 3-3-4 所示电路中的电阻 R_1 和 R_2 是并联连接,电阻两端的电压均
为 u。

由欧姆定律得

$$u = i_1 R_1 = i_2 R_2$$

或

$$i_1 = \frac{u}{R_1}, \quad i_2 = \frac{u}{R_2}$$

由 KCL 定律得

$$i = i_1 + i_2 = \frac{u}{R_1} + \frac{u}{R_2} = u\left(\frac{1}{R_1} + \frac{1}{R_2}\right) = \frac{u}{R_{eq}}$$

其中

$$\frac{1}{R_{eq}} = \frac{1}{R_1} + \frac{1}{R_2}$$

R_{eq} 为并联电阻 R_1 和 R_2 的等效电阻。图 3-3-4 可简化为图 3-3-5 所示。

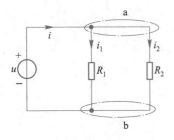

图 3-3-4 电阻的并联

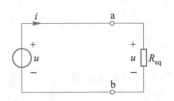

图 3-3-5 图 3-3-4 并联电路的简化电路

如果 n 个电阻并联,其等效电阻可写为

$$\frac{1}{R_{\text{eq}}} = \sum_{k=1}^{n} \frac{1}{R_i} = \frac{1}{R_1} + \frac{1}{R_2} + \cdots + \frac{1}{R_n} \qquad (3-3-3)$$

电阻并联及其等效电路如图 3-3-6 所示。需要注意的是,等效电阻的阻值永远小于并联连接中的最小的电阻值。

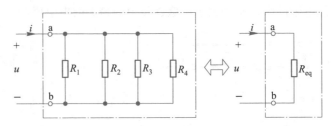

图 3-3-6 电阻并联及其等效电路

综上所述,由 n 个电阻串(并)联组成的单口网络,就单口特性而言,可等效为一个电阻,其电阻值由式(3-3-2)或式(3-3-3)确定。

3. 电阻的串联分压与并联分流

在电路分析中,串联电路的分压公式和并联电路的分流公式是两个很有用的公式。

在电子电路中常需多种不同数值及极性的直流工作电压,对信号电压的大小也常需加以控制(如收音机、电视机的音量控制),运用分压电路可以解决这类问题,并可用分压公式来计算。

在图 3-3-7 所示电路中,两个串联电阻的总电压为 u,流过同一电流 i,显然,每个电阻的电压只是总电压的一部分。串联电阻电路具备对总电压的分压作用,作这一用途时又常称为分压电路。分压关系可推导如下。

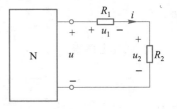

图 3-3-7 分压电路

由 KVL 及欧姆定律得

$$u = u_1 + u_2 = R_1 i + R_2 i$$

因而

$$i = \frac{u}{R_1 + R_2}$$

因此,有

$$u_1 = \frac{R_1}{R_1 + R_2} u \qquad\qquad (3-3-4)$$

$$u_2 = \frac{R_2}{R_1 + R_2} u \qquad\qquad (3-3-5)$$

式(3-3-4)和式(3-3-5)表明:串联电阻中的任一电阻的电压等于总电压乘以该电阻对总电阻的比值。显然,电阻值大的分配到的电压也高。式(3-3-4)和式(3-3-5)便是两电阻串联电路的分压公式。

若有 n 个电阻串联,不难得出第 k 个电阻两端的电压为

$$u_k = \frac{R_k}{\sum\limits_{k=1}^{n} R_k} u \qquad\qquad (3-3-6)$$

式(3-3-6)是分压公式的一般形式,其中分母为串联电路的总电阻。

串联电阻电路起分压作用,并联电阻电路则可起分流作用。在图 3-3-8 所示电路中,两个并联电阻的总电流为 i,两端的电压同为 u,显然,每个电阻的电流只是总电流的一部分,并联电阻电路具备对总电流的分流作用,作这一用途时常又称为分流电路。分流关系可推导如下。

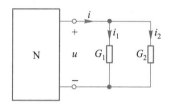

图 3-3-8 分流电路

用电导表示电阻元件,则由 KCL 及欧姆定律可得

$$i = i_1 + i_2 = G_1 u + G_2 u = (G_1 + G_2) u$$

因此

$$u = \frac{i}{G_1 + G_2}$$

由此可知

$$i_1 = \frac{G_1}{G_1 + G_2} i \qquad\qquad (3-3-7)$$

$$i_2 = \frac{G_2}{G_1 + G_2} i \qquad\qquad (3-3-8)$$

式(3-3-7)和式(3-3-8)表明:并联电导中的任一电导的电流等于总电流乘以该电导对总电导的比值。显然,电导值大的分配到的电流也大。式(3-3-7)和式(3-3-8)便是两电导并联电路的分流公式。

若有 n 个电导并联,不难得出流过第 k 个电导的电流为

$$i_k = \frac{G_k}{\sum\limits_{k=1}^{n} G_k} i \qquad\qquad (3-3-9)$$

式(3-3-9)是并联分流公式的一般形式,其中分母即为并联电路的总电导。

3.3.2 Y 形、Δ 形电阻电路的等效

1. Y 形网络和 Δ 形网络

在图 3-3-9 所示的惠斯通电桥电路中,电阻的连接方式既不属于串联,也不属于并联。但电阻网络仍可进行等效,使电路分析得以简化。

图 3-3-9 的 R_1、R_2 和 R_3 的连接方式属于 Y 形联结(又称 T 形联结),如图 3-3-10 所示。

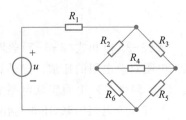

图 3-3-9 惠斯通电桥电路

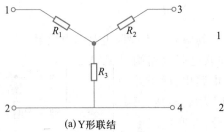
(a)Y形联结

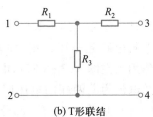
(b)T形联结

图 3-3-10 电阻网络

图 3-3-9 所示的 R_4、R_5 和 R_6 的连接方式属于 Δ 形联结(又称 Π 形联结),如图 3-3-11 所示。

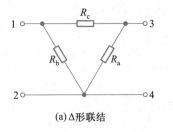
(a)Δ形联结

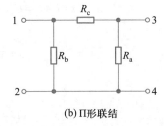
(b)Π形联结

图 3-3-11 电阻网络

2. Y 形网络和 Δ 形网络的等效

Y 形网络和 Δ 形网络均属三端网络。如图 3-3-12 所示,由电阻 R_a、R_b、R_c 组成的 Δ 形网络若要与由电阻 R_1、R_2、R_3 组成的 Y 形网络等效,则必须满足两种结构端口特性相同的条件,即相应端口之间的电阻相同。

在图 3-3-12(a)所示 Δ 形网络的每个端口,利用电阻的串、并联计算等效电阻,得

$$R_{ab} = R_c /\!/ (R_a + R_b) = \frac{R_c(R_a + R_b)}{R_a + R_b + R_c} = R_1 + R_2 \tag{3-3-10}$$

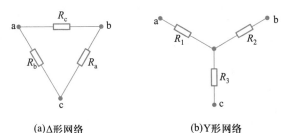

(a)△形网络　　　　　　　(b)Y形网络

图 3-3-12　Δ-Y 变换

$$R_{bc} = R_a /\!/ (R_b + R_c) = \frac{R_a(R_b + R_c)}{R_a + R_b + R_c} = R_2 + R_3 \qquad (3-3-11)$$

$$R_{ca} = R_b /\!/ (R_c + R_a) = \frac{R_b(R_c + R_a)}{R_a + R_b + R_c} = R_1 + R_3 \qquad (3-3-12)$$

联立求解式(3-3-10)~式(3-3-12),得

$$R_1 = \frac{R_b R_c}{R_a + R_b + R_c} \qquad (3-3-13)$$

$$R_2 = \frac{R_c R_a}{R_a + R_b + R_c} \qquad (3-3-14)$$

$$R_3 = \frac{R_a R_b}{R_a + R_b + R_c} \qquad (3-3-15)$$

式(3-3-13)~式(3-3-15)表示的 R_1、R_2、R_3 就是用 Δ 形网络电阻表示的 Y 形网络电阻的阻值,即 Δ-Y 变换的等效条件。Δ-Y 变换的等效条件可概括为

$$R_i = \frac{接于\, i\, 端两电阻之乘积}{\Delta\, 形三电阻之和} \qquad (3-3-16)$$

同理,Y-Δ 变换的等效条件为

$$R_a = \frac{R_1 R_2 + R_2 R_3 + R_3 R_1}{R_1} \qquad (3-3-17)$$

$$R_b = \frac{R_1 R_2 + R_2 R_3 + R_3 R_1}{R_2} \qquad (3-3-18)$$

$$R_c = \frac{R_1 R_2 + R_2 R_3 + R_3 R_1}{R_3} \qquad (3-3-19)$$

Y-Δ 变换的等效条件可概括为

$$R_{mn} = \frac{Y\, 形电阻两两乘积之和}{不与\, mn\, 端相连的电阻} \qquad (3-3-20)$$

例 3-3-1

利用 Y-Δ 等效变换求图 3-3-13 所示电路的电压 u。

解 这里关心的仅仅是 2 A 电流源两端的电压，一旦获得电源两端的等效电阻，问题就可以解决了。将图 3-3-13 中的 Y 形连接 (5 Ω,20 Ω,10 Ω) 用相应的等效 Δ 形连接替代，就能很容易求得等效电阻。根据式 (3-3-20)，得

$$R_{12} = \frac{20 \times 10 + 10 \times 5 + 5 \times 20}{5} \Omega = 70 \ \Omega$$

$$R_{23} = \frac{20 \times 10 + 10 \times 5 + 5 \times 20}{20} \Omega = 17.5 \ \Omega$$

$$R_{31} = \frac{20 \times 10 + 10 \times 5 + 5 \times 20}{10} \Omega = 35 \ \Omega$$

图 3-3-13 所示电路，经 Y-Δ 等效变换后简化为图 3-3-14 所示电路。利用电阻串、并联公式，计算出 2 A 电流源两端的等效电阻为

$$R_{eq} = \frac{\left(\dfrac{28 \times 70}{28 + 70} + \dfrac{17.5 \times 105}{17.5 + 105} \right) \times 35}{\left(\dfrac{28 \times 70}{28 + 70} + \dfrac{17.5 \times 105}{17.5 + 105} \right) + 35} \Omega = 17.5 \ \Omega$$

如图 3-3-15 所示，电路简化的最终结果是一个 17.5 Ω 电阻接在 2 A 电流源两端。由此得到 2 A 电流源两端的电压 $u = 35$ V。

由此可见，单口网络内的电阻若为 Y 形或 Δ 形联结，则该网络的端口特性仍可等效为一个电阻，其中 Y-Δ 转换电阻值由式 (3-3-16) 或式 (3-3-20) 确定。

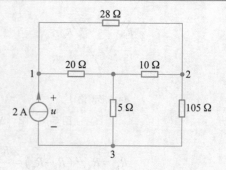

图 3-3-13 例 3-3-1 电路

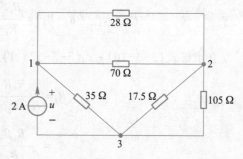

图 3-3-14 图 3-3-13 所示电路的变换形式

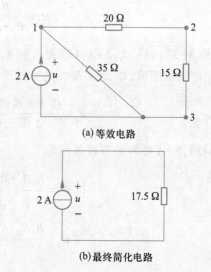

(a) 等效电路

(b) 最终简化电路

图 3-3-15 图 3-3-14 所示电路简化的最终结果

3.3.3　含受控源单口网络的等效

含受控源单
口网络的等
效分析

例 3-3-2

含受控电压源的单口网络如图 3-3-16 所示,该受控源的电压受端口电压 u 的控制。试求单口网络的输入电阻 R_i,并画出图 3-3-16 的等效电路。

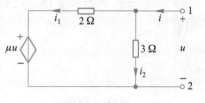

图 3-3-16　例 3-3-2 电路

解　输入电阻是指无源单口网络的端口电压与端口电流之比。在端口电压 u 与电流 i 相对于输入电阻为关联参考方向时,输入电阻为 $R_i = u/i$。求出输入电阻后即可画出单口网络的等效电路。

本例采用外施电压源法,即设外施电压为 u,想办法求端口电流 i。

由 KCL 及欧姆定律可得

$$i_2 = \frac{u}{3}, \quad i_1 = \frac{u - \mu u}{2}$$

$$i = i_1 + i_2 = \frac{u}{3} + \frac{u - \mu u}{2} = \frac{5 - 3\mu}{6}u \quad (3\text{-}3\text{-}21)$$

式(3-3-21)即是单口网络端口的 VCR。根据等效的定义,输入电阻应具有同样的 VCR,即

$$R_i = \frac{u}{i} = \frac{6}{5 - 3\mu} \quad (3\text{-}3\text{-}22)$$

由此可见,利用外施电源法可求单口网络的输

图 3-3-17　图 3-3-16 的等效电路

入电阻。含受控源的无源单口网络可以等效为一个电阻,此电阻即为端口的输入电阻。图 3-3-16 的等效电路如图 3-3-17 所示。

注意:当 $\mu = 0$ 时,受控电压源相当于短路,原电路即成为 2 Ω 与 3 Ω 并联电路,等效电阻为 1.2 Ω,其结果可校核式(3-3-22)。若 $\mu > \dfrac{5}{3}$ Ω,则等效电阻值为负,故无源单口网络在含受控源时,等效电阻可能为负,意味着发出电能,即为有源的了。

例 3-3-3

求图 3-3-18 所示电路的等效电路。

解　要想得到图 3-3-18 的等效电路,关键在于求出该单口的输入电阻。求单口的输入电阻除例 3-3-2 介绍的外施电源法外,还可采用伏安法:(1)通常先设受控源的控制量为 1(便于电路运算,也可设为其他值);(2)运用 KCL 及 KVL 设法算得 u 及 i;(3)根据 $u = R_i i$(当 u, i 对于 R_i 而言是关联参考方向时),求得 R_i。

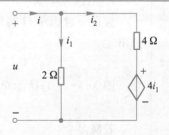

图 3-3-18　例 3-3-3 电路

（1）设受控源的控制量 $i_1 = 1$

（2）由 KCL、KVL 及欧姆定律得

$$u = 2i_1 = 2 \text{ V} \qquad (3-3-23)$$

$$i_2 = (u - 4i_1)/4 = -0.5 \text{ A} \qquad (3-3-24)$$

$$i = i_1 + i_2 = (1 - 0.5) \text{ A} = 0.5 \text{ A} \qquad (3-3-25)$$

（3）由式（3-3-23）~式（3-3-25）可得输入电阻

$$R_i = \frac{u}{i} = \frac{2}{0.5} \Omega = 4 \Omega$$

图 3-3-19 即为图 3-3-18 的等效电路。

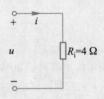

图 3-3-19　图 3-3-18 的等效电路

目标 2 测评

　　T3-2　利用 Δ-Y 等效变换，求图 T3-2 所示电路的电流 I。

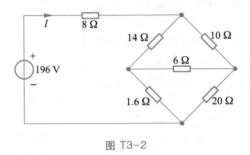

图 T3-2

3.4　含独立源单口网络的等效电路

3.4.1　理想电源的串联等效与并联等效

　　1. 电压源串联

　　假设一含源单口网络由两个电压源串联而成，如图 3-4-1（a）所示，它的 VCR 为

$$u = u_{S1} - u_{S2}, \quad \text{对所有电流 } i \qquad (3-4-1)$$

　　图 3-4-1（b）所示单口网络的 VCR 为

$$u = u_S, \quad \text{对所有电流 } i \qquad (3-4-2)$$

　　若满足

$$u_S = u_{S1} - u_{S2} \qquad (3-4-3)$$

则可以看出图 3-4-1（a）与图 3-4-1（b）所示单口网络的 VCR 完全相同，即是等

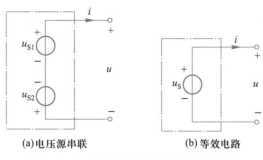

(a)电压源串联　　　　(b)等效电路

图 3-4-1　两个电压源串联及其等效电路

效的。式(3-4-3)为两个电压源按一定规律串联时的等效电压源计算公式,当网络中有 n 个电压源串联时,可以将式(3-4-3)进行推广。思考:当电压源 u_{S2} 的极性相反时,u_S 与 u_{S1}、u_{S2} 的关系式是否仍然为式(3-4-3)?

2. 电压源并联

一般来说,电压源在并联时,要求相同大小的电压源作极性一致的并联。此时,其等效电压源为其中的任一电压源,如图 3-4-2 所示。图中要求 $u_{S1}=u_{S2}=u_S$。

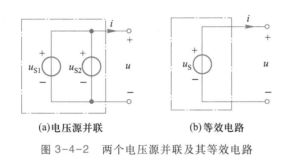

(a)电压源并联　　　　(b)等效电路

图 3-4-2　两个电压源并联及其等效电路

思考:若 $u_{S1}\neq u_{S2}$ 或极性相反并联时会出现什么问题? 它对现实生活有什么意义?

3. 电压源与其他二端元件的并联

电压源与其他二端元件 N 并联时,如图3-4-3(a)所示,N 可以是电流源或者电阻。N 的存在并不影响端口电压的大小,即端口电压始终等于电压源的电压,但是 N 的存在会影响流经电压源的电流。由于电压源的电流可以为任意值,所以端口的电流也可以为任意值。因此,这一单口网络的 VCR 为

$$u=u_S,对所有电流 i \tag{3-4-4}$$

图 3-4-3(b)所示单口网络与图 3-4-3(a)所示单口网络的 VCR 相同,两者为等效电路。从而可以推断出:与电压源并联的二端元件(或网络)在等效时可作开路处理。

4. 电流源并联

假设一含源单口网络是两电流源并联结构,如图 3-4-4(a)所示,它的 VCR 为

$$i=i_{S1}-i_{S2},对所有电压 u \tag{3-4-5}$$

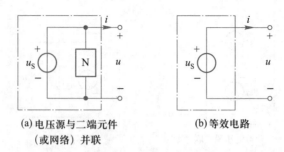

(a) 电压源与二端元件
（或网络）并联

(b) 等效电路

图 3-4-3   电压源与二端元件（或网络）并联的单口网络及其等效电路

图 3-4-4(b) 所示单口网络的 VCR 为

$$i = i_S, \text{对所有电压 } u \tag{3-4-6}$$

若满足

$$i_S = i_{S1} - i_{S2} \tag{3-4-7}$$

则可以看出图 3-4-4(a) 与图 3-4-4(b) 所示单口网络的 VCR 完全相同，即是等效的。式 (3-4-7) 为两个电流源按一定规律并联时的等效电流源求解公式，当网络中为 n 个电流源并联时，可以将式 (3-4-7) 进行推广。思考：当电流源 i_{S2} 的电流方向反向时，i_S 与 i_{S1}、i_{S2} 的关系式是否仍然为式 (3-4-7)？

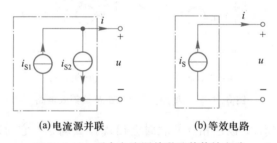

(a) 电流源并联

(b) 等效电路

图 3-4-4   两个电流源并联及其等效电路

5. 电流源串联

一般来说，只有电流大小相等、方向一致的电流源才能进行串联。此时，其等效电流源的电流即为该电流。如图 3-4-5 所示。

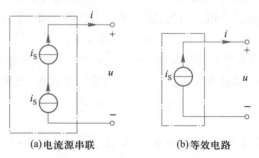

(a) 电流源串联

(b) 等效电路

图 3-4-5   两个电流源串联及其等效电路

6. 电流源与其他二端元件的串联

电流源与其他二端元件 N 串联时,如图 3-4-6(a)所示,N 可以是电压源或者电阻。N 的存在并不影响端口处电流的大小,端口处电流等于电流源的电流,但是 N 的存在会影响端口电压的大小,同样由于电流源两端的电压本身就可以为任意值。因此,这一单口网络的 VCR 为

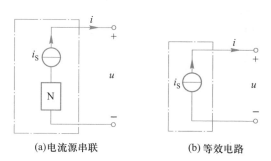

(a)电流源串联   (b)等效电路

图 3-4-6 电流源与二端元件(或网络)串联的单口网络及其等效电路

$$i = i_S, \quad 对所有电压 u \tag{3-4-8}$$

图 3-4-6(b)所示单口网络与图 3-4-6(a)所示单口网络的 VCR 相同,两者为等效电路。从而可以得出:与电流源串联的二端元件(或网络)在等效时可作短路处理。

3.4.2 实际电源的两种电路模型及其等效变换

在第 1 章中已经介绍过实际电源由于内阻的存在,往往不能只用理想电源作为模型。一般实际电源的电路模型由电压源串联电阻,或者电流源并联电阻组成,如图 3-4-7(a)、(b)所示。

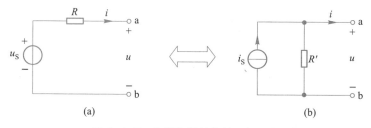

(a)   (b)

图 3-4-7 实际电源的等效(独立源)

由图 3-4-7(a)所示可知电压源串联电阻的 VCR 为

$$u = u_S - iR \tag{3-4-9}$$

由图 3-4-7(b)所示可知电流源并联电阻的 VCR 为

$$i = i_S - (u/R') \tag{3-4-10}$$

为了便于与式(3-4-9)比较,将式(3-4-10)改写为

$$u = i_S R' - iR' \tag{3-4-11}$$

对比式(3-4-9)与式(3-4-11)两式,如果满足如下两个条件

$$u_S = i_S R' \text{ 或 } i_S = u_S / R' \tag{3-4-12}$$

$$R = R' \tag{3-4-13}$$

则两个 VCR 式完全相同,亦即这两电路是等效的。如果将独立电源改为受控源,仍然可以进行与实际电源类似的等效,即受控电压源与电阻串联模型,可等效为受控电流源与电阻并联模型,反之亦然,如图 3-4-8 所示。

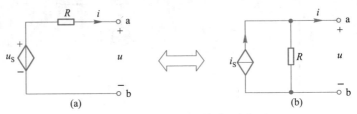

图 3-4-8 实际电源的等效(受控源)

进行等效变换时,需要注意以下问题:

(1) 在进行实际电源两种模型间的等效变换时,电流源的箭头指向电压源 "+"端,即电流源的电流方向指向电压源电压升的方向;

(2) $R \neq 0$ 或 $R \neq \infty$;

(3) 如果与某个电阻相关联的电压或者电流是一个受控源的控制变量,或是电路的待求响应,则这个电阻就不应包含在电源等效变换中。

利用实际电源两种模型间的等效变换,可以使电阻和电源合并,从而简化电路,方便计算。

例 3-4-1

求解图 3-4-9 中的电压 U_0。

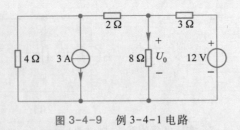

图 3-4-9 例 3-4-1 电路

解 在图 3-4-9 中把实际电源的模型先找出来,如图 3-4-10(a)中点画线框内所示,左边部分进行电源模型的等效变换后,得到图 3-4-10(b)。再将图 3-4-10(b)中点画线框内模型进行等效变换,得到图 3-4-10(c)。图 3-4-10(c)简化后可得图 3-4-10(d)。在图 3-4-10(d)中运用结点法则能很方便地求解电压 U_0。

$$\left(\frac{1}{8} + \frac{1}{2} \right) U_0 = 2$$

$$U_0 = 16/5 \text{ V} = 3.2\text{V}$$

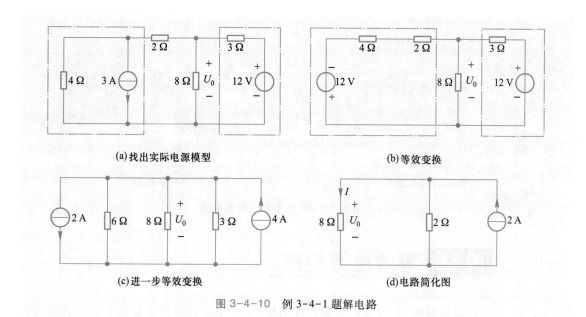

(a)找出实际电源模型　　　　　　　　　　(b)等效变换

(c)进一步等效变换　　　　　　　　　　(d)电路简化图

图 3-4-10　例 3-4-1 题解电路

例 3-4-2

求解图 3-4-11 中的电压 U_x。

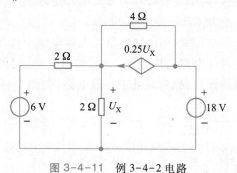

图 3-4-11　例 3-4-2 电路

解　在图 3-4-11 中把实际电源的模型先找出来，如图 3-4-12(a)中点画线框内所示。进行电源模型等效变换，得到电路如图 3-4-12(b)所示。在图 3-4-12(b)中应用网孔分析法先求解出网孔电流 I_1、I_2，再求出电压 U_x。

$$\begin{cases}(2+2)I_1-2I_2=6\\-2I_1+(2+4)I_2=-U_x-18\end{cases}$$

补充方程　　$U_x=2\times(I_1-I_2)$

解得

$$I_1=-\frac{3}{4}\ \text{A},$$

$$I_2=-\frac{9}{2}\ \text{A},$$

$$U_x=\frac{15}{2}\ \text{V}$$

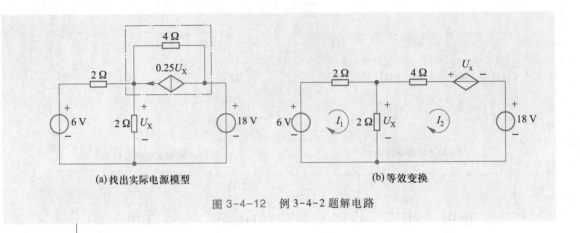

图 3-4-12 例 3-4-2 题解电路

3.4.3 等效电源定理

电路分析中,经常会遇到这样的情形,一个电路中的负载部分往往会因为实际需要而发生变化,其余部分的电路结构相对固定。去掉要研究的负载支路后,剩下的电路结构可视为一个单口网络。若该单口网络中包含有独立电源,就是一个含源单口网络,戴维宁定理和诺顿定理能够将线性含源单口网络等效成一个实际电源模型,故这两个定理统称为等效电源定理。

1. 戴维宁定理(Thevenin's theorem)

戴维宁定理
证明

戴维宁定理是 1883 年法国电报工程师戴维宁提出的,内容如下:线性含源单口网络不论其内部电路结构如何,就其端口来讲,对外电路可等效为一个电压源串联一个电阻的模型,称为戴维宁等效电路,如图 3-4-13 所示。其中,等效电路

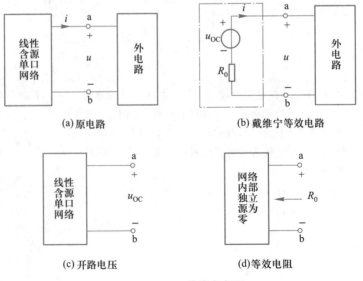

图 3-4-13 戴维宁定理

（图 3-4-13(b)）中的电压源 u_{OC} 为线性含源单口网络两端处于开路时的电压值，如图 3-4-13(c)所示；串联电阻 R_0 等于单口网络内部所有独立源置零时，从端口看进去的等效电阻，如图 3-4-13(d)所示。u_{OC} 和 R_0 统称为戴维宁等效参数，R_0 也称为戴维宁等效内阻。注意：等效电压源的参考方向与所求开路电压 u_{OC} 参考方向的关系。

针对电路结构的不同，从单口网络电路中是否包含受控源的角度把戴维宁等效电路分为两种情况分别讨论。

（1）无受控源单口网络的戴维宁等效

例 3-4-3

分别求电路 3-4-14(a) 中负载 $R = 2\ \Omega$、$6\ \Omega$、$18\ \Omega$ 时的电流 I。

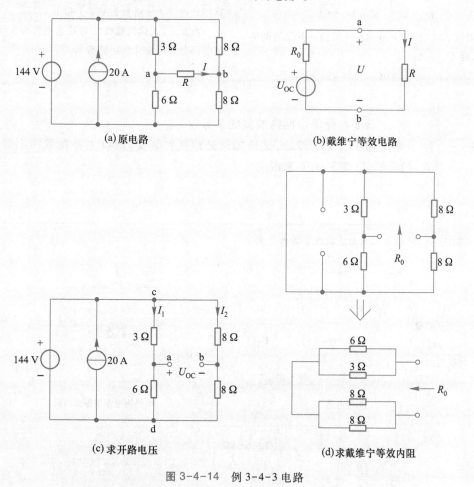

图 3-4-14 例 3-4-3 电路

解   根据戴维宁定理,去掉 R 之后,电路的其余部分构成一个线性含源单口网络,最终简化成戴维宁等效电路,如图 3-4-14(b)所示。

先求解开路电压 U_{OC}。视 a、b 端断开,如图 3-4-14(c)所示,U_{OC} 即为开路端口电压 U_{ab}。由于 c、d 两端的电源恒为 144 V,所以可以计算出支路电流 I_1 和 I_2 为

$$I_1 = \frac{144}{3+6} \text{ A} = 16 \text{ A}, \quad I_2 = \frac{144}{8+8} \text{ A} = 9 \text{ A}$$

根据欧姆定律,得到 a、d 和 b、d 之间的电压降:

$$U_{ad} = 6 \times I_1 = 6 \times 16 \text{ V} = 96 \text{ V},$$

$$U_{bd} = 8 \times I_2 = 8 \times 9 \text{ V} = 72 \text{ V}$$

根据 KVL,在 a-b-d 回路中得到 a、b 之间的电压降,即 U_{OC}

$$U_{ab} = U_{ad} - U_{bd} = (96-72) \text{ V} = 24 \text{ V} = U_{OC}$$

再求解戴维宁等效内阻 R_0。观察这个单口网络内部有一个独立电压源和独立电流源,求 R_0 时需将单口网络中的独立源置零,即独立电压源视为短路,独立电流源视为开路,得到图 3-4-14(d)中的电路,将其转化为熟悉的电路形式,可得

$$R_0 = \left(\frac{6 \times 3}{6+3} + \frac{8}{2} \right) \Omega = 6 \text{ }\Omega$$

将求得的 U_{OC} 和 R_0 代到戴维宁等效电路中(图 3-4-14(b)),加入负载 R,计算电流 I

$$I = \frac{U_{OC}}{R_0 + R} = \frac{24}{6 + R}$$

当 R 分别为 2 Ω、6 Ω 和 18 Ω 时,代入上式,计算得到电流 I 分别为 3 A、2 A 和 1 A。

由此看出,运用戴维宁等效电路可以大大简化负载部分容易变化的电路分析。

（2）含受控源单口网络的戴维宁等效

若电路中含有受控源,又该如何处理呢?其实,重点主要在戴维宁等效内阻 R_0 的求解,以例 3-4-4 来说明。

例 3-4-4

求图 3-4-15(a)所示电路的戴维宁等效电路。

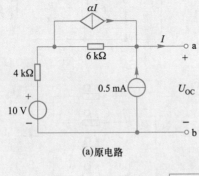

(a)原电路

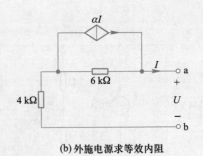

(b)外施电源求等效内阻

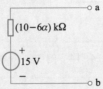

(c)戴维宁等效电路

图 3-4-15   例 3-4-4 电路

解 求解 U_{OC} 时,视 a、b 端口为开路,因此 $I = 0$,进而受控电流源 $\alpha I = 0$,该支路等效为断开,根据 KVL,$U_{OC} = (0.5 \times 10^{-3} \times (6+4) \times 10^3 + 10)\,\text{V} = 15\,\text{V}$。

当电路中包含受控源时,求解 R_0 通常用外施电源法,即在端口处假设一个电压源存在,大小为 u,参考极性如图 3-4-15(b) 所示,端口电流为 i,本题中 i 的参考方向与原电路图一致,因此,端口电压 u 和 i 相对等效内阻 R_0 呈非关联参考方向,所以

$$R_0 = -\frac{u}{i} = -\frac{-6 \times 10^3 \times (i - \alpha i) - 4 \times 10^3 i}{i} = (10 - 6\alpha)\,\text{k}\Omega$$

由此,得到戴维宁等效电路如图 3-4-15(c) 所示。

可见,若电路中有受控源出现,用外施电源法求 R_0 是关键。即在端口处设一个电压和电流,根据电路结构写出 u-i 关系,代入欧姆定理 $R_0 = u/i$(针对 R_0,u,i 呈关联参考方向),消去其中一个未知参数,求出 R_0。

2. 诺顿定理(Norton's theorem)

戴维宁定理理解

戴维宁定理提出约 50 年后,美国贝尔电话实验室的工程师 E. L. Norton 发表了诺顿定理,具体内容为:任何一个含源单口网络不论其内部电路结构如何,就其端口来讲,对外电路可等效为一个电流源并联一个电导的模型,称为诺顿等效电路,如图 3-4-16(b) 所示。其中电流源 i_{SC} 为该单口网络两端口处于短路时流经的短路电流,如图 3-4-16(c) 所示,并联电导 G_0 等于单口网络内部所有独立源置零时(即独立电压源短路,独立电流源开路),从端口看进去的等效电导,如图 3-4-16(d) 所示。i_{SC} 和 G_0 统称为诺顿等效参数,$G_0 = 1/R_0$,也称为诺顿等效电导。注意:等效电流源的参考方向与所求短路电流 i_{SC} 参考方向的联系。

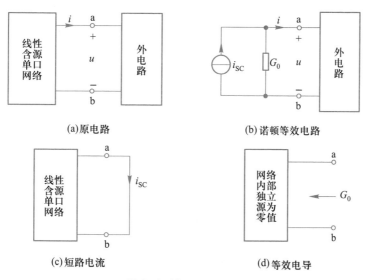

(a)原电路 (b)诺顿等效电路

(c)短路电流 (d)等效电导

图 3-4-16 诺顿定理

一般情况下,由于任何线性含源单口网络都可以等效为戴维宁等效电路,根据前面介绍的实际电源两种电路模型之间的等效变换,可以推导出诺顿定理实质上是戴维宁定理的对偶形式。

思考:有人认为,既然诺顿等效电路和戴维宁等效电路可以等效互换,诺顿定理还有必要吗?试加分析。

例 3-4-5

将图 3-4-17(a)所示电路化简为诺顿等效电路,并求当负载 $R_L = 0.5\ \Omega$ 时的电流 I。

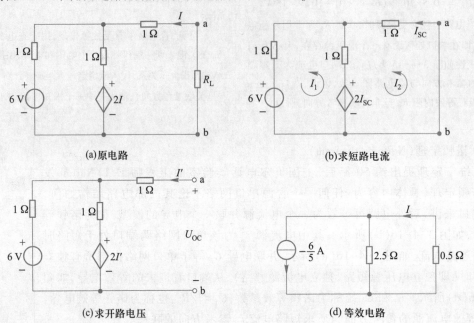

图 3-4-17　例 3-4-5 电路

解　去掉负载 R_L 后,原电路成为含源单口网络。

(1) 求解短路电流 I_{SC}

首先把单口网络的端口 a、b 短路,如图 3-4-17(b)所示,标注出短路电流 I_{SC} 及其参考方向。I_{SC} 参考方向最好与原图 I 保持一致,以免后续计算中遗忘方向关系。本题用网孔电流法求解 I_{SC},为计算方便,网孔电流统一设为逆时针,网孔 2 的电流等于 I_{SC},即 $I_2 = I_{SC}$。

$$\begin{cases} (1+1)I_1 - I_{SC} = -6 + 2I_{SC} \\ -I_1 + (1+1)I_{SC} = -2I_{SC} \end{cases}$$

得到

$$I_{SC} = -\frac{6}{5}\ \text{A}$$

(2) 求解诺顿等效电导 G_0

本题中求电导 G_0 使用开路短路法。图 3-4-18 展示了戴维宁电路和诺顿电路的等效关系。

从图中可以得到开路电压 U_{OC}、短路电流 I_{SC} 和诺顿等效电导之间的关系

$$G_0 = \frac{I_{SC}}{U_{OC}} \tag{3-4-14}$$

注意:U_{OC}、I_{SC} 参考方向与式(3-4-14)的关系。

设开路电压 U_{OC},参考极性如图 3-4-17(c)所示。由于端口处是开路,所以 $I' = 0\ \text{A}$,因此受控电压源 $2I'$ 也为 0,等效为短路。

$$U_{OC} = \frac{6}{1+1} \times 1\ \text{V} = 3\ \text{V}$$

本题中 U_{OC} 和 I_{SC} 是非关联参考方向

$$G_0 = -\frac{I_{SC}}{U_{OC}} = -\left(-\frac{6}{5} \times \frac{1}{3}\right)\ \text{S} = 0.4\ \text{S} = \frac{1}{R_0}$$

得到

$$R_0 = 2.5\ \Omega$$

由此,可画出诺顿等效电路,加入负载如图 3-4-17(d)所示,根据电流源分流,得到

$$I = -\frac{6}{5} \times \frac{2.5}{2.5+0.5}\ \text{A} = -1\ \text{A}$$

除了本题中运用的开路短路法外,读者也可以利用前面学过的外施电源法来求诺顿等效电导 G_0。

思考:运用开路短路法和外施电源法求诺顿等效电导时,对原网络内部电源的处理是否相同?为什么?

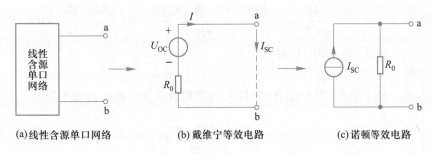

图 3-4-18 戴维宁等效电路与诺顿等效电路的关系

(a)线性含源单口网络　　(b)戴维宁等效电路　　(c)诺顿等效电路

3.4.4 最大功率传输定理

在许多实际应用中,常设计一个电路向负载 R_L 提供能量。尤其是在通信领域,通过电信号传输信息或数据时,人们期望传输尽可能多的功率到负载,这就是最大功率传输(maximum power transmission)问题。

给定的线性含源单口网络 N,接在其两端的负载电阻阻值不同,向负载传递的功率也不同。在什么情况下,负载获得的功率最大呢? 假设负载电阻 R_L 是可变的,给定的线性含源单口网络可以用戴维宁或诺顿等效电路代替,如图 3-4-19 所示。

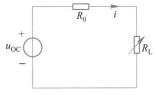

图 3-4-19　最大功率传输

负载 R_L 吸收的功率为

$$P = i^2 R_L = \left(\frac{U_{OC}}{R_0 + R_L}\right)^2 R_L \qquad (3-4-15)$$

对于一个给定的电路,戴维宁等效参数 u_{OC} 和 R_0 是确定的。通过改变负载电阻 R_L,负载电阻吸收功率的变化曲线如图 3-4-20 所示。

从图 3-4-20 可以看出,当负载电阻 R_L 阻值很小或很大时,R_L 获得的功率小;当 R_L 阻值为 0 和 ∞ 之间的某个值时负载获得的功率最大,这个值就

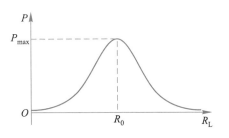

图 3-4-20　负载电阻吸收功率变化曲线

是戴维宁等效电阻 R_0。即负载电阻阻值等于戴维宁等效电阻 R_0 时,负载 R_L 能够获得最大功率,这就是最大功率传输定理。$R_L = R_0$ 称为最大功率匹配(match)。

为了证明最大功率传输定理,即要使 P 为最大,令 $\dfrac{dP}{dR} = 0$,解得 P 为最大时的 R_L 阻值

$$\frac{\mathrm{d}P}{\mathrm{d}R} = u_{OC}^2 \frac{(R_0+R_L)^2 - 2R_L(R_0+R_L)}{(R_0+R_L)^4} = \frac{u_{OC}^2(R_0-R_L)}{(R_0+R_L)^3} = 0 \qquad (3-4-16)$$

由式(3-4-16)可得

$$R_L = R_0 \qquad (3-4-17)$$

将 $R_L = R_0$ 代入式(3-4-15),可得到负载获得的最大功率为

$$P_{max} = \frac{u_{OC}^2}{4R_0} \qquad (3-4-18)$$

若用诺顿等效电路,则

$$P_{max} = \frac{i_{SC}^2}{4G_0} \qquad (3-4-19)$$

例 3-4-6

图 3-4-21 所示电路中,当 R_L 为多少时能够获得最大功率,并计算最大功率的值。

解   首先求出移去 R_L 后的线性含源单口网络的戴维宁等效电路,然后再求获得最大功率时的 R_L 以及最大功率。

(1)先求除去 R_L 的线性含源单口网络的戴维宁等效参数,求 R_0、U_{OC} 的电路如图 3-4-22 所示。

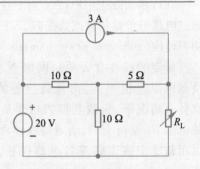

图 3-4-21   例 3-4-6 电路

$$R_0 = \left(\frac{10 \times 10}{10+10} + 5 \right) \Omega = 10\ \Omega$$

运用网孔分析法或结点分析法,计算得到 $U_{OC} = 40$ V。

因此,戴维宁等效电路如图 3-4-23 所示。当 $R_L = R_0 = 10\ \Omega$ 时,R_L 获得最大功率。

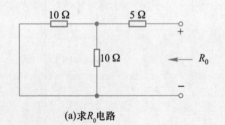

(a)求 R_0 电路

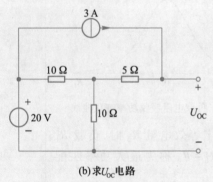

(b)求 U_{OC} 电路

图 3-4-22   求 R_0、U_{OC} 电路

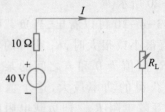

图 3-4-23   戴维宁等效电路

(2)R_L 获得的最大功率为

$$P_{max} = \frac{U_{OC}^2}{4R_0} = \frac{40^2}{4 \times 10}\ \mathrm{W} = 40\ \mathrm{W}$$

目标 3 测评

T3-3　电路如图 T3-3 所示,a、b 端的戴维宁等效电阻是(　　)。

(a) 25 Ω　　(b) 20 Ω　　(c) 5 Ω　　(d) 4 Ω　　(e) $\dfrac{10}{3}$ Ω

T3-4　电路如图 T3-3 所示,求 a、b 端诺顿等效电路。

T3-5　画出图 T3-5 各电路的等效电路。

T3-6　求可变电阻 R_L 的数值,使得图 T3-6 所示电路在端点 a、b 之间的传输功率最大。

T3-7　试证明诺顿定理。

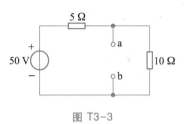

图 T3-3

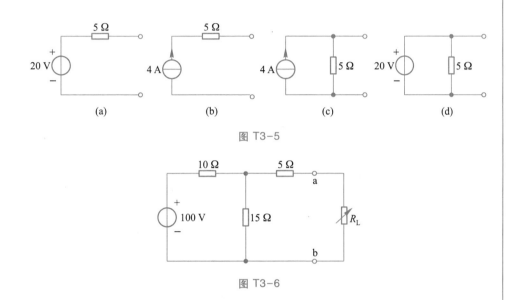

图 T3-5

图 T3-6

3.5　技术实践

3.5.1　扩音器系统分析

引例中提到的扩音器系统,是最大功率传输定理的一个典型应用,图 3-5-1 为音频放大器、扬声器以及它们的等效电路。

根据最大功率传输定理,负载电阻与信号源内阻匹配达到最大功率传输。以一个 8 Ω 扬声器为例,如图 3-5-2(a)所示,设音频放大器信号源电压为 12 V,根据分压定理,扬声器的电压为 6 V,扬声器获得最大功率 $P = 4.5$ W。

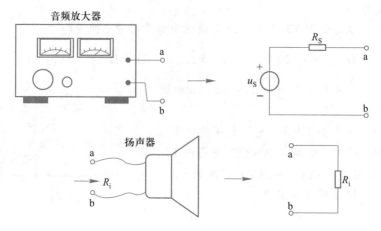

图 3-5-1　扩音器系统等效电路

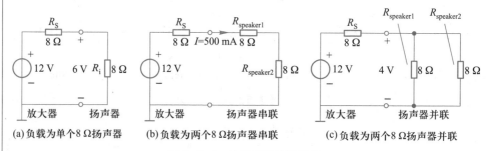

(a)负载为单个8 Ω扬声器　　(b)负载为两个8 Ω扬声器串联　　(c)负载为两个8 Ω扬声器并联

图 3-5-2　扩音器系统连接图

如果需要连接两个 8 Ω 的扬声器,可以选择串联或并联。图 3-5-2(b)所示为串联连接,每个扬声器分配到的功率为 2 W,不到音频放大器最大输出功率 4.5 W 的 50%。图 3-5-2(c)所示为并联连接,总的等效电阻为 4 Ω,每个扬声器的端电压为 4 V,得到的功率为 2 W。有趣的是,无论是串联还是并联,每个扬声器获得的功率相同。然而,由于以下原因通常选择并联连接:首先,当扬声器并联连接时,如果其中一个扬声器连线断开将不会影响其他扬声器正常工作;其次,并联方式便于扩展连接,当增加扬声器时,只需将新增扬声器的正、负极分别与已有扬声器的正、负极对应相接即可。

每个扬声器都有一个功率范围。例如,一个 50 W 的扬声器是指其最大功率为 50 W,但要正常工作,其功率至少应为 10~50 W。值得注意的是,扬声器在低于额定功率(例如,给定扬声器提供 40 W 的功率)情况下工作不会引起声音失真,只会导致音量减小,当超过额定功率时,将会有声音失真现象。

例 3-5-1

已知音频放大器的信号源电压为 12 V,等效内阻 8 Ω,试分析:如果提供两个 4 Ω 或两个 16 Ω 的扬声器时,该如何连接才能达到最佳收听效果?

解　实际应用中,总是尽量使扬声器负载的等效电阻与音频放大器的等效内阻相匹配,达到最大功率传输,即 $R_L = R_S = 8$ Ω 时,扬声器具有最佳收听效果。

要使两个 4 Ω 的扬声器达到最佳效果,只有通过串联连接,如图 3-5-3(a)所示

$$R_{L1} + R_{L2} = R_S = (4+4)\ \Omega = 8\ \Omega$$

总负载功率　$P_{max} = \dfrac{U_s^2}{4(R_{L1}+R_{L2})} = \dfrac{12^2}{4\times8}\ \text{W} = 4.5\ \text{W}$

要使两个 16 Ω 的扬声器达到最佳效果,只有通过并联连接,如图 3-5-3(b)所示

$$R_{L3} /\!/ R_{L4} = R_S = \frac{16\times16}{16+16}\ \Omega = 8\ \Omega$$

总负载功率　$P_{max} = \dfrac{U_s^2}{4(R_{L3} /\!/ R_{L4})} = \dfrac{12^2}{4\times8}\ \text{W} = 4.5\ \text{W}$

设想若将两个 8 Ω 扬声器并联之后再与 4 Ω 的扬声器串联,也可使总负载电阻为 8 Ω,从而获得最大功率传输,但各扬声器分配的功率将不相等。4 Ω 扬声器获得的功率是 8 Ω 扬声器得到功率的两倍,这将导致听到的声音失真或不均衡。

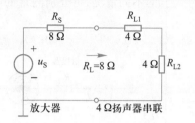

(a) 两个 4 Ω 扬声器串联

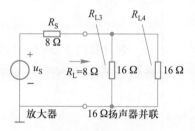

(b) 两个 16 Ω 扬声器并联

图 3-5-3　例 3-5-1 电路

3.5.2 模拟直流仪表设计

测量电流、电压和电阻的直流仪表称为电流表、电压表和电阻表。这些表中都装有达松伐尔(d'Arsonval)运动装置,如图 3-5-4 所示。在永久磁铁两极间的固定铁心上装有一个可转动的线圈,当电流流经线圈时,产生转矩,使指针偏转。流过线圈电流的大小决定了指针偏转的多少,然后再由装在表上的量程刻度指示出来。例如,若装置的满量程为 1 mA,内阻为 50 Ω,则线圈流过 1 mA 的电流就使装置的指针有满刻度的偏转。利用此装置,再附加一些电路,就能构成电流表、电压表或电阻表。

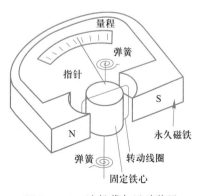

图 3-5-4　达松伐尔运动装置

单量程电压表的基本结构由达松伐尔装置串联一个量程电阻 R_M 构成,如图 3-5-5(a)所示。R_M 需精心设计,一般 R_M 较大(理论上是无穷大)以尽量减小表的接入对电路的影响。为了扩展可测电压的量程,电压表还常与多个量程电阻分别串联,构成多量程电压表,如图 3-5-5(b)所示。根据量程开关接到 R_1,R_2 或 R_3 的不同情况,可分别测量的电压为 0~1 V,0~10 V 或 0~100 V。

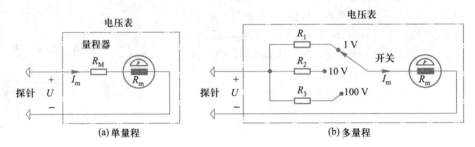

图 3-5-5 电压表

现计算图 3-5-5(a)所示单量程电压表的电阻 R_M。当满量程电流 $I_{fs} = I_m$ 流经仪表时,应该对应于表的最大电压读数或满量程电压 U_{fs},所以

$$U_{fs} = I_{fs}(R_M + R_m) \tag{3-5-1}$$

则

$$R_M = \frac{U_{fs}}{I_{fs}} - R_m \tag{3-5-2}$$

同理,可计算图 3-5-5(b)所示多量程电压表的量程电阻 R_1、R_2 和 R_3。

单量程电流表的基本结构由达松伐尔装置并联一个量程电阻 R_n 构成,如图 3-5-6(a)所示。R_n 需精心设计,一般 R_n 较小(理论上是零)以尽量减小表的接入对电路的影响。为了扩展可测电流表的量程,电流表还常与多个量程电阻分别并联,构成多量程电流表,如图 3-5-6(b)所示。根据量程开关接到 R_1,R_2 或 R_3 的不同情况,电流表可分别测量的电流为 0~10 mA,0~100 mA 或 0~1 A。

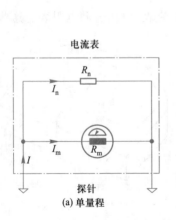
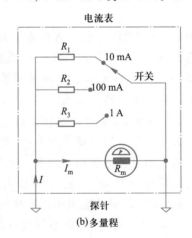

图 3-5-6 电流表

现计算图 3-5-6(a)所示单量程电流表的量程电阻 R_n。在满刻度时 $I = I_{fs} = I_m + I_n$，则分流得

$$I_m = \frac{R_n}{R_n + R_m} I_{fs} \tag{3-5-3}$$

即

$$R_n = \frac{I_m}{I_{fs} - I_m} R_m \tag{3-5-4}$$

同理，可计算图 3-5-6(b)所示多量程电流表的量程电阻 R_1、R_2 和 R_3。

电阻的测量有两种方法，一种是间接法，如图 3-5-7(a)所示，用电流表与该电阻串联，测出流过它的电流 I，再用电压表并联在该电阻两端，测出它的端电压 U，则

$$R_x = \frac{U}{I} \tag{3-5-5}$$

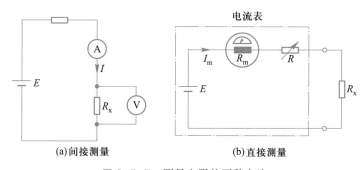

(a)间接测量　　　　　　　(b)直接测量

图 3-5-7　测量电阻的两种方法

另一种电阻测量的方法是用电阻表直接测量。电阻表由达松伐尔装置、可变电阻或电位器和一个电池组成，如图 3-5-7(b)所示，由 KVL 得

$$E = (R_m + R + R_x) I_m \tag{3-5-6}$$

或

$$R_x = \frac{E}{I_m} - R - R_m \tag{3-5-7}$$

当 $R_x = 0$ 时，调节电阻 R 使表满刻度偏转，即 $I_m = I_{fs}$，此时

$$E = (R + R_m) I_{fs} \tag{3-5-8}$$

将式(3-5-8)代入式(3-5-7)，有

$$R_x = \left(\frac{I_{fs}}{I_m} - 1 \right) (R + R_m) \tag{3-5-9}$$

例 3-5-2

按图 3-5-5 所示电压表的结构,假设电压表的 $R_m = 2\ \text{k}\Omega$,满量程电流 $I_{fs} = 100\ \mu\text{A}$,试设计多量程电压表中 R_1, R_2 和 R_3 的值。量程范围:(1) 0~1 V;(2) 0~10 V;(3) 0~100 V。

解　假设 R_1, R_2 和 R_3 分别对应于电压表的量程为 0~1 V,0~10 V,0~100 V,则根据式(3-5-2)可得:

(1) 量程 0~1 V,电阻 R_1 为

$$R_1 = \left(\frac{1}{100 \times 10^{-6}} - 2\,000\right)\Omega$$
$$= (10\,000 - 2\,000)\Omega = 8\ \text{k}\Omega$$

(2) 量程 0~10 V,电阻 R_2 为

$$R_2 = \left(\frac{10}{100 \times 10^{-6}} - 2\,000\right)\Omega$$
$$= (100\,000 - 2\,000)\Omega = 98\ \text{k}\Omega$$

(3) 量程 0~100 V,电阻 R_3 为

$$R_3 = \left(\frac{100}{100 \times 10^{-6}} - 2\,000\right)\Omega$$
$$= (1\,000\,000 - 2\,000)\Omega = 998\ \text{k}\Omega$$

3.5.3 电源建模

电源建模是戴维宁和诺顿等效定理应用的实例。实际电源有内部电阻,如图 3-5-8 所示。随着 $R_S \to 0$ 和 $R_P \to \infty$,则实际电源将接近理想源。

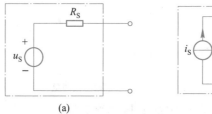
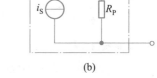

(a) (b)

图 3-5-8　实际电源的两种模型

负载对实际电压源的影响:负载 R_L 接于实际电压源两端,如图 3-5-9(a)所示,根据分压原理,负载上的电压为

$$u_L = \frac{R_L}{R_S + R_L} u_S \tag{3-5-10}$$

随着 R_L 增加,负载电压趋近于电源电压 u_S,如图 3-5-9(b)所示。

式(3-5-10)表明:

(1) 如果电源的内阻 R_S 为零,或 $R_S \ll R_L$,则实际电压源越接近理想源;

(2) 不接负载,即 $R_L \to \infty$ 时,$u_{OC} = u_S$;接上负载,端电压 u_L 下降,这种现象称为负载效应。

负载对实际电流源的影响:负载 R_L 接于电流源两端,如图 3-5-10(a)所示,根据分流原理,负载上的电流为

$$I_L = \frac{R_P}{R_P + R_L} i_S \tag{3-5-11}$$

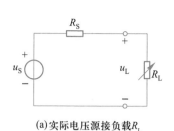
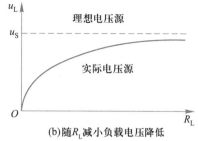

(a)实际电压源接负载R_L　　　　(b)随R_L减小负载电压降低

图 3-5-9　负载对实际电压源的影响

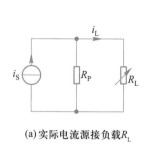
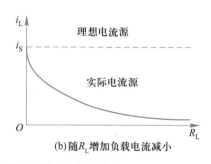

(a)实际电流源接负载R_L　　　　(b)随R_L增加负载电流减小

图 3-5-10　负载对实际电流源的影响

图 3-5-10(b)给出了负载电流随负载电阻变化的曲线。由曲线看出,负载的引入使得负载电流下降,当 $R_P \to \infty$ 或 $R_P \gg R_L$ 时,实际电流源接近理想源。

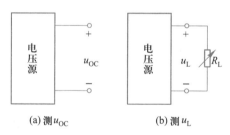

(a)测u_{OC}　　　　　(b)测u_L

图 3-5-11　u_S 和 R_S 的确定

实际电压源的电源电压 u_S 和内电阻 R_S 可用下述方法求取。

由图 3-5-11(a),测量开路电压 u_{OC},则

$$u_S = u_{OC} \tag{3-5-12}$$

接入可变电阻 R_L,如图 3-5-11(b)所示。改变 R_L,使得 $u_L = 0.9u_{OC}$。取下 R_L,并测量 R_L 阻值,则

$$R_S = \frac{1}{9} R_L \tag{3-5-13}$$

例 3-5-3

如图 3-5-12 所示,当电压源接一个 2 W 的负载时,端电压是 12 V;若断开该负载,则端电压为 12.4 V。

（1）计算电压源的电源电压 u_S 和内阻 R_s;

（2）当电压源接一个 10 Ω 负载时,求其端电压 u。

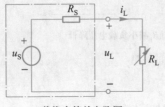

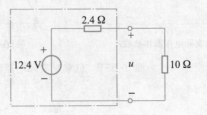

(a) 戴维宁等效电路图   (b) 接上10 Ω负载

图 3-5-12   例 3-5-3 电路

解   （1）由题意知,不接负载时 $u_S = u_{OC} = 12.4$ V;接上负载后,如图 3-5-12(a)所示,$u_L = 12$ V 和 $p_L = 2$ W,因为

$$p_L = \frac{u_L^2}{R_L} \Rightarrow R_L = \frac{u_L^2}{p_L} = \frac{12^2}{2} \Omega = 72 \Omega$$

负载电流为 $i_L = \frac{u_L}{R_L} = \frac{12}{72}$ A $= \frac{1}{6}$ A,电源内阻为

$$R_S = \frac{u_S - u_L}{i_L} = \frac{12.4 - 12}{1/6} \Omega = 2.4 \Omega$$

（2）将 10 Ω 负载接到戴维宁等效电路上,如图 3-5-12(b)所示,按分压公式计算得

$$u = \frac{10}{10 + 2.4} \times 12.4 \text{ V} = 10 \text{ V}$$

3.6   计算机辅助分析

EWB 采用图形化界面,操作方便。采用 EWB 进行电路分析时,创建电路、选用元器件和测试仪器均可以直接从元件库中选取,而且测试仪器的操作按钮、开关、形状与实际仪器极为相似。基于 EWB 仿真软件,采用叠加定理和电路等效进行电路分析十分简便。另外,可以用于帮助读者更好地验证、理解本章的基本内容和定理。

例 3-6-1

借助 EWB,利用叠加定理求图 3-1-5 所示电路中的电流 i_0。

解   电路中有两个独立源,一个受控源。在 EWB 中分别搭建两个独立源单独作用时的电路分图（注意:在分图中受控源均必须保留;电流表接入极性与 i_0 的参考方向一致）,如图3-6-1所示。在图 3-6-1 中,图(a)中的电流表显示的是当 2 A 电流源单独作用时待求电流变量 i_0' 的值 $i_0' = 0.963$ A;图(b)表示 10 V 电压源单独作用时,待求电流变量的值 $i_0'' = -1.111$ A。

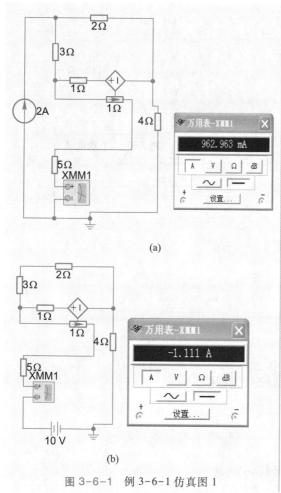

图 3-6-1 例 3-6-1 仿真图 1

根据叠加定理,当两个独立源同时作用时,$i_0 = i_0' + i_0'' = -0.148$ A,与例 3-1-5 的计算结果一致。也可以通过仿真验证该结果的正确性:同时接入两个独立源,利用电流表显示 i_0,如图 3-6-2 所示。从电流表的显示结果可以看出,两个独立源同时作用时待求变量的值等于两个独立源单独作用时该变量值的叠加,即满足叠加定理。

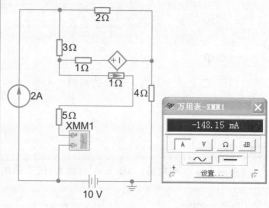

图 3-6-2 例 3-6-1 仿真图 2

利用 EWB 仿真平台,也可以根据外施电源法很容易地获得无源单口网络的等效电路。

例 3-6-2

求图 3-6-3 所示电路 a、b 右边单口网络的等效电路。

解 a、b 右边为无源单口网络,对外可以等效为一个电阻,可采用外施电源法求该等效电阻。在 EWB 中建立待求单口网络。外施一个 10 V 的电压源,并接入一个电流表,如图 3-6-4 所示,选择菜单 simulate 下的 run,或者直接按 F5 进行仿真。运行结果如图 3-6-4 所示。则等效电阻的阻值为 $R = \dfrac{10}{4.762}$ Ω = 2.1 Ω。等效后的电路如图 3-6-5 所示。读者也可以采用外施电流源法求该等效电路,还可以采用 3.3.2 节的等效方法进行验证。

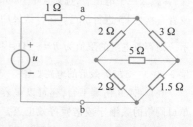

图 3-6-3 例 3-6-2 电路

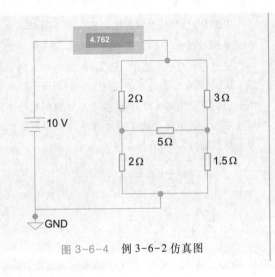

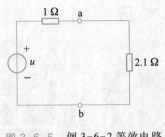

图 3-6-5   例 3-6-2 等效电路

图 3-6-4   例 3-6-2 仿真图

例 3-6-3

求例 3-6-3 中电路(如图 3-6-6 所示)的等效电路。

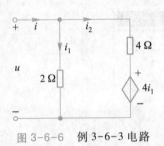

图 3-6-6   例 3-6-3 电路

解   该电路为无源单口网络,对外可以等效为一个电阻。这里采用外施电流源法求该等效电阻。在 EWB 中建立待求单口网络。外施一个 1 A 的电压源,并接入一个电压表,选择菜单 simulate 下的 run,或者直接按 F5 进行仿真。运行结果如图 3-6-7 所示。则等效电阻的阻值为 $R = \dfrac{4}{1}\,\Omega = 4\ \Omega$。结果与例 3-3-3 一致,等效后的电路如图 3-3-19 所示。

利用 EWB 仿真平台,还可以很容易求得有源单口网络的戴维宁或诺顿等效电路。下面通过实例说明,如何用 EWB 求取有源单口网络的戴维宁等效电路。

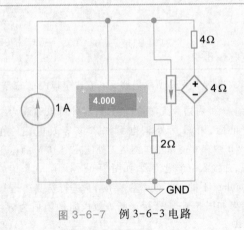

图 3-6-7   例 3-6-3 电路

例 3-6-4

将例 3-4-5 中的电路(如图 3-6-8 所示)化简为戴维宁等效电路。

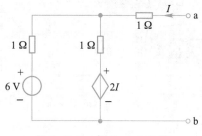

图 3-6-8 例 3-6-4 电路

解 用 EWB 求戴维宁等效电路的关键在于求戴维宁等效参数:开路电压 U_{OC} 和除源等效电阻 R_0。在 EWB 中建立电路之后,可以直接测量 U_{OC}。求 R_0 之前可以先画出除源等效电路,再根据求无源单口网络的等效电阻的方法求得。

测量 U_{OC} 的电路如图 3-6-9 所示,测量结果为 $U_{OC} = 3$ V。

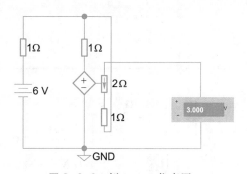

图 3-6-9 例 3-4-5 仿真图 1

利用外施电压源法求除源电阻 R_0 的电路如图 3-6-10 所示,从仿真结果可得 $R_0 = \dfrac{10}{4}$ Ω = 2.5 Ω。

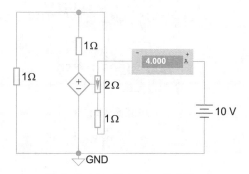

图 3-6-10 例 3-4-5 仿真图 2

则戴维宁等效电路如图 3-6-11 所示。

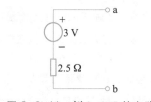

图 3-6-11 例 3-4-5 的电路

例 3-6-5

叠加定理的验证

参考图 3-6-12 所示电路,首先测出独立电压源和独立电流源共同作用时,支路的电压和电流,并记录;接下来按图 3-6-13(a)所示,测出电压源单独作用时支路的电压和电流,以及按图 3-6-13(b)所示,测出电流源单独作用时支路的电压和电流;最后验证是否满足叠加定理。

回答问题:什么是线性电路?它有哪两种基本特性?如果电路中含有受控源时该如何处理?

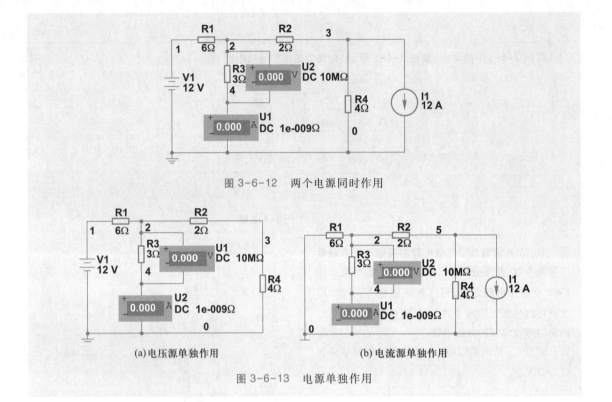

图 3-6-12 两个电源同时作用

(a)电压源单独作用

(b)电流源单独作用

图 3-6-13 电源单独作用

例 3-6-6

戴维宁、诺顿定理的验证。

参考图 3-6-14 所示电路,首先测试开路电压 U_{oc},可用万用表设置在直流电压挡测试;接下来测试短路电流 I_{sc},可用万用表设置在直流电流挡测试;最后计算开路电压与短路电流的比值得到等效电阻 R_0,或把万用表设置在电阻挡,同时把独立源置零测试得到。要求画出戴维宁等效电路以及诺顿等效电路。

在 a、b 端接入一个负载,改变负载的值,测试出端口的电压和电流,得到其外特性,并与已得的戴维宁以及诺顿等效电路比较,验证其正确性。

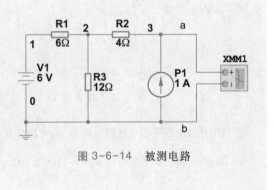

图 3-6-14 被测电路

本章小结

1. 线性电阻电路由线性电阻、独立源和(或)线性受控源组成,也称为线性网络。叠加定理、戴维宁定理、诺顿定理和最大功率传输定理只适合于线性电路(网络)。

2. 电路的等效是指在端口处等效前后的两个电路具有相同的电压电流关系。通过等效可以有效地降低电路分析计算的复杂性,一个线性电阻单口无源网络在端口处可以等效成一个电阻,一个线性单口含源网络在端口处可以等效为一个实际的电源。

3. 叠加定理表明多个独立源作用在某个电路元件处产生的响应(电压和电流),等于这些独立源单独作用时在该处产生的响应的代数和。元件的功率不能叠加。

4. 电源(包括独立源和受控源)等效变换是指电压源与电阻的串联组合可以等效为电流源与电阻的并联组合,反之亦然。

5. 戴维宁和诺顿定理将含源单口网络在端口处等效为独立电压源与电阻的串联组合和独立电流源与电阻的并联组合。

6. 最大功率传输定理告诉我们在负载电阻等于电源等效内阻时,负载上可获得最大功率。

基础与提高题

P3-1 应用叠加定理求图 P3-1 所示电路中的电流 I。

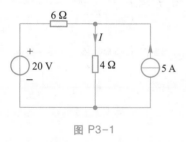

图 P3-1

P3-2 电路如图 P3-2 所示,应用叠加定理计算电流 I_x,并计算 4 Ω 电阻吸收的功率。

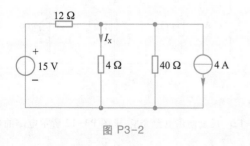

图 P3-2

P3-3 利用叠加定理求图 P3-3 所示电路中的电流 I。

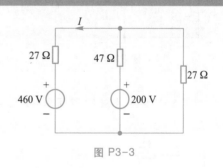

图 P3-3

P3-4 电路如图 P3-4 所示,用叠加定理求端电压 U_{ab}。

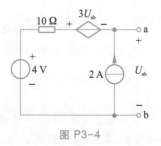

图 P3-4

P3-5 用叠加定理求如图 P3-5 所示电路的电压 U_x。

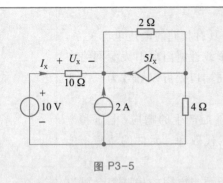

图 P3-5

P3-6   图 P3-6 所示电路中,利用 Δ-Y 变换,求电压 U,使通过 3 Ω 电阻向下的电流为 2 A。

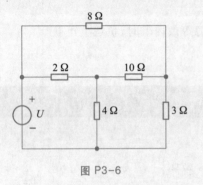

图 P3-6

P3-7   利用 Δ-Y 变换,求图 P3-7 所示电路的电流 I。

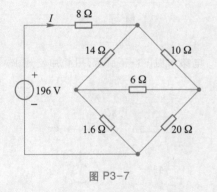

图 P3-7

P3-8   图 P3-8 所示是含有桥接 T 形衰减器的电路,利用 Y-Δ 变换,求电路总电阻 R_T。

P3-9   求图 P3-9 所示电路的输入电阻 R_i。

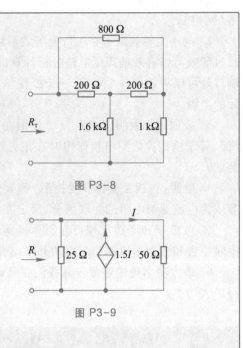

图 P3-8

图 P3-9

P3-10   电路如图 P3-10 所示,利用电源变换求 U_0 和 I_0。

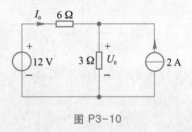

图 P3-10

P3-11   电路如图 P3-11 所示,利用电源变换求 I。

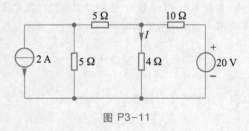

图 P3-11

P3-12   反复使用电源变换,求图 P3-12 所示电路的电流 I。

P3-13   电路如图 P3-13 所示,利用电源变换求电流 I。

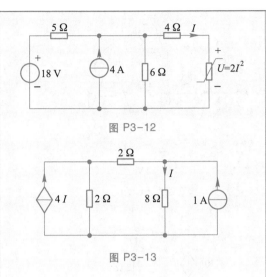

图 P3-12

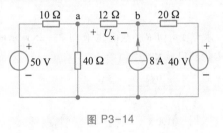

图 P3-13

P3-14 电路如图 P3-14 所示,利用电源变换求电压 U_x。

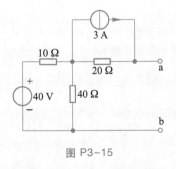

图 P3-14

P3-15 电路如图 P3-15 所示,求 a、b 两端的戴维宁等效电路。

P3-16 求图 P3-16 所示电路的戴维宁等效电路。

P3-17 求图 P3-17 所示电路 ab 端的诺顿等效电路。

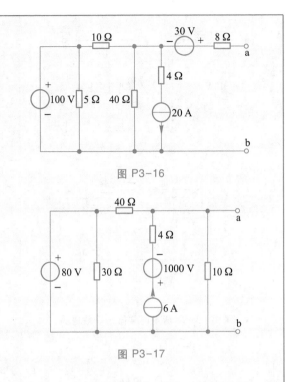

图 P3-16

图 P3-17

P3-18 电路如图 P3-18 所示,求 a、b 端的诺顿等效电路。

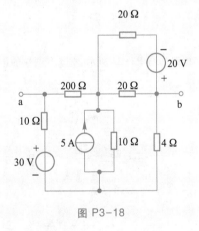

图 P3-18

P3-19 图 P3-19 所示为晶体管电路模型,求电路中 a、b 两端的戴维宁等效电路。

P3-20 电路如图 P3-20 所示,求 a、b 两端的诺顿等效电路。

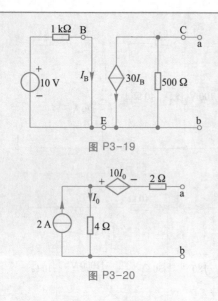

图 P3-19

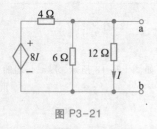

图 P3-20

P3-21　求图 P3-21 所示的戴维宁等效电路。

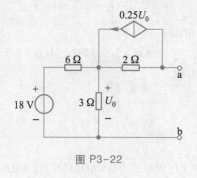

图 P3-21

P3-22　电路如图 P3-22 所示，求 a、b 两端的诺顿等效电路。

图 P3-22

P3-23　电路如图 P3-23 所示，求 a、b 两端的诺顿等效电路。

P3-24　电路如图 P3-24 所示，求 a、b 两端的戴维宁等效电路。

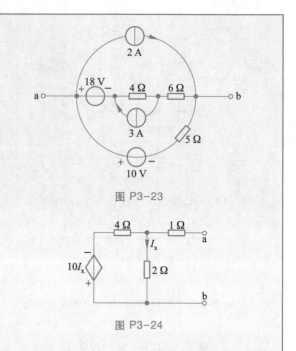

图 P3-23

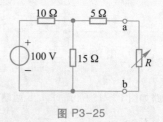

图 P3-24

P3-25　求可变电阻 R 的数值，以使图 P3-25 所示电路在电阻 R 上获得最大功率。

图 P3-25

P3-26　电路如图 P3-26 所示，a、b 两端接多大电阻能得到最大功率？并求该功率。

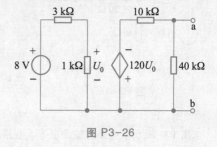

图 P3-26

P3-27　图 P3-27 所示电路中，多大的电阻 R_L 能吸收最大功率？最大功率是多少？

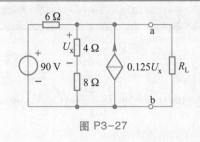

图 P3-27

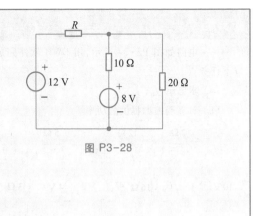

图 P3-28

P3-28 电路如图 P3-28 所示,要使 10 Ω 电阻上得到最大功率,电阻 R 应为多大? 并求该最大功率。

工程题

P3-29 某黑匣子内部电路连接未知,外部接有一可变电阻,并用理想电压表(无限大内阻)与理想电流表(内阻为 0)测取端电压与电流,如图 P3-29 所示。测得结果如表 P3-29 所示,求:

(a) 当 $R=4$ Ω 时,电流 I 多大?

(b) 该黑匣子输出的最大功率是多少?

(c) 你认为此方法在工程上有何用处?

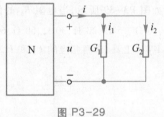

图 P3-29

表 P3-29 测 量 结 果

R/Ω	U/V	I/A
2	3	1.5
8	8	1.0

P3-30 直流发电机在无负荷情况下端电压是 120 V,如果供出 40 A 的额定电流时端电压下降到 112 V,求戴维宁和诺顿等效电路。

P3-31 汽车蓄电池的开路端电压是 12.6 V,当此电池给某发电机供电 240 A 时,其端电压降到 10.8 V,求此电池的戴维宁等效电路。

P3-32 电池箱内有四个蓄电池,正极与正极相连,负极与负极相连。蓄电池的开路电压和内阻分别是 12.2 V 和 0.5 Ω,12.1 V 和 0.1 Ω,12.4 V 和 0.16 Ω,12 V 和 0.2 Ω,求电池箱的戴维宁等效电路,你认为这样利用蓄电池合理吗? 为什么?

P3-33 在充足的阳光下,2 cm×2 cm 太阳能电池的短路电流为 80 mA,当电流为 75 mA 时,其端电压为 0.6 V,求此电路的诺顿等效电路。

仿真题

P3-34 电路如图 P3-34 所示,用 EWB 软件完成以下任务:

（a）求电压 U_0;

（b）计算受控源提供的功率。

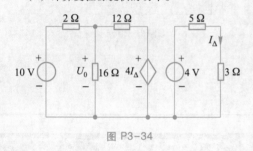

图 P3-34

P3-35 电路如图 P3-35 所示,利用 EWB 工具求 a、b 两端的诺顿等效电路。

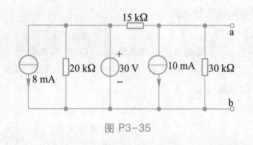

图 P3-35

P3-36 电路如图 P3-36 所示,利用 EWB 工具求 a、b 两端的戴维宁等效电路。

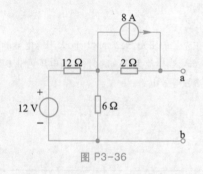

图 P3-36

P3-37 电路如图 P3-37 所示,利用 EWB 工具求 a、b 两端的戴维宁等效电路。

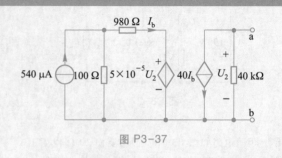

图 P3-37

P3-38 电路如图 P3-38 所示,利用 EWB 工具求 a、b 两端的戴维宁等效电路。

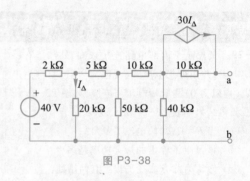

图 P3-38

P3-39 电路如图 P3-39 所示,当电阻 R_0 的值分别是 0 Ω、2 Ω、4 Ω、10 Ω、15 Ω、20 Ω、30 Ω、50 Ω、60 Ω 以及 70 Ω 时,利用 EWB 工具,求解相应的 U_0 和 I_0。

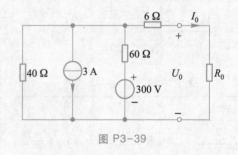

图 P3-39

P3-40 图 P3-40 所示电路中的 R_L 为可变电阻,为使 R_L 上获得最大功率,利用 EWB 工具作以下计算:

（a）R_L 上获得最大功率时的 R_L 值;

（b）求最大功率值。

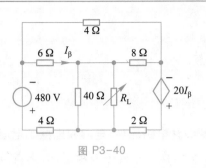

图 P3-40

P3-41　图 P3-41 所示电路中的 R_0 为可变电阻，调整 R_0 使其获得最大功率，问：R_0 上获得的功率占该电路电源总功率的百分比是多少？利用 EWB 工具辅助分析。

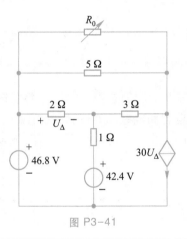

图 P3-41

P3-42　图 P3-42 所示电路中的 R_0 为可变电阻，调整 R_0 使其获得最大功率，利用 EWB 工具完成以下任务：

（a）R_0 上获得最大功率时的 R_0 值；

（b）最大功率值。

（c）当 R_0 调整到如（a）所求数值时，280 V 电源提供的功率是多少？

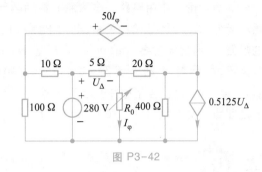

图 P3-42

第4章 一阶电路的时域分析

前3章讨论了电阻电路。本章将介绍两类新的无源线性电路元件:电容和电感。电阻元件是耗能元件,其 VCR 是代数关系,电阻电路可用代数方程来描述。实际电路中,不仅含有电源和电阻器,还包含电容器(capacitor)、电感器(inductor)等。电容、电感元件的 VCR 是微分或积分关系,故称其为动态元件(dynamic element)。含有动态元件的电路称为动态电路(dynamic circuit)。当电路中只含有一个动态元件时,描述电路的方程是一阶微分方程,这样的电路即为一阶电路(first-order circuits)。

教学目标

知识
- 建立并深刻理解电路的瞬态和稳态,电路的换路,电路的零输入响应、零状态响应和全响应等概念。深刻理解动态电路元件(电容和电感元件)的特性。
- 学习并掌握 RC 和 RL 电路在直流激励下电路发生换路时的响应(电压、电流和能量)的分析方法,理解其响应规律。
- 学习并掌握一阶电路"三要素"分析法。
- 学习并掌握应用 EWB 软件进行动态元件和动态电路仿真及响应规律测试的方法。

能力
- 根据给定电路问题合理选择分析方法,列写相关方程,正确求解。
- 正确绘制电路分析过程中不同电路状态下的电路图。
- 对实际电路中的动态响应现象进行分析和解释。
- 根据指标要求设计简单的动态电路并设计测试方案进行指标测试。
- 利用 EWB 软件熟练地对一阶电路进行仿真和测试。

引例 | 闪光灯电路

日常生活中需要闪光灯的场合非常多。在光线比较暗的条件下照相,要用闪光灯照亮场景以获取清晰的图像,图 4-0-1 所示为带有闪光灯的照相机。另外,高的天线塔、建筑工地和安全地带等场合也需要使用闪光灯作为危险警告信号。

在设计闪光灯电路时,工程师必须根据实际需要考虑闪光控制方式(手动或自动)、闪烁方式(时间和频率)、闪光灯安装方式(临时或固定)以及供电方式等因素。为了完成这些工作,工程师就必须知道:闪光灯电路由哪些元件构成? 电路如何工作? 电路元件参数如何选择? 这些将是本章所要讨论的问题。

图 4-0-1 照相机

4.1 动态元件

4.1.1 电容元件

1. 电容元件概述

电路理论中的电容元件是实际电容器的理想化模型。电容器由介质隔开的两个金属极板组成，它是一种能存储电荷的器件，电荷依靠电场力的作用聚集在极板上，具有储存电场能量的作用。电容元件常用于收音机接收器的调谐电路、计算机系统的动态存储单元等电路中。实际电容器的类型如图 4-1-1 所示。

(a) 瓷片电容

(b) 聚丙烯膜电容

(c) 电解电容

(d) 可变电容

图 4-1-1　电容器实物图

电容元件在任意时刻储存的电荷 $q(t)$ 与其两端电压 $u_C(t)$ 之间的关系可以用 q-u 平面上的一条曲线确定。

电容元件的分类与电阻元件相似。若元件的特性曲线是 q-u 平面上通过坐标原点的一条直线，则为线性电容元件，否则为非线性电容元件。特性曲线不随时间变化的电容元件称为时不变电容元件，否则为时变电容元件。本书主要讨论线性时不变电容元件。为叙述方便，把线性时不变电容元件简称为电容，本书中"电容"这个术语以及与它相应的符号"C"，一方面表示一个电容元件，另一方面也表示这个元件的参数。

电容的符号及特性曲线如图4-1-2所示,其特性曲线是 q-u 平面上通过坐标原点的一条直线,且直线斜率不随时间变化,电荷 $q(t)$ 与其两端电压 $u_c(t)$ 之间满足

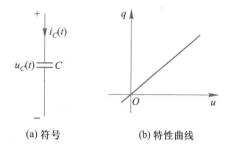

(a) 符号 (b) 特性曲线

图 4-1-2 线性时不变电容元件的符号及特性曲线

$$q(t) = Cu_c(t) \qquad (4-1-1)$$

式中,斜率 C 为常量,称为电容元件的电容(capacitance),SI 单位为法[拉](F),常用电容器的电容约几皮法(pF)至几千微法(μF),采用碳纳米管可制作超大电容量的电容器,可望达数百法(F)。

在选择使用电容时,不仅要考虑其标称电容量,还要考虑其额定电压。因为每个电容器所能承受的工作电压是有限的,电压过高,介质会被击穿,使得电容器失效。

2. 电容元件的 VCR

在电路分析中,常用电路元件的 VCR 来描述元件的特性,并建立电路方程。设电容元件电压与电流为关联参考方向,如图 4-1-2(a) 所示。可以得到

$$i_c(t) = \frac{\mathrm{d}q(t)}{\mathrm{d}t} = \frac{\mathrm{d}Cu_c(t)}{\mathrm{d}t} = C\frac{\mathrm{d}u_c(t)}{\mathrm{d}t} \qquad (4-1-2)$$

式(4-1-2)描述的是电容元件的 VCR,它是一阶线性微分方程,也称 VCR 的微分形式。可以看出,电容元件是一种动态元件。式(4-1-2)表明:t 时刻电容的电流与 t 时刻的电容电压无关,而与该时刻电压的变化率成正比。当电容电压不随时间变化时,即 $\frac{\mathrm{d}u_c(t)}{\mathrm{d}t} = 0$,此时 $u_c(t)$ 为恒定值,电流为 0,电容相当于开路,所以电容有隔断直流作用。

对式(4-1-2)从 $-\infty$ 到 t 进行积分,可得

$$u_c(t) = \frac{1}{C}\int_{-\infty}^{t} i_c(\xi)\,\mathrm{d}\xi \qquad (4-1-3)$$

式(4-1-3)称为电容元件 VCR 的积分形式。可以看出,t 时刻电容电压取决于从 $-\infty$ 到 t 所有时刻的电容电流值,或者说 $u_c(t)$ 记忆了从 $-\infty$ 到 t 时刻之间的全部电流 $i_c(t)$ 的历史,表明了电容元件是一种记忆元件(memory element)。

若只想了解某一初始时刻 t_0 以后的电容电压,式(4-1-3)还可写为另一种形式

$$u_c(t) = \frac{1}{C}\int_{-\infty}^{t} i_c(\xi)\,\mathrm{d}\xi = \frac{1}{C}\int_{-\infty}^{t_0} i_c(\xi)\,\mathrm{d}\xi + \frac{1}{C}\int_{t_0}^{t} i_c(\xi)\,\mathrm{d}\xi$$

$$= u_c(t_0) + \frac{1}{C}\int_{t_0}^{t} i_c(\xi)\,\mathrm{d}\xi \qquad (4-1-4)$$

式(4-1-4)中

$$u_C(t_0) = \frac{1}{C} \int_{-\infty}^{t_0} i_C(\xi)\,\mathrm{d}\xi \qquad (4-1-5)$$

$u_C(t_0)$ 称为电容电压初始值(initial voltage),它反映了电容初始储能。

将 $t = t_0 + \Delta t$ 代入式(4-1-4),得

$$u_C(t_0 + \Delta t) = u_C(t_0) + \frac{1}{C} \int_{t_0}^{t_0+\Delta t} i_C(\xi)\,\mathrm{d}\xi \qquad (4-1-6)$$

当 $i_C(\xi)$ 为有限值,且 $\Delta t \to 0$ 时,$\dfrac{1}{C} \displaystyle\int_{t_0}^{t_0+\Delta t} i_C(\xi)\,\mathrm{d}\xi = 0$,可得

$$u_C(t_0 + \Delta t) \xrightarrow[\Delta t \to 0]{} u_C(t_0) \qquad (4-1-7)$$

式(4-1-7)表明:电容电压是连续的。实际电路中,通过电容的电流 $i_C(t)$ 为有限值时,则电容电压 $u_C(t)$ 必定是时间的连续函数,即电容电压不能跃变,可表示为

$$u_C(t_+) = u_C(t_-) \qquad (4-1-8)$$

根据式(4-1-4),具有初始电压 $u_C(t_0)$ 的线性电容元件,可以等效为一个电压等于初始电压 $u_C(t_0)$ 的电压源和初始电压为零的同一电容元件相串联的电路模型,如图 4-1-3 所示。

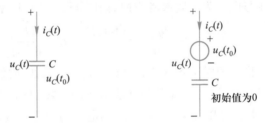

(a) 初始电压 $u_C(t_0)$ 的线性电容元件   (b) 初始电压为零的等效模型

图 4-1-3 初始电压 $u_C(t_0)$ 的线性电容元件及其等效模型

当电容电压和电流取关联参考方向时,电容的功率为

$$p(t) = u_C(t) i_C(t) = u_C(t) C \frac{\mathrm{d}u_C(t)}{\mathrm{d}t} \qquad (4-1-9)$$

在时间 t_0 到 t 期间,电容电压由 $u_C(t_0)$ 变为 $u_C(t)$,电容元件吸收的能量为

$$W_C(t_0, t) = \int_{t_0}^{t} p(\xi)\,\mathrm{d}\xi = C \int_{t_0}^{t} u_C(\xi) \frac{\mathrm{d}u_C(\xi)}{\mathrm{d}\xi}\mathrm{d}\xi$$

$$= C \int_{u_C(t_0)}^{u_C(t)} u_C(\xi)\,\mathrm{d}u = \frac{1}{2} C\left[u_C^2(t) - u_C^2(t_0) \right] \qquad (4-1-10)$$

由式(4-1-10)可以看出,在 t_0 到 t 期间提供给电容的能量只与 t_0 和 t 时刻的电压 $u_C(t_0)$ 和 $u_C(t)$ 有关,与在此期间电压历程无关,与电流也无关。电容电压反映了电容的储能状态,即当 $u_C(t) > u_C(t_0)$ 时,$W_C(t_0,t) > 0$,表明电容从电路中吸收能量;当 $u_C(t) < u_C(t_0)$ 时,$W_C(t_0,t) < 0$,表明电容向电路回馈能量;若 $u_C(t) = u_C(t_0)$,则 $W_C(t_0,t) = 0$,此时,电容无能量变化。由此说明电容既不消耗能量也不产生能量,仅储存能量,所以电容是无源元件。

例 4-1-1

已知 $C=0.5$ F 电容上的电压波形如图 4-1-4(a)所示,试求与电容电压为关联参考方向的电容电流 $i_C(t)$,并画出波形图。

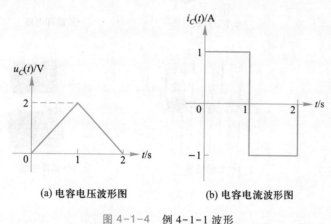

(a)电容电压波形图　　　　　(b)电容电流波形图

图 4-1-4　例 4-1-1 波形

解　根据图 4-1-4(a),电容电压 $u_C(t)$ 的表达式为

$$u_C(t)=\begin{cases}2t\text{ V} & 0\leqslant t\leqslant 1\text{ s}\\(-2t+4)\text{ V} & 1\leqslant t\leqslant 2\text{ s}\end{cases}$$

当 $0\leqslant t\leqslant 1$ s 时,$u_C(t)=2t$ V,由式(4-1-2)可得

$$i_C(t)=C\frac{\mathrm{d}u_C(t)}{\mathrm{d}t}=0.5\frac{\mathrm{d}(2t)}{\mathrm{d}t}\text{ A}=1\text{ A}$$

当 1 s $\leqslant t\leqslant 2$ s 时,$u_C(t)=(-2t+4)$V,由式(4-1-2)可得

$$i_C(t)=C\frac{\mathrm{d}u_C(t)}{\mathrm{d}t}=0.5\frac{\mathrm{d}(-2t+4)}{\mathrm{d}t}\text{A}=-1\text{ A}$$

根据以上计算结果,电容电流 $i_C(t)$ 的波形如图4-1-4(b)所示。该例说明,虽然电容上的电压是连续变化的,而流过电容的电流则可以是不连续的。

4.1.2　电感元件

1. 电感元件概述

电感元件是实际电感器(coil)的理想化模型,具有储存磁场能量的作用。电感器常用于供配电系统(如变压器、电动机)和信号处理系统(如收音机、电视、雷达)等实际电路中。部分实际电感器的类型如图 4-1-5 所示。

电感元件在任意时刻磁链 $\Psi(t)$ 与电流 $i_L(t)$ 之间的关系可以用 Ψ-i 平面上的一条曲线确定。

电感元件的分类与电容元件相似。若电感的特性曲线是 Ψ-i 平面上通过坐标原点的一条直线,则称为线性电感,否则为非线性电感元件。特性曲线不随时间变化的电感元件称为时不变电感元件,否则为时变电感元件。本书主要讨论线性时不变电感元件。为叙述方便,把线性时不变电感元件简称为电感,本书中"电

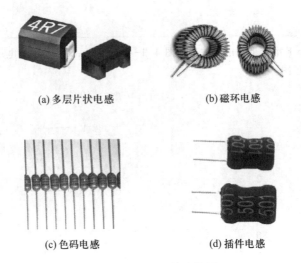

(a) 多层片状电感　　　　　　(b) 磁环电感

(c) 色码电感　　　　　　　(d) 插件电感

图 4-1-5　电感实物图

感"这个术语以及与它相应的符号"L",一方面表示一个电感元件,另一方面也表示这个元件的参数。

电感的符号及特性曲线如图 4-1-6 所示,其特性曲线是 $\Psi\text{-}i$ 平面上通过坐标原点的一条直线,且直线斜率不随时间变化,$\Psi(t)$ 与电流 $i_L(t)$ 之间满足

$$\Psi(t) = Li_L(t) \quad (4\text{-}1\text{-}11)$$

式中,斜率 L 为常量,称为电感元件的电感(inductance),SI 单位为亨[利](H)。

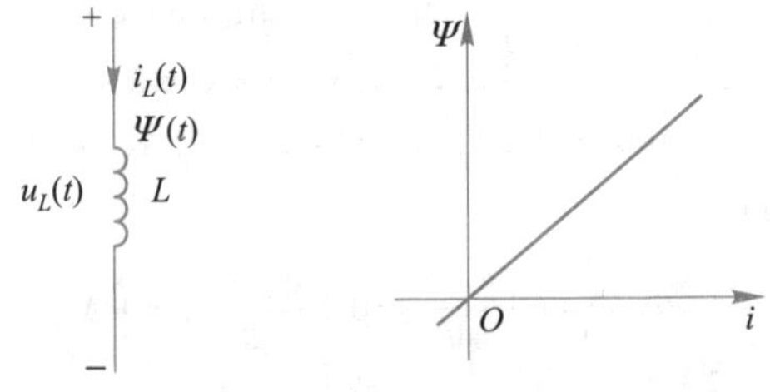

(a) 符号　　　　(b) 特性曲线

图 4-1-6　线性时不变电感元件的符号及特性曲线

实际电感器除了具备存储磁能的性质外,由于构成电感器的线圈具有一定的电阻,因此会有一定能量损耗。因此电感器的模型应包括电感元件和电阻元件。

选择电感元件时,不仅要考虑其标称电感量,还要考虑其额定电流值。因为每个电感线圈中导线允许承受的工作电流是有限的,电流过大会使线圈过热,甚至被烧毁。

2. 电感元件的 VCR

设电感元件电压与电流为关联参考方向,如图 4-1-6(a)所示。可以得到

$$u_L(t) = \frac{\mathrm{d}\Psi}{\mathrm{d}t} = \frac{\mathrm{d}Li_L(t)}{\mathrm{d}t} = L\frac{\mathrm{d}i_L(t)}{\mathrm{d}t} \quad (4\text{-}1\text{-}12)$$

式(4-1-12)称为电感元件 VCR 的微分形式。可以看出,电感元件是一种动态元件。式(4-1-12)表明:t 时刻电感的电压与 t 时刻的电感电流无关,而与该时刻电感电流的变化率成正比。当电感电流不随时间变化,即 $\dfrac{\mathrm{d}i_L(t)}{\mathrm{d}t} = 0$ 时,此时 $i_L(t)$ 为恒定值,电

压为0,电感相当于短路,即电感元件在直流电路中表现为一根短路线。

对式(4-1-12)从 $-\infty$ 到 t 进行积分,可得

$$i_L(t) = \frac{1}{L} \int_{-\infty}^{t} u_L(\xi) \mathrm{d}\xi \qquad (4-1-13)$$

式(4-1-13)称为电感元件 VCR 的积分形式。可以看出,t 时刻电感电流取决于从 $-\infty$ 到 t 所有时刻的电感电压值,或者说 $i_L(t)$ 记忆了从 $-\infty$ 到 t 时刻之间的全部电压 $u_L(t)$ 的历史,表明了电感元件是一种记忆元件。

若只想了解某一初始时刻 t_0 以后的电感电流,式(4-1-13)还可写为另一种形式

$$i_L(t) = \frac{1}{L} \int_{-\infty}^{t} u_L(\xi) \mathrm{d}\xi = \frac{1}{L} \int_{-\infty}^{t_0} u_L(\xi) \mathrm{d}\xi + \frac{1}{L} \int_{t_0}^{t} u_L(\xi) \mathrm{d}\xi$$

$$= i_L(t_0) + \frac{1}{L} \int_{t_0}^{t} u_L(\xi) \mathrm{d}\xi \qquad (4-1-14)$$

式(4-1-14)中

$$i_L(t_0) = \frac{1}{L} \int_{-\infty}^{t_0} u_L(\xi) \mathrm{d}\xi \qquad (4-1-15)$$

$i_L(t_0)$ 称为电感电流的初始值。它反映了电感的初始储能。

将 $t = t_0 + \Delta t$ 代入式(4-1-14),得

$$i_L(t_0 + \Delta t) = i_L(t_0) + \frac{1}{L} \int_{t_0}^{t_0 + \Delta t} u_L(\xi) \mathrm{d}\xi \qquad (4-1-16)$$

当 $u_L(\xi)$ 为有限值,则 $\Delta t \to 0$ 时,$\dfrac{1}{L} \displaystyle\int_{t_0}^{t_0 + \Delta t} u_L(\xi) \mathrm{d}\xi = 0$,可得

$$i_L(t_0 + \Delta t) \xrightarrow[\Delta t \to 0]{} i_L(t_0) \qquad (4-1-17)$$

式(4-1-17)表明:电感电流是连续变化的。实际电路中电感电压 $u_L(t)$ 为有限值,则电感电流 $i_L(t)$ 必定是时间的连续函数,即电感电流不能跃变,可表示为

$$i_L(t_+) = i_L(t_-) \qquad (4-1-18)$$

根据式(4-1-14),具有初始电流 $i_L(t_0)$ 的线性电感元件,可以等效为一个电流等于初始电流 $i_L(t_0)$ 的电流源和初始电流为零的同一电感元件相并联的电路模型,如图 4-1-7 所示。

在电感电压和电流取关联参考方向时,电感的功率为

$$p = u_L(t) i_L(t) = L \frac{\mathrm{d}i_L(t)}{\mathrm{d}t} i_L(t) \qquad (4-1-19)$$

在时间 t_0 到 t 期间,电感电流由 $i_L(t_0)$ 变为 $i_L(t)$,电感元件吸收的能量为

$$W_L(t_0, t) = \int_{t_0}^{t} p(\xi) \mathrm{d}\xi = L \int_{t_0}^{t} \frac{\mathrm{d}i_L(\xi)}{\mathrm{d}\xi} i_L(\xi) \mathrm{d}\xi$$

$$= L \int_{i_L(t_0)}^{i_L(t)} i_L(\xi) \mathrm{d}i = \frac{1}{2} L [i_L^2(t) - i_L^2(t_0)] \qquad (4-1-20)$$

由式(4-1-20)可以看出,在 t_0 到 t 期间提供给电感的能量只与 t_0 和 t 时刻的

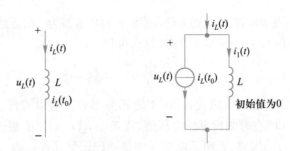

(a) 初始电流 $i_L(t_0)$ 的线性电感元件   (b) 初始电流为零的等效模型

图 4-1-7   初始电流 $i_L(t_0)$ 的线性电感元件及其等效模型

电流 $i_L(t_0)$ 和 $i_L(t)$ 有关，与在此期间电流历程无关，与电压也无关。电感电流反映了电感的储能状态，即若 $i_L(t) > i_L(t_0)$ 时，$W_L(t_0, t) > 0$，表明电感存储能量；若 $i_L(t) < i_L(t_0)$ 时，$W_L(t_0, t) < 0$，表明电感向电路回馈能量；若 $i_L(t) = i_L(t_0)$，则 $W_L(t_0, t) = 0$，此时，电感无储能变化。与电容元件类似，电感元件既不消耗能量也不产生能量，仅储存能量，所以电感是无源元件。

例 4-1-2

图 4-1-8(a) 所示电感的电压波形如图 4-1-8(b) 所示，已知 $i_L(0) = 0$，试分别求当 $t = 1$ s 和 $t = 4$ s 时的电感电流 $i_L(t)$。

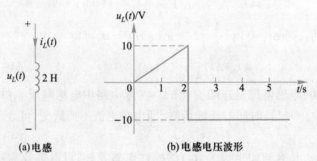

(a) 电感   (b) 电感电压波形

图 4-1-8   例 4-1-2 波形

解   根据图 4-1-8(b)，电感电压 $u_L(t)$ 的表达式为

$$u_L(t) = \begin{cases} 5t \text{ V} & 0 \leqslant t \leqslant 2 \text{ s} \\ -10 \text{ V} & 2 \leqslant t \end{cases}$$

当 $0 \leqslant t \leqslant 2$ s 时，$u_L(t) = 5t$ V，由式 (4-1-14) 可得

$$i_L(t) = i_L(0) + \frac{1}{2} \int_0^t 5\xi \mathrm{d}\xi$$

$$= \left(0 + \frac{5}{4} t^2\right) \text{ A} = \frac{5}{4} t^2 \text{ A}$$

$$i_L(1) = \frac{5}{4} t^2 \Big|_{t=1 \text{ s}} \text{ A} = \frac{5}{4} \text{ A}$$

$$i_L(2) = \frac{5}{4} t^2 \Big|_{t=2 \text{ s}} \text{ A} = 5 \text{ A}$$

当 $2 \leqslant t \leqslant t$ 时，$u_L(t) = -10$ V，由式 (4-1-14) 可得

$$i_L(t) = i_L(2) + \frac{1}{2} \int_2^t (-10) \mathrm{d}\xi$$

$$= \left[5 + \frac{1}{2}(-10t + 20)\right] \text{ A} = (-5t + 15) \text{ A}$$

$$i_L(4) = (-5t + 15) \Big|_{t=4 \text{ s}} \text{ A} = -5 \text{ A}$$

4.1.3 电容与电感元件的串并联

从电阻电路可以看出,串并联(series-parallel combination)等效是一种简化电路的方法,该方法同样适用于电容与电感元件。电容与电感元件的串并联等效与电阻元件有什么不同呢?

1. 电容元件串联等效

两个电容串联电路及其等效电路如图 4-1-9 所示,设各元件的端电压和电流为关联参考方向。

对图 4-1-9(a)所示电路应用 KVL,可得

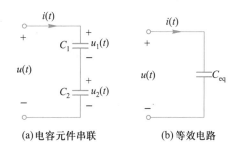

(a)电容元件串联　　(b)等效电路

图 4-1-9　电容元件串联等效

$$u(t) = u_1(t) + u_2(t)$$

由 $u_C(t) = \dfrac{1}{C}\displaystyle\int_{-\infty}^{t} i_C(\xi)\,\mathrm{d}\xi$,得到

$$u(t) = \frac{1}{C_1}\int_{-\infty}^{t} i(\xi)\,\mathrm{d}\xi + \frac{1}{C_2}\int_{-\infty}^{t} i(\xi)\,\mathrm{d}\xi = \left(\frac{1}{C_1} + \frac{1}{C_2}\right)\int_{-\infty}^{t} i(\xi)\,\mathrm{d}\xi \qquad (4\text{-}1\text{-}21)$$

图 4-1-9(b)所示电路的 VCR 为

$$u(t) = \frac{1}{C_{\text{eq}}}\int_{-\infty}^{t} i(\xi)\,\mathrm{d}\xi \qquad (4\text{-}1\text{-}22)$$

由等效的概念可知,当 $\dfrac{1}{C_{\text{eq}}} = \dfrac{1}{C_1} + \dfrac{1}{C_2}$ 而且两个电容具有相同初始值时,图 4-1-9(a)、(b)所示电路等效,即两个电容串联的等效电容为

$$C_{\text{eq}} = \frac{C_1 C_2}{C_1 + C_2} \qquad (4\text{-}1\text{-}23)$$

依次类推,n 个电容 C_1、C_2、$\cdots$、C_n 串联时,其等效电容为

$$\frac{1}{C_{\text{eq}}} = \frac{1}{C_1} + \frac{1}{C_2} + \cdots + \frac{1}{C_n} \qquad (4\text{-}1\text{-}24)$$

可以看出,电容串联等效公式与电阻并联相似。

2. 电容元件并联等效

两个电容并联电路及其等效电路如图 4-1-10 所示,设二者端口电压 $u(t)$ 与电流 $i(t)$ 为关联参考方向。

对图 4-1-10(a)所示电路应用 KCL,可得

$$i(t) = i_{C1}(t) + i_{C2}(t) \qquad (4\text{-}1\text{-}25)$$

由 $i_C(t) = C\dfrac{\mathrm{d}u_C(t)}{\mathrm{d}t}$,得到

$$i(t) = C_1 \frac{\mathrm{d}u(t)}{\mathrm{d}t} + C_2 \frac{\mathrm{d}u(t)}{\mathrm{d}t} = (C_1 + C_2)\frac{\mathrm{d}u(t)}{\mathrm{d}t} \qquad (4\text{-}1\text{-}26)$$

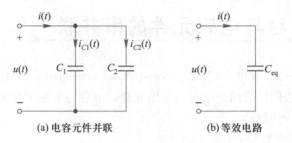

(a) 电容元件并联　　　　　　　(b) 等效电路

图 4-1-10　电容元件并联等效

图 4-1-10(b) 所示电路的 VCR 为

$$i(t) = C_{eq}\frac{\mathrm{d}u(t)}{\mathrm{d}t} \tag{4-1-27}$$

由等效的概念可知,要使图 4-1-9(a)、(b) 所示电路等效,则有

$$C_{eq} = C_1 + C_2 \tag{4-1-28}$$

C_{eq} 称为两个电容并联的等效电容。依次类推,n 个电容 C_1、C_2、$\cdots$、C_n 并联时,其等效电容为

$$C_{eq} = C_1 + C_2 + \cdots + C_n \tag{4-1-29}$$

可以看出,电容并联等效公式与电阻串联相似。

3. 电感元件串并联等效

电感元件串并联等效的求解方法与电容元件串并联等效相同,这里直接给出结论,请读者自己证明。

n 个电感 L_1、L_2、$\cdots$、L_n 串联时,其等效电感为

$$L_{eq} = L_1 + L_2 + \cdots + L_n \tag{4-1-30}$$

可以看出,电感串联等效公式与电阻串联相似。

n 个电感 L_1、L_2、$\cdots$、L_n 并联时,其等效电感为

$$\frac{1}{L_{eq}} = \frac{1}{L_1} + \frac{1}{L_2} + \cdots + \frac{1}{L_n} \tag{4-1-31}$$

可以看出,电感并联等效公式与电阻并联相似。

目标 1 测评

T4-1　当 5 F 电容接在 120 V 电源两端时,电容上储存的电荷是(　　)。

(a) 600 C　　　　　(b) 300 C

(c) 24 C　　　　　(d) 12 C

T4-2　电路如图 T4-2 所示,若元件两端 $i = \cos(4t)$,$u = \sin(4t)$,那么该元件是(　　)。

(a) 电阻　　　　　(b) 电容

(c) 电感

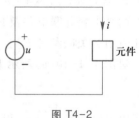

图 T4-2

4.2　动态电路的方程及其解

4.2.1　动态电路方程的建立

通过前几章内容的学习,我们清楚地认识到要分析电路,就必须先建立描述电路的方程。基尔霍夫定律和元件的 VCR 是建立电阻电路方程的基本依据。对于动态电路,该依据仍然适用,只是由于动态元件的 VCR 是积分或微分关系,所以建立的动态电路方程是微分方程。下面通过几个例子说明动态电路微分方程的建立过程。

例 4-2-1

电路如图 4-2-1 所示,对图 4-2-1(a)列出以电容电压为变量的电路方程,对图 4-2-1(b)列出以电感电流为变量的电路方程。

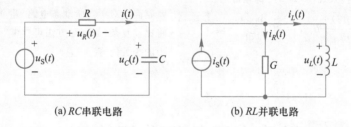

(a) RC串联电路　　　(b) RL并联电路

图 4-2-1　例 4-2-1 电路

解　对图 4-2-1(a)所示电路,根据 KVL,列回路电压方程

$$u_S(t) = u_R(t) + u_C(t)$$

代入电阻、电容元件的 VCR 方程

$$u_R(t) = Ri(t)$$

$$i(t) = C\frac{\mathrm{d}u_C(t)}{\mathrm{d}t}$$

整理得　$RC\dfrac{\mathrm{d}u_C(t)}{\mathrm{d}t} + u_C(t) = u_S(t)$　　(4-2-1)

对图 4-2-1(b)所示电路,根据 KCL 及元件的 VCR,列出电路方程

$$GL\frac{\mathrm{d}i_L(t)}{\mathrm{d}t} + i_L(t) = i_S(t)　　(4-2-2)$$

式(4-2-1)和式(4-2-2)均是一阶微分方程,故图 4-2-1 所示电路为一阶电路。

例 4-2-2

图 4-2-2 电路中含两个独立的动态元件,列出以电感电流为变量的电路方程。

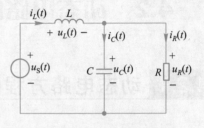

图 4-2-2 例 4-2-2 电路

解 根据 KCL,列结点电流方程

$$i_L(t) = i_C(t) + i_R(t) \tag{4-2-3}$$

根据 KVL,列回路电压方程

$$u_S(t) = u_L(t) + u_C(t) \tag{4-2-4}$$

将 $i_C(t) = C\dfrac{\mathrm{d}u_C(t)}{\mathrm{d}t}$,$i_R(t) = \dfrac{u_C(t)}{R}$ 代入式(4-2-3),得

$$i_L(t) = C\frac{\mathrm{d}u_C(t)}{\mathrm{d}t} + \frac{u_C(t)}{R} \tag{4-2-5}$$

将 $u_L(t) = L\dfrac{\mathrm{d}i_L(t)}{\mathrm{d}t}$ 代入式(4-2-4),得

$$u_C(t) = u_S(t) - u_L(t) = u_S(t) - L\frac{\mathrm{d}i_L(t)}{\mathrm{d}t} \tag{4-2-6}$$

将式(4-2-6)代入式(4-2-5),整理得

$$RLC\frac{\mathrm{d}i_L^{\,2}(t)}{\mathrm{d}t^2} + L\frac{\mathrm{d}i_L(t)}{\mathrm{d}t} + Ri_L(t) = RC\frac{\mathrm{d}u_S(t)}{\mathrm{d}t} + u_S(t) \tag{4-2-7}$$

式(4-2-7)是一个二阶微分方程,故图 4-2-2 所示电路为二阶电路。

由以上分析可以看出,建立动态电路方程的一般步骤如下:

(1) 根据电路列写 KVL 或 KCL 方程;

(2) 根据电路元件列写元件的 VCR 方程;

(3) 联立方程,消去中间变量,得到所需变量的微分方程。

电路越复杂,所含动态元件越多,方程的阶数就越高。对于高阶动态电路,建立电路方程的过程将比较复杂,其列写方法可参考"信号与系统"教材中的相关内容。

4.2.2 微分方程的经典解法

根据前面的分析,若激励(独立电压源或独立电流源)用 $x(t)$ 表示,响应(所求电路变量即电压或电流)用 $y(t)$ 表示,则动态电路的一阶和二阶微分方程可分别用下列的一般形式表示

$$\frac{\mathrm{d}y(t)}{\mathrm{d}t} + a_0 y(t) = b_0 x(t) \tag{4-2-8}$$

$$\frac{\mathrm{d}^2 y(t)}{\mathrm{d}t^2} + a_1 \frac{\mathrm{d}y(t)}{\mathrm{d}t} + a_0 y(t) = b_0 x(t) \tag{4-2-9}$$

在线性时不变电路里,式(4-2-8)、式(4-2-9)中的常数 a_1、a_0、b_0 取决于电路结构和元件参数。

由微分方程理论可知,线性常系数微分方程的完全解由两部分组成,即

$$y(t) = y_h(t) + y_p(t) \tag{4-2-10}$$

其中 $y_h(t)$ 是微分方程的通解,$y_p(t)$ 是微分方程的一个特解。通解的形式由微分

方程的特征根确定。

一阶微分方程通解的形式为 $y_h(t) = Ke^{st}$,其中 s 为一阶微分方程的特征根,K 为待定常数。一阶微分方程(4-2-8)的特征方程为 $s + a_0 = 0$,特征根为 $s = -a_0$。

二阶微分方程(4-2-9)的特征方程为 $s^2 + a_1 s + a_0 = 0$,特征根有 s_1 和 s_2 两个。特征根在不同取值时,通解的形式也不同,具体见表 4-2-1,表中的 K_1 和 K_2 为待定常数,$\omega_d = \sqrt{\omega_0{}^2 - \alpha^2}$ 称为振荡角频率,α 称为衰减系数,ω_0 称为谐振角频率。

表 4-2-1　　**二阶微分方程的通解**

特征根 s_1 和 s_2	通解 $y_h(t)$
不等负实根 $s_1 \neq s_2$	$K_1 e^{s_1 t} + K_2 e^{s_2 t}$
相等负实根 $s_1 = s_2$	$(K_1 + K_2 t) e^{st}$
共轭复根 $s_{1,2} = -\alpha \pm j\omega_d$	$e^{-\alpha t}[K_1 \cos(\omega_d t) + K_2 \sin(\omega_d t)]$

通解中的待定常数由初始条件通过式(4-2-10)求得。一阶电路需知道一个初始条件 $y(0_+)$,而二阶电路需知道两个初始条件 $y(0_+)$ 和 $\left.\dfrac{dy(t)}{dt}\right|_{t=0_+}$,它们可由储能元件的初始状态和电路求出。

微分方程的特解 $y_p(t)$ 与激励 $x(t)$ 的形式类似。可按表 4-2-2 确定常用激励形式所对应的特解形式,表中的 Q_i 为待定常数。

表 4-2-2　　**常用激励所对应的特解形式**

激励 $x(t)$	特解 $y_p(t)$
P	Q
Pt	$Q_0 + Q_1 t$
$P\sin(bt)$	$Q_1 \sin(bt) + Q_2 \cos(bt)$
$P\cos(bt)$	$Q_1 \sin(bt) + Q_2 \cos(bt)$
$e^{\alpha t}$	$Qe^{\alpha t}$,当 α 不等于特征根时
	$(Q_1 t + Q_0)e^{\alpha t}$,当 α 等于特征单根时
	$(Q_2 t^2 + Q_1 t + Q_0)e^{\alpha t}$,当 α 等于特征重根时

4.3　电路的初始值

在求解电路的微分方程时,要根据初始条件(电压、电流的初始值(initial value))来确定解答中的待定系数。初始值可分为独立初始值和非独立初始值两大类,独立初始值只包含电容电压 $u_C(t)$ 和电感电流 $i_L(t)$,其余变量的初始值均为非独立初始值,如电容电流 $i_C(t)$、电感电压 $u_L(t)$、电阻电流 $i_R(t)$ 和电阻电压 $u_R(t)$ 等。

4.3.1 独立初始值

初始时刻 t_0 通常选在电路的换路时刻。换路(commutation)是指电路中出现电路结构或电路元件参数的突然变化,如电路中出现了开关操作,使电路结构发生变化。假设电路在 t_0 时刻发生换路操作,换路前一瞬间用 t_{0-} 表示,换路后一瞬间用 t_{0+} 表示,其数学定义见式(4-3-1)。初始值则是指在 t_{0+} 时刻的值。

$$\begin{cases} t_{0-} = \lim_{\varepsilon \to 0}(t_0 - \varepsilon) \\ t_{0+} = \lim_{\varepsilon \to 0}(t_0 + \varepsilon) \end{cases} \qquad \varepsilon > 0 \qquad (4-3-1)$$

对任意时刻 t,线性电容的电荷和电压可以表示为

$$q_C(t) = q_C(t_0) + \int_{t_0}^{t} i_C(\xi)\,\mathrm{d}\xi \qquad (4-3-2)$$

$$u_C(t) = u_C(t_0) + \frac{1}{C}\int_{t_0}^{t} i_C(\xi)\,\mathrm{d}\xi \qquad (4-3-3)$$

取 $t_0 = 0_-, t = 0_+$,则式(4-3-2)、式(4-3-3)可以转换为

$$q_C(0_+) = q_C(0_-) + \int_{0_-}^{0_+} i_C(\xi)\,\mathrm{d}\xi \qquad (4-3-4)$$

$$u_C(0_+) = u_C(0_-) + \frac{1}{C}\int_{0_-}^{0_+} i_C(\xi)\,\mathrm{d}\xi \qquad (4-3-5)$$

如果电容电流 $i_C(t)$ 在无穷小区间 $[0_-, 0_+]$ 内为有限值,则式(4-3-4)、式(4-3-5)中等式右侧的积分项为零,则有

$$q_C(0_+) = q_C(0_-) \qquad (4-3-6)$$

$$u_C(0_+) = u_C(0_-) \qquad (4-3-7)$$

式(4-3-6)、式(4-3-7)表明,当电容电流为有限值时,电容上的电荷和电压在换路时刻是连续的,不能跃变。

同理,在任意时刻 t,线性电感的磁链和电流可以表示为

$$\Psi_L(t) = \Psi_L(t_0) + \int_{t_0}^{t} u_L(\xi)\,\mathrm{d}\xi \qquad (4-3-8)$$

$$i_L(t) = i_L(t_0) + \frac{1}{L}\int_{t_0}^{t} u_L(\xi)\,\mathrm{d}\xi \qquad (4-3-9)$$

取 $t_0 = 0_-, t = 0_+$,则式(4-3-8)、式(4-3-9)可以转换为式(4-3-10)、式(4-3-11),即

$$\Psi_L(0_+) = \Psi_L(0_-) + \int_{0_-}^{0_+} u_L(\xi)\,\mathrm{d}\xi \qquad (4-3-10)$$

$$i_L(0_+) = i_L(0_-) + \frac{1}{L}\int_{0_-}^{0_+} u_L(\xi)\,\mathrm{d}\xi \qquad (4-3-11)$$

如果电感电压 $u_L(t)$ 在无穷小区间 $[0_-, 0_+]$ 内为有限值,则式(4-3-10)、式(4-3-11)中等式右侧的积分项为零,则有

$$\Psi_L(0_+) = \Psi_L(0_-) \qquad (4\text{-}3\text{-}12)$$

$$i_L(0_+) = i_L(0_-) \qquad (4\text{-}3\text{-}13)$$

式(4-3-12)、式(4-3-13)表明,当电感电压为有限值时,电感中的磁链和电流在换路时刻是连续的,不能跃变。

式(4-3-6)、式(4-3-7)与式(4-3-12)、式(4-3-13)被称为换路定理。通常情况下,电路在换路前处于稳态,可利用稳态下电容的直流开路性和电感的直流短路性,求解出 0_- 时刻的独立变量值,再根据换路定理,得到 0_+ 时刻的独立变量的初始值。

例 4-3-1

如图 4-3-1(a)所示电路,$t<0$,S 闭合,电路已达到稳定,$t=0$,S 断开。求 $u_C(0_+)$、$i_L(0_+)$。

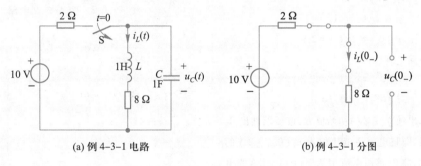

(a) 例 4-3-1 电路　　　　　　　(b) 例 4-3-1 分图

图 4-3-1　例 4-3-1 图

解　首先求解 $u_C(0_-)$ 和 $i_L(0_-)$。当 $t=0_-$ 时电路已达到直流稳态。利用电容的直流开路性、电感的直流短路性,画出 $t=0_-$ 时的等效电路,如图 4-3-1(b)所示。

在图 4-3-1(b)中不难求得

$$u_C(0_-) = \frac{8}{2+8} \times 10 \text{ V} = 8 \text{ V}$$

$$i_L(0_-) = \frac{10}{2+8} \text{ A} = 1 \text{ A}$$

再根据换路定理,有

$$u_C(0_+) = u_C(0_-) = 8 \text{ V}$$

$$i_L(0_+) = i_L(0_-) = 1 \text{ A}$$

4.3.2 非独立初始值

除了电容电压和电感电流这两个独立变量,可以用换路定理求解初始值,其他电路变量,在换路前后都可能发生跃变,因此换路定理不再适用于该类非独立变量的初始值计算。那又该如何求解该类变量的初始值呢?

一般来说,当独立初始值 $u_C(0_+)$ 和 $i_L(0_+)$ 求得之后,由于在 $t=0_+$ 时刻,电容电压和电感电流已知,根据替代定理,电容元件可用电压为 $u_C(0_+)$ 的电压源替代,

替代定理

电感元件可用电流为 $i_L(0_+)$ 的电流源替代,独立源均取 $t=0_+$ 时刻的值。这样在 $t=0_+$ 时刻,原电路就变为一个电阻电路,称之为 0_+ 等效电路。由该电路求得各非独立变量的初始值。

例 4-3-2

如图 4-3-2 所示电路,$t<0$ 时,S 断开,电路已达稳定;$t=0$ 时 S 闭合。求 $i_C(0_+)$、$u_L(0_+)$、$i_R(0_+)$。

解　首先求解 $u_C(0_-)$ 和 $i_L(0_-)$。在 0_- 时刻 S 断开,电路已达直流稳态,利用电容的直流开路性以及电感的直流短路性,得到图 4-3-3 的 0_- 等效电路图,由该电路图中求得

$$i_L(0_-) = 1 \text{ A}$$
$$u_C(0_-) = 2 \times 1 \text{ V} = 2 \text{ V}$$

根据换路定理,有

$$u_C(0_+) = u_C(0_-) = 2 \text{ V}$$
$$i_L(0_+) = i_L(0_-) = 1 \text{ A}$$

在计算出独立变量的初始值后,按要求画出 0_+ 等效电路图,即将电容用电压值为 $u_C(0_+)=2 \text{ V}$ 的电压源替代,将电感用电流值为 $i_L(0_+)=1 \text{ A}$ 的电流源替代,如图 4-3-4 所示。

利用 KVL,则有 $u_L(0_+)+2\times1=2$,求出 $u_L(0_+)=0 \text{ V}$

$i_R(0_+)\times1=2$,求出 $i_R(0_+)=2 \text{ A}$

利用 KCL,则有 $i_C(0_+)+i_R(0_+)+1=1$,即 $i_C(0_+)=-i_R(0_+)=-2 \text{ A}$

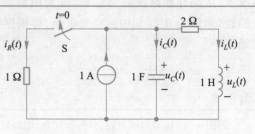

图 4-3-2　例 4-3-2 电路

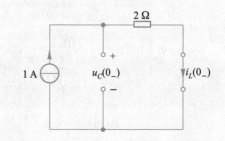

图 4-3-3　例 4-3-2 的 0_- 等效电路

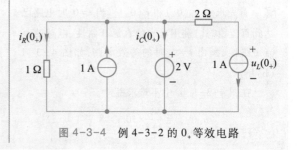

图 4-3-4　例 4-3-2 的 0_+ 等效电路

4.4　一阶电路的零输入响应

存在电感或电容的电路通常称为动态电路,可用一阶常微分方程表示的动态电路称为一阶电路。动态电路中,电路的响应不仅与外施激励有关,且与动态元件的初始储能有关。若电路在 $t \geq t_0$ 时,外施激励为零,这种只由初始储能引起的响应称为零输入响应(zero input response)。

4.4.1 RC 电路零输入响应

如图 4-4-1 所示一阶 RC 电路,开关 S 在 $t<0$ 时连接到 1,电路处于稳态,当 $t=0$ 时,开关切换到 2。当 $t \geqslant 0$ 时,电路没有外加激励作用,依靠电容的初始储能在电路中产生响应,故电路中的响应为零输入响应。如何求解 $t \geqslant 0$ 时的电容电压 $u_C(t)$?

图 4-4-1 所示一阶电路换路后的等效电路图如图 4-4-2 所示。

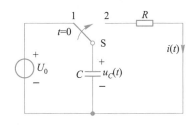
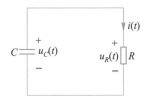

图 4-4-1 一阶 RC 电路　　　　图 4-4-2 RC 电路的零输入响应

在图 4-4-1 中容易求出

$$u_C(0_-) = U_0$$

由换路定理,可得

$$u_C(0_+) = u_C(0_-) = U_0 \tag{4-4-1}$$

在图 4-4-2 所示电路中,利用 KVL,可得

$$u_C(t) = u_R(t) \tag{4-4-2}$$

利用元件的 VCR,有

$$u_R(t) = R \times i(t) \tag{4-4-3}$$

$$i(t) = -C \frac{\mathrm{d}u_C(t)}{\mathrm{d}t} \tag{4-4-4}$$

将式(4-4-3)和式(4-4-4)代入式(4-4-2),有

$$RC \frac{\mathrm{d}u_C(t)}{\mathrm{d}t} + u_C(t) = 0 \tag{4-4-5}$$

至此,根据式(4-4-5)和式(4-4-1),可求得 $t \geqslant 0$ 时的 $u_C(t)$。由微分方程求解过程可知,齐次微分方程式(4-4-5)的通解为 $u_C(t) = Ke^{st}$,式中 s 为特征根,该微分方程的特征方程为

$$RCs + 1 = 0 \tag{4-4-6}$$

求出 $s = -1/(RC)$ 后,有

$$u_C(t) = Ke^{-\frac{t}{RC}} \tag{4-4-7}$$

式(4-4-7)中的常数 K 需由初始条件确定,即

$$u_C(0_+) = K = U_0 \tag{4-4-8}$$

故

$$u_C(t) = U_0 e^{-\frac{t}{RC}} = u_C(0_+) e^{-\frac{t}{RC}} \qquad (4-4-9)$$

$$i(t) = -C \frac{\mathrm{d}u_C(t)}{\mathrm{d}t} = -C \frac{\mathrm{d}}{\mathrm{d}t}(U_0 e^{-\frac{t}{RC}}) = \frac{U_0}{R} e^{-\frac{t}{RC}} = i(0_+) e^{-\frac{t}{RC}} \qquad (4-4-10)$$

根据式(4-4-9)和式(4-4-10),可以画出 $u_C(t)$、$i(t)$ 的波形,如图 4-4-3 所示。

由图 4-4-3 可以看出,在换路时刻,电容电压 $u_C(t)$ 不能跃变。但电流 $i(t)$ 却发生了跃变,由零跃变到 U_0/R。换路后随着时间 t 的增大,$u_C(t)$、$i(t)$ 都按照指数规律变化,由初始值开始单调衰减,当 $t \to \infty$ 时衰减至零,达到稳态。这一个过程称为过渡过程或瞬态过程。

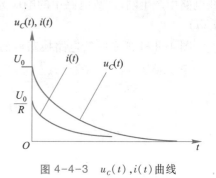

图 4-4-3 $u_C(t)$,$i(t)$ 曲线

衰减过程的快慢取决于指数中的 RC 乘积,通常令 $\tau = RC$,τ 称为时间常数(time constant),它具有和时间相同的量纲:秒($\Omega \times F = (V/A)(C/V) = C/A = C/(C/s) = s$)。时间常数越小,过渡过程越短;反之,则越长。从物理概念上可以这样理解:如电容 C 一定,电阻 R 越大,则放电电流越小,放电过程则越长;如电阻 R 一定,电容 C 越大,则电容上初始的电荷越多,放电时间也就越长。

理论上需要当 $t \to \infty$ 时,指数函数 $e^{-t/\tau}$ 才会衰减至零,但由表 4-4-1 可知,经过 $3\tau \sim 5\tau$ 后,指数函数已经衰减到初始值的 5% 以下,可认为瞬态过程结束,放电完毕。

表 4-4-1 指数函数 $e^{-t/\tau}$ 与时间 t 的关系			
t	$e^{-t/\tau}$	t	$e^{-t/\tau}$
τ	0.367 88	4τ	0.018 32
2τ	0.135 34	5τ	0.006 74
3τ	0.049 79		

特征根 s 与时间常数则存在以下关系

$$s = -\frac{1}{RC} = -\frac{1}{\tau} \qquad (4-4-11)$$

由式(4-4-11)可知,特征根的单位为 1/s(即 Hz),实际应用中也称特征根 s 为固有频率(natural frequency)。

例 4-4-1

　　如图 4-4-4 所示电路中, 假设 $u_C(0_+) = 15$ V, 求 $t>0$ 时的 $u_C(t)$、
$u_X(t)$ 和 $i_X(t)$。

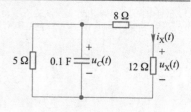

图 4-4-4　例 4-4-1 电路

解　从图 4-4-4 中移走动态元件电容 C, 得到图
4-4-5(a) 所示单口网络, 在该图中从端口处看, 该
单口网络为 8 Ω 与 12 Ω 的电阻串联后再与 5 Ω 电
阻并联。由此求出单口网络的等效电阻 R_{eq}。

$$R_{eq} = \frac{(8+12) \times 5}{(8+12)+5} \ \Omega = 4 \ \Omega$$

　　图 4-4-4 的等效电路如图 4-4-5(b) 所示。
在该图中求出时间常数 τ。

$$\tau = R_{eq}C = 4 \times 0.1 \text{ s} = 0.4 \text{ s}$$

由于 $u_C(0_+) = 15$ V, 可得

$$u_C(t) = u_C(0_+) \mathrm{e}^{\frac{t}{\tau}} = 15\mathrm{e}^{-2.5t} \text{ V}, t>0$$

　　根据电阻的分压, 可求出

$$u_X(t) = \frac{12}{8+12} \times u_C(t) = 0.6 \times 15\mathrm{e}^{-2.5t} \text{ V} = 9\mathrm{e}^{-2.5t} \text{ V}, t>0$$

$$i_X(t) = \frac{u_X(t)}{12} = \frac{9}{12}\mathrm{e}^{-2.5t} \text{ A} = 0.75\mathrm{e}^{-2.5t} \text{ A}, t>0$$

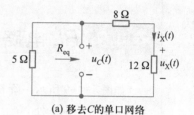

(a) 移去 C 的单口网络

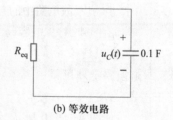

(b) 等效电路

图 4-4-5　例 4-4-1 分图

例 4-4-2

　　如图 4-4-6 所示电路, 在 $t<0$ 时开关闭合, 电路处于稳态, 当
$t=0$ 时, 开关打开。求 $t \geq 0$ 时的 $u_C(t)$。

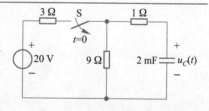

图 4-4-6　例 4-4-2 电路

解　当 $t<0$ 时, 电路已处于稳态, 由电容的直流开
路特性可得 0_- 等效电路图如图 4-4-7 所示, 在该
图中求出

$$u_C(0_-) = \frac{9}{3+9} \times 20 \text{ V} = 15 \text{ V}$$

　　由换路定理可知

$$u_C(0_+) = u_C(0_-) = 15 \text{ V}$$

　　当 $t>0$ 时, 开关打开, 可得 0_+ 等效电路图如图
4-4-8 所示。

　　在图 4-4-8 中, 求出移去电容后的单口网络的
等效电阻 R_{eq} 和时间常数 τ。

$$R_{eq} = (9+1) \ \Omega = 10 \ \Omega$$

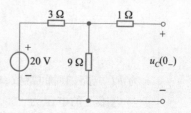

图 4-4-7　例 4-4-2 的 0_- 等效电路图

故 $$\tau = R_{eq}C = 10 \times 2 \times 10^{-3} \text{ s} = 0.02 \text{ s}$$

$$u_C(t) = u_C(0_+) e^{-\frac{t}{\tau}} = 15 e^{-50t} \text{ V}, t \geqslant 0$$

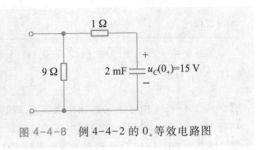

图 4-4-8 例 4-4-2 的 0_+ 等效电路图

4.4.2 *RL* 电路零输入响应

如图 4-4-9 所示一阶 *RL* 电路,开关 S 在 $t<0$ 时接于 1 处,且电路已处于稳态,当 $t=0$ 时,开关打向 2 处。当 $t>0$ 时,电路没有外加激励作用,靠电感的初始储能在电路中产生响应,故电路中的响应称为零输入响应。如何求解 $t>0$ 时的电感电流 $i_L(t)$?

由图 4-4-9 中容易求出

$$i_L(0_-) = I_S$$

由换路定理可得

$$i_L(0_+) = i_L(0_-) = I_S \tag{4-4-12}$$

如图 4-4-10 所示,利用 KVL 和元件的 VCR,可得

$$L \frac{\mathrm{d}i_L(t)}{\mathrm{d}t} + Ri_L(t) = 0 \tag{4-4-13}$$

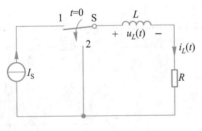

图 4-4-9 一阶 *RL* 电路

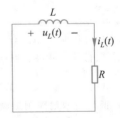

图 4-4-10 *RL* 电路的零输入响应

式(4-4-13)是一阶齐次微分方程,按前述 *RC* 电路的求解方法求出方程的解

$$i_L(t) = i_L(0_+) e^{-\frac{R}{L}t} = I_S e^{-\frac{t}{\tau}}, t \geqslant 0 \tag{4-4-14}$$

$$\tau = \frac{L}{R} \tag{4-4-15}$$

τ 为 *RL* 电路的时间常数,单位为秒($\text{H}/\Omega = (\text{Wb/A})(\text{V/A}) = \text{Wb/V} = \text{s}$)。

电感上的电压为

$$u_L(t) = L \frac{\mathrm{d}i_L(t)}{\mathrm{d}t} = -Ri_L(0_+) e^{-\frac{R}{L}t} = -RI_S e^{-\frac{t}{\tau}} = u_L(0_+) e^{-\frac{t}{\tau}}, t>0 \tag{4-4-16}$$

通过以上分析可知：如果用 $y_{zi}(t)$ 表示零输入响应，其初始值为 $y_{zi}(0_+)$，则一阶电路的零输入响应可统一表示为

$$y_{zi}(t) = y_{zi}(0_+)e^{-\frac{t}{\tau}}, t>0 \tag{4-4-17}$$

式(4-4-17)中 τ 为一阶电路的时间常数，对一阶 RC 电路，$\tau = R_{eq}C$；对于一阶 RL 电路，$\tau = \dfrac{L}{R_{eq}}$；其中 R_{eq} 为换路之后，移去动态元件(L 或者 C)，从端口处求取的单口网络等效电阻。

若初始状态增大 K 倍，则零输入响应也增大 K 倍，说明一阶电路的零输入响应与初始状态满足齐次性。在一定程度上，初始状态也可以看成是电路的内部激励。

例 4-4-3

如图 4-4-11 所示电路，在 $t<0$ 时，开关打开，电路处于稳态，当 $t=0$ 时，开关闭合。求 $t>0$ 时的 $u_0(t)$、$i_0(t)$ 和 $i(t)$。

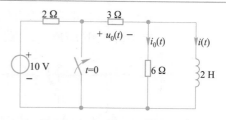

图 4-4-11 例 4-4-3 的电路

解 利用电感的直流短路性，画出 0_- 等效电路图如图 4-4-12 所示，在该电路中求出独立变量 $i(0_-)$ 的值。

$$i(0_-) = \frac{10}{2+3} \text{ A} = 2 \text{ A}$$

$$u_0(0_-) = \frac{3}{2+3} \times 10 \text{ V} = 6 \text{ V}$$

$$i_0(0_-) = 0 \text{ A}$$

由换路定理得

$$i(0_+) = i(0_-) = 2 \text{ A}$$

用 2 A 的电流源替换掉电感，得到 0_+ 等效电路图如图 4-4-13 所示。在该图中求得 $u_0(0_+)$ 和 $i_0(0_+)$ 为

$$u_0(0_+) = \frac{3 \times 6}{3+6} \times 2 \text{ V} = 4 \text{ V}$$

$$i_0(0_+) = -\frac{3}{3+6} \times 2 \text{ A} = -\frac{2}{3} \text{A}$$

移去电感 L，如图 4-4-14 所示，由此求出单口网络的等效电阻 R_{eq}。

$$R_{eq} = \frac{3 \times 6}{3+6} \ \Omega = 2 \ \Omega, \tau = \frac{L}{R_{eq}} = \frac{2}{2} \text{ s} = 1 \text{ s}$$

故

$$i(t) = i(0_+)e^{-t} = 2e^{-t} \text{ A}, t>0$$

$$u_0(t) = u_0(0_+)e^{-t} = 4e^{-t} \text{ V}, t>0$$

$$i_0(t) = i_0(0_+)e^{-t} = -\frac{2}{3}e^{-t} \text{ A}, t>0$$

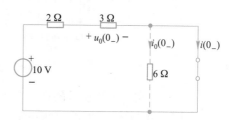

图 4-4-12 例 4-4-3 的 0_- 等效电路图

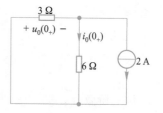

图 4-4-13 例 4-4-3 的 0_+ 等效电路图

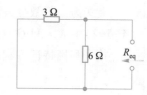

图 4-4-14 例 4-4-3 的等效电阻

4.5　一阶电路的零状态响应

当动态电路的初始储能为零时,仅仅由独立电源(激励或输入)引起的响应称为零状态响应(zero state response)。本节只讨论直流电源作用下,一阶电路的零状态响应。

4.5.1　RC 电路零状态响应

图 4-5-1 所示为 RC 一阶电路,其中图(a)所示为 $t<0$ 时的电路结构,当电路达到稳态时,电容中没有储能,$u_C(0_-)=0$;$t=0$ 时,开关 S 由 1 打到 2,$t>0$ 时的电路结构如图(b)所示,电路中的电流源开始给电容充电,即零状态电路。

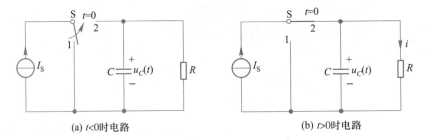

(a) $t<0$时电路　　　　　　　　　(b) $t>0$时电路

图 4-5-1　一阶 RC 电路零状态响应

在开关切换后的初始时刻,电容电压 u_C 是独立变量,满足换路定理 $u_C(0_+)=u_C(0_-)=0\text{ V}$,即电容的初值 $u_C(0_+)$ 为零,根据 KCL 列写三条支路上的电流关系

$$C\frac{\mathrm{d}u_C(t)}{\mathrm{d}t}+\frac{u_C(t)}{R}=I_\text{s} \tag{4-5-1}$$

整理为

$$RC\frac{\mathrm{d}u_C(t)}{\mathrm{d}t}+u_C(t)=RI_\text{s} \tag{4-5-2}$$

解一阶微分方程

$$u_C(t)=u_{Ch}+u_{Cp}=Ke^{st}+Q \tag{4-5-3}$$

上式为一阶微分方程的经典解,其中 $u_{Ch}=Ke^{st}$ 为齐次解,$u_{Cp}=Q$ 是特解,把式(4-5-3)中 K,s 和 Q 求解出来,即得到了 $u_C(t)$。

首先利用特征方程解出特征根,得到 s 值

$$RCs+1=0 \quad 故 \quad s=-\frac{1}{RC} \tag{4-5-4}$$

再利用特解与激励具有相同的函数形式,当激励为直流时其特解为常量,代入

式(4-5-2),解得

$$Q = RI_S \qquad (4-5-5)$$

最后,将 s 和 Q 的值代入式(4-5-3),根据初始条件 $u_C(0_+) = Ke^{-\frac{1}{RC} \times 0} + RI_S = 0\ \text{V}$,得到

$$K = -RI_S \qquad (4-5-6)$$

因此

$$u_C(t) = RI_S\left(1 - e^{-\frac{t}{RC}}\right), \qquad t \geq 0 \qquad (4-5-7)$$

图 4-5-1(a)所示电路中,当开关从 1 切换到 2,由于电容初始储能为零,因此开关接通后,电路中的电流源开始给电容充电。此时,电容电压不能跃变,而是从零开始按指数规律增长,直至达到稳态值 $u_C(\infty)$,如图4-5-2所示,充电过程在 $3\tau \sim 5\tau$ 时间段内结束。值得注意的是:这里的 R 为 $t>0$ 时刻,去掉动态元件后的单口网络的等效电阻。

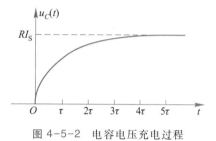

图 4-5-2　电容电压充电过程

图 4-5-1(b)所示电路中,t 趋于 ∞ 时,电路达到稳态,电容相当于断开,$u_C(\infty) = RI_S$。所以,激励为直流电源的一阶 RC 电路,电容电压零状态响应的一般表达式为

$$u_C(t) = u_C(\infty)\left(1 - e^{-\frac{t}{\tau}}\right), \qquad t \geq 0 \qquad (4-5-8)$$

上式得到的 $u_C(t)$ 为电路中的独立变量。思考一下,当求电路中的非独立变量时,无法应用换路定理,其解的一般表达式又是什么呢?与独立变量类似吗?

通常,求非独立变量时用替代定理,可以把已求出的独立变量当做一个电压源或电流源,整个电路则变成电阻电路,再运用电阻电路分析方法,解出待求的非独立变量,以下通过例题进行具体说明。

例 4-5-1

如图 4-5-3(a)所示,$u_C(0_-) = 0\ \text{V}$,$t=0$ 时刻,开关闭合,$U_S = 6\ \text{V}$,$R_1 = 6\ \Omega$,$R_2 = 3\ \Omega$,$R_3 = 2\ \Omega$,$C = 2\ \text{F}$,求 $t>0$ 时的 $u_2(t)$。

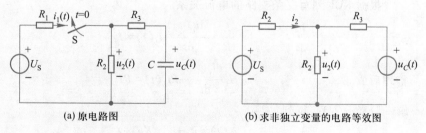

(a) 原电路图　　　　　　　　(b) 求非独立变量的电路等效图

图 4-5-3　例 4-5-1 电路

解 由题目已知 $u_C(0_-) = 0$ V，即电容没有初始储能，开关闭合后，电压源开始给电容充电，电路属于零状态，根据式（4-5-8）可得到独立变量 $u_C(t)$ 解的形式为

$$u_C(t) = u_C(\infty)(1-e^{-\frac{t}{\tau}})$$

开关切换后达到稳态时，电容相当于开路，因此

$$u_C(\infty) = U_s \frac{R_2}{R_1+R_2} = 6 \times \frac{3}{6+3} \text{ V} = 2 \text{ V}$$

时间常数 $\tau = RC$，其中 R 为去掉电容 C 后的无源等效电阻，即

$$R = R_3 + \frac{R_1 R_2}{R_1+R_2} = \left(2 + \frac{6 \times 3}{6+3}\right) \Omega = 4 \ \Omega,$$

$$\tau = RC = 4 \times 2 \text{ s} = 8 \text{ s}$$

代入式（4-5-8），得到电容电压的零状态响应为

$$u_C(t) = u_C(\infty)(1-e^{-\frac{t}{\tau}}) = 2(1-e^{-\frac{t}{8}}) \text{V}, \quad t \geq 0$$

求非独立变量 u_2 时，把求得的 $u_C(t)$ 看做一个电压源，整个电路成为一个电阻电路，如图 4-5-3（b）所示。运用替代定理节点电压法求解 u_2，有

$$\left(\frac{1}{R_1} + \frac{1}{R_2} + \frac{1}{R_3}\right) u_2(t) = \frac{U_s}{R_1} + \frac{u_C(t)}{R_3}$$

代入已知条件，得

$$\left(\frac{1}{6} + \frac{1}{3} + \frac{1}{2}\right) u_2(t) = \frac{6}{6} + \frac{2(1-e^{-\frac{t}{8}})}{2}$$

得到　　$u_2(t) = (2-e^{-\frac{t}{8}}) \text{ V}, \quad t \geq 0$

4.5.2 *RL* 电路零状态响应

一阶 *RL* 电路的零状态响应类似于一阶 *RC* 电路。如图 4-5-4 所示电路，切换之前开关在 1 端，电感储能为零，即 $i_L(0_-) = 0$。$t = 0$ 时，开关由 1 切换到 2，电流源开始给电感充电，属于一阶 *RL* 零状态电路。

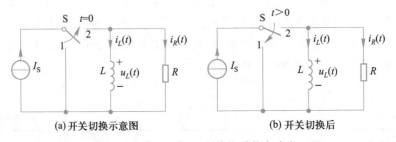

(a) 开关切换示意图　　　　　　　　　　　　(b) 开关切换后

图 4-5-4　一阶 *RL* 电路的零状态响应

根据 KCL 列写三条支路的电流关系

$$\frac{L}{R} \cdot \frac{\mathrm{d}i_L(t)}{\mathrm{d}t} + i_L(t) = I_s \tag{4-5-9}$$

整理后成

$$L \frac{\mathrm{d}i_L(t)}{\mathrm{d}t} + R i_L(t) = R I_s \tag{4-5-10}$$

解一阶微分方程，得到

$$i_L(t) = i_{Lh} + i_{Lp} = Ke^{st} + \lambda_p \tag{4-5-11}$$

由特征方程解出特征根，得到 s 值

$$Ls+R=0 \Rightarrow s=-\frac{R}{L} \qquad (4-5-12)$$

当激励为直流时,其特解为常量 λ_p,代入式(4-5-10),解得

$$\lambda_p = I_S \qquad (4-5-13)$$

将 s 和 λ_p 的值代入式(4-5-11),由于电感电流 $i_L(t)$ 是独立变量,因此根据换路定理和初始条件 $i_L(0_+)=i_L(0_-)=K+I_S=0$ A,得到 $K=-I_S$。

将 K、s 和 λ_p 代入式(4-5-11),解出

$$i_L(t) = -I_S e^{-\frac{R}{L}t} + I_S = I_S\left(1-e^{-\frac{R}{L}t}\right), \qquad t \geq 0 \qquad (4-5-14)$$

当开关闭合,电路达到稳态时,电感相当于短路,即 $i_L(\infty)=I_S$,RL 电路的时间常数 $\tau=\dfrac{L}{R}$。因此,电感电流零状态响应为

$$i_L(t) = i_L(\infty)\left(1-e^{-\frac{t}{\tau}}\right), \qquad t \geq 0 \qquad (4-5-15)$$

$i_L(t)$ 的变化曲线如图 4-5-5 所示。

通过前面对一阶 RL 和 RC 电路的零状态响应分析,总结如下:

独立变量的零状态响应的一般表达式

$$y(t) = y(\infty)\left(1-e^{-\frac{t}{\tau}}\right) \qquad (4-5-16)$$

其中,对于一阶 RC 电路 $\tau = RC$;对于一阶 RL 电路 $\tau = \dfrac{L}{R}$。

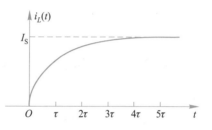

图 4-5-5　电感电流充电过程

当求电路中的非独立变量的零状态响应时,只需把已求得的独立变量的响应作为已知条件,即电容电压作为电压源,电感电流作为电流源,原电路变为电阻电路,运用电阻电路分析方法,解出非独立变量的零状态响应。

例 4-5-2

电路如图 4-5-6(a)所示,已知开关闭合之前,电路达到稳态。求 $t>0$ 时的电感电压 $u_L(t)$

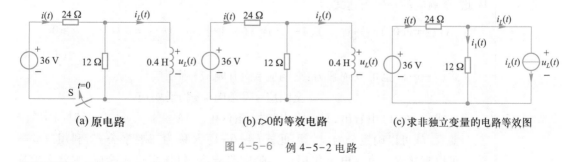

(a)原电路　　　　　　　　(b) $t>0$ 的等效电路　　　　　(c)求非独立变量的电路等效图

图 4-5-6　例 4-5-2 电路

解 开关闭合之前电路达到稳态,电感没有储能,开关闭合之后电压源开始给电感充电,属于零状态电路。

根据式(4-5-15),有

$$i_L(t) = i_L(\infty)(1-e^{-\frac{t}{\tau}}), \quad t \geq 0$$

开关切换后,达到稳态时,电感具有直流短路性,电路如图 4-5-6(b) 所示,此时

$$i_L(\infty) = \frac{36}{24} \text{A} = 1.5 \text{ A}$$

去掉电感后,单口网络的无源等效电阻 $R = \frac{24 \times 12}{24+12} \Omega = 8 \Omega$,则时间常数

$$\tau = \frac{L}{R} = \frac{0.4}{8} \text{ s} = 0.05 \text{ s}$$

将 $i_L(\infty)$ 和 τ 代入 $i_L(t)$,得

$$i_L(t) = i_L(\infty)(1-e^{-\frac{t}{\tau}}) = 1.5(1-e^{-20t}) \text{A}, \quad t \geq 0$$

运用替代定理将电感当成电流为 $i_L(t)$ 的电流源放入图 4-5-6(b) 所示电路中,得到电路图 4-5-6(c),列写方程

$$\begin{cases} u_L(t) = 12i_1(t) \\ 36 = 24[i_1(t) + i_L(t)] + u_L(t) \end{cases}$$

计算得出 $u_L(t) = 12e^{-20t} \text{ V}, \quad t > 0$

请读者思考,为什么求得的 $i_L(t)$ 的取值范围为 $t \geq 0$,而 $u_L(t)$ 的取值范围却是 $t > 0$?

4.6　一阶电路的全响应——三要素法

只有动态元件初始储能单独作用产生的响应是零输入响应,只有独立电源单独作用产生的响应是零状态响应。如果一阶动态电路中既有动态元件的初始储能,又有独立电源激励,那么它们共同作用下产生的响应称为全响应。对于线性动态电路而言,根据叠加定理,全响应=零输入响应+零状态响应,这是线性动态电路的一个基本性质。

由 4.4 和 4.5 两节可知:具有直流电源激励的一阶电路,无论是独立变量还是非独立变量,零输入响应的一般表达式都是

$$y_{zi}(t) = y(0_+)e^{-\frac{t}{\tau}}, \quad t > 0$$

而独立变量的零状态响应的一般表达式是

$$y_{zs}(t) = y(\infty)(1-e^{-\frac{t}{\tau}}), \quad t > 0$$

因此,全响应的一般表达式为

$$y(t) = y(0_+)e^{-\frac{t}{\tau}} + y(\infty)(1-e^{-\frac{t}{\tau}}) = y(\infty) + [y(0_+) - y(\infty)]e^{-\frac{t}{\tau}}, \quad t \geq 0$$

$$(4-6-1)$$

式(4-6-1)也可以理解为:全响应=固有响应+强制响应

全响应=瞬态响应+稳态响应

从式(4-6-1)中看出,只要求出初始值 $y(0_+)$、稳态值 $y(\infty)$ 以及时间常数 τ 三个要素,就可以确定全响应。因此式(4-6-1)又称为三要素公式,利用三要素公式可以直接求得直流电源作用下一阶电路响应,包括零输入响应、零状态响应和全响应。

用三要素公式(4-6-1)求解全响应步骤如下。

1. 初始值 $y(0_+)$ 的求解

在 $t<0$ 时(或电路换路之前),电路达到稳态,计算独立变量 $u_C(0_-)$ 和 $i_L(0_-)$。独立变量的初始值符合换路定理: $u_C(0_+)=u_C(0_-)$; $i_L(0_+)=i_L(0_-)$。用 0_+ 等效电路法计算非独立变量的初始值。即在换路后的电路结构中把求得的 $u_C(0_+)$ 当成电压源, $i_L(0_+)$ 当成电流源,替代原电路图中的电容和电感,其余电路结构不变,分析该电路得到非独立变量的初始值。

2. 稳态值 $y(\infty)$ 的求解

$t>0$ 时刻(或电路换路之后),当电路再次达到稳态,这时,电容相当于开路,电感相当于短路,整个电路等效为电阻电路,求解该电路得到稳态值 $y(\infty)$。

3. 时间常数 τ 的求解

$t>0$ 时刻的电路去掉电容或电感后,成为一个单口网络,除去单口网络中的独立电源,从端口处求得等效电阻 R。对于一阶 RC 电路: $\tau=RC$;对于一阶 RL 电路: $\tau=\dfrac{L}{R}$。

4. 求解全响应

将初始值 $y(0_+)$、稳态值 $y(\infty)$ 以及时间常数 τ 代入三要素公式中得到电路的全响应。

例 4-6-1

如图 4-6-1(a)所示, $t<0$ 时电路达到稳态, $t=0$ 时开关闭合。求 $t>0$ 时的 $u_C(t)$ 和 $i(t)$。

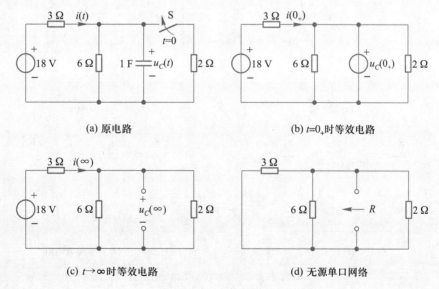

图 4-6-1　例 4-6-1 电路

解 $t<0$ 时电容已被充电,开关闭合之后,电路中既有独立源激励,也有电容初始储能作用,因此利用三要素法来解全响应 $u_c(t)$ 和 $i(t)$。

(1)求 $u_c(0_+)$ 和 $i(0_+)$。$u_c(0_+)$ 是独立变量,因此

$$u_c(0_+) = u_c(0_-) = 18 \times \frac{6}{3+6} \text{ V} = 12 \text{ V}$$

求非独立变量 $i(0_+)$,需要画 0_+ 等效电路,如图 4-6-1(b)所示,有

$$i(0_+) = \frac{18 - u_c(0_+)}{3} = \frac{18 - 12}{3} \text{ A} = 2 \text{ A}$$

(2)求 $u_c(\infty)$ 和 $i(\infty)$。开关闭合后,电路达到稳态,如图 4-6-1(c)所示,电容等效成开路得到

$$i(\infty) = \frac{18}{3 + \frac{6 \times 2}{6+2}} \text{ A} = 4 \text{ A},$$

$$u_c(\infty) = i(\infty) \frac{6 \times 2}{6+2} = 4 \times \frac{12}{8} \text{ V} = 6 \text{ V}$$

(3)求 τ。开关闭合后,去掉电容的无源单口网络如图 4-6-1(d)所示,等效电阻为

$$R = \frac{1}{\frac{1}{3} + \frac{1}{6} + \frac{1}{2}} \Omega = 1 \ \Omega, RC \text{ 电路中}, \tau = RC = 1 \times 1 \text{ s} = 1 \text{ s}$$

(4)将计算得到的初始值、稳态值和时间常数,分别代入 u_c 和 i 的三要素公式中

$$u_c(t) = u_c(\infty) + [u_c(0_+) - u_c(\infty)] e^{-\frac{t}{\tau}}$$
$$= [6 + (12-6)e^{-t}] \text{ V} = (6 + 6e^{-t}) \text{ V}, \quad t \geq 0$$

$$i(t) = i(\infty) + [i(0_+) - i(\infty)] e^{-\frac{t}{\tau}}$$
$$= [4 + (2-4)e^{-t}] \text{ A} = (4 - 2e^{-t}) \text{ A}, \quad t > 0$$

三要素法既可以求独立变量的全响应,也可以求非独立变量的全响应,请读者注意它们取值区间的差别。

例 4-6-2

电路如图 4-6-2(a)所示。$t<0$ 时,开关 S 打开,电路稳定。$t=0$ 时,开关闭合。求 $t>0$ 时的 $u_c(t)$ 和 $i(t)$。

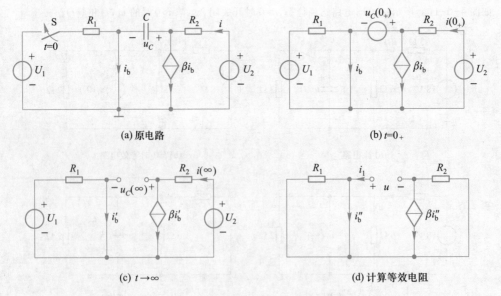

(a)原电路

(b)$t=0_+$

(c)$t \to \infty$

(d)计算等效电阻

图 4-6-2   例 4-6-2 电路

解 开关闭合后,电路中既有独立源作用也有电容的初始储能,属于全响应,运用三要素公式求解。

(1) 求 $u_C(0_+)$ 和 $i(0_+)$。开关闭合之前,$i_b = 0$,因此受控电流源也为 0,相当于开路,所以电容两端的电压 $u_C(0_-)$ 等于独立电压源电压 U_2。又因为 $u_C(0_+)$ 是独立变量,因此

$$u_C(0_+) = u_C(0_-) = U_2$$

画 0_+ 等效电路,如图 4-6-2(b) 所示,非独立变量 $i(0_+)$ 为

$$i(0_+) = \frac{U_2 - u_C(0_+)}{R_2} = 0 \text{ A}$$

(2) 求 $u_C(\infty)$ 和 $i(\infty)$。开关闭合之后,电路达到稳态,如图 4-6-2(c) 所示,电容相当于开路,左右两边的回路独立。在左边回路里,$i'_b = \dfrac{U_1}{R_1}$;右边回路里,$i(\infty)$ 即为受控电流源的值,且方向一致

$$i(\infty) = \beta i'_b = \beta \frac{U_1}{R_1}, u_C(\infty) = U_2 - i(\infty) R_2 = U_2 - \beta \frac{U_1 R_2}{R_1}$$

(3) 求 τ。去除原电路中独立电源,保留受控源,求去除电容后单口网络的等效电阻。在求等效电阻时,用外施电源法,在端口处设一个电压 u 和电流 i_1,如图 4-6-2(d) 所示。由于 i''_b 相当于短路,因此 $i_1 = i''_b$。

$$R = \frac{u}{i_1} = \frac{R_2(i_1 + \beta i''_b)}{i_1} = \frac{R_2(i_1 + \beta i_1)}{i_1} = (1+\beta) R_2$$

$$\tau = RC = (1+\beta) R_2 C$$

(4) 代入三要素公式。

$$u_C(t) = u_C(\infty) + [u_C(0_+) - u_C(\infty)] e^{-\frac{t}{\tau}}$$

$$= U_2 - \beta \frac{U_1 R_2}{R_1} + \beta \frac{U_1 R_2}{R_1} e^{-\frac{t}{(1+\beta)R_2 C}}, \quad t \geq 0$$

$$i(t) = i(\infty) + [i(0_+) - i(\infty)] e^{-\frac{t}{\tau}}$$

$$= \beta \frac{U_1}{R_1} (1 - e^{-\frac{t}{(1+\beta)R_2 C}}), \quad t > 0$$

本题的特点是电路中含有受控源。求含有受控源电路的全响应,关键是求除源等效电阻,可以用外施电源法、开路短路法等方法得到。

目标 2 测评

T4-3 若通过 10 mH 电感的电流从 0 增加到 2 A,那么该电感上的储能为 ( )。

(a) 40 mJ   (b) 20 mJ   (c) 10 mJ   (d) 50 mJ

T4-4 某 RC 电路中 $R = 2 \ \Omega, C = 4 \ \text{F}$,则时间常数是 ( )。

(a) 0.5 s   (b) 2 s   (c) 4 s   (d) 8 s   (e) 15 s

T4-5 某 RL 电路中 $R = 2 \ \Omega, L = 4 \ \text{H}$,则时间常数是 ( )。

(a) 0.5 s   (b) 2 s   (c) 4 s   (d) 8 s   (e) 15 s

T4-6 电路如图 T4-6 所示,$t = 0$ 时刻之前电容上的电压大小是 ( )。

(a) 10V   (b) 7 V   (c) 6 V   (d) 4 V   (e) 0 V

T4-7 电路如图 T4-7 所示,$t = 0$ 时刻之前电感上的电流大小是 ( )。

(a) 8 A   (b) 6 A   (c) 4 A   (d) 2 A   (e) 0 A

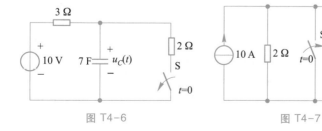

图 T4-6   图 T4-7

4.7 阶跃响应与冲激响应

4.7.1 阶跃响应

通过开关给 RC 电路突然施加一个直流源,这时此直流电压源或电流源对电路的作用可以用一个阶跃函数来描述,对应得到的响应称为阶跃响应。

1. 阶跃函数

单位阶跃函数(unit step function)$\varepsilon(t)$ 的数学表达式为

$$\varepsilon(t) = \begin{cases} 0 & t<0 \\ 1 & t>0 \end{cases} \tag{4-7-1}$$

波形如图 4-7-1(a)所示,它有以下几种推广:

(1)延迟单位阶跃函数(delayed unit step function),其数学表达式为

$$\varepsilon(t-t_0) = \begin{cases} 0 & t<t_0 \\ 1 & t>t_0 \end{cases} \tag{4-7-2}$$

即在 $t=t_0$ 处发生跃变,波形如图 4-7-1(b)所示。

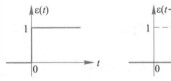 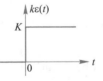 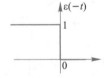

(a)单位阶跃函数 　(b)延迟单位阶跃函数 　(c)跃变量为k个单位 　(d)单位阶跃函数的倒置

图 4-7-1　阶跃函数及常见推广波形

(2)跃变量为 k 个单位,即

$$k\varepsilon(t) = \begin{cases} 0 & t<0 \\ k & t>0 \end{cases} \tag{4-7-3}$$

波形如图 4-7-1(c)所示。

(3)单位阶跃函数的倒置,即

$$\varepsilon(-t) = \begin{cases} 0 & t>0 \\ 1 & t<0 \end{cases} \tag{4-7-4}$$

波形如图 4-7-1(d)所示。

阶跃函数除了能够直观地描述开关动作,还可以表示时间分段恒定的电压或电流信号。图 4-7-2 中的信号可以用阶跃函数表示为

$$f(t) = 3\varepsilon(t) - 4\varepsilon(t-1) + \varepsilon(t-2)$$

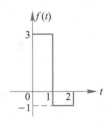

图 4-7-2　阶跃函数
表示 $f(t)$

2. 阶跃响应（step response）

电路的阶跃响应是指该电路在单位阶跃函数作用下的零状态响应，即相当于动态元件初始储能为零，单位直流电压源或电流源在 $t=0$ 时刻作用于电路时的响应。因此，对于一阶电路，其阶跃响应可用三要素法求解，即

$$f(t)=\left\{f(\infty)+[f(0_+)-f(\infty)]\mathrm{e}^{-\frac{t}{\tau}}\right\}\varepsilon(t) \tag{4-7-5}$$

式（4-7-5）为阶跃响应表达式。

结构和元件参数均不随时间变化的电路称为时不变电路。时不变电路中，零状态响应的大小与激励接入电路的时间无关，即电路的时不变性。例如，若激励 $f(t)$ 产生的零状态响应为 $y(t)$，则激励 $f(t-t_0)\varepsilon(t-t_0)$ 产生的零状态响应为 $y(t-t_0)\varepsilon(t-t_0)$。

线性电路的零状态响应满足齐次定理和叠加定理，即若激励 $f_1(t)$ 产生的零状态响应为 $y_1(t)$，激励 $f_2(t)$ 产生的零状态响应为 $y_2(t)$，则激励 $af_1(t)+bf_2(t)$ 产生的响应为 $ay_1(t)+by_2(t)$。

例 4-7-1

如图 4-7-3 所示电路，$R_1=3\ \Omega$，$R_2=6\ \Omega$，以 $u_C(t)$ 为输出，求电路的阶跃响应。

解　根据阶跃响应定义，电容初始状态为零，电路激励为单位阶跃函数 $\varepsilon(t)$，运用三要素公式求电路的零状态响应。因此

$$u_C(0_+)=u_C(0_-)=0$$

当电路达到稳态时，电容视为开路，故

$$u_C(\infty)=u_S\frac{R_2}{R_1+R_2}=1\times\frac{6}{3+6}\ \mathrm{V}=\frac{2}{3}\ \mathrm{V}$$

时间常数　$\tau=RC=\frac{R_1R_2}{R_1+R_2}C=\frac{3\times6}{3+6}\times1\ \mathrm{s}=2\ \mathrm{s}$

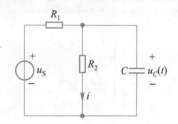

图 4-7-3　例 4-7-1 电路

将以上结果代入式（4-7-5），得到电路的阶跃响应

$$u_C(t)=\left[\frac{2}{3}+\left(0-\frac{2}{3}\right)\mathrm{e}^{-\frac{1}{2}t}\right]\varepsilon(t)\ \mathrm{V}=\frac{2}{3}\left(1-\mathrm{e}^{-\frac{1}{2}t}\right)\varepsilon(t)\ \mathrm{V}$$

例 4-7-2

电路如图 4-7-4（a）所示，图 4-7-4（b）为电压源变化曲线，利用阶跃响应求电路中电感电压响应 $u_L(t)$。

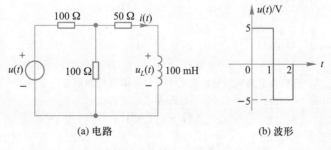

(a) 电路　　　　　　　　　　　　(b) 波形

图 4-7-4　例 4-7-2 电路及波形

解 先用三要素法求出电路的零状态响应,即单位阶跃响应,然后根据图4-7-4(b)写出激励 $u(t)$ 的表达式,根据电路的线性时不变性质得到响应 $u_L(t)$。

(1) 当 $u(t) = \varepsilon(t)$ 时,$i_L(0_+) = i_L(0_-) = 0$,因所求 $u_L(t)$ 为非状态变量,故根据 0_+ 等效电路图,电感视为开路,得到

$$u_L(0_+) = \frac{1}{2}\text{V} = 0.5\text{V}$$

当电路达到稳定,电感视为短路,故

$$u_L(\infty) = 0\text{ V}$$

等效电阻 $R = \left(50 + \frac{100}{2}\right)\Omega = 100\ \Omega$

时间常数 $\tau = \dfrac{L}{R} = \dfrac{100 \times 10^{-3}}{100}\text{s} = 1 \times 10^{-3}\text{ s}$

代入式(4-7-5) $u_L(t) = \{u_L(\infty) + [u_L(0_+) - u_L(\infty)]\text{e}^{-\frac{t}{\tau}}\}\varepsilon(t) = 0.5\text{e}^{-10^3 t}\varepsilon(t)\text{ V}$

(2) 由图4-7-4(b)写出

$$u(t) = 5\varepsilon(t) - 10\varepsilon(t-1) + 5\varepsilon(t-2)\text{ V}$$

根据电路的线性、时不变性质,得到

$$u_L(t) = [2.5\text{e}^{-10^3 t}\varepsilon(t) - 5\text{e}^{-10^3(t-1)}\varepsilon(t-1) + 2.5\text{e}^{-10^3(t-2)}\varepsilon(t-2)]\text{ V}$$

4.7.2 冲激响应

考虑一个宽度为 τ 且面积为1的矩形脉冲,如图4-7-5所示。保持面积不变,将 τ 的取值趋于无穷小。则单个矩形脉冲变成在 $t = 0$ 处持续时间无限小、幅度无限大、面积仍为1的特殊信号,如图4-7-6所示。这个广义函数被称为单位冲激函数(unit impulse function)或狄拉克(dirac)函数,记为

$$\begin{cases} \delta(t) = 0 & t \neq 0 \\ S = \int_{-\infty}^{+\infty} \delta(t)\,\text{d}t = 1 \end{cases} \tag{4-7-6}$$

单位冲激函数是一种广义函数,它的幅值为无穷大,图像只能用带箭头的射线表示。但通常不标出其幅值 ∞,而是只用括号标出其冲激强度(S),即面积。面积(冲激强度)为1时称为"单位冲激函数"。此外,单位冲激函数的自变量不仅仅限于时间 t,可以是任何物理量。实际上还常用延迟的单位冲激函数,如图4-7-7所示,数学表达式为

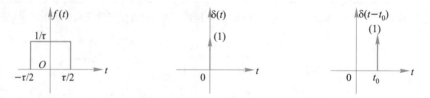

图4-7-5 面积为1的矩形脉冲　图4-7-6 单位冲激函数　图4-7-7 延迟的单位冲激函数

$$\begin{cases} \delta(t - t_0) = 0 & t \neq t_0 \\ S = \int_{-\infty}^{+\infty} \delta(t - t_0)\,\text{d}t = 1 \end{cases} \tag{4-7-7}$$

根据单位冲激函数的定义,它具有下列最基本的性质。

(1) 广义积分归一性:

$$\int_{-\infty}^{+\infty} \delta(t)\,\mathrm{d}t = 1 \tag{4-7-8}$$

(2) 筛分性质:单位冲激函数与任意函数乘积,等于只筛选出 $t=t_0$ 时刻 $f(t)$ 的值作为冲激强度,即

$$f(t)\delta(t-t_0) = f(t_0)\delta(t-t_0) \tag{4-7-9}$$

(3) 抽样性质:即通过与单位冲激函数(或延时单位冲激函数)乘积的积分,把任意的连续函数 $f(t)$ 抽样为 $t=t_0$ 处的一个函数值,即

$$\int_{-\infty}^{\infty} \delta(t-t_0)f(t)\,\mathrm{d}t = f(t_0) \tag{4-7-10}$$

(4) 微积分性质:$\delta(t)$ 函数的累计积分等于单位阶跃函数 $\varepsilon(t)$。

$$\int_{-\infty}^{t} \delta(\tau)\,\mathrm{d}\tau = \varepsilon(t) \tag{4-7-11}$$

反过来,单位阶跃函数的导数等于单位冲激函数:

$$\delta(t) = \frac{\mathrm{d}\varepsilon(t)}{\mathrm{d}t} \tag{4-7-12}$$

电路在单位冲激电压或单位冲激电流激励下的零状态响应称为单位冲激响应(unit impulse response),简称冲激响应(impulse response),记为 $h(t)$。线性时不变电路中,如果激励 x 产生响应 y;则激励 $\mathrm{d}x/\mathrm{d}t$ 产生的响应为 $\mathrm{d}y/\mathrm{d}t$;激励 $\int x\mathrm{d}t$ 产生的响应为 $\int y\mathrm{d}t + k$。所以,线性时不变电路的冲激响应是它的阶跃响应的一阶导数。

$$h(t) = \frac{\mathrm{d}s(t)}{\mathrm{d}t} \tag{4-7-13}$$

一阶电路的冲激响应实质上是在单位冲激电压(或电流)作用下使电路获得非零初始状态,在 $t>0$ 时的响应是仅由这个初始状态产生的零输入响应。

求一阶电路冲激响应的关键是确定在冲激函数作用的瞬间电容电压(或电感电流)的初值。在 $t<0$ 时电容视为短路,电感视为开路,求出在 0_- 到 0_+ 时间内电容电流(或电感电压)的冲激函数后,根据电容(或电感)元件电压电流关系的积分形式求得电容电压(或电感电流)的初值。

1. 一阶 RC 电路的冲激响应

图 4-7-8 所示电路中,$u_C(0_-) = 0$,$t=0$ 时刻 $i_C(t) = \delta(t)$,$t=0_+$ 时刻 $u_C(0_+) = \frac{1}{C}\int_{0_-}^{0_+} \delta(\tau)\,\mathrm{d}\tau = \frac{1}{C}$。

$t>0$ 时,单位冲激电流源相当于开路,电路变为零输入电路。RC 并联电路对单位冲激电流激励的电压响应为

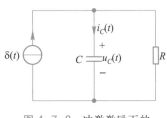

图 4-7-8　冲激激励下的一阶 RC 电路

$$u_C(t) = u_C(0_+)\mathrm{e}^{-\frac{t}{RC}}\varepsilon(t) = \frac{1}{C}\mathrm{e}^{-\frac{t}{RC}}\varepsilon(t)$$

其响应波形如图 4-7-9 所示。

在图 4-7-8 中应用 KCL 列写方程求解 $i_C(t)$，得

$$i_C(t) = \delta(t) - \frac{u_C(t)}{R} = \delta(t) - \frac{1}{RC}\mathrm{e}^{-\frac{t}{RC}}\varepsilon(t)$$

也可用公式 $i_C(t) = C\dfrac{\mathrm{d}u_C(t)}{\mathrm{d}t}$ 来求解电容电流，其响应波形如图 4-7-10 所示。

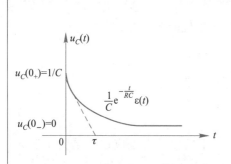

图 4-7-9　一阶 RC 电路冲激激励下的电压响应

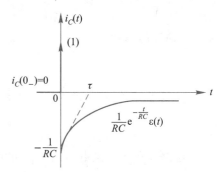

图 4-7-10　一阶 RC 电路冲激激励下的电流响应

2. 一阶 RL 电路的冲激响应

图 4-7-11 所示电路中，$i_L(0_-) = 0$，$t = 0$ 时刻 $u_L(t) = \delta(t)$，$t = 0_+$ 时刻 $i_L(0_+) = \dfrac{1}{L}\displaystyle\int_{0_-}^{0_+}\delta(\tau)\mathrm{d}\tau = \dfrac{1}{L}$。

$t > 0$ 时，单位冲激电压源相当于短路，电路变为零输入电路。RL 串联电路对单位冲激电压激励的电流响应为

$$i_L(t) = i_L(0_+)\mathrm{e}^{-\frac{R}{L}t}\varepsilon(t) = \frac{1}{L}\mathrm{e}^{-\frac{R}{L}t}\varepsilon(t)$$

其响应波形如图 4-7-12 所示。

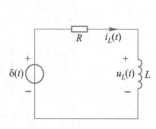

图 4-7-11　冲激激励下的一阶 RL 电路

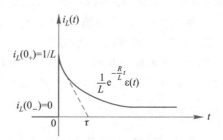

图 4-7-12　一阶 RL 电路冲激激励下的电流响应

在图 4-7-11 中应用 KVL 列写方程
求解 $u_L(t)$，得

$$u_L(t) = \delta(t) - Ri_L(t)$$

$$= \delta(t) - \frac{R}{L} e^{-\frac{R}{L}t} \varepsilon(t)$$

也可用公式 $u_L(t) = L\dfrac{\mathrm{d}i_L(t)}{\mathrm{d}t}$ 来求解
电感电压。其响应波形如图 4-7-13
所示。

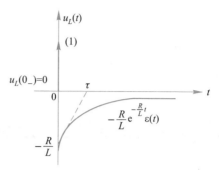

图 4-7-13　一阶 RL 电路冲激
激励下的电压响应

例 4-7-3

求图 4-7-14 所示电路的冲激响应 $i_L(t)$ 与 $u_L(t)$。

解　因为 $i_L(0_-) = 0$，$u_L(t) = 2\delta(t)$ V，t 从 0_- 到 0_+
时刻

$$i_L(0_+) = \frac{1}{L} \int_{0_-}^{0_+} 2\delta(\tau)\,\mathrm{d}\tau = 2 \text{ A}$$

时间常数

$$\tau = \frac{L}{R} = \frac{1}{2} \text{ s}$$

则电感中的冲激响应电流为

$$i_L(t) = 2e^{-2t}\varepsilon(t) \text{ A}$$

冲激响应电压

$$u_L(t) = L\frac{\mathrm{d}i_L(t)}{\mathrm{d}t} = [-4e^{-2t}\varepsilon(t) + 2e^{-2t}\delta(t)] \text{ V}$$

$$= [2\delta(t) - 4e^{-2t}\varepsilon(t)] \text{ V}$$

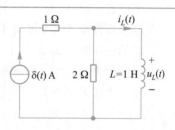

图 4-7-14　例 4-7-3 电路

也可以将电路中的冲激激励函数 $\delta(t)$ 换为阶
跃激励函数 $\varepsilon(t)$，求其阶跃响应，然后再将阶跃响
应对时间求一阶导数得到冲激响应。

例 4-7-4

求图 4-7-15 中 RC 并联电路在冲激电流源 $\delta(t)$ 作用下电压的
单位冲激响应 $u(t)$。

解　电路中电压 $u(t)$ 的单位阶跃响应为

$$s(t) = R(1 - e^{-\frac{t}{RC}})\varepsilon(t)$$

所以该电路中电压 $u(t)$ 的单位冲激响应为

$$h(t) = \frac{\mathrm{d}s(t)}{\mathrm{d}t} = R\frac{\mathrm{d}}{\mathrm{d}t}[\varepsilon(t) - e^{-\frac{t}{RC}}\varepsilon(t)]$$

$$= R[\delta(t) - \delta(t)e^{-\frac{t}{RC}} + \frac{1}{RC}e^{-\frac{t}{RC}}\varepsilon(t)]$$

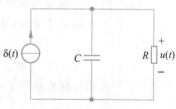

图 4-7-15　例 4-7-4 电路

$$= R[\delta(t) - \delta(t) + \frac{1}{RC}e^{-\frac{t}{RC}}\varepsilon(t)] = \frac{1}{C}e^{-\frac{t}{RC}}\varepsilon(t)$$

4.8 技术实践

4.8.1 闪光灯电路分析

电子闪光灯装置是 RC 电路应用的一个实例。图 4-8-1 所示为闪光灯简化电路。它主要由一个直流电压源、一个限流大电阻 R_1 和一个与闪光灯并联的电容 C 组成,闪光灯等效为一个电阻 R_L。当开关处于位置 1 时,时间常数$(\tau_1 = R_1 C)$很大,电容器被缓慢地充电,如图 4-8-2 所示。电容器的电压慢慢地由零上升到 U_S,而其电流逐渐由 $I_1 = U_S / R_1$ 下降到零。充电时间近似等于 5 倍时间常数,即

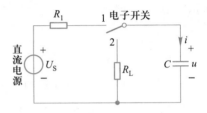

图 4-8-1 闪光灯简化电路

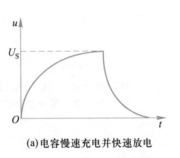

(a)电容慢速充电并快速放电

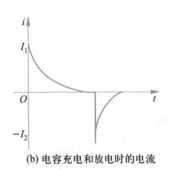

(b)电容充电和放电时的电流

图 4-8-2 电容充放电时电压和电流的波形

$$t_{充电} = 5R_1 C \qquad (4-8-1)$$

在开关处于位置 2 时,电容器放电,闪光灯小电阻 R_L 使该电路在很短的时间内产生很大的放电电流,其峰值$I_2 = U_S / R_L$,如图 4-8-2(b)所示。放电时间近似等于 5 倍时间常数,即

$$t_{放电} = 5R_L C \qquad (4-8-2)$$

图 4-8-1 所示电路能产生短时间的大电流脉冲,此类电路还可以用于电子焊机和雷达发射管等装置中。

例 4-8-1

电子闪光灯简化电路如图 4-8-1 所示。其限流电阻 R_1 是 500 Ω,电容器 C 是 2 000 μF,它被充电到 200 V,闪光灯电阻 R_L 是 10 Ω,求:

(1) 峰值充电电流;

(2) 电容器完全充电所需的时间;

(3) 峰值放电电流;

(4) 电容器所储存的总能量;

(5) 闪光灯所消耗的平均功率。

解 (1) 峰值充电电流为

$$I_1 = \frac{U_s}{R_1} = \frac{200}{500} \text{ A} = 400 \text{ mA}$$

(2) 近似认为充电时间为 5 倍时间常数,有

$$t_{充电} = 5R_1C = 5 \times 5 \times 10^2 \times 2 \times 10^{-3} \text{ s} = 0.5 \text{ s}$$

(3) 峰值放电电流为

$$I_2 = \frac{U_s}{R_L} = \frac{200}{10} \text{ A} = 20 \text{ A}$$

(4) 电容器存储的能量为

$$W = \frac{1}{2}CU_s^2 = \frac{1}{2} \times 2 \times 10^{-3} \times 200^2 \text{ J} = 40 \text{ J}$$

(5) 电容器存储的能量在放电期间被消耗掉,放电时间为

$$t_{放电} = 5R_LC = 5 \times 10 \times 2 \times 10^{-3} \text{ s} = 0.1 \text{ s}$$

所以,R_L 消耗的平均功率为

$$p = \frac{W}{t_{放电}} = \frac{40}{0.1} \text{ W} = 400 \text{ W}$$

4.8.2 延时电路

RC 电路可以用来提供不同的时间延迟,图 4-8-3 所示为一个延时电路。电路由一个电容器和与其并联的氖灯组成,电压源可提供足够的电压使氖灯点亮。开关 S 闭合时,电容器上的电压逐渐增加到 110 V,增长的速率取决于电路的时间常数($\tau = (R_1+R_2)C$)。初始状态氖灯不亮,相当于开路,直到超过某个电压

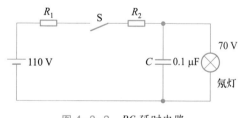

图 4-8-3 RC 延时电路

(如 70 V)后才点亮发光。氖灯点亮后,电容器就通过它放电,由于氖灯亮后其电阻较小,电容器上的电压很快就降低而使氖灯熄灭。

熄灭后的氖灯又相当于开路,电容器被再次充电,调节电阻 R_2 可以改变电路的延迟时间。每经过一次 $\tau = (R_1+R_2)C$ 的时间,氖灯由点亮到熄灭,电容再充电到再放电,这样周而复始。由于氖灯电阻很小,电容放电时间亦很短,时间常数 τ 决定了电容器上电压升高到点亮氖灯及下降到使氖灯熄灭所需的时间。

在道路施工处常见的闪烁警示灯就是这种 RC 延时电路的例子。

例 4-8-2

在图 4-8-3 所示电路中,假设 $R_1 = 1$ MΩ,$0 < R_2 < 1.5$ MΩ,则:(1)计算电路两个极限时间常数值;(2)若 R_2 定为最大值,开关第一次闭合后,需要多长时间氖灯才能点亮?

解 (1)当 R_2 取最小值零时,对应的时间常数为

$$\tau_1 = (R_1 + R_2)C = 1 \times 10^6 \times 0.1 \times 10^{-6} \, \text{s} = 0.1 \, \text{s}$$

当 R_2 取最大值 1.5 MΩ 时,对应的时间常数为

$$\tau_2 = (R_1 + R_2)C = 2.5 \times 10^6 \times 0.1 \times 10^{-6} \, \text{s} = 0.25 \, \text{s}$$

(2)假设电容器初始未被充电,即 $u_C(0_+) = 0$ V,而终值 $u_C(\infty) = 110$ V,则

$$u_C(t) = u_C(\infty) + [u_C(0_+) - u_C(\infty)] e^{\frac{t}{\tau_2}}$$

$$= 110(1 - e^{\frac{t}{\tau_2}}) \, \text{V}$$

灯亮时电容的端电压为 $u_C(t) = 70$ V,则有

$$70 = u_C(\infty) + [u_C(0_+) - u_C(\infty)] e^{\frac{t}{\tau_2}} = 110(1 - e^{-4t}) \, \text{V}$$

计算得 $\quad t = \dfrac{1}{4} \ln 2.75 \, \text{s} = 0.25 \, \text{s}$

4.8.3 继电器电路

磁力控制的开关称为继电器,继电器主要供电磁设备打开或闭合一个开关,然后再去控制其他电路。图 4-8-4(a)所示为一个典型的继电器电路,其中的线圈是一个 RL 电路,如图 4-8-4(b)所示,图中的 R 和 L 是线圈的电阻和电感。当图 4-8-4(a)中的开关 S_1 闭合时,通过线圈的电流逐渐增加而产生磁场,当磁场增加到足够强时,就能拉动处于另一电路中的可动触片而将开关 S_2 闭合,这一时刻称为继电器的吸合,开关 S_1 的闭合到开关 S_2 的闭合之间的时间间隔 t_d 称为继电器的延迟时间。

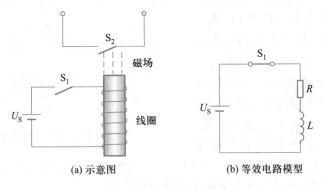

(a) 示意图 (b) 等效电路模型

图 4-8-4 继电器电路

继电器用于早期数字电路中,现在仍然用于大功率的开关量控制电路中。

例 4-8-3

在图 4-8-4(b)所示电路中,继电器的线圈由 12 V 电源供电,若线圈电阻为 100 Ω,其电感为 20 mH,吸合电流是 50 mA,计算继电器的延迟时间。

解 流过线圈的电流是

$$i(t) = i(\infty) + [i(0_+) - i(\infty)] e^{-\frac{t}{\tau}}$$

其中 $i(0_+) = 0$ A,$i(\infty) = \dfrac{12}{100}$ A $= 0.12$ A $= 120$ mA

$$\tau = \frac{L}{R} = \frac{20 \times 10^{-3}}{100} \text{ s} = 0.2 \text{ ms}$$

所以线圈的电流为

$$i(t) = 120(1 - e^{-5 \times 10^3 t}) \text{ mA}$$

又吸合电流是 50 mA,所以延迟时间为

$$50 = 120 [1 - e^{-5 \times 10^3 t_d}] \Rightarrow t_d = \frac{1}{5 \times 10^3} \ln \frac{12}{7} \text{ s}$$

$$\approx 0.11 \text{ ms}$$

4.8.4 汽车点火电路

电感有阻止其电流突变线圈上产生瞬间高电压的特性,可用于电弧或火花发生器中,汽车点火电路就是利用这一特性工作的。

汽车的汽油发动机起动时要求气缸中的燃料空气混合体在适当的时候被点燃,该装置为点火火花塞,如图 4-8-5 所示。其结构是一对具有气隙间隔的电极。若在两个电极间施加高压(通常几千伏),则空气间隙中产生火花而点燃了发动机。汽车电池只有 12 V,怎样才能得到那么高的电压呢? 这就要用一个电感线圈 L(点火线圈)。由于电感两端的电压是 $u = L \, di/dt$,若在很短的时间内使电流发生较大变化,则电感两端的电压很高。图 4-8-5 中,当点火开关闭合时,流过电感的电流逐渐增加而达到其终值:$i = U_S/R$,这里 $U_S = 12$ V,电感电流要充到终值所需的时间是电路时间常数的 5 倍,即

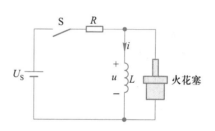

图 4-8-5 汽车点火电路

$$t_{充电} = 5 \frac{L}{R} \tag{4-8-3}$$

稳态时,i 是常数,$di/dt = 0$,所以电感两端的电压 $u = 0$。若开关突然断开,电感两端将形成一个很高的电压脉冲,形成高压电场,从而在空气隙中产生火花或电弧,实现点火。

例 4-8-4

汽车点火装置电路如图 4-8-5 所示,其中点火线圈的电阻为 3 Ω,电感为 6 mH,若供电电池为 12 V,求开关闭合后,点火线圈的终值电流、线圈中储存的能量和气隙的电压,假设断开开关时间为 1 μs。

解 线圈的终值电流	空气隙的电压
$$i = \frac{U_s}{R} = \frac{12}{3} \text{ A} = 4 \text{ A}$$	$$u = L\frac{\Delta I}{\Delta t} = 6 \times 10^{-3} \times \frac{4}{1 \times 10^{-6}} \text{ V} = 24 \text{ kV}$$
线圈中存储的能量	
$$W = \frac{1}{2}Li^2 = \frac{1}{2} \times 6 \times 10^{-3} \times 4^2 \text{ J} = 48 \text{ mJ}$$	

4.9   计算机辅助分析

EWB 具有丰富的虚拟仪表和图形界面来显示电路变量,使我们更好地理解动态元件的性质,了解和分析动态电路中各变量的响应形式。

动态电路的一个重要特征是具有从一个稳态到另一个稳态的瞬态过程,电路中各变量是与时间有关的函数。利用 EWB 分析时,电路变量的瞬态响应过程可以用示波器,电路分析结果的图表来表达,如 EWB 中的瞬态分析(transient analysis)。示波器只能用来显示电压变量,瞬态分析可以追踪电路中的所有结点电压和支路电流的变化。下面简单介绍 EWB 中示波器的使用和电路的瞬态分析方法。

双通道示波器可以显示信号的大小和频率。能提供一个或两个信号随时间变化的曲线,也可以用于比较两个信号波形。

要使用示波器,从仪表工具栏(instrument toolbar)中点击示波器并放入设计窗口中。双通道示波器具有六个端钮,如图 4-9-1 所示,其中 A、B 通道各有两个端钮,每个通道的正极接入待测信号,负极接地,触发端钮用于外部信号触发显示,不用时悬空。

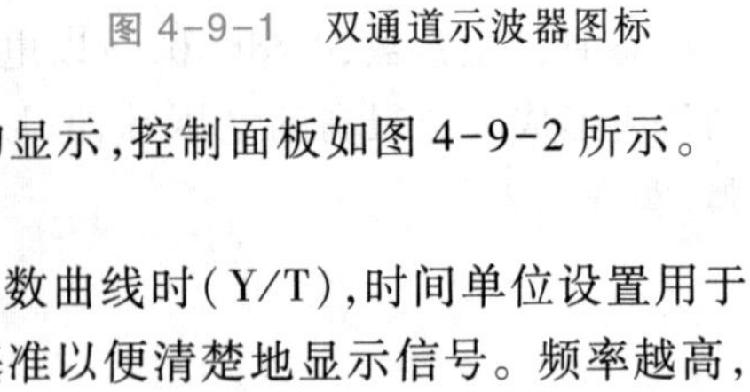

图 4-9-1   双通道示波器图标

在设计窗口中双击示波器图标,可以进入控制面板,以便进行设置和测量结果的显示,控制面板如图 4-9-2 所示。

控制面板设置如下。

时间单位:当显示信号大小和时间的函数曲线时(Y/T),时间单位设置用于控制示波器的横轴(或 X 轴),可以调整时间基准以便清楚地显示信号。频率越高,时间单位越小。例如,如果需要观察 1 kHz 的信号,时间单位应设置为 1 ms 左右。

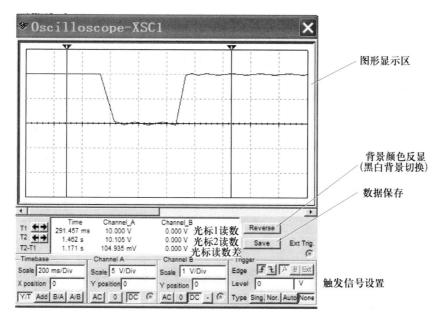

图 4-9-2 控制面板

X 坐标(Position):用于设置 X 轴的起点,当该参数设置为 0 时,信号从左边显示,为正数时起点向右移,负值向左移。

坐标轴 Add、Y/T、A/B 和 B/ A: Add 表示显示 A 通道与 B 通道信号代数和与时间的关系;Y/T 表示显示信号与时间的关系;A/B 表示显示通道 A 与通道 B 之间的关系;B/ A 表示显示通道 B 与通道 A 之间的关系。

Y 坐标单位(Scale):表示 A 通道或 B 通道纵坐标的单位。

输入信号类型:根据信号类型可以设置 A 通道或 B 通道输入信号的类型为 AC/0/DC,即:交流/0/直流。另外,B 通道可以设置为"-",表示对该信号求反,通过设置该信号以及坐标轴的 Add 可以求两个信号的差。

触发信号(Trigger):当需要用外部信号控制示波器的显示时,可以将外部信号接入,在控制面板上设置触发方式为上升沿或下降沿。

读取示波器的数值时,可以拖动显示区中的两个光标,其值分别显示在下方。

虚拟示波器显示具有直观、方便、接近实际仪表的优点,然而示波器只能测量电压信号,而电路分析中通常还需要显示电流变量。EWB 提供了多种分析功能,如:直流工作点分析(DC operating point analysis),交流分析(AC analysis),瞬态分析(transient analysis),傅里叶分析(fourier analysis)等,这些分析功能的结果可以用图形或图表显示出来。其中瞬态分析可用于分析电路变量(包括各结点电压和含有电压源的支路电流)随时间变化的情况。为了显示电路中某支路的电流,需要利用一个小技巧:在需要显示电流的支路上添加一个电压值为 0 的电压源,点击 Simulate 菜单下 Analysis 中的 Transient Analysis,在弹出的对话框中选择 Output 页面,在输出变量中包含该电压源的电流即可,电压源的电流变量以 vv##branch 表示,其中第一个"#"表示电压源的编号。

例 4-9-1

已知 $C = 0.5$ F 电容上的电压波形如图 4-9-3 所示,试求与电容电压关联参考方向的电容电流。

解 图 4-9-3 中的电压波形为锯齿波,该信号可用函数信号发生器来产生,从 Instruments 菜单中选择 Function Generator 并放置于设计窗口中的相应位置,然后绘制电路,如图 4-9-4 所示,双击函数信号发生器,设置其参数如图 4-9-5 所示。

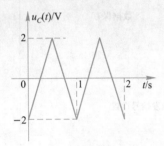

图 4-9-3 例 4-9-1 波形

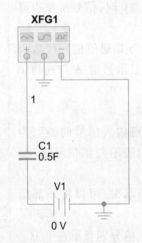

图 4-9-4 例 4-9-1 电路

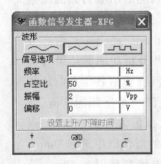

图 4-9-5 例 4-9-1 参数设置

选择 Simulate→Analysis→Transient Analysis 进入瞬态分析对话框,设置相应的分析参数(Analysis Parameters):开始时间(start time)为 0,终止时间(end time)为 2。点击输出(Output)页面,选择输出变量如图 4-9-6 所示,其中,"$1"表示结点 1 的电压,"vv1#branch"表示电压值为 0 的电压源支路电流。其参考方向为与电压源电压为关联参考方向,即从正极流向负极。其余设置为默认值。

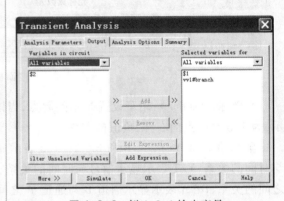

图 4-9-6 例 4-9-1 输出变量

单击对话框中的 Simulate,则出现如图 4-9-7 所示的分析结果,该结果反映了电容的电流和电压之间的关系。

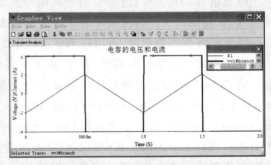

图 4-9-7 例 4-9-1 分析结果

例 4-9-2

如图 4-9-8 所示电路,在 $t<0.2$ s 时开关闭合,电路已处于稳态,当 $t=0.2$ s 时,开关打开。求 $t \geq 0$ 时的 $u_C(t)$。

在设计窗口中创建如图 4-9-9 所示电路,其中 J2 为延时单刀双掷开关,当 $t=0$ 时接通电路,当 $t=0.2$ s 时断开。

设置示波器参数如图 4-9-10 所示,选择菜单 Simulate→Run,运行完毕后示波器显示如图 4-9-10 所示。从图中看出,当 $t=0.2$ s 时,电容电压初始值 $u_C(0.2_+)=u_C(0.2_-)=15$ V,当

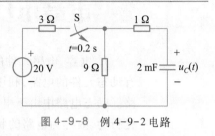

图 4-9-8 例 4-9-2 电路

$t>0.2$ s 时,$u_C(t)$ 呈指数衰减,大约在 100 ms 后达到稳定,即 τ 约为 20 ms,该结论与例 4-4-2 的理论计算结果吻合。

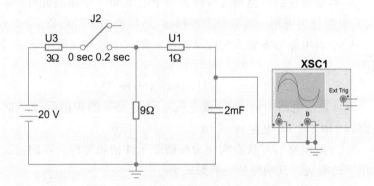

图 4-9-9 例 4-9-2 设计窗口创建

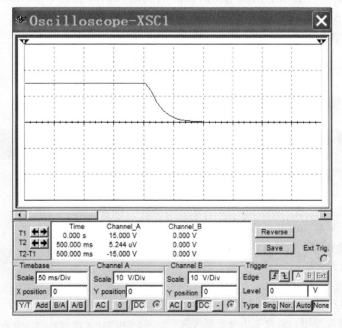

图 4-9-10 例 4-9-2 显示结果

本章小结

1. 电容、电感元件的伏安关系为微分（或积分）关系，故称其为动态元件。含有动态元件的电路，利用两类约束列写的电路方程为微分方程，故称其为动态电路。动态电路中由于电容电压和电感电流随时间连续变化，它们决定了电路的变化行为，故称为电路的状态变量或独立变量。

2. 电容和电感元件只储存能量，不消耗能量。电容和电感从电路中获取（储存）的能量在一定条件下要回馈给电路（释放能量）。

3. 本章讨论的电路都可等效成一个电阻和一个储能元件（电容或电感）的组合，其电路行为可用一阶微分方程描述，所以称为一阶电路。

4. 一阶电路的零输入响应是指没有独立电源存在时的响应，其响应的一般形式为

$$x(t) = x(0)e^{-t/\tau}$$

$x(t)$ 表示电路中的电流（或电压），$x(0)$ 是 x 的初始值，τ 为时间常数。对 RC 电路，$\tau = RC$；对 RL 电路，$\tau = L/R$。

5. 一阶电路的零状态响应为在储能元件初始储能为零的情况下，在独立电源作用下的响应。其响应的一般形式为

$$x(t) = x(\infty)(1 - e^{-t/\tau})$$

$x(\infty)$ 表示电流或电压的稳态响应值（或称终值）。

6. 一阶电路的全响应由稳态响应和瞬态响应组成，是零输入响应和零状态响应的叠加，其一般形式为

$$x(t) = x(\infty) + [x(0) - x(\infty)]e^{-t/\tau}$$

其中，$x(0)$，$x(\infty)$ 和 τ 称为一阶电路响应的三要素。显然，只要确定这三个要素，一阶电路的响应就可确定。

基础与提高题

P4-1　$2\ \mu F$ 电容器的端电压是 $10\ V$ 时，存储电荷是多少？

P4-2　充电到 $150\ V$ 的 $20\ \mu F$ 电容器，通过一个 $3\ M\Omega$ 电阻器放电到电压为 $0\ V$，需要多长时间？何时的放电电流最大？最大值是多少？

P4-3　当 $2\ \mu F$ 电容器电压如图 P4-3 所示时，画出流过此电容器的电流波形图。假设电压与电流为关联参考方向。

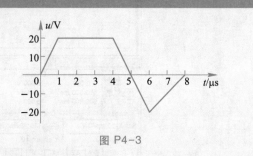

图 P4-3

P4-4　$0.32t\ A$ 电流流过 $150\ mH$ 电感器，求 $t = 4\ s$ 时，电感器存储的能量。

P4-5 由 20 V 电源与 2 Ω 电阻、3.6 H 电感组成的串联电路,合上开关后经过多长时间电流达到其最大值,最大值是多少? 设合上开关前电感无初始储能。

P4-6 当如图 P4-6 所示电流流过 400 mH 电感线圈时,求 0~8 ms 期间此线圈上产生的电压。

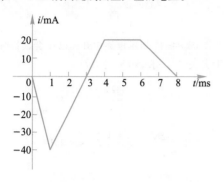

图 P4-6

P4-7 某 100 V 电源与一个 1 kΩ 电阻器和一个 2 μF 未充电电容器串联,$t=0$ s 时闭合电源开关,求:(a)电容器的初始电压;(b)电容器的初始电流;(c)电容器电压增长的初始速率;(d)电容器电压达到它最大值所需时间。

P4-8 电路如图 P4-8 所示,电容器无初始储能,$t=0$ 时开关闭合。求开关闭合瞬间图中所示各电压和电流值,及开关合上很长时间后的各电压和电流值。

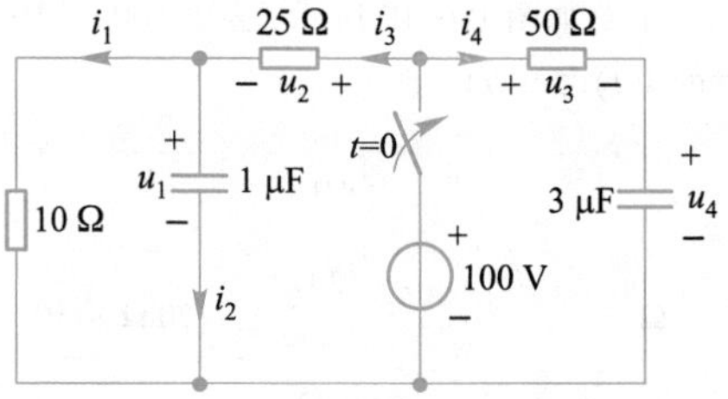

图 P4-8

P4-9 图 P4-9 所示电路,当 $t=0$ 时,开关由位置 1 拨到位置 2。求开关拨到位置 2 瞬间及经很长时间后图中所标示的电流值。

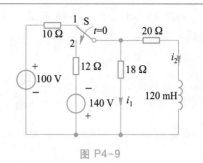

图 P4-9

P4-10 图 P4-10 所示电路,求开关合上后瞬间($t=0$),图中所标示的电压和电流值。注意在开关闭合前,电流源已工作且电路已达到稳定状态。

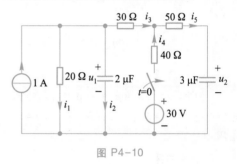

图 P4-10

P4-11 图 P4-11 所示电路,假设其已工作了很长时间。在 $t=0$ 时开关打开,求以下各量的值:$i_1(0_-)$、$i_X(0_-)$、$i_1(0_+)$、$i_X(0_+)$、$i_X(0.4\ s)$。

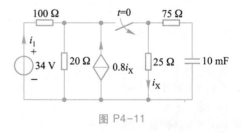

图 P4-11

P4-12 RC 电路如图 P4-12 所示,求其时间常数。

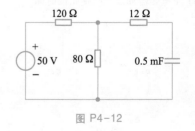

图 P4-12

P4-13 电路如图 P4-13(a)、(b)所示,求 $t>0$ 与 $t<0$ 时的电感电流 $i(t)$。

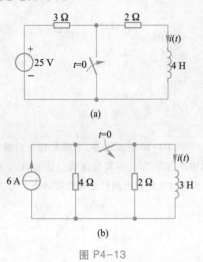

(a)

(b)

图 P4-13

P4-14 图 P4-14 所示电路在 $t=0$ 时开关拨到 a 端为电容充电,在 $t=4$ s 时开关打到 b 端,求 $t=10$ s 时的电压 $u(t)$。

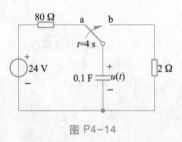

图 P4-14

P4-15 电路如图 P4-15 所示,如果 $u=10\mathrm{e}^{-4t}$ V,$i=0.2\mathrm{e}^{-4t}$ A,$t>0$,回答以下问题:

(a) 求 R、C 的值;

(b) 求时间常数;

(c) 求电容器上的初始储能;

(d) 求电容器释放 50% 能量的时间。

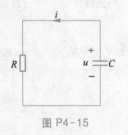

图 P4-15

P4-16 电路如图 P4-16 所示,求其时间常数。

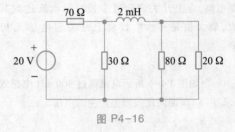

图 P4-16

P4-17 图 P4-17 所示电路中开关已闭合很长时间,$t=0$ 时开关打开,求 $t>0$ 时的 $i(t)$。

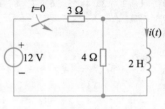

图 P4-17

P4-18 电路如图 P4-18 所示,已知 $i(0)=2$ A,求 $t>0$ 时的 $i(t)$。

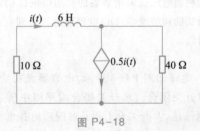

图 P4-18

P4-19 电路如图 P4-19 所示,已知 $i(0)=10$ A,求 $t>0$ 时的 $i(t)$ 和 $u(t)$。

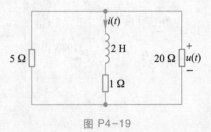

图 P4-19

P4-20 电路如图 P4-20 所示,求 $t<0$ 及 $t>0$ 时的电容电压。

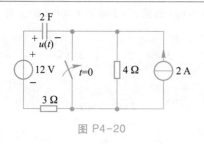

图 P4-20

P4-21　电路如图 P4-21 所示,求 $t>0$ 时的电容电压 $u(t)$。

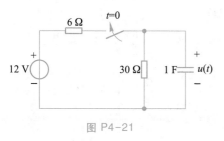

图 P4-21

P4-22　图 P4-22 中开关已打开很长时间,$t=0$ 时开关闭合,求 $u(t)$。

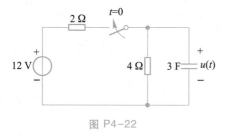

图 P4-22

P4-23　电路如图 P4-23 所示,电感初始电流为 0,求 $t>0$ 时的电感电压 $u(t)$。

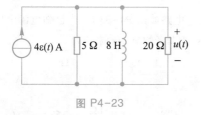

图 P4-23

P4-24　电路如图 P4-24(a)、(b)所示,用三要素法求 $t>0$ 时的电容电压。

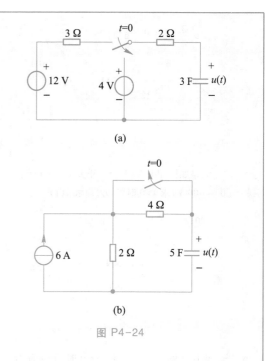

(a)

(b)

图 P4-24

P4-25　电路如图 P4-25(a)、(b)所示,用三要素法求 $t>0$ 时的电感电流。

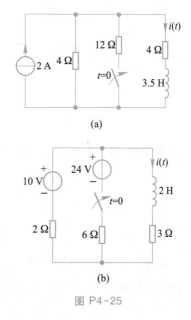

(a)

(b)

图 P4-25

P4-26　图 P4-26 电路中开关在 a 端已很长时间,$t=0$ 时开关打到 b 端,求 $t>0$ 时的电容电流 $i(t)$。

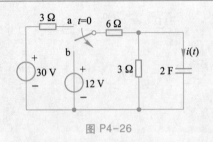

图 P4-26

P4-27 电路如图 P4-27 所示,开关在 $t=0$ 闭合,如果 $u_c(0)=100$ V,求 $t>0$ 时的 $u_c(t)$ 和 $i(t)$。

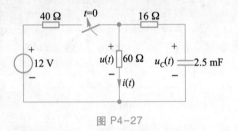

图 P4-27

P4-28 电路如图 P4-28 所示,$t=0$ 时,开关闭合,电容初始未被充电,求 $t>0$ 时的 $i(t)$。

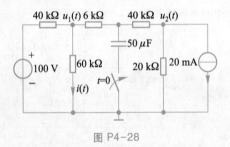

图 P4-28

P4-29 电路如图 P4-29 所示,求 $t>0$ 时的电压 $u(t)$。

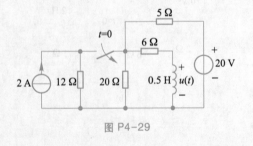

图 P4-29

P4-30 电路如图 P4-30 所示,开关在位置 1 已很长时间。$t=0$ 时,开关打到位置 2,30 s 后,再拨回位置 1。(a)求 $t \geq 0$ 时 $u(t)$ 表达式;(b)求 $t=5$ s 和 $t=40$ s

时电压 $u(t)$ 的值;(c)画出 $0 \leq t \leq 80$ s 时 $u(t)$ 的波形。

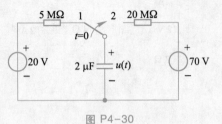

图 P4-30

P4-31 电路如图 P4-31 所示,求 $t<0$ 及 $t>0$ 时的电压 $u(t)$。

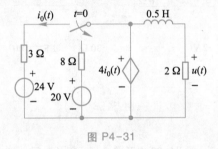

图 P4-31

P4-32 试用阶跃函数表示如图 P4-32 所示的波形。

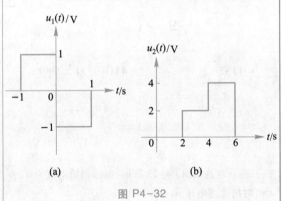

图 P4-32

P4-33 电路如图 P4-33 所示,已知电源电压 $u_X = 5\varepsilon(t)$ V,求阶跃响应 $u(t)$ 和 $i(t)$。

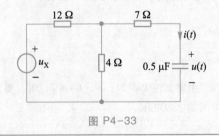

图 P4-33

P4-34 电路如图 P4-34 所示,已知 $u(0)=0$,求阶跃响应 $u(t)$。

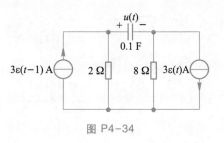

图 P4-34

P4-35 电路如图 P4-35 所示,求阶跃响应 $u(t)$ 和 $i(t)$。

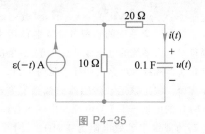

图 P4-35

P4-36 电路如图 P4-36 所示,已知 $i(0)=0$,计算 $i(t)$。

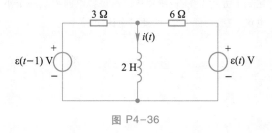

图 P4-36

P4-37 电路如图 P4-37 所示,求所有时间的电流 $i_L(t)$。

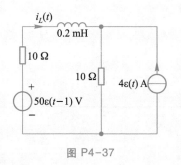

图 P4-37

P4-38 电路如图 P4-38 所示,已知电感初始电流为 0,求 $t>0$ 时的 $u(t)$。

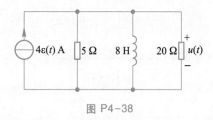

图 P4-38

P4-39 电路如图 P4-39 所示,$i_S=[5\varepsilon(-t)+10\varepsilon(t)]$A,求阶跃响应 $u(t)$ 和 $i(t)$。

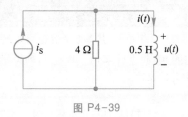

图 P4-39

P4-40 已知 $i(0)=0$,求图 P4-40 所示电路的阶跃响应 $i(t)$。

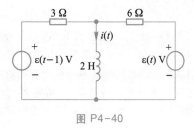

图 P4-40

P4-41 求图 P4-41 所示电路中,所有时间 t 的电流 $i(t)$。

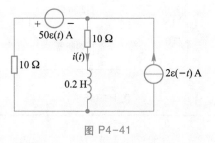

图 P4-41

P4-42 电路如图 P4-42 所示,电流源 $i_S(t)=\delta(t)$,若 $u(0)=0$,求冲激响应 $u(t)$。

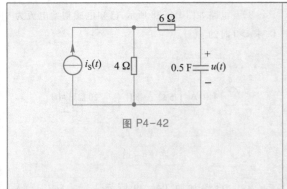

图 P4-42

P4-43 电路如图 P4-43 所示,电压源 $u_s(t) = \delta(t)$,求冲激响应 $u_0(t)$。

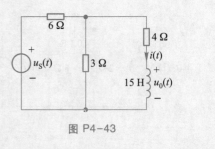

图 P4-43

工程题

P4-44 设计一个电路,其等效电容值可以通过旋转开关在 100 μF 和 1 nF 之间进行调节,画出相应电路图并解释你的设计。

P4-45 一数字信号通过一个电感值为 125.7 μH 的松散绕制的线圈,如果要求瞬态的持续时间小于 100 ns,试确定最小允许的信号源等效内电阻。假设线圈电阻可以忽略。

P4-46 图 P4-46 所示电路,其中开关已闭合很长时间。图中熔断器是一种特殊类型的电阻,当流过的电流超过 1 A 且持续时间超过 100 ms 时它将过热熔化(当然还有其他类型的熔断器)。熔断器的电阻为 3 mΩ。如果开关在 $t = 0$ 时打开,那么熔断器会不会熔化?

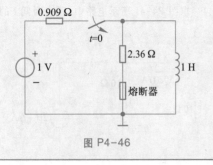

图 P4-46

P4-47 作为安全系统的一部分而安装的运动检测装置显得对电力系统的电压波动过于敏感,解决的方法是在传感器和报警电路之间插入延时电路,这样就减少了虚警。假定该运动传感器的戴维宁等效电路为 2.37 kΩ 的电阻与 1.5 V 电源的串联组合,并假定报警电路的戴维宁等效电阻为 1 MΩ。设计一个电路,将其插入到传感器和报警电路(报警电路要求传感器信号至少持续 1 s)之间。运动传感器-报警电路按如下方式工作:传感器持续给报警电路提供一个小电流,直到检测到运动,此时电流中断。

第 5 章　二阶电路的时域分析

第 4 章讨论了含有一个储能元件(一个电容或一个电感)的一阶电路,本章将讨论含有两个储能元件(一个电容和一个电感,或两个电容,或两个电感)的二阶电路,它可用二阶微分方程来描述。本章将对线性时不变二阶电路的基本分析方法进行阐述,从而理解二阶电路中的零输入响应、零状态响应和全响应等瞬态现象。

教学目标

知识

- 深刻理解由 *RLC* 组成的二阶电路不同动态响应的形式(欠阻尼、过阻尼、临界阻尼、无阻尼)、物理机理及与 *RLC* 元件参数之间的关系。
- 学习并掌握二阶电路动态响应的分析方法与分析步骤。
- 学习并掌握应用 EWB 软件进行二阶电路仿真和测试的方法。

能力

- 根据给定的二阶电路列写电路方程,对电路方程进行正确求解。根据解的结果,确定电路动态响应的形式。
- 参照二阶电路动态分析方法,能对二阶以上电路进行分析计算。
- 根据不同响应形式要求,设计二阶电路并确定电路参数。
- 利用 EWB 软件熟练地对二阶电路进行仿真和测试。

引例 ┃ 汽车点火系统

在第 4 章的技术实践中,曾经讨论过简化为一阶充放电电路的汽车点火系统,是对汽车点火基本原理的抽象。该电路尽管瞬间提供了足够高的电压,但持续时间短,点火能量不够,无法保证可靠点火。同时,过高的点火电压会缩短火花塞的使用寿命。实际汽车点火系统的电压发生部分要复杂得多,其结构如图 5-0-1 所示。其简化电路模型中既含有电源(汽车蓄电池)、电阻(系统导线)、电感(点火线圈)、开关(电子点火器),还有电容(汽车电容),从而构成 *RLC* 电路。该电路中含有两类储能元件(电感元件和电容元件),那么,它又是如何工作,实现汽车点火的呢?

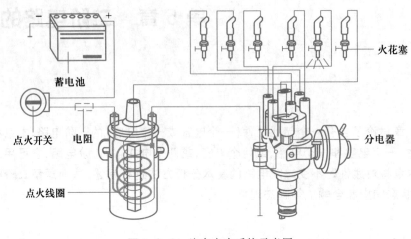

火花塞

蓄电池

点火开关 电阻

分电器

点火线圈

图 5-0-1 汽车点火系统示意图

5.1 二阶电路的零输入响应

电路如图 5-1-1 所示。电容的初始状态为 $u_C(0_+) = U_0$,电感的初始状态为 $i_L(0_+) = 0$。在图 5-1-1 所示电路里,动态元件上的储能如何变化？回路电流 $i(t)$ 是如何产生和变化的？要解决这些问题,就必须对此二阶电路进行分析。

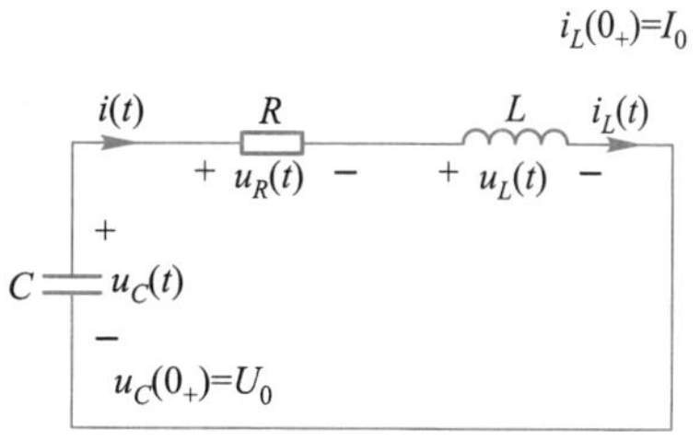

由 KVL、元件 VCR,可得到以电容电压为变量的电路微分方程为

$$\frac{\mathrm{d}u_C^2(t)}{\mathrm{d}t^2} + \frac{R}{L} \cdot \frac{\mathrm{d}u_C(t)}{\mathrm{d}t} + \frac{1}{LC} u_C(t) = 0 \tag{5-1-1}$$

图 5-1-1 RLC 串联电路的零输入响应

或写成标准形式

$$\frac{\mathrm{d}y^2(t)}{\mathrm{d}t^2} + 2\alpha \frac{\mathrm{d}y(t)}{\mathrm{d}t} + \omega_0^2 y(t) = 0 \tag{5-1-2}$$

式(5-1-2)为二阶常系数齐次微分方程。式中 $\alpha = \dfrac{R}{2L}$ 称为衰减系数; $\omega_0 = \dfrac{1}{\sqrt{LC}}$ 称为 RLC 串联电路的谐振角频率。

由式(5-1-2)可得特征方程

$$s^2 + 2\alpha s + \omega_0^2 = 0 \tag{5-1-3}$$

特征根为

$$s_{1,2} = -\alpha \pm \sqrt{\alpha^2 - \omega_0^2} \tag{5-1-4}$$

或

$$s_{1,2} = -\frac{R}{2L} \pm \sqrt{\left(\frac{R}{2L}\right)^2 - \left(\frac{1}{\sqrt{LC}}\right)^2} \tag{5-1-5}$$

由式(5-1-5)可知特征根与电路的初始状态无关,是由电路的结构和参数决定的,因此,ω_0 又称固有频率。不同的 R、L、C 参数,对应着 $\alpha > \omega_0$,$\alpha = \omega_0$ 和 $\alpha < \omega_0$ 三种情况,零输入响应的形式也就有三种情况。下面分别予以讨论。

1. $\alpha > \omega_0 \left(\text{或} \dfrac{R}{2L} > \dfrac{1}{\sqrt{LC}} \right)$

$\dfrac{R}{2L} > \dfrac{1}{\sqrt{LC}}$ 即 $R > 2\sqrt{\dfrac{L}{C}}$ 时,称为过阻尼(over damping)情况,特征根 s_1 和 s_2 为两个不相等的负实根。根据表 4-2-1,式(5-1-1)的 $u_C(t)$ 响应形式可表示为

$$u_C(t) = K_1 \mathrm{e}^{s_1 t} + K_2 \mathrm{e}^{s_2 t} \tag{5-1-6}$$

将初始条件 $u_C(0_+) = U_0$ 和 $\dfrac{\mathrm{d}u_C(t)}{\mathrm{d}t}\Big|_{t=0_+} = -\dfrac{i_L(0_+)}{C} = 0$ 代入式(5-1-6),得

$$u_C(0_+) = K_1 + K_2 = U_0 \qquad (5-1-7)$$

$$\frac{\mathrm{d}u_C(t)}{\mathrm{d}t}\Big|_{t=0_+} = s_1 K_1 + s_2 K_2 = 0 \qquad (5-1-8)$$

解得

$$K_1 = \frac{s_2 U_0}{s_2 - s_1}, \quad K_2 = \frac{-s_1 U_0}{s_2 - s_1}$$

由此可得

$$u_C(t) = \frac{U_0}{s_2 - s_1}(s_2 \mathrm{e}^{s_1 t} - s_1 \mathrm{e}^{s_2 t}) \qquad (5-1-9)$$

$$i_L(t) = -C\frac{\mathrm{d}u_C(t)}{\mathrm{d}t} = -\frac{U_0}{L(s_2 - s_1)}(s_2 \mathrm{e}^{s_1 t} - s_1 \mathrm{e}^{s_2 t}) \qquad (5-1-10)$$

式(5-1-10)中,利用了 $s_1 s_2 = \dfrac{1}{LC}$ 的关系。

$$u_L(t) = L\frac{\mathrm{d}i_L(t)}{\mathrm{d}t} = -\frac{U_0}{s_2 - s_1}(s_1 \mathrm{e}^{s_1 t} - s_2 \mathrm{e}^{s_2 t}) \qquad (5-1-11)$$

$u_C(t)$, $i_L(t)$ 和 $u_L(t)$ 的波形如图 5-1-2 所示。

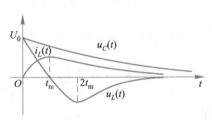

从图 5-1-2 所示波形看出,$u_C(t)$ 从初始值开始一直衰减,$i_L(t)$ 恒为正,表明电容一直在释放能量;$u_L(t)$ 在 $t<t_m$ 时为正,表明 $t<t_m$ 时段内,电感处于吸收能量状态,即电容释放的能量一部分被电阻消耗,一部分存储于电感;当 $t>t_m$ 后,$u_L(t)<0$,电感释放在 $0<t<t_m$ 时间内储存的能量,电感、电容同时释放的能量均被电阻消耗,能量

图 5-1-2 二阶电路过阻尼响应波形

的转换如图 5-1-3 所示。电感没有再被充电是因为在储能的转换过程中,电阻消耗能量较大,当电场再度释放能量时已不能再供给磁场存储。不难想象,如果电阻 R 值较小,电感可能再度充电,形成不断放、充电的局面,从而产生振荡性的响应。

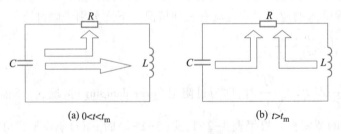

(a) $0<t<t_m$ (b) $t>t_m$

图 5-1-3 过阻尼能量转换

2. $\alpha = \omega_0 \left(\text{或} \dfrac{R}{2L} = \dfrac{1}{\sqrt{LC}} \right)$

$\dfrac{R}{2L} = \dfrac{1}{\sqrt{LC}}$ 即 $R = 2\sqrt{\dfrac{L}{C}}$ 时，称为临界阻尼（critically damping）情况，特征根 s_1 和 s_2 为两个相等的负实根，即 $s_1 = s_2 = -\alpha$。根据表 4-2-1，式（5-1-1）的 $u_C(t)$ 响应形式可表示为

$$u_C(t) = (K_1 + K_2 t) e^{-\alpha t} \qquad (5-1-12)$$

将初始条件 $u_C(0_+) = U_0$ 和 $\dfrac{\mathrm{d}u_C(t)}{\mathrm{d}t}\bigg|_{t=0_+} = -\dfrac{i_L(0_+)}{C} = 0$ 代入式（5-1-12）得

$$u_C(0_+) = K_1 = U_0 \qquad (5-1-13)$$

$$\frac{\mathrm{d}u_C(t)}{\mathrm{d}t}\bigg|_{t=0_+} = K_2 - \alpha K_1 = 0 \qquad (5-1-14)$$

解得

$$K_1 = U_0, K_2 = \alpha U_0$$

由此可得

$$u_C(t) = U_0(1 + \alpha t) e^{-\alpha t} \qquad (5-1-15)$$

$$i_L(t) = -C \frac{\mathrm{d}u_C(t)}{\mathrm{d}t} = \frac{U_0}{L} t e^{-\alpha t} \qquad (5-1-16)$$

$$u_L(t) = L \frac{\mathrm{d}i_L(t)}{\mathrm{d}t} = U_0(1 - \alpha t) e^{-\alpha t} \qquad (5-1-17)$$

$u_C(t)$，$i_L(t)$ 和 $u_L(t)$ 的波形类似于图 5-1-2 所示波形，仍然无振荡变化过程。然而，这个过程是振荡和非振荡过程的分界线，所以称为临界阻尼过程。

3. $\alpha < \omega_0 \left(\text{或} \dfrac{R}{2L} < \dfrac{1}{\sqrt{LC}} \right)$

$\dfrac{R}{2L} < \dfrac{1}{\sqrt{LC}}$ 即 $R < 2\sqrt{\dfrac{L}{C}}$ 时，称为欠阻尼（under damping）情况，特征根 s_1 和 s_2 为一对有负实部的共轭复根，即 $s_{1,2} = -\alpha \pm \mathrm{j}\omega_\mathrm{d}$。根据表 4-2-1，式（5-1-1）的 $u_C(t)$ 响应形式可表示为

$$u_C(t) = e^{-\alpha t}[K_1 \cos(\omega_\mathrm{d} t) + K_2 \sin(\omega_\mathrm{d} t)] = K e^{-\alpha t} \sin(\omega_\mathrm{d} t + \beta) \qquad (5-1-18)$$

式（5-1-18）中 α、ω_d 为特征根 s_1 和 s_2 的实部和虚部。实部 α 为衰减系数，虚部 ω_d 又称衰减振荡角频率，$\omega_\mathrm{d} = \sqrt{\omega_0^2 - \alpha^2}$，$K = \sqrt{K_1^2 + K_2^2}$，$\beta = -\arctan\dfrac{K_2}{K_1}$。

将初始条件 $u_C(0_+) = U_0$ 和 $\dfrac{\mathrm{d}u_C(t)}{\mathrm{d}t}\bigg|_{t=0_+} = -\dfrac{i_L(0_+)}{C} = 0$ 代入式（5-1-18）得

$$u_C(0_+) = K_1 = U_0 \qquad (5-1-19)$$

$$\frac{\mathrm{d}u_C(t)}{\mathrm{d}t}\bigg|_{t=0_+} = -\alpha K_1 + \omega_\mathrm{d} K_2 = 0 \qquad (5-1-20)$$

解得

$$K_1 = U_0 , K_2 = \frac{\alpha}{\omega_d} U_0$$

由此可得

$$u_C(t) = \frac{U_0 \omega_0}{\omega_d} e^{-\alpha t} \sin(\omega_d t + \beta) \tag{5-1-21}$$

$$i_L(t) = -C \frac{du_C(t)}{dt} = \frac{U_0 \omega_0}{\omega_d L} e^{-\alpha t} \sin(\omega_d t) \tag{5-1-22}$$

$$u_L(t) = L \frac{di_L(t)}{dt} = -\frac{U_0 \omega_0}{\omega_d} e^{-\alpha t} \sin(\omega_d t - \beta) \tag{5-1-23}$$

$u_C(t), i_L(t)$ 和 $u_L(t)$ 的波形类似于图 5-1-4 所示波形。

从图 5-1-4 所示波形看出,与过阻尼情况不同,欠阻尼情况下,电容电压 $u_C(t)$ 的变化呈衰减振荡趋势,是一个衰减振荡的放电过程。这是由于电阻 R 值较小,在电容放电(释放能量)的过程中,能量仅被电阻消耗小部分,大量的能量被另一储能元件电感转换为磁场能量储存,当电容储能为零时,电感又开始释放能量,电容被反向充电,又进行电能的

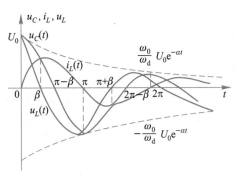

图 5-1-4 二阶电路欠阻尼响应波形

储存,如此反复。在电路的动态元件进行周期性的能量交换的过程中,电阻 R 每次都要消耗一部分能量,使得电容的初始储能在电容与电感周期性的能量交换中被消耗殆尽。能量的转换如图 5-1-5 所示。

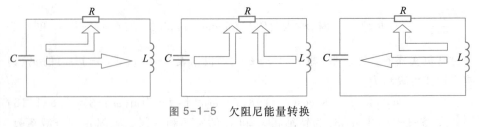

图 5-1-5 欠阻尼能量转换

根据上述分析可知,电路在初始储能作用下产生零输入响应。当 R 大于、等于、小于 $2\sqrt{\dfrac{L}{C}}$ 时,电路分别为过阻尼、临界阻尼、欠阻尼情况。在不同阻尼状态下,电路的储能有不同的变化。因此,$2\sqrt{\dfrac{L}{C}}$ 称为 RLC 串联电路的阻尼电阻,记为 R_d。阻尼电阻与电路的动态元件参数、电路结构有关,与电路的激励和初始状态无关。电路的响应形式取决于特征根的值,而特征根又取决于电路的元件参数。

当电路中 $R=0$ 时,电路初始储能不会被消耗,只会在电容和电感间进行电场储能和磁场储能的不断相互转换,永无休止,成为无阻尼等幅振荡过程。其响应波形和能量的转换如图 5-1-6 所示。

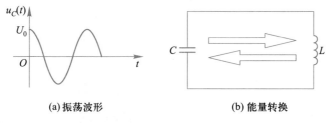

(a) 振荡波形   (b) 能量转换

图 5-1-6 无阻尼响应振荡波形和能量转换

例 5-1-1

如图 5-1-1 所示,若 $R=3\ \Omega, L=1\ \text{H}, C=1\ \text{F}$,回答下述问题:

(1) 求电容电压响应的特征方程的根;

(2) 判断电容电压响应的阻尼状态;

(3) 电容电压响应若为临界阻尼,则电阻值 R 应为多少?

解 (1) 由给定的 R、L、C 值可得

$$\alpha = \frac{R}{2L} = \frac{3}{2} = 1.5$$

$$\omega_0^2 = \frac{1}{LC} = 1$$

由式(5-1-4)得

$$s_{1,2} = -\alpha \pm \sqrt{\alpha^2 - \omega_0^2} = -1.5 \pm \sqrt{1.5^2 - 1}$$

$$s_1 = -0.383, \quad s_2 = -2.618$$

(2) 因为 $\alpha > \omega_0$,所以电容电压响应为过阻尼情况。

(3) 临界阻尼要求 $\alpha = \omega_0$,即 $\frac{R}{2L} = \frac{1}{\sqrt{LC}} = 1$,则

$$R = 2L = 2\ \Omega$$

5.2 二阶电路的零状态响应

例 5-2-1

RLC 串联电路如图 5-2-1 所示。电容的初始储能为 $u_C(0_+)=0$,电感的初始储能为 $i_L(0_+)=0$。求 $t \geq 0$ 时的 $u_C(t)$ 和 $i_L(t)$。

解 对比图 5-1-1 和图 5-2-1,明显地看出:图 5-1-1 中的储能元件具有初始储能,电路无独立源激励,属于零输入响应;图 5-2-1 中的储能元件初始储能为零,电路有独立源激励,属于零状态响应。零状态响应分析如下。

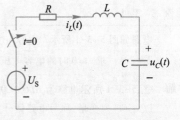

图 5-2-1 例 5-2-1 电路

（1）建立电路的微分方程

$$\frac{\mathrm{d}u_C^2(t)}{\mathrm{d}t^2}+\frac{R}{L}\cdot\frac{\mathrm{d}u_C(t)}{\mathrm{d}t}+\frac{1}{LC}u_C(t)=\frac{1}{LC}U_S$$

$$(5-2-1)$$

写成标准形式

$$\frac{\mathrm{d}u_C^2(t)}{\mathrm{d}t^2}+2\alpha\frac{\mathrm{d}u_C(t)}{\mathrm{d}t}+\omega_0^2u_C(t)=\omega_0^2U_S$$

$$(5-2-2)$$

式中

$$\alpha=\frac{R}{2L},\quad\omega_0=\frac{1}{\sqrt{LC}}$$

（2）判断响应解的形式

式（5-2-2）为二阶常系数非齐次微分方程。由 4.2.2 小节的内容可知，方程的解可表示为通解和特解两部分，即 $u_C(t)=u_{Ch}(t)+u_{Cp}(t)$。

通解 $u_{Ch}(t)$ 根据特征根的不同情况有不同形式，如表 4-2-1 所示。以过阻尼状态讨论，则通解形式为 $u_{Ch}(t)=K_1\mathrm{e}^{s_1t}+K_2\mathrm{e}^{s_2t}$。

特解 $u_{Cp}(t)$ 与激励形式类似，激励若为常数，则特解也为常数。不难求出 $u_{Cp}(t)=U_S$。

于是，电容电压 $u_C(t)$ 可表示为

$$u_C(t)=U_S+K_1\mathrm{e}^{s_1t}+K_2\mathrm{e}^{s_2t}\quad(5-2-3)$$

（3）求微分方程的解

将初始条件 $u_C(0_+)=0$ 和 $\frac{\mathrm{d}u_C(t)}{\mathrm{d}t}\Big|_{t=0_+}=\frac{i_L(0_+)}{C}=0$

代入式（5-2-3），得

$$\begin{cases}U_S+K_1+K_2=0\\s_1K_1+s_2K_2=0\end{cases}$$

联立求解，得

$$K_1=\frac{-s_2U_S}{s_2-s_1},K_2=\frac{s_1U_S}{s_2-s_1}$$

这里省略了特征根的求解过程，请读者自行推导特征根的表达式。

（4）写出响应的表达式

$$u_C(t)=U_S+\frac{U_S}{s_2-s_1}(s_1\mathrm{e}^{s_2t}-s_2\mathrm{e}^{s_1t}),t\geqslant0$$

$$(5-2-4)$$

$$i_L(t)=C\frac{\mathrm{d}u_C(t)}{\mathrm{d}t}=\frac{U_S}{L(s_2-s_1)}(\mathrm{e}^{s_2t}-\mathrm{e}^{s_1t}),t>0$$

$$(5-2-5)$$

综上所述，零状态电路的分析与零输入电路的分析思路一致，区别仅在于求解微分方程时，零输入响应特解为零，零状态响应特解非零。

5.3　二阶电路的全响应

当电路的初始储能不为零，并在外加独立源激励同时作用下电路的响应为全响应。下面举例说明全响应的求解方法。

例 5-3-1

电路如图 5-3-1 所示。电容与电感具有初始储能，$u_C(0_+)=4\text{ V}$，$i_L(0_+)=2\text{ A}$。求 $t\geqslant0$ 时的电容电压 $u_C(t)$。

解　图 5-3-1 所示电路为 RLC 串联电路。

以 $u_C(t)$ 为变量，列写电路微分方程

$$\frac{\mathrm{d}u_C^2(t)}{\mathrm{d}t^2}+4\frac{\mathrm{d}u_C(t)}{\mathrm{d}t}+4u_C(t)=48\quad(5-3-1)$$

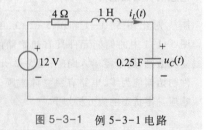

图 5-3-1　例 5-3-1 电路

微分方程的特解为

$$u_{C_p}(t) = 12 \text{ V} \qquad (5-3-2)$$

式(5-3-1)的特征方程为

$$s^2 + 4s + 4 = 0 \qquad (5-3-3)$$

解得,特征根为

$$s_1 = s_2 = -2$$

由于特征根为两个相等的负实根,故 $u_C(t)$ 的通解形式为

$$u_{Ch}(t) = (K_1 + K_2 t)e^{st} = (K_1 + K_2 t)e^{-2t}, t \geq 0$$

$$(5-3-4)$$

由通解和特解,得电容电压的表达式

$$u_C(t) = 12 + (K_1 + K_2 t)e^{-2t}, t \geq 0 \quad (5-3-5)$$

将初始条件 $u_C(0_+) = 4 \text{ V}, \dfrac{du_C(t)}{dt}\bigg|_{t=0_+} = \dfrac{i_L(0_+)}{C} =$

8,代入式(5-3-5),得

$$\begin{cases} 12 + K_1 = 4 \\ -2K_1 + K_2 = 8 \end{cases}$$

解出待定常数

$$K_1 = K_2 = -8 \qquad (5-3-6)$$

将式(5-3-6)代入式(5-3-5),得

$$u_C(t) = 12 - 8(1+t)e^{-2t}, t \geq 0 \quad (5-3-7)$$

GLC 并联二阶电路的分析与 RLC 串联二阶电路的分析相类似,读者可自行推导,这里不再赘述。

目标 1 测评

T5-1　RLC 电路如图 T5-1 所示,该电路属于什么响应?

（a）过阻尼　　　　　（b）欠阻尼

（c）临界阻尼　　　　（d）以上皆非

T5-2　电路如图 T5-2 所示,求:

（a）$i(0_+)$ 和 $u(0_+)$;　　（b）$\dfrac{di(0_+)}{dt}$ 和 $\dfrac{du(0_+)}{dt}$;　　（c）$i(\infty)$ 和 $u(\infty)$。

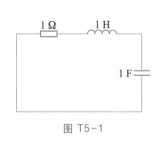

图 T5-1

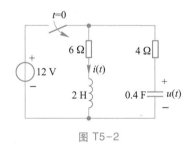

图 T5-2

5.4 技术实践

5.4.1 汽车点火系统分析

本节考虑汽车点火系统中的电压发生系统,其简化电路模型如图 5-4-1 所示,图中12 V电源来自于汽车蓄电池,4 Ω 电阻是系统导线的电阻值,点火线圈用

一个 8 mH 的电感表示,与开关(称为电子点火器)并联的为 1 μF 的电容(称为汽车电容)。下面分析点火线圈的端电压 $u_L(t)$。

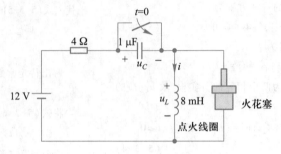

图 5-4-1 汽车点火电路

设 $t = 0_-$ 之前,图 5-4-1 中的开关是闭合的,电路处于稳态,则初始值为 $i(0_-) = \dfrac{12}{4}$ A = 3 A,$u_C(0_-) = 0$ V,当 $t = 0_+$ 时,开关断开,由电感电流和电容电压连续性可知:$i(0_+) = i(0_-) = 3$ A,$u_C(0_+) = u_C(0_-) = 0$ V,同时可计算得 $u_L(0_+) = 0$ V,所以 $\dfrac{\mathrm{d}i(0_+)}{\mathrm{d}t} = \dfrac{u_L(0_+)}{L} = 0$。

当 $t \to \infty$ 时,系统达到稳态,电容相当于开路,则 $i(\infty) = 0$ A,对图 5-4-1 所示电路列方程可得

$$12 = Ri(t) + L\frac{\mathrm{d}i(t)}{\mathrm{d}t} + \frac{1}{C}\int_0^t i(t)\,\mathrm{d}t + u_C(0_+)$$

对上式每一项求导可得

$$\frac{\mathrm{d}^2 i(t)}{\mathrm{d}t^2} + \frac{R}{L}\cdot\frac{\mathrm{d}i(t)}{\mathrm{d}t} + \frac{i(t)}{LC} = 0$$

其特征方程为

$$s^2 + \frac{Rs}{L} + \frac{1}{LC} = 0$$

可求得其特征根为

$$s_{1,2} = -\frac{R}{2L} \pm \sqrt{\left(\frac{R}{2L}\right)^2 - \frac{1}{LC}} = -\alpha \pm j\omega_{\mathrm{d}}$$

代入已知条件,$R = 4$ Ω,$L = 8$ mH 和 $C = 1$ μF,可得

$$\alpha = \frac{R}{2L} = \frac{4}{2\times8\times10^{-3}} = 250, \quad \omega_0 = \frac{1}{\sqrt{LC}} = \frac{1}{\sqrt{8\times10^{-3}\times1\times10^{-6}}}\ \mathrm{rad/s} = 1.118\times10^4\ \mathrm{rad/s}$$

$$\omega_{\mathrm{d}} = \sqrt{\omega_0^2 - \alpha^2} \approx \omega_0 = 1.118\times10^4\ \mathrm{rad/s}$$

由 $\alpha < \omega_0$ 知该系统处于欠阻尼状态,系统响应为

$$i(t) = \mathrm{e}^{-\alpha t}\left[A\cos(\omega_{\mathrm{d}}t) + B\sin(\omega_{\mathrm{d}}t)\right] = \mathrm{e}^{-250t}\left[A\cos(11\ 180t) + B\sin(11\ 180t)\right]$$

现在确定常数 A 和 B,由初始条件得

$$i(0) = A = 3$$

再对响应求导数得

$$\frac{\mathrm{d}i}{\mathrm{d}t}=-250\mathrm{e}^{-250t}\big[A\cos(11\ 180t)+B\sin(11\ 180t)\big]+$$
$$\mathrm{e}^{-250t}\big[-11\ 180A\sin(11\ 180t)+11\ 180B\cos(11\ 180t)\big]$$

在时间 $t=0$ 时，有 $0=-250A+11\ 180B\Rightarrow B=0.067$，因此

$$i(t)=\mathrm{e}^{-250t}\big[3\cos(11\ 180t)+0.067\sin(11\ 180t)\big]$$

则电感的端电压为

$$u_L(t)=L\frac{\mathrm{d}i}{\mathrm{d}t}=-268\mathrm{e}^{-250t}\sin(11\ 180t),t\geqslant0$$

欲求 $u_L(t)$ 的最大值，令 $f(t)=\mathrm{e}^{-250t}\sin(11\ 180t)$，对 $f(t)$ 求一阶导数，

$$f'(t)=-250\mathrm{e}^{-250t}\sin(11\ 180t)+11\ 180\mathrm{e}^{-250t}\cos(11\ 180t)$$

令 $f'(t)=0$ 有 $\tan(11\ 180t)=44.72$

$$11\ 180t=\arctan44.72=0.492\ 9\ \pi$$
$$t=138.5\ \mu\mathrm{s}$$
$$f(t)_{\max}=0.965\ 7$$

此时，电压最大值为 $u_L(t)=-258.81\ \mathrm{V}$

显然，这个电压远小于汽车点火的电压要求，可以通过变压器将它提升到所要求的电压水平。

5.4.2 电火花加工器电路分析

电火花加工器原理电路如图 5-4-2 所示。若 $\boldsymbol{u}_C(0_-)=0,i_\mathrm{L}(0_-)=0$，开关 **S** 在 $\boldsymbol{t}=0$ 时闭合，电容被充电。当电容电压到达工作电极和金属工作间隙的击穿电压时，间隙处即产生电火花，电容通过间隙放电，然后电源再次对电容充电，如此反复。由于电火花的温度一般可达 $10^4℃$，促使工件局部融化，从而对工件进行加工。若 $\boldsymbol{R}=50\ \boldsymbol{\Omega},\boldsymbol{L}=0.06\ \mathbf{H},\boldsymbol{C}=1\ \mathbf{uF}$，试计算加工频率及电容的最高充电电压。

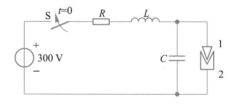

图 5-4-2 电火花加工器原理电路

解：阻尼电阻为 $\boldsymbol{R}_\mathrm{d}=2\sqrt{\dfrac{\boldsymbol{L}}{\boldsymbol{C}}}=489\ \Omega$

因为 $\boldsymbol{R}=50\ \Omega<\boldsymbol{R}_\mathrm{d}$，所以电路属于欠阻尼状况。特征根为共轭复根

$$\boldsymbol{s}_{1,2}=-\frac{\boldsymbol{R}}{2\boldsymbol{L}}\pm\mathbf{j}\sqrt{\frac{1}{\boldsymbol{LC}}-\frac{\boldsymbol{R}}{2\boldsymbol{L}}}=-\alpha\pm\mathbf{j}\omega_\mathrm{d}$$

$$\alpha=417,\quad\omega_\mathrm{d}=4\ 060$$

按 $\boldsymbol{RLC}$ 串联电路的全响应特解分析，知 $\boldsymbol{U}_\mathrm{Cp}=u_C=300\ \mathrm{V}$ 故，全响应解为：

$\boldsymbol{u}_C(t)=\mathrm{e}^{-\alpha t}\big[\boldsymbol{K}_1\cos(\omega_\mathrm{d}t)+\boldsymbol{K}_2\sin(\omega_\mathrm{d}t)\big]+300$ 利用初始条件确定 $\boldsymbol{K}_1$、$\boldsymbol{K}_2$ 如下：

$$u_C(0) = K_1 + 300 = 0$$

$$\frac{\mathrm{d}u_C}{\mathrm{d}t}\bigg|_0 = -\alpha K_1 + \omega_\mathrm{d} K_2 = \frac{i_L(0)}{C} = 0$$

联立求解,带入 α、ω_d,得 $K_1 = -300$,$K_2 = -300 \times \left(\dfrac{\alpha}{\omega_\mathrm{d}}\right) = -30.81$

电容电压 $u_C(t) = \mathrm{e}^{-417t}[300\cos(4\ 060t) - 30.81\sin(4\ 060t)] + 300$ V,$t \geq 0$。为求 $u_C(t)$ 的最大值,可先求 u_C 对 t 的导数,得

$$\frac{\mathrm{d}u_C}{\mathrm{d}t} = 300\mathrm{e}^{-\alpha t}\left(\frac{\sqrt{\alpha^2 + \omega_\mathrm{d}^2}}{\omega_\mathrm{d}}\right)\sin(\omega_\mathrm{d}t) = 300\frac{\omega_0}{\omega_\mathrm{d}}\mathrm{e}^{-\alpha t}\sin(\omega_\mathrm{d}t)$$

令 $\dfrac{\mathrm{d}u_C}{\mathrm{d}t} = 0$,由于 $\mathrm{e}^{-\alpha t} \neq 0$,故 $u_C(t)$ 为最大值时需 $\sin(\omega_\mathrm{d}t) = 0$

即最大值发生在 $t_\mathrm{m} = \dfrac{\pi}{\omega_\mathrm{d}},\dfrac{3\pi}{\omega_\mathrm{d}},\dfrac{5\pi}{\omega_\mathrm{d}},\cdots$ 时刻。

最大值为 $u_C(t_{\mathrm{m1}}) = 516$ **V**

如果选定的电容电压最大值即为间隙击穿电压,且放电在瞬间完成,则电容充放电波形如图 5-4-3 所示。

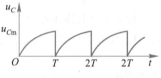

图 5-4-3 电容充放电波形

其周期为:$T = t_\mathrm{m} = \dfrac{\pi}{\omega_\mathrm{d}} = 77.4$ ms,故加工频率

$$f = \frac{1}{T} = 12.9 \text{ Hz}$$

调节 R、L、C 的参数值即能根据加工需要调节加工频率及电容的最高充电电压。

5.5 计算机辅助分析

4.8 节的瞬态分析方法,同样可以用于二阶系统的响应分析。下面通过一个实例,借助于 EWB 分析二阶系统在欠阻尼、临界阻尼以及过阻尼情况下的电路响应。

例 5-5-1

图 5-5-1 为一个二阶电路,试分析在:(1) $R = 1\ \Omega$;(2) $R = 4\ \Omega$;(3) $R = 5\ \Omega$ 三种情况下,变量 $u_C(t)$($t \geq 0$)的响应形式。

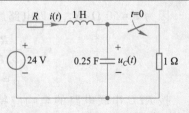

图 5-5-1 例 5-5-1 电路

解 当 $R=1\ \Omega$ 时，在 EWB 中建立电路模型如图 5-5-2 所示，其中电容两端电压对应结点 3 的电压，S 为切换开关，设置为按下空格切换。

R
1Ω
2
1.0H
3
S
Key=Space
1
4
24 V
0.25F
1Ω

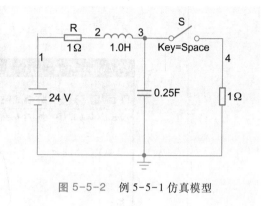

图 5-5-2 例 5-5-1 仿真模型

选择菜单 Simulate→Analysis→Transient Analysis，将弹出瞬态分析对话框。各分析参数的设置见图 5-5-3。在输出(Output)参数页面中，选择输出参数为结点 3 的电压，即选择参数中的“$ 3”，其余选项为默认值。然后按下 Simulate，将显示输出电压的波形。当该电压处于稳定后，断开 S(即选中开关，按下空格键)，仿真结果如图 5-5-4 所示。

将电阻 R 的阻值分别修改为 $R=4\ \Omega$ 和 $R=5\ \Omega$ 重复上述过程，分别得到电容电压波形如图 5-5-5 和图 5-5-6 所示。

从图 5-5-4、图 5-5-5 和图 5-5-6 可以看出，在 $R=1\ \Omega$、$R=4\ \Omega$ 和 $R=5\ \Omega$ 三种情况下，该二阶系统分别处于欠阻尼、临界阻尼和过阻尼状态，读者可以通过理论计算来验证。

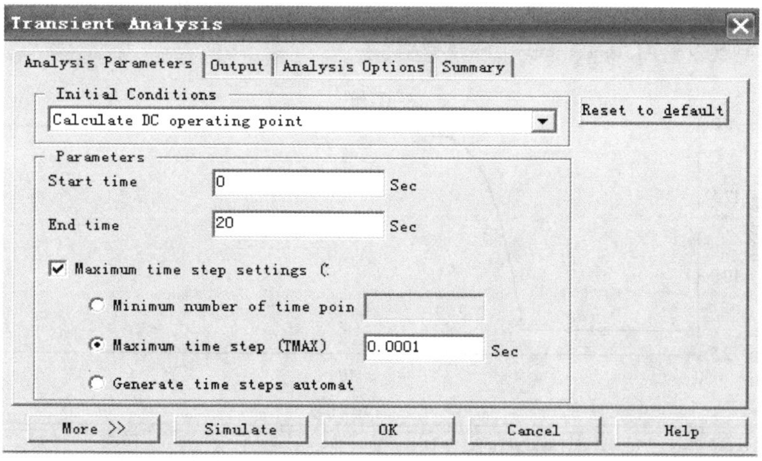

Transient Analysis
Analysis Parameters
Output
Analysis Options
Summary
Initial Conditions
Calculate DC operating point
Reset to default
Parameters
Start time
0
Sec
End time
20
Sec
Maximum time step settings (
Minimum number of time poin
Maximum time step (TMAX)
0.0001
Sec
Generate time steps automat
More >>
Simulate
OK
Cancel
Help

图 5-5-3 例 5-5-1 参数设置

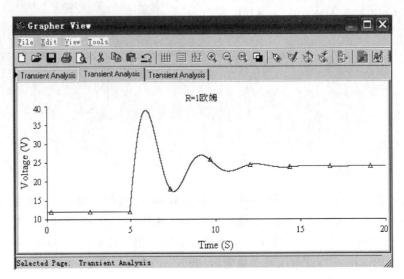

图 5-5-4　例 5-5-1 当 $R = 1\ \Omega$ 时的仿真结果

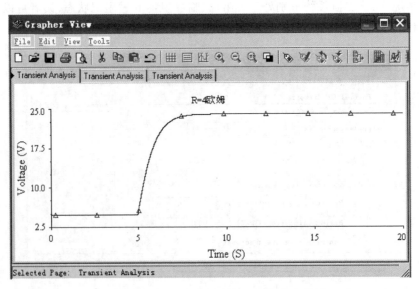

图 5-5-5　例 5-5-1 当 $R = 4\ \Omega$ 时的仿真结果

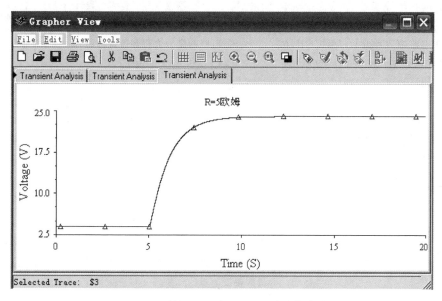

图 5-5-6　例 5-5-1 当 $R = 5\ \Omega$ 时的仿真结果

本章小结

1. 如果 RLC 电路的电路方程可用二阶微分方程加以描述,称为二阶电路。二阶微分方程的特征方程为

$$s^2 + 2\alpha s + \omega_0^2 = 0$$

其中,α 称为阻尼系数,ω_0 称为无阻尼自然频率。对于 RLC 串联电路,$\alpha = R/2L$;对于 GLC 并联电路,$\alpha = 1/2RC$。而 $\omega_0 = 1/\sqrt{LC}$。

2. 二阶电路的动态响应是欠阻尼还是过阻尼或临界阻尼,取决于特征方程的根。当特征根相等(或 $\alpha = \omega_0$)时,响应为临界阻尼。特征根为不相等的实根(或 $\alpha > \omega_0$)时,响应为过阻尼。特征根为共轭复数根(或 $\alpha < \omega_0$)时,响应为欠阻尼。

3. 如果 RLC 二阶电路在换路后不存在独立电源的作用,其响应称为零输入响应或自然响应。如果二阶电路在换路后有独立电源作用,其响应为零输入响应与零状态响应之和或瞬态响应与稳态响应之和。

基础与提高题

P5-1 若 RLC 串联电路中 $R = 20\ \Omega, L = 0.6\ \mathrm{H}, C$ 如何取值能使电路的动态响应呈现:(a)过阻尼;(b)临界阻尼;(c)欠阻尼?

P5-2 电路如图 P5-2 所示,开关已闭合很长时间,$t = 0$ 时刻开关打开,求 $i(t)$($t \geq 0$)。

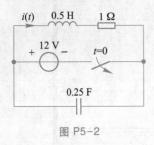

图 P5-2

P5-3 电路如图 P5-3 所示,$t = 0$ 时刻开关打开,求 $i(t)$($t \geq 0$)。

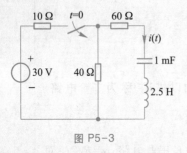

图 P5-3

P5-4 电路如图 P5-4 所示,$t = 0$ 时刻开关打开,求 $t \geq 0$ 时的电压 $u(t)$。

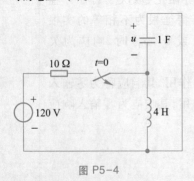

图 P5-4

P5-5 电路如图 P5-5 所示,开关在 $t = 0$ 之前已闭合很长时间,$t = 0$ 时刻开关打开,求:

(a)电路的微分方程和特征方程;
(b)$i_x(t)$ 和 $u_R(t)$($t > 0$)。

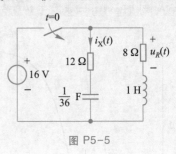

图 P5-5

P5-6 图 P5-6 所示电路中的开关已闭合了很长时间,$t = 0$ 时刻开关打开,求在 500 mH 电感上产生的电压的最大幅度。

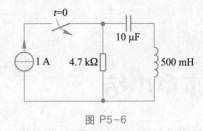

图 P5-6

P5-7 一个串联 RLC 电路中,$R = 50\ \Omega, L = 0.1\ \mathrm{H}, C = 50\ \mu\mathrm{F}$,在 $t = 0$ 时刻有一个恒压源 $U = 100\ \mathrm{V}$ 加到电路中,求电路的瞬态电流(假设电容、电感的初始储能为 0)。

P5-8 图 P5-8 所示电路中的开关已闭合很长时间,在 $t = 0$ 时刻打开,求 $t \geq 0$ 时 $u_C(t)$ 的表达式。

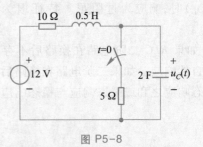

图 P5-8

P5-9 电路如图 P5-9 所示,试确定以下值:
(a)$i_R(0_+), i_L(0_+)$ 和 $i_C(0_+)$;

（b）$\dfrac{\mathrm{d}i_R(0_+)}{\mathrm{d}t}$，$\dfrac{\mathrm{d}i_L(0_+)}{\mathrm{d}t}$ 和 $\dfrac{\mathrm{d}i_C(0_+)}{\mathrm{d}t}$；

（c）$i_R(\infty)$，$i_L(\infty)$ 和 $i_C(\infty)$。

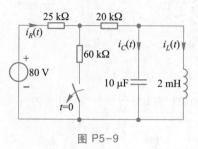

图 P5-9

P5-10 电路如图 P5-10 所示，已知 $u(0)=0\text{ V}$，$i(0)=0\text{ A}$，求 $t\geqslant0$ 时的 $u(t)$ 和 $i(t)$。

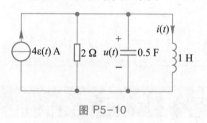

图 P5-10

P5-11 电路如图 P5-11 所示，求 $t\geqslant0$ 时的 $i(t)$。

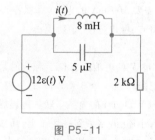

图 P5-11

P5-12 电路如图 P5-12 所示，求 $t>0$ 时的 $u_o(t)$ 和 $i_o(t)$。

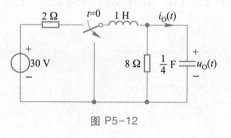

图 P5-12

P5-13 电路如图 P5-13 所示，求输出电压 $u_o(t)$。

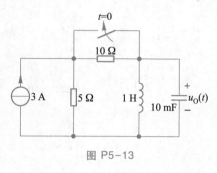

图 P5-13

P5-14 电路如图 P5-14 所示，求 $t\geqslant0$ 时的 $u(t)$ 和 $i(t)$。

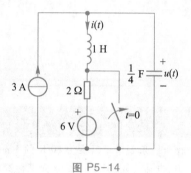

图 P5-14

P5-15 电路如图 P5-15 所示，求 $t\geqslant0$ 时的 $i(t)$。

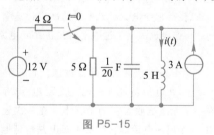

图 P5-15

P5-16 电路如图 P5-16 所示，求 $t\geqslant0$ 时的 $u(t)$。

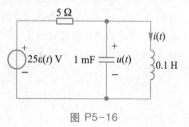

图 P5-16

P5-17 电路如图 P5-17 所示,写出 $u_O(t)$ 的二阶微分方程。

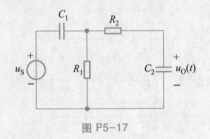

图 P5-17

P5-18 电路如图 P5-18 所示,写出 $u_O(t)$ 的微分方程。

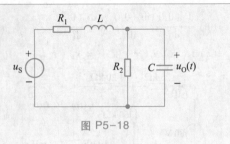

图 P5-18

P5-19 电路如图 P5-19 所示,求 $t>0$ 时的 $i(t)$。

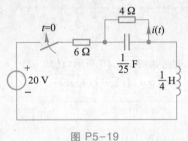

图 P5-19

工程题

P5-20 两个一角硬币用温度为 80 K 的 1 mm 厚的冰层隔开,电感为 4 μH 的一个钇钡氧化铜超导线圈(电阻为 0)不小心从实验室工作台被风吹落,其两端恰好分别与两枚硬币相触,这里的冰层含有杂质离子,使得它导电。需要多厚的冰层使这个奇特结构的电路表现为一个过阻尼的并联 RLC 电路?

P5-21 一个制作精良的电容器被连接到一个 12 V 的电池上,在电池被取下时已经充足电,电容器就放在一个无线电收发室的地板上。在一次轻微地震中,一个旧的电话机软线从书架上跌落到地板上,其中的一端恰与电容器的一端接触。该电话软线具有 14 mΩ 的电阻和 5 μH 的电感,电容初始储存能量为 144 mJ,问:(1)在地震开始前的瞬间电容电压为多大?(2)在电话机软线掉到地板上与电容接触 1 s 后电容电压多大?(3)一只浸了水的熊为寻找食物而闯进这个收发室,并且碰巧一只熊掌放在电话软线未连接的一端,而另一只熊掌放在电容未连接的一端,熊的肌肉抽搐了 18 μs,然后怒吼着跑出了房间。如果熊抽搐时需要 100 mA 的电流,那么浸湿的熊皮电阻是多大?(警告:触电危险,请勿模仿。)

P5-22 一个 12 V 的电池放在位于海上的某个荒岛上的小屋中,其正极接到一个 314.2 pF 的电容的一端,而该电容与一个 869.1 μH 的电感串联。地震触发了一次海啸,海啸冲入小屋,海水洒到一块布上,而该布将电感-电容组合的另一端与电池的负极连接起来,这样构成了一个串联 RLC 电路。由此产生的振荡被附近一艘船上正在监测 290.5 kHz(1.825 Mrad/s)频率无线电导航信号的设备接收到。浸湿的布的等效电阻是多大?

仿真题

P5-23　电路如图 P5-23 所示,如果需要 $u(t)$ 为欠阻尼响应,问要以多大的电阻来代替该电路中的 25 Ω电阻? 将你求出的电阻乘以 1 000,并画出响应,用适当的仿真确定下降时间,并给出正确标注好的原理图。

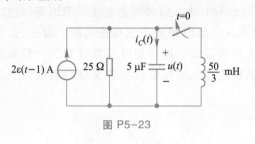

图 P5-23

P5-24　(1)用适当的工具建模图 P5-24 所示的电路,移去 $4\varepsilon(t-1)$ A 电流源,并通过合适的电感和电容初始条件得到一个等效的无源电路,提交一个正确标注好的原理图。(2)画出电流 $i_L(t)$,求出下降时间,并与手算得到的解相比较。

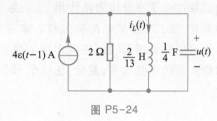

图 P5-24

第6章 正弦稳态电路分析

前几章讨论了在直流激励作用下，一系列电路的分析方法。如果电源电压或电流随时间作周期性变化，那么电路的响应会怎样？本章基于以下几个原因研究正弦稳态电路。首先，正弦信号容易产生和传递；其次，任何实际的复杂周期信号都可以运用傅里叶级数分解为一系列频率呈倍数关系的正弦信号；最后，正弦信号的数学运算通过使用相量分析法能够得到很大程度的简化。

教学目标

知识

- 学习并深刻理解正弦稳态电路、正弦电压和电流、正弦稳态电路的瞬时功率、有功功率（平均功率）、无功功率、视在功率、功率因数及复功率、阻抗、导纳等概念。
- 学习并掌握正弦稳态电路中电压、电流时域和复数域的表示方法，理解两者的关系。学习并掌握利用相量法分析正弦稳态电路的方法和步骤。
- 学习并掌握正弦稳态电路功率的计算方法和测量方法。
- 学习并掌握应用 MATLAB 软件进行正弦稳态电路分析计算的方法。

能力

- 根据给定的时域电路及时域模型，绘制复频域电路模型图；采用相量法，选择合适的电路分析方法列写电路方程，对电路方程进行正确求解；根据解的结果，对电路进行相关解析。
- 根据功能要求，设计简单的单元电路，选择电路元件参数满足相关性能指标。
- 根据电路测试指标要求，设计测试方案，选择合适电工仪表，对给定电路进行测试。
- 利用 MATLAB 软件熟练地对给定电路进行计算机辅助分析计算和仿真。

引例 | 分频音箱系统

人耳能听到的频段是 20 Hz ~ 20 kHz，仅使用一只扬声器很难保证放送 20 Hz ~ 20 kHz 这样宽频率的声音。为了获得最佳的音效，在低频段、中频段以及高频段采用不同的扬声器系统。低频扬声器（woofer）外形尺寸较大，工作频段是 20 Hz ~ 300 Hz，

中频扬声器(mid-range speaker)外形尺寸较小,工作频段是 100 Hz～5 kHz,高频扬声器(tweeter)外形尺寸相比前两种最小,工作频段是2 kHz～25 kHz。为了克服不同频率扬声器引起的切割失真和减少同一音箱中的不同扬声器之间产生的声音干涉现象,必须对声音进行分频,将不同频段的声音送入不同的扬声器。

　　一个典型的三分频音箱系统如图 6-0-1 所示。该系统由三个扬声器支路并联组成,并共用一个音频放大器。和第 3 章介绍的扬声器系统相比,电路中增加了电容元件和电感元件,每个扬声器等效为一个 8 Ω 的电阻。那么对某个特定频率的声音应该送到哪个扬声器支路输出呢?

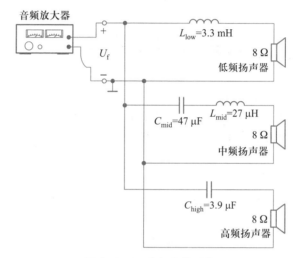

图 6-0-1　分频音箱系统

6.1 正弦电压与电流

正弦信号就是按照正弦或余弦函数规律变化的信号。按照正弦规律随时间变化的物理量统称为正弦量,如随时间按正弦规律变化的电压称为正弦电压,类似的还有正弦电流。正弦电流通常称为交流电流(alternating current,ac),由正弦电流或电压源驱动的电路,并且各处电压、电流都是同频率的正弦量,这样的电路称为正弦交流电路(ac circuit)。

6.1.1 正弦量的三要素

本书统一用余弦函数表示正弦量。设一个正弦电流 $i(t)$ 如图 6-1-1 所示。

与直流电流一样,没有参考方向的电流数值是没有任何意义的,因此,对正弦电流也需设定参考方向。正弦电流表示为

$$i(t) = I_m \cos(\omega t + \varphi) \qquad (6-1-1)$$

式中,I_m 是正弦电流的最大值,称为正弦电流的振幅(amplitude),也称幅值;$(\omega t + \varphi)$ 为正弦电流的瞬时相位角,单位是弧度(rad)或度(°);其中,ω 表示单位时间变化的弧度数,称

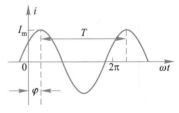

图 6-1-1 正弦电流

为正弦电流的角频率,单位为弧度/秒(rad/s)。由于正弦量的一个周期是 2π,因此角频率 ω、周期 T 及频率 f 三者的关系为

$$\omega = \frac{2\pi}{T} = 2\pi f \qquad (6-1-2)$$

初相位(initial phase)φ 的单位是度(°)或弧度,它是当 $t=0$ 时刻的瞬时相位角值。初相位的取值与零时刻($t=0$)有关。如果用余弦函数表示的正弦量离起点最近的正最大值发生在零时刻($t=0$)之前,如图 6-1-2(a)所示,则 φ 为正,表示初相位超前零时刻;如果正最大值刚好发生在零时刻,则 $\varphi=0$,如图 6-1-2(b)所示;如果正最大值发生在零时刻之后,则 φ 为负,表示初相位滞后零时刻,如图 6-1-2(c)所示。一般规定,初相位的取值在 $-\pi$ 到 $+\pi$ 之间,即 $|\varphi| \leq \pi$。

由图 6-1-1、图 6-1-2 波形看出:若确定了正弦电流信号的振幅 I_m、角频率(频率)ω 和初相位 φ,就可以画出其波形,写出其数学表达式。因此,振幅、角频率(或者频率)和初相位称为正弦量的三要素。

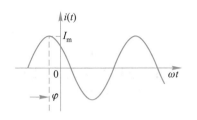

(a) 初相位φ>0的情况

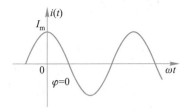

(b) 初相位φ=0的情况

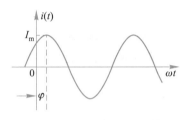

(c) 初相位φ<0的情况

图 6-1-2　初相位取值

例 6-1-1

已知正弦电压的波形如图 6-1-3 所示,写出 $u(t)$ 的数学表达式。

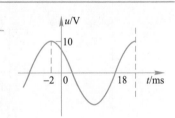

图 6-1-3　例 6-1-1 波形

解 从图中确定正弦量的三要素。

振幅(波形最大值):$U_m = 10$ V

周期(相邻最大值之间的时间间隔):$T = [18 - (-2)]$ ms $= 20$ ms

角频率(根据式(6-1-2)):$\omega = \dfrac{2\pi}{T} = \dfrac{2\pi}{20 \times 10^{-3}}$ rad/s $= 100\pi$ rad/s

初相位:代入已求出的最大值和角频率,以及图中在 $t = -2$ ms 时刻,$u(t) = 10$ V 的条件

$$10\cos(100\pi \times (-2 \times 10^{-3}) + \varphi) = 10, \cos\left(-\frac{\pi}{5} + \varphi\right) = 1$$

因此　$-\dfrac{\pi}{5} + \varphi = 2k\pi, k = 0, \pm1, \pm2, \cdots$

$$\varphi = 2k\pi + \frac{\pi}{5}, k = 0, \pm1, \pm2, \cdots$$

图 6-1-3 中,距离原点最近的正最大值发生在零时刻之前,因此 $\varphi > 0$,且取值范围在 $[-\pi, \pi]$ 之间,所以,$\varphi = \dfrac{\pi}{5}$。

由此得到

$$u(t) = 10\cos\left(100\pi t + \frac{\pi}{5}\right) \text{ V}$$

6.1.2 相位差

相位差(phase difference)即两个正弦量相位之间的差值。正弦信号激励下的线性稳态电路,产生的稳态响应与激励具有相同的角频率,因此,此处的相位差主要是针对同频率正弦量的相位差进行计算。设两个同频率的正弦量 $u(t)$、$i(t)$,它们的表达式如下

$$u(t) = U_m \cos(\omega t + \varphi_u)$$
$$i(t) = I_m \cos(\omega t + \varphi_i)$$

它们的相位差为

$$\varphi = (\omega t + \varphi_u) - (\omega t + \varphi_i) = \varphi_u - \varphi_i \qquad (6-1-3)$$

可见频率相同的两个正弦量的相位差就是它们的初相位之差,是一个与时间无关的常数,取值范围 $|\varphi| \leq \pi$。

相位差的量值反映出 $u(t)$ 和 $i(t)$ 在时间上的相对超前或滞后关系。

(1)当 $\varphi = \varphi_u - \varphi_i > 0$ 时,表明 $u(t)$ 超前于电流 $i(t)$,超前的角度为 φ,超前的时间为 φ/ω,如图 6-1-4(a)所示。

(2)当 $\varphi = \varphi_u - \varphi_i < 0$ 时,表明 $u(t)$ 滞后于电流 $i(t)$,滞后的角度为 $|\varphi|$,滞后的时间为 $|\varphi|/\omega$,如图 6-1-4(b)所示。

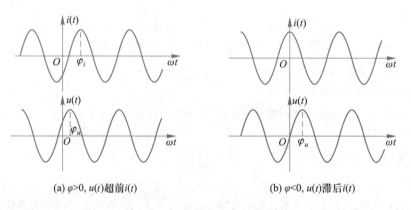

(a) $\varphi > 0$, $u(t)$ 超前 $i(t)$ (b) $\varphi < 0$, $u(t)$ 滞后 $i(t)$

图 6-1-4   相位差的超前与滞后

关于频率相同的两个正弦量之间的相位差,有以下几种特殊情况。

(1)同相:$\varphi = \varphi_u - \varphi_i = 0$,如图 6-1-5(a)所示。

(2)正交:$\varphi = \varphi_u - \varphi_i = \pm\dfrac{\pi}{2}$,如图 6-1-5(b)所示。

(3)反相:$\varphi = \varphi_u - \varphi_i = \pm\pi$,如图 6-1-5(c)所示。

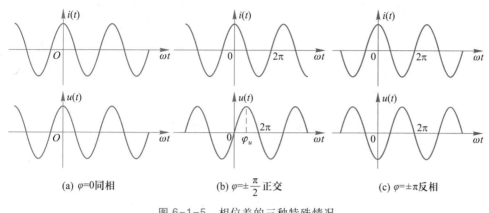

(a) $\varphi = 0$ 同相　　　　　(b) $\varphi = \pm\dfrac{\pi}{2}$ 正交　　　　　(c) $\varphi = \pm\pi$ 反相

图 6-1-5　相位差的三种特殊情况

例 6-1-2

计算下列两正弦量的相位差。

$$i_1(t) = 10\cos\left(100\pi t + \frac{\pi}{6}\right)\text{A}$$

$$i_2(t) = 10\sin(100\pi t - 70°)\text{mA}$$

解　$i_1(t)$ 和 $i_2(t)$ 的频率相同,对两个正弦量比较相位差时,应基于统一的三角函数形式,并且为了计算方便,初相位要用统一的单位表示。因此,进行如下转换

$$i_1(t) = 10\cos(100\pi t + 30°)\text{A}$$

$$i_2(t) = 10\cos(100\pi t - 70° - 90°)\text{ mA}$$

$$= 10\cos(100\pi t - 160°)\text{mA}$$

相位差　$\varphi = 30° - (-160°) = 190°$

由于 $\varphi > 180°$,需转化到主值范围内,故

$$\varphi = 190° - 360° = -170°$$

根据计算结果 $\varphi < 0$,判定:$i_1(t)$ 滞后 $i_2(t)$ 170°,也可以说成,$i_2(t)$ 超前 $i_1(t)$ 170°。

说明:

(1)正弦量间的相位差计算,可以是正弦电压与电流之间,也可以是正弦电压之间或正弦电流之间。

(2)本章中相位差的计算是基于同频率(角频率相同)、同函数(均为 sin 函数或 cos 函数)、同符号(函数前的正负号一致)。

(3)相位差计算结果应在主值范围 $[-\pi, \pi]$ 内。

6.1.3 有效值

　　周期电流、电压的瞬时值是随时间变化的,其值对于正弦稳态电路分析计算意义不大,那么究竟怎样界定一个随时间变化的正弦量呢? 平均值和最大值都有自身的局限性。由于电流、电压作用于电阻的时候,都会产生热量,因此从能量角度定义的正弦信号的有效值(effective value)可以表征其大小。正弦电流有效值定义为:令正弦电流 $i(t)$ 和直流电流 I 分别通过阻值相同的电阻 R,若二者在相同时

间 T(T 为正弦信号的一个周期)内能量相等,则称直流电流的量值为正弦电流的有效值,记为 I。

如图 6-1-6(a)所示,当直流电流 I 流过电阻 R 时,电阻消耗的功率为 $P = RI^2$,T 时间内消耗的能量为

(a)直流电流   (b)交流电流

图 6-1-6 有效值定义

$$W = PT = RI^2T \tag{6-1-4}$$

如图 6-1-6(b)所示,当交流电流 $i(t)$ 流过电阻 R,电阻消耗的功率为 $p(t) = Ri^2(t)$,T 时间内消耗的能量为

$$W = \int_0^T p(t)\,\mathrm{d}t = \int_0^T Ri^2(t)\,\mathrm{d}t \tag{6-1-5}$$

要让直流交流相同时间内产生的能量相等,即式(6-1-4)和式(6-1-5)相等

$$W = RI^2T = \int_0^T Ri^2(t)\,\mathrm{d}t$$

解得

$$I = \sqrt{\frac{1}{T}\int_0^T i^2(t)\,\mathrm{d}t} \tag{6-1-6}$$

观察式(6-1-6),有效值 I 的定义式是正弦电流 $i(t)$ 的平方在一个周期内的平均值再开方,所以有效值也称为方均根值(root mean square value)。

以此类推,正弦电压的有效值定义为

$$U = \sqrt{\frac{1}{T}\int_0^T u^2(t)\,\mathrm{d}t} \tag{6-1-7}$$

除了正弦信号,其他任何波形的周期电流和电压信号的有效值也可以用式(6-1-6)和式(6-1-7)表示。

现将正弦电流 $i(t) = I_\mathrm{m}\cos(\omega t + \varphi_i)$ 代入式(6-1-6),得到正弦电流有效值和振幅之间的关系为

$$\begin{aligned}
I &= \sqrt{\frac{1}{T}\int_0^T I_\mathrm{m}^2\cos^2(\omega t + \varphi_i)\,\mathrm{d}t} \\
&= \sqrt{\frac{1}{T}\times\frac{I_\mathrm{m}^2}{2}\int_0^T\left[1 + \cos 2(\omega t + \varphi_i)\right]\mathrm{d}t} \\
&= \frac{1}{\sqrt{2}}I_\mathrm{m} = 0.707 I_\mathrm{m}
\end{aligned} \tag{6-1-8}$$

同理,得到正弦电压的有效值和振幅之间的关系

$$U = \frac{1}{\sqrt{2}}U_\mathrm{m} = 0.707 U_\mathrm{m} \tag{6-1-9}$$

由此可得:正弦量有效值的 $\sqrt{2}$ 倍等于其振幅值。因此,正弦电压和正弦电流也可以写成

$$u(t) = \sqrt{2}\, U\cos(\omega t + \varphi_u)$$

$$i(t) = \sqrt{2}\, I\cos(\omega t + \varphi_i)$$

日常生活中,电气设备铭牌上标明的额定电压、额定电流,交流电流表或电压表读到的测量值都是有效值。而电气设备的绝缘水平、耐压值指的是最大值。读者在刚接触这部分内容时,应注意区分电压、电流的瞬时值($u(t)$,$i(t)$)、最大值(U_{m},I_{m})和有效值(U,I)的符号。

6.2 正弦量的相量表示

在对正弦稳态电路进行分析时,不可避免会遇到大量正弦函数的加减乘除、微分、积分等数学运算,能否采用一种较为简单的代数运算替代繁杂的三角函数运算,解决正弦稳态电路的分析计算问题呢?采用复数表示正弦量,运用相量分析法可以使正弦稳态电路的分析和计算变得十分简洁。

6.2.1 复数及其运算

1. 复数的表示

一个复数可以表示成直角坐标或极坐标形式

$$A = a + \mathrm{j}b = |A|\,\mathrm{e}^{\mathrm{j}\theta} = |A|\,\underline{/\theta} \tag{6-2-1}$$

上式中,$\mathrm{j} = \sqrt{-1}$ 为虚数单位;a 和 b 分别是复数的实部和虚部;$|A|$ 为复数的模,θ 为复数的辐角。

图 6-2-1 中,图(a)和图(b)两种表示方法可相互转换

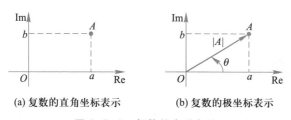

(a) 复数的直角坐标表示　　　(b) 复数的极坐标表示

图 6-2-1　复数的表示方法

$$\begin{cases} |A| = \sqrt{a^2 + b^2} \\ \theta = \arctan\dfrac{b}{a} \end{cases} \quad 或 \quad \begin{cases} a = |A|\cos\theta \\ b = |A|\sin\theta \end{cases}$$

2. 复数的四则运算

（1）相等。若两个复数相等，则在直角坐标系中，它们的实部、虚部分别相等；在极坐标系中，它们的模和辐角分别相等。

（2）加减。若两个复数作加减运算，则在直角坐标系中，对它们的实部、虚部分别作加减运算。

如 $$A_1 = a_1 + jb_1, A_2 = a_2 + jb_2$$
则 $$A_1 \pm A_2 = (a_1 \pm a_2) + j(b_1 \pm b_2)$$

（3）乘法。若两个复数作乘法运算，则在极坐标中，它们的模相乘，辐角相加。

如 $$A_1 = |A_1| \underline{/\theta_1}, A_2 = |A_2| \underline{/\theta_2}$$
则 $$A_1 \cdot A_2 = |A_1| e^{j\theta_1} \cdot |A_2| e^{j\theta_2} = |A_1||A_2| e^{j(\theta_1 + \theta_2)} = |A_1||A_2| \underline{/\theta_1 + \theta_2}$$

（4）除法。若两个复数作除法运算，则在极坐标中，它们的模相除，辐角相减。

如 $$A_1 = |A_1| \underline{/\theta_1}, A_2 = |A_2| \underline{/\theta_2}$$
则 $$\frac{A_1}{A_2} = \frac{|A_1| e^{j\theta_1}}{|A_2| e^{j\theta_2}} = \frac{|A_1|}{|A_2|} e^{j(\theta_1 - \theta_2)} = \frac{|A_1|}{|A_2|} \underline{/\theta_1 - \theta_2}$$

例 6-2-1

求 $220 \underline{/35°} + \dfrac{(17+j9)(4+j6)}{20+j5}$

解　原式 $= 180.2 + j126.2 + \dfrac{19.24 \underline{/27.9°} \times 7.211 \underline{/56.3°}}{20.62 \underline{/14.04°}}$

$= 180.2 + j126.2 + 6.728 \underline{/70.16°}$

$= 180.2 + j126.2 + 2.238 + j6.329$

$= 182.5 + j132.5 = 225.5 \underline{/36°}$

6.2.2 正弦量与相量

相量分析法是分析正弦稳态电路的一个简便而有效的方法，主要是用一个相量来表示正弦电压和电流。那么什么是相量？怎样用相量来表示正弦量呢？

根据欧拉公式 $$e^{j\theta} = \cos\theta + j\sin\theta$$
得到 $$\cos\theta = \text{Re}[e^{j\theta}]$$

若 θ 是一个时间函数，则 $\theta = \omega t + \varphi$，$\omega$、$\varphi$ 是实常数，则

$$I_m e^{j(\omega t + \varphi)} = I_m \cos(\omega t + \varphi) + jI_m \sin(\omega t + \varphi) \tag{6-2-2}$$

而电流正弦量通常表示为 $i(t)=I_m\cos(\omega t+\varphi)$，即式（6-2-2）的实部。这样，就把正弦电流 $i(t)$ 与复数表示联系起来了。

前面介绍了正弦量的三要素是振幅、角频率和初相位，此外，线性正弦稳态电路的特点是，若所有激励为频率相同的正弦量，则电路响应也为同频率的正弦量，且仅仅是正弦量的振幅与初相位发生变化。基于这两点，正弦稳态电路中的正弦量，只需要确定振幅和初相位两个要素即可。

由式（6-2-2）推导得出

$$i(t)=I_m\cos(\omega t+\varphi)=\mathrm{Re}\left[I_m\mathrm{e}^{\mathrm{j}(\omega t+\varphi)}\right]=\mathrm{Re}\left[I_m\mathrm{e}^{\mathrm{j}\varphi}\cdot\mathrm{e}^{\mathrm{j}\omega t}\right]=\mathrm{Re}\left[\dot{I}_m\mathrm{e}^{\mathrm{j}\omega t}\right]$$

$$(6-2-3)$$

式（6-2-3）中

$$\dot{I}_m=I_m\mathrm{e}^{\mathrm{j}\varphi}=I_m\underline{/\varphi} \qquad (6-2-4)$$

$\dot{I}_m$ 是复数，它的模 I_m 是正弦量的振幅，它的辐角 φ 是正弦量的初相位，而这恰恰是要研究的正弦量的两个要素。通常，为把代表正弦量的复数与一般的复数相区别，称它为相量（phasor），即用来表示正弦电压和电流的复数，符号是大写字母头顶上加一点，如 $\dot{I}_m$，这个符号包含了两个信息，振幅和初相位，没有显示频率信息。

复平面上可以用一个有向线段来表示式（6-2-4）的相量，如图 6-2-2 所示。

已知正弦电压、电流的瞬时值表达式，可以直接写出对应的电压、电流相量。反过来，已知电压、电流相量，也可以直接写出对应的正弦电压、电流的瞬时值表达式。如

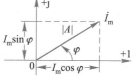

图 6-2-2 $\dot{I}_m$ 的相量图

$$u(t)=U_m\cos(\omega t+\varphi_u)=\sqrt{2}U\cos(\omega t+\varphi_u)\overset{\omega}{\Longleftrightarrow}\dot{U}_m=U_m\underline{/\varphi_u}\ \text{或}\ \dot{U}=U\underline{/\varphi_u} \qquad (6-2-5)$$

$$i(t)=I_m\cos(\omega t+\varphi_i)=\sqrt{2}I\cos(\omega t+\varphi_i)\overset{\omega}{\Longleftrightarrow}\dot{I}_m=I_m\underline{/\varphi_i}\ \text{或}\ \dot{I}=I\underline{/\varphi_i} \qquad (6-2-6)$$

其中，$\dot{U}_m=U_m\underline{/\varphi_u}$ 和 $\dot{I}_m=I_m\underline{/\varphi_i}$ 为振幅相量，$\dot{U}=U\underline{/\varphi_u}$ 和 $\dot{I}=I\underline{/\varphi_i}$ 为有效值相量。

请读者思考，为什么式（6-2-5）和式（6-2-6）中正弦量的正弦波表达式和相量表达式中间是个"⇔"符号，而不是"＝"？

例 6-2-2

写出下列正弦量的有效值相量和振幅相量。

（1）$i_1(t)=5\sqrt{2}\cos(\omega t+53.1°)$ A

（2）$u_2(t)=-10\sin(\omega t+60°)$ V

解　（1）原式的有效值相量：$\dot{I}_1=5\underline{/53.1°}$ A，振幅相量：$\dot{I}_{1m}=5\sqrt{2}\underline{/53.1°}$ A

（2）先对原式进行变换

$$u_2(t)=-10\sin(\omega t+60°)=10\cos(\omega t+60°+90°)\text{ V}$$

$$=10\cos(\omega t+150°)\text{ V}$$

原式的有效值相量为 $\dot{U}_2=5\sqrt{2}\underline{/150°}$ V，振幅相量为 $\dot{U}_{2m}=10\underline{/150°}$ V

6.3 电路定律的相量形式

利用相量分析法来简化正弦稳态电路的分析计算,首先需要建立无源元件 R、L、C 的 VCR 以及 KCL、KVL 定律的相量形式。

6.3.1 无源元件的 VCR 相量形式

1. 电阻元件

假设电阻两端的电压电流为关联参考方向,如图 6-3-1 所示,流过电阻的电流为 $i(t)$,电阻两端的电压为 $u(t)$。

$$i(t) = I_m\cos(\omega t + \varphi_i) = \sqrt{2}I\cos(\omega t + \varphi_i) \tag{6-3-1}$$

$$u(t) = U_m\cos(\omega t + \varphi_u) = \sqrt{2}U\cos(\omega t + \varphi_u) \tag{6-3-2}$$

依据欧姆定律可知

$$u(t) = i(t) \times R = I_m R\cos(\omega t + \varphi_i) = \sqrt{2}IR\cos(\omega t + \varphi_i) \tag{6-3-3}$$

对比式(6-3-2)和式(6-3-3),可以得到

$$U_m = I_m R = \sqrt{2}U = \sqrt{2}IR \tag{6-3-4}$$

$$\varphi_u = \varphi_i \tag{6-3-5}$$

由式(6-3-4)和式(6-3-5)可以看出:电阻两端的电压 $u(t)$ 与流经电阻的电流 $i(t)$ 的频率相同,且两者相位相同,电压的振幅 $U_m = I_m R$(或者电压的有效值 $U = IR$)。

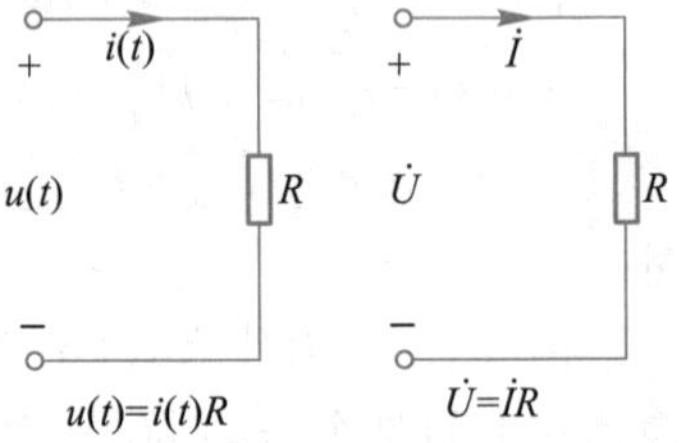

将电流、电压由式(6-3-1)和式(6-3-2)的时域形式表示成有效值相量形式

$$\dot{I} = I \underline{/\varphi_i} \tag{6-3-6}$$

$$\dot{U} = U \underline{/\varphi_u} \tag{6-3-7}$$

或振幅相量形式

$$\dot{I}_m = I_m \underline{/\varphi_i} \tag{6-3-8}$$

$$\dot{U}_m = U_m \underline{/\varphi_u} \tag{6-3-9}$$

又因

$$u(t) = \text{Re}[\dot{U}_m e^{j\omega t}] = \text{Re}[\sqrt{2}\dot{U}e^{j\omega t}] \tag{6-3-10}$$

$$i(t) = \text{Re}[\dot{I}_m e^{j\omega t}] = \text{Re}[\sqrt{2}\dot{I}e^{j\omega t}] \tag{6-3-11}$$

将式(6-3-10)和式(6-3-11)代入式(6-3-3)进行运算后,可得电阻元件 VCR 的相量形式

$$\dot{U} = R\dot{I} \tag{6-3-12}$$

或

$$\dot{U}_m = R\dot{I}_m \tag{6-3-13}$$

图 6-3-1 电阻元件 VCR 的不同形式

(a) 时域

(b) 复数域

式(6-3-12)或式(6-3-13)也常称为欧姆定律的相量形式。

综上,可以画出电阻上的电压电流波形图和相量图如图6-3-2(a)、(b)所示。

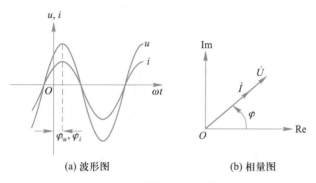

(a) 波形图   (b) 相量图

图6-3-2　电阻元件的电压、电流

2. 电感元件

假设电感两端的电压电流为关联参考方向,如图6-3-3所示,流过电感的电流为$i(t)$,电感两端的电压为$u(t)$。

$$i(t) = I_m\cos(\omega t + \varphi_i) = \sqrt{2}I\cos(\omega t + \varphi_i)$$
$$u(t) = U_m\cos(\omega t + \varphi_u) = \sqrt{2}U\cos(\omega t + \varphi_u) \tag{6-3-14}$$

又因

$$u(t) = L\frac{di(t)}{dt} \tag{6-3-15}$$

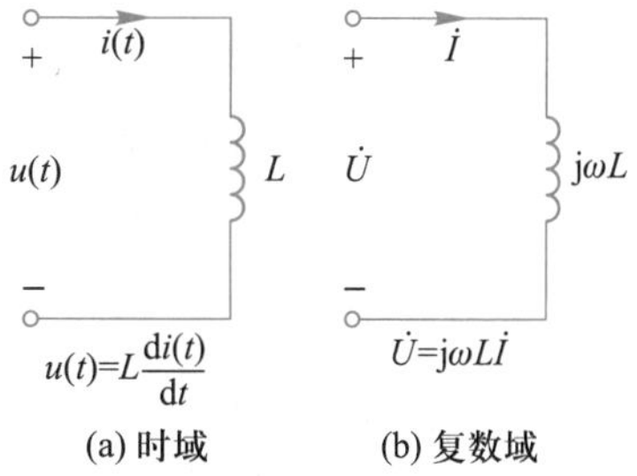

则有

$$u(t) = L\frac{d}{dt}\left[I_m\cos(\omega t + \varphi_i)\right]$$
$$= -\omega L I_m\sin(\omega t + \varphi_i) \tag{6-3-16}$$
$$= \omega L I_m\cos\left(\omega t + \varphi_i + \frac{\pi}{2}\right)$$

（图6-3-3：
(a) 时域　$u(t) = L\frac{di(t)}{dt}$
(b) 复数域　$\dot{U} = j\omega L \dot{I}$
图6-3-3　电感元件 VCR 的不同形式）

对比式(6-3-14)和式(6-3-16),可得

$$U_m = \omega L I_m = \sqrt{2}U = \sqrt{2}\omega L I \tag{6-3-17}$$

$$\varphi_u = \varphi_i + \frac{\pi}{2} \tag{6-3-18}$$

由式(6-3-17)、式(6-3-18)可以看出:电感两端的电压$u(t)$与流经电感的电流$i(t)$的频率相同,但电压的相位超前电流的相位90°,电压的振幅$U_m = \omega L I_m$(或者电压的有效值$U = \omega L I$)。

电感电流、电压可表示为有效值相量形式和振幅相量形式,如式(6-3-6)~式(6-3-9)所示。

将式(6-3-10)、式(6-3-11)代入式(6-3-15)进行运算后,可得电感元件VCR的相量形式

$$\dot{U}=\mathrm{j}\omega L\dot{I} \tag{6-3-19}$$

$$\dot{U}_{\mathrm{m}}=\mathrm{j}\omega L\dot{I}_{\mathrm{m}} \tag{6-3-20}$$

将式(6-3-19)或式(6-3-20)稍作变形,则有

$$\frac{\dot{U}_{\mathrm{m}}}{\dot{I}_{\mathrm{m}}}=\frac{\dot{U}}{\dot{I}}=\mathrm{j}\omega L=\mathrm{j}X_L \tag{6-3-21}$$

式(6-3-21)中 $X_L=\omega L=2\pi fL$,具有电阻的量纲,称为感抗。感抗与 L 和 ω 成正比,高频扼流圈就是利用一定的电感对高频电流呈现的阻力大,对低频电流呈现的阻力小的原理制作而成。在直流情况下($f=0$),故 $X_L=0$,电感 L 相当于短路。当 L 的单位为 H,ω 的单位为 rad/s 时,X_L 的单位为 Ω。

式(6-3-19)或式(6-3-20)也常称为欧姆定律的相量形式。

综上,可以画出电感上的电压电流波形图和相量图,如图 6-3-4(a)、(b)所示。

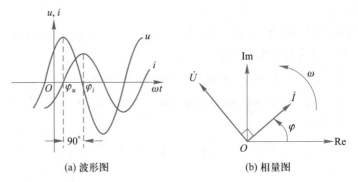

(a) 波形图 (b) 相量图

图 6-3-4 电感元件的电压、电流

3. 电容元件

假设电容两端的电压、电流为关联参考方向,如图6-3-5所示,流过电容的电流为$i(t)$,电容两端的电压为 $u(t)$。

$$i(t)=I_{\mathrm{m}}\cos(\omega t+\varphi_i)=\sqrt{2}I\cos(\omega t+\varphi_i) \tag{6-3-22}$$

$$u(t)=U_{\mathrm{m}}\cos(\omega t+\varphi_u)=\sqrt{2}U\cos(\omega t+\varphi_u)$$

又因 $$i(t)=C\frac{\mathrm{d}u(t)}{\mathrm{d}t} \tag{6-3-23}$$

(a) 时域 (b) 复数域

图 6-3-5 电容元件 VCR 的不同形式

则有

$$\begin{aligned}i(t)&=C\frac{\mathrm{d}}{\mathrm{d}t}[U_{\mathrm{m}}\cos(\omega t+\varphi_u)]=-\omega CU_{\mathrm{m}}\sin(\omega t+\varphi_u)\\&=\omega CU_{\mathrm{m}}\cos\left(\omega t+\varphi_u+\frac{\pi}{2}\right)\end{aligned} \tag{6-3-24}$$

对比式(6-3-22)和式(6-3-24)可得式(6-3-25)和式(6-3-26)

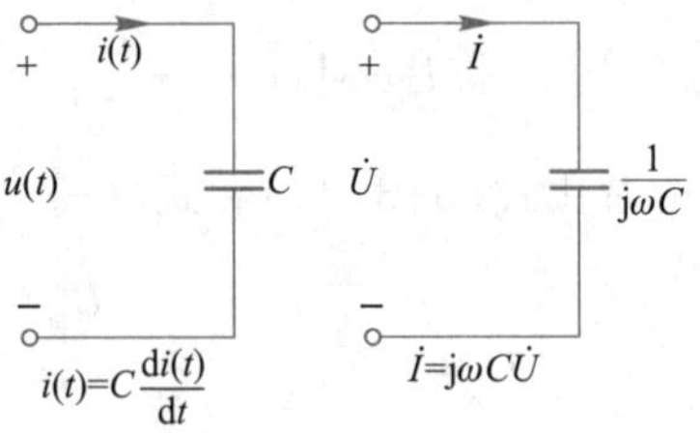

$$I_m = \omega C U_m = \sqrt{2}\,\omega C U \qquad (6-3-25)$$

$$\varphi_i = \varphi_u + \frac{\pi}{2} \qquad (6-3-26)$$

由式(6-3-25)、式(6-3-26)可以看出:电容两端的电压 $u(t)$ 与流经电容的电流 $i(t)$ 的频率相同,但电流的相位超前电压的相位 $90°$,电流的振幅 $I_m = \omega C U_m$(或者电流的有效值 $I = \omega C U$)。

电容电流、电压可表示为有效值相量形式和振幅相量形式,如式(6-3-6)~式(6-3-9)所示。

将式(6-3-10)、式(6-3-11)代入式(6-3-23)进行运算后,可得电容元件 VCR 的相量形式

$$\dot{I} = j\omega C\,\dot{U} \qquad (6-3-27)$$

$$\dot{I}_m = j\omega C\,\dot{U}_m \qquad (6-3-28)$$

$$\frac{\dot{U}_m}{\dot{I}_m} = \frac{\dot{U}}{\dot{I}} = -j\frac{1}{\omega C} = jX_C \qquad (6-3-29)$$

式(6-3-29)中 $X_C = -1/(\omega C) = -1/(2\pi f C)$,具有电阻的量纲,称为容抗。容抗的模 $|X_C|$ 与 C 和 ω 成反比。在直流情况下 $(f=0)$,故 $|X_C| = \infty$,电容 C 相当于断路。当 C 的单位为 F,ω 的单位为 rad/s 时,X_C 的单位为 Ω。

式(6-3-27)或式(6-3-28)也常称为欧姆定律的相量形式。

综上,可以画出电容上的电压电流波形图和相量图如图 6-3-6(a)、(b)所示。

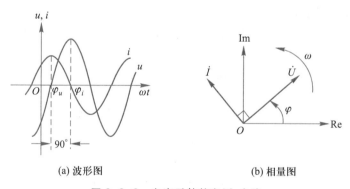

(a) 波形图　　　　　　　(b) 相量图

图 6-3-6　电容元件的电压、电流

6.3.2 KCL 与 KVL 的相量形式

在复数域中分析电路,基尔霍夫定律仍然适用。因此在引入电压、电流相量之后,需要了解基尔霍夫定律在复数域中的表述。

1. KCL 的相量形式

假设流入某一结点的电流分别为 $i_1(t), i_2(t), \cdots, i_n(t)$,利用 KCL 的时域表

达,则有

$$i_1(t)+i_2(t)+\cdots+i_n(t)=0 \tag{6-3-30}$$

其中

$$i_1(t)=I_{1\mathrm{m}}\cos(\omega t+\varphi_{i1})=\mathrm{Re}[\dot{I}_{1\mathrm{m}}\mathrm{e}^{\mathrm{j}\omega t}]$$

$$i_2(t)=I_{2\mathrm{m}}\cos(\omega t+\varphi_{i2})=\mathrm{Re}[\dot{I}_{2\mathrm{m}}\mathrm{e}^{\mathrm{j}\omega t}]$$

$$\cdots\cdots\cdots\cdots$$

$$i_n(t)=I_{n\mathrm{m}}\cos(\omega t+\varphi_{in})=\mathrm{Re}[\dot{I}_{n\mathrm{m}}\mathrm{e}^{\mathrm{j}\omega t}]$$

则有

$$\mathrm{Re}[\dot{I}_{1\mathrm{m}}\mathrm{e}^{\mathrm{j}\omega t}]+\mathrm{Re}[\dot{I}_{2\mathrm{m}}\mathrm{e}^{\mathrm{j}\omega t}]+\cdots+\mathrm{Re}[\dot{I}_{n\mathrm{m}}\mathrm{e}^{\mathrm{j}\omega t}]=0 \tag{6-3-31}$$

$$\mathrm{Re}[(\dot{I}_{1\mathrm{m}}+\dot{I}_{2\mathrm{m}}+\cdots+\dot{I}_{n\mathrm{m}})\mathrm{e}^{\mathrm{j}\omega t}]=0 \tag{6-3-32}$$

因为 $\mathrm{e}^{\mathrm{j}\omega t}\neq 0$,所以有

$$\dot{I}_{1\mathrm{m}}+\dot{I}_{2\mathrm{m}}+\cdots+\dot{I}_{n\mathrm{m}}=0 \tag{6-3-33}$$

当采用有效值相量表示时,也可以推导出

$$\dot{I}_1+\dot{I}_2+\cdots+\dot{I}_n=0 \tag{6-3-34}$$

式(6-3-33)和式(6-3-34)就是基尔霍夫电流定律的复数域表述:对任一集总参数电路,在任一时刻,流入(或"流出")任一结点的电流相量的代数和等于零。

可以规定流入结点的电流相量为正,则流出结点的电流相量为负;也可以规定流出结点的电流为正,则流入结点的电流为负。定义中的"代数和"表示在相加时需考虑电流相量的符号。

2. KVL 的相量形式

假设某一闭合回路上的电压为 $u_1(t)$, $u_2(t)$, $\cdots$, $u_n(t)$,利用 KVL 的时域表达,则有

$$u_1(t)+u_2(t)+\cdots+u_n(t)=0 \tag{6-3-35}$$

其中

$$u_1(t)=U_{1\mathrm{m}}\cos(\omega t+\varphi_{u1})=\mathrm{Re}[\dot{U}_{1\mathrm{m}}\mathrm{e}^{\mathrm{j}\omega t}]$$

$$u_2(t)=U_{2\mathrm{m}}\cos(\omega t+\varphi_{u2})=\mathrm{Re}[\dot{U}_{2\mathrm{m}}\mathrm{e}^{\mathrm{j}\omega t}]$$

$$\cdots\cdots\cdots\cdots$$

$$u_n(t)=U_{n\mathrm{m}}\cos(\omega t+\varphi_{un})=\mathrm{Re}[\dot{U}_{n\mathrm{m}}\mathrm{e}^{\mathrm{j}\omega t}]$$

则有

$$\mathrm{Re}[\dot{U}_{1\mathrm{m}}\mathrm{e}^{\mathrm{j}\omega t}]+\mathrm{Re}[\dot{U}_{2\mathrm{m}}\mathrm{e}^{\mathrm{j}\omega t}]+\cdots+\mathrm{Re}[\dot{U}_{n\mathrm{m}}\mathrm{e}^{\mathrm{j}\omega t}]=0 \tag{6-3-36}$$

$$\mathrm{Re}[(\dot{U}_{1\mathrm{m}}+\dot{U}_{2\mathrm{m}}+\cdots+\dot{U}_{n\mathrm{m}})\mathrm{e}^{\mathrm{j}\omega t}]=0 \tag{6-3-37}$$

因为 $\mathrm{e}^{\mathrm{j}\omega t}\neq 0$,所以有

$$\dot{U}_{1\mathrm{m}}+\dot{U}_{2\mathrm{m}}+\cdots+\dot{U}_{n\mathrm{m}}=0 \tag{6-3-38}$$

当采用有效值相量表示时,也可以推导出

$$\dot{U}_1+\dot{U}_2+\cdots+\dot{U}_n=0 \tag{6-3-39}$$

式(6-3-38)和式(6-3-39)就是基尔霍夫电压定律的复数域表述:对任一集总参数电路,在任一时刻,环绕任一回路(可自行假定为逆时针环绕或者顺时针环

绕),所有支路电压降相量(或"电压升相量")的代数和等于零。

当支路电压降相量(或"电压升相量")的方向与回路的环绕方向相同时,支路电压相量前为正号;当支路电压降(或"电压升")的方向与回路的环绕方向相反时,支路电压前为负号。定义中"代数和"表示相加时应考虑电压前的符号。

如图 6-3-7 所示正弦稳态电路图中,已知 $u_s(t) = 20\sqrt{2}\cos(5t)$ V。求电流 $i(t)$。

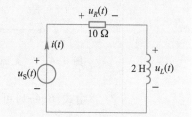

图 6-3-7 例 6-3-1 电路

解 假设 $u_s(t)$、$u_R(t)$、$u_L(t)$ 及 $i(t)$ 的相量分别为 $\dot{U}_s$、$\dot{U}_R$、$\dot{U}_L$、$\dot{I}$。由题知

$$\dot{U}_s = 20 \underline{/0°}\ \text{V}$$

由 KVL 可得

$$\dot{U}_s = \dot{U}_R + \dot{U}_L$$

由元件 VCR 的相量形式可知

$$\dot{U}_R = \dot{I}R$$

$$\dot{U}_L = j\omega L \dot{I}$$

即

$$\dot{U}_s = j\omega L \dot{I} + \dot{I}R$$

$$\dot{I} = \frac{\dot{U}_s}{j\omega L + R} = \frac{20\underline{/0°}}{j5 \times 2 + 10}\ \text{A}$$

$$= \frac{20\underline{/0°}}{10\sqrt{2}\underline{/45°}}\ \text{A} = \sqrt{2}\underline{/-45°}\ \text{A}$$

根据相量 $\dot{I}$ 写出时域表达式 $i(t)$

$$i(t) = \sqrt{2} \times \sqrt{2}\cos(5t - 45°)\ \text{A} = 2\cos(5t - 45°)\ \text{A}$$

6.4 电路的相量模型

在对正弦稳态电路进行分析之前,已经介绍了相量的概念,并讨论了 R、L、C 三种基本元件的 VCR 以及 KCL、KVL 的相量形式。除此之外,还需了解正弦稳态电路的阻抗、导纳和电路相量模型等概念。

6.4.1 阻抗与导纳

1. 阻抗

在如图 6-4-1 所示无源正弦稳态单口网络中,端口电压相量和电流相量为关联参考方向。

定义端口电压相量与电流相量之比为该网络的阻抗(impedance),用 Z 表示。即

$$Z = \frac{\dot{U}}{\dot{I}} = \frac{\dot{U}_m}{\dot{I}_m} \tag{6-4-1}$$

则图 6-4-1 所示无源正弦稳态单口网络可以等效为图 6-4-2 所示网络。

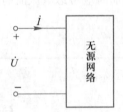

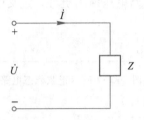

图 6-4-1　无源正弦稳态单口网络　　　图 6-4-2　单口网络等效模型

由式(6-4-1)可知,阻抗 Z 的单位为 Ω,通常为复数,表示为极坐标的形式如式(6-4-2)所示。

$$Z = |Z| \underline{/\varphi_Z} \tag{6-4-2}$$

式(6-4-2)中 $|Z|$ 为阻抗的模,φ_Z 为阻抗角。

又因为 $\dot{U} = U \underline{/\varphi_u}$,$\dot{I} = I \underline{/\varphi_i}$,将其代入定义式(6-4-1)中,则有

$$Z = \frac{\dot{U}}{\dot{I}} = \frac{U \underline{/\varphi_u}}{I \underline{/\varphi_i}} = \frac{U}{I} \underline{/\varphi_u - \varphi_i} \tag{6-4-3}$$

对比式(6-4-2)与式(6-4-3)可得

$$|Z| = \frac{U}{I} \tag{6-4-4}$$

$$\varphi_Z = \varphi_u - \varphi_i \tag{6-4-5}$$

将阻抗用直角坐标形式表示为

$$Z = R + jX \tag{6-4-6}$$

式(6-4-6)中 R 为阻抗中的电阻部分,X 为阻抗中的电抗部分,对比式(6-4-2)和式(6-4-6),可以推导出

$$R = |Z| \cos \varphi_Z \tag{6-4-7}$$

$$X = |Z| \sin \varphi_Z \tag{6-4-8}$$

$$|Z| = \sqrt{R^2 + X^2} \tag{6-4-9}$$

$$\varphi_Z = \arctan(X/R) \tag{6-4-10}$$

根据 6.3.1 节中介绍的 R、L、C 元件的 VCR 相量形式以及阻抗的定义,可以求出 R、L、C 三种元件所对应的阻抗 Z_R、Z_L、Z_C。

$$Z_R = R \tag{6-4-11}$$

$$Z_L = j\omega L = jX_L \tag{6-4-12}$$

$$Z_C = -j\frac{1}{\omega C} = jX_C \tag{6-4-13}$$

由式(6-4-11)、式(6-4-12)以及式(6-4-13),可以看出无源单口网络中若只含 R、L、C 元件,则阻抗 Z 中的电阻部分则完全由网络中的电阻元件决定,而阻

抗 Z 的电抗部分 X 则由电感和电容共同决定,由于 $X_L>0$ 且 $X_C<0$,所以当电抗部分 $X>0$ 时,单口网络为感性阻抗,当电抗部分 $X<0$ 时,单口网络为容性阻抗。

2. 导纳

在如图 6-4-1 所示无源正弦稳态单口网络中,定义端口电流相量与电压相量之比为该网络的导纳(admittance),用 Y 表示。即

$$Y = \frac{\dot{I}}{\dot{U}} = \frac{\dot{I}_m}{\dot{U}_m} \tag{6-4-14}$$

由式(6-4-14)可知,导纳 Y 的单位为西[门子],用 S 表示,通常也为复数。可用极坐标形式表示为

$$Y = |Y| \angle \varphi_Y \tag{6-4-15}$$

式(6-4-15)中 $|Y|$ 为导纳的模,φ_Y 为导纳角。

又因为 $\dot{U} = U \angle \varphi_u$、$\dot{I} = I \angle \varphi_i$,将其代入定义式(6-4-14)中,则有

$$Y = \frac{\dot{I}}{\dot{U}} = \frac{I \angle \varphi_i}{U \angle \varphi_u} = \frac{I}{U} \angle \varphi_i - \varphi_u \tag{6-4-16}$$

对比式(6-4-15)与式(6-4-16)可得

$$|Y| = \frac{I}{U} \tag{6-4-17}$$

$$\varphi_Y = \varphi_i - \varphi_u \tag{6-4-18}$$

将导纳用直角坐标形式表示为

$$Y = G + jB \tag{6-4-19}$$

式(6-4-19)中 G 为导纳中的电导部分,B 为导纳中的电纳部分,对比式(6-4-15)式(6-4-19),可以推导出

$$G = |Y| \cos \varphi_Y \tag{6-4-20}$$

$$B = |Y| \sin \varphi_Y \tag{6-4-21}$$

$$|Y| = \sqrt{G^2 + B^2} \tag{6-4-22}$$

$$\varphi_Y = \arctan(B/G) \tag{6-4-23}$$

根据 6.3.1 节中介绍的 R、L、C 元件的 VCR 相量形式以及导纳的定义,可以求出 R、L、C 三种元件所对应的导纳 Y_R、Y_L、Y_C。

$$Y_R = \frac{1}{R} = G \tag{6-4-24}$$

$$Y_L = \frac{1}{j\omega L} = -j\frac{1}{\omega L} = jB_L \tag{6-4-25}$$

$$Y_C = j\omega C = jB_C \tag{6-4-26}$$

由式(6-4-24)、式(6-4-25)以及式(6-4-26),可以看出无源单口网络中若只含 R、L、C 元件,导纳 Y 中的电导部分 G 由电阻决定,而导纳 Y 中的电纳部分 B 由电感和电容共同决定,由于 $B_L<0$ 且 $B_C>0$,所以当电纳部分 $B>0$ 时,单口网络为容性导纳,当电纳部分 $B<0$ 时,单口网络为感性导纳。

从阻抗和导纳的定义式可以看出,二者互为倒数关系,即

$$Y = \frac{1}{Z} \qquad\qquad (6-4-27)$$

阻抗、导纳的串并联与电阻、电导的串并联求解方法一致。

6.4.2 正弦稳态电路相量模型

采用相量分析法求解正弦稳态电路时,首先需要画出电路的相量模型,即在电路拓扑结构不变的前提下,将时域电路模型中的各个元件用其对应的相量形式来表示。其步骤为:

（1）电源用相量表示（有效值相量或者振幅相量均可,以方便计算为标准来选择）;

（2）R、L、C 元件用阻抗或导纳表示;

（3）各已知或待求电压、电流均用相量表示,标注在相量模型图中,电压与电流的参考方向保持不变。

例 6-4-1

如图 6-4-3 所示的正弦稳态单口网络中,工作角频率为 ω,求其等效阻抗 Z。

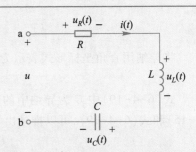

图 6-4-3 例 6-4-1 电路

解 根据上述步骤,先画出电路相量模型图:其中,R、L、C 对应的阻抗形式为 R、jX_L、jX_C,各已知或待求变量相量表示为 $\dot{U}_R$、$\dot{U}_L$、$\dot{U}_C$、$\dot{I}$、$\dot{U}$,标注在相量模型图中,如图 6-4-4 所示。

等效阻抗为

$$Z = R + jX_L + jX_C = R + j\omega L - j\frac{1}{\omega C}$$
$$= R + j\left(\omega L - \frac{1}{\omega C}\right) = R + jX$$

电抗 $X = X_L + X_C = \omega L - 1/(\omega C)$ 与动态元件参数以及工作频率都有关,当工作角频率 ω 取值不同时,可能出现 $X>0$、$X<0$、$X=0$ 三种情况。

（1）当 $X>0$ 时,有 $\omega L > 1/(\omega C)$,$\varphi_z > 0$,即电压相位超前电流相位,阻抗呈感性,原网络可以等效为电阻与电感串联。

（2）当 $X<0$ 时,有 $\omega L < 1/(\omega C)$,$\varphi_z < 0$,即电流相位超前电压相位,阻抗呈容性,原网络可以等效为电阻与电容串联。

（3）当 $X=0$ 时,有 $\omega L = 1/(\omega C)$,$\varphi_z = 0$,即电压与电流同相位,阻抗呈电阻性,原网络可以等效为电阻。

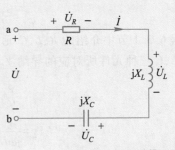

图 6-4-4 例 6-4-1 的相量模型

请读者思考,当正弦稳态单口网络是由 G、L、C 并联构成,且工作角频率为 ω 时,如何计算其等效导纳;当 ω 不同时,是否也会出现电纳 $B>0$、$B<0$、$B=0$ 三种情况,这三种情况又对应有怎样的结论?

例 6-4-2

图 6-4-5 所示电路中 $u_s(t) = 60\sqrt{2}\cos(100t + 45°)$ V、$R = 10\ \Omega$、$L = 0.1$ H、$C = 1$ mF，画出该电路的相量模型。

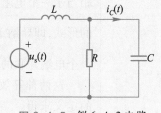

图 6-4-5　例 6-4-2 电路

解　将电源用有效值相量表示（此处振幅相量的幅值中含有 $\sqrt{2}$，选取有效值相量更能简化计算）。

$$\dot{U}_s = 60\ \underline{/45°}\ \text{V}$$

由 $u_s(t)$ 的时域表达式可知工作角频率 $\omega = 100$ rad/s，则

$$Z_R = R = 10\ \Omega$$

$$Z_L = j\omega L = j100 \times 0.1 = j10\ \Omega$$

$$Z_C = -j\frac{1}{\omega C} = -j\frac{1}{100 \times 10^{-3}}\ \Omega = -j10\ \Omega$$

因此可画出图 6-4-5 所示电路的相量模型如图 6-4-6 所示，注意原图中的待求变量电容电流 $i_C(t)$ 在相量模型中表示为 $\dot{I}_C$。

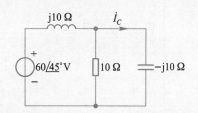

图 6-4-6　例 6-4-2 电路的相量模型

6.4.3 无源单口网络相量模型串并联等效

在电阻电路中已经证明，一个无源单口网络可以等效为一个电阻。同样，在正弦稳态电路中，一个无源单口网络相量模型有两种等效电路，如图 6-4-7 所示。

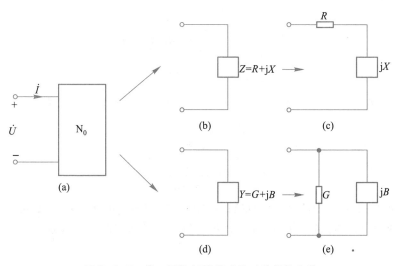

图 6-4-7　单口网络相量模型的两种等效电路

一种是等效阻抗的形式,即阻抗 $Z = \dfrac{\dot{U}}{\dot{I}}$,该等效阻抗可表示为 $Z = R + jX$,其最简形式相当于一个电阻和一个电抗串联的电路,如图 6-4-7(c)所示。另一种是等效导纳的形式,即导纳 $Y = \dfrac{\dot{I}}{\dot{U}}$,该等效导纳可表示为 $Y = G + jB$,其最简形式相当于一个电导和一个电纳并联的电路,如图 6-4-7(d)所示。

这两种等效电路之间是可以相互等效变换的,其等效变换的公式可根据等效的定义求得。

设已知

$$Z = R + jX \tag{6-4-28}$$

由 $Y = \dfrac{1}{Z}$ 可得

$$
\begin{aligned}
Y &= \frac{1}{Z} = \frac{1}{R + jX} = \frac{(R - jX)}{(R + jX)(R - jX)} \\
&= \frac{R}{R^2 + X^2} + \frac{-jX}{R^2 + X^2} = G + jB
\end{aligned}
\tag{6-4-29}
$$

由式(6-4-29)可以看出,并联相量模型中的电导与电纳分别为

$$G = \frac{R}{R^2 + X^2} \tag{6-4-30}$$

$$B = -\frac{X}{R^2 + X^2} \tag{6-4-31}$$

设已知

$$Y = G + jB \tag{6-4-32}$$

由 $Z = \dfrac{1}{Y}$ 可得

$$
\begin{aligned}
Z &= \frac{1}{Y} = \frac{1}{G + jB} = \frac{(G - jB)}{(G + jB)(G - jB)} \\
&= \frac{G}{G^2 + B^2} + \frac{-jB}{G^2 + B^2} = R + jX
\end{aligned}
\tag{6-4-33}
$$

由式(6-4-33)可以看出,串联相量模型中的电阻与电抗分别为

$$R = \frac{G}{G^2 + B^2} \tag{6-4-34}$$

$$X = -\frac{B}{G^2 + B^2} \tag{6-4-35}$$

一般情况下,在阻抗与导纳进行等效变换时,电阻 R 与电导 G 之间并不是简单的倒数关系。同样,电抗 X 与电纳 B 之间也不是简单的倒数关系。

6.5 正弦稳态电路的相量分析法

前两节讨论了电路元件 VCR、基尔霍夫定律的相量形式以及电路的相量模型,它们是用相量法分析正弦稳态电路的基本依据。本节对正弦稳态电路的相量分析法进行讨论。正弦稳态电路的分析与电阻电路的分析方法类似,即在电阻电路中运用的分析方法,同样适用于正弦稳态电路。

相量法分析正弦稳态电路的步骤如下:

(1)将电路的时域模型转化为相量模型,即正弦电流、电压用相量形式表示,无源支路(元件)用复阻抗表示;

(2)选择适当的电路分析方法:网孔分析法、结点分析法、叠加定理、等效电源定理及电阻的串并联等效等方法;

(3)建立相量形式的电路方程,求解方程得到相量解;

(4)将相量解转化为时域解,也就是将所得的电压、电流相量计算结果变换成正弦表达式。

本节通过举例说明运用电阻电路的分析方法来分析正弦稳态电路。

例 6-5-1

电路如图 6-5-1(a)所示,已知 $u_s(t) = 6\sqrt{2}\cos(2t)$ V,$i_s(t) = 2\sqrt{2}\cos(2t)$ A,试用网孔分析法求电压 $u_R(t)$。

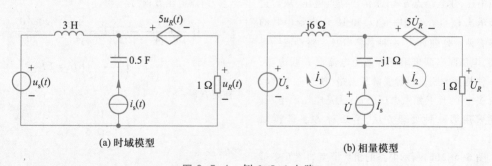

图 6-5-1 例 6-5-1 电路

解 将时域模型转化成相量模型,选择网孔电流方向,建立网孔方程,求解出网孔电流,从而进一步求出 $u_R(t)$。本题中含有电流源在两个网孔之间的特殊情况。

图 6-5-1(a)所示电路的相量模型及选择网孔电流方向如图 6-5-1(b)所示,假设电流源两端

的电压为 $\dot{U}$,其中

$$\dot{U}_s = 6\underline{/0°} \text{ V}$$

$$\dot{I}_s = 2\underline{/0°} \text{ A}$$

$$Z_L = j\omega L = j2 \times 3\,\Omega = j6\ \Omega$$

$$Z_C = \frac{1}{j\omega C} = \frac{1}{j2 \times 0.5}\Omega = -j1\ \Omega$$

$$Z_R = 1 \ \Omega$$

网孔电流方程为

$$\begin{cases} (j6-j1)\dot{I}_1 - (-j1)\dot{I}_2 = -\dot{U} + 6\ \underline{/0^\circ} \\ -(-j1)\dot{I}_1 + (-j1+1)\dot{I}_2 = -5\ \dot{U}_R + \dot{U} \end{cases}$$

补充方程　　$2\ \underline{/0^\circ} = \dot{I}_2 - \dot{I}_1$

$$\dot{U}_R = 1 \times \dot{I}_2$$

解得　　　　$\dot{I}_1 = \dfrac{\sqrt{2}}{2}\ \underline{/145^\circ}\ \text{A}$

$$\dot{I}_2 = \dfrac{\sqrt{10}}{2}\ \underline{/18.4^\circ}\ \text{A} = 1.6\ \underline{/18.4^\circ}\ \text{A}$$

$$\dot{U}_R = 1 \times \dot{I}_2 = 1.6\ \underline{/18.4^\circ}\ \text{V}$$

$$u_R(t) = 1.6\sqrt{2}\cos(2t+18.4^\circ)\ \text{V}$$

例 6-5-2

电路如图 6-5-2(a)所示,已知 $u_s(t) = 20\sqrt{2}\cos(4t)\ \text{V}$,试用结点分析法求电流 $i_x(t)$。

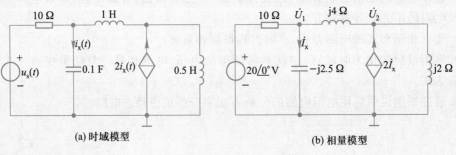

(a) 时域模型　　　　　　　　　　　(b) 相量模型

图 6-5-2　例 6-5-2 电路

解　将时域模型转化成相量模型,标出独立结点的结点电压,建立结点方程,求解出结点电压,从而进一步求出 $i_x(t)$。本题中 $u_s(t)$ 和 10 Ω 电阻串联的支路有两种处理方法:一种是将串联支路看成一条支路,电压源串联电阻可等效为电流源并联电阻;另一种是将串联支路看成两条支路,独立结点数较前者多一个,但其结点电压已知,就是电压源电压。本题采用第一种处理方法,第二种方法请读者证明。

图 6-5-2(a)所示电路的相量模型如图 6-5-2(b)所示,独立结点电压分别为 $\dot{U}_1$、$\dot{U}_2$,其中

$$\dot{U}_s = 20\ \underline{/0^\circ}\ \text{V}$$

$$Z_{L_1} = j\omega L_1 = j4 \times 1\ \Omega = j4\ \Omega$$

$$Z_{L_2} = j\omega L_2 = j4 \times 0.5\ \Omega = j2\ \Omega$$

$$Z_C = \dfrac{1}{j\omega C} = \dfrac{1}{j4 \times 0.1}\ \Omega = -j2.5\ \Omega$$

$$Z_R = 10\ \Omega$$

结点电压方程为

$$\begin{cases} \left(\dfrac{1}{10} + \dfrac{1}{j4} + \dfrac{1}{-j2.5}\right)\dot{U}_1 - \dfrac{1}{j4}\dot{U}_2 = \dfrac{20\ \underline{/0^\circ}}{10} \\ -\dfrac{1}{j4}\dot{U}_1 + \left(\dfrac{1}{j4} + \dfrac{1}{j2}\right)\dot{U}_2 = 2\ \dot{I}_x \end{cases}$$

补充方程

$$\dot{I}_x = \dfrac{\dot{U}_1}{-j2.5}$$

解得

$$\dot{U}_1 = 19\ \underline{/18.4^\circ}\ \text{V}, \dot{U}_2 = 13.9\ \underline{/-161.7^\circ}\ \text{V}$$

$$\dot{I}_x = \dfrac{\dot{U}_1}{-j2.5} = 7.6\ \underline{/108.4^\circ}\ \text{A}$$

$$i_x(t) = 7.6\sqrt{2}\cos(4t+108.4^\circ)\ \text{A}$$

例 6-5-3

电路如图 6-5-3(a)所示,已知 $u_{s1}(t) = 3\sqrt{2}\cos(2t)$ V,$u_{s2}(t) = 4\sqrt{2}\cos(2t-90°)$ V,试用叠加定理求电流 $i_1(t)$。

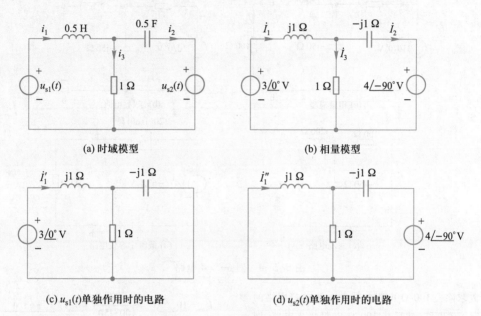

(a) 时域模型   (b) 相量模型

(c) $u_{s1}(t)$单独作用时的电路   (d) $u_{s2}(t)$单独作用时的电路

图 6-5-3　例 6-5-3 电路

解　将时域模型转化成相量模型,分别求出每个电压源单独作用时的电流分量,然后求代数和。

图 6-5-3(a)所示电路的相量模型如图 6-5-3(b)所示,其中

$$\dot{U}_{s1} = 3 \angle 0° \text{ V}$$

$$\dot{U}_{s2} = 4 \angle -90° \text{ V}$$

$$Z_L = j\omega L = j2\times 0.5 \text{ }\Omega = j1 \text{ }\Omega$$

$$Z_C = \frac{1}{j\omega C} = \frac{1}{j2\times 0.5} \text{ }\Omega = -j1 \text{ }\Omega$$

$$Z_R = 1 \text{ }\Omega$$

(1) $u_{s1}(t)$单独作用时的电路如图 6-5-3(c)所示。

$$\dot{I}_1' = \frac{3 \angle 0°}{j1 + \dfrac{1\times(-j1)}{1-j1}} \text{ A} = (3-j3) \text{ A}$$

(2) $u_{s2}(t)$单独作用时的电路如图 6-5-3(d)所示。

$$\dot{I}_1'' = -\frac{4 \angle -90°}{-j1 + \dfrac{1\times(j1)}{1+j1}} \times \frac{1}{1+j1} \text{ A} = j4 \text{ A}$$

由叠加定理

$$\dot{I}_1 = \dot{I}_1' + \dot{I}_1'' = (3+j1) \text{ A} = 3.1 \angle 18.4° \text{ A}$$

$$i_1(t) = 3.1\sqrt{2}\cos(2t+18.4°) \text{ A}$$

例 6-5-4

试用戴维宁定理求图 6-5-4(a) 所示电路中的电流 $\dot{I}_2$。

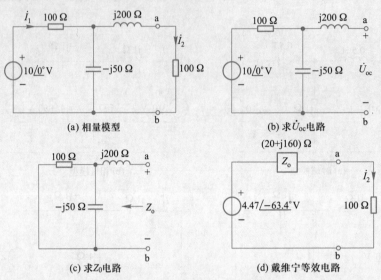

(a) 相量模型

(b) 求 $\dot{U}_{oc}$ 电路

(c) 求 Z_0 电路

(d) 戴维宁等效电路

图 6-5-4 例 6-5-4 电路

解 先求除去 100 Ω 电阻的线性含源单口网络的戴维宁等效电路,然后将 100 Ω 电阻接入电路,即可求出电流 。

求除去 100 Ω 电阻的线性含源单口网络的戴维宁等效参数,求 Z_0 和 $\dot{U}_{oc}$ 的电路如图 6-5-4(b)、(c)所示。

$$\dot{U}_{oc} = 10 \underline{/0°} \times \frac{-j50}{100-j50} V = 4.47 \underline{/-63.4°} \ V$$

$$Z_0 = \left[j200 + \frac{100 \times (-j50)}{100-j50} \right] \Omega = (20+j160) \ \Omega$$

由此,戴维宁等效电路如图 6-5-4(d)所示,可得

$$\dot{I}_2 = \frac{4.47 \underline{/-63.4°}}{20+j160+100} A = 0.02 \underline{/-116.5°} \ A$$

例 6-5-5

已知无源单口网络在 $\omega = 2 \ rad/s$ 时的相量模型如图 6-5-5(a)所示,试求:

(1) 等效阻抗 Z_{ab} 和等效导纳 Y_{ab};

(2) 当 $\omega = 2 \ rad/s$ 时的时域串联和并联等效元件参数。

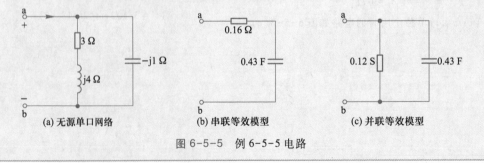

(a) 无源单口网络

(b) 串联等效模型

(c) 并联等效模型

图 6-5-5 例 6-5-5 电路

解

(1) $Z_{ab} = \dfrac{(3+j4) \times (-j)}{(3+j4)+(-j)}$ Ω $= (0.16-j1.17)$ Ω

$\qquad = 1.18 \ \underline{/-82°}$ Ω （容性）

$Y_{ab} = \dfrac{1}{Z_{ab}} = (0.12 + j0.85)$ S $= 0.85 \ \underline{/82°}$ S

（容性）

(2) 求 $\omega = 2$ rad/s 时,时域串联等效电路,

如图 6-5-5(b)所示。

$R = 0.16$ Ω, $\dfrac{1}{\omega C} = 1.17 \rightarrow C = 0.43$ F

时域并联等效电路如图 6-5-5(c)所示。

$G' = 0.12$ S $\rightarrow R' = \dfrac{1}{G'} = 8.33$ Ω

$\omega C' = 2C' = 0.85$ S $\rightarrow C' = 0.43$ F

6.6 正弦稳态电路的功率与功率传输

实际正弦稳态电路的主要功能之一是实现电能的传输与分配。在电路分析中,功率的计算具有重要意义,对于正弦稳态电路尤其重要,因为动力用电和照明用电的电路一般都是正弦电路。

在正弦稳态电路里,由于储能元件的存在,出现了能量在电源与电路之间或储能元件之间往返交换的现象。因此,正弦稳态电路里的功率、能量和功率传输的计算要比电阻电路复杂得多,需要引入一些新的概念,如平均功率、无功功率、功率因数、视在功率、复功率等,这些概念在工程中应用十分重要。

6.6.1 单口网络的功率

设无源单口网络 N,其端口电压、电流参考方向如图 6-6-1(a)所示。网络 N 在任一瞬时吸收的功率,即瞬时功率(instantaneous power)记为

$$p(t) = u(t)i(t)$$

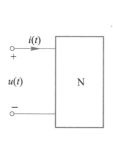
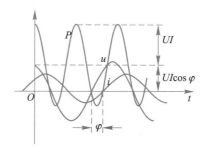

(a) 无源单口网络　　　(b) 无源单口网络功率波形图

图 6-6-1　无源单口网络及吸收的瞬时功率

若图 6-6-1 中的电压、电流分别为同频率的正弦量,即

$$u(t) = \sqrt{2} U \cos(\omega t + \varphi_u) \qquad (6-6-1)$$

$$i(t) = \sqrt{2}I\cos(\omega t + \varphi_i) \tag{6-6-2}$$

1. 瞬时功率

$$
\begin{aligned}
p(t) = u(t)i(t) &= \sqrt{2}U\cos(\omega t + \varphi_u) \times \sqrt{2}I\cos(\omega t + \varphi_i)\\
&= UI\cos(\varphi_u - \varphi_i) + UI\cos(2\omega t + \varphi_u + \varphi_i)\\
&= UI\cos\varphi + UI\cos(2\omega t + 2\varphi_u - \varphi)
\end{aligned}
\tag{6-6-3}
$$

其中,$\varphi = \varphi_u - \varphi_i$ 是电压与电流的相位差,瞬时功率的波形如图 6-6-1(b)所示。式(6-6-3)表明,瞬时功率由两部分组成,其一为恒定分量 $UI\cos\varphi$,另一为谐波分量 $UI\cos(2\omega t + 2\varphi_u - \varphi)$,其角频率为电压(或电流)角频率的两倍。从图 6-6-1(b)可以看出,在每个周期内,瞬时功率可正、可负。当瞬时功率为正时,能量从电源送往网络 N;当瞬时功率为负时,能量又从网络 N 释放出来,送回电源。于是,在电源与网络 N 之间形成了能量往返的现象。为了反映此现象,就需引入平均功率和无功功率概念。

(1) N 为电阻元件

由式(6-6-1)和欧姆定律得

$$i(t) = \frac{u(t)}{R} = \frac{\sqrt{2}U\cos(\omega t + \varphi_u)}{R} \tag{6-6-4}$$

比较式(6-6-2)和式(6-6-4)得出

$$
\begin{cases}
\dfrac{U}{R} = I\\[2mm]
\varphi_u = \varphi_i
\end{cases}
\tag{6-6-5}
$$

式(6-6-5)表明电阻元件的电压与电流有效值关系为 $U = RI$,相位关系为 $\varphi_u = \varphi_i$(同相)或相位差 $\varphi = \varphi_u - \varphi_i = 0$。

由式(6-6-3)和式(6-6-5)得电阻元件 R 的瞬时功率

$$p(t) = u(t)i(t) = UI + UI\cos[2(\omega t + \varphi_u)] \tag{6-6-6}$$

式(6-6-6)等号右边的第一项是常数项;第二项是角频率为 2ω 的正弦量。即电压或电流变化一个周期,瞬时功率变化两个周期。波形如图 6-6-2(b)所示。

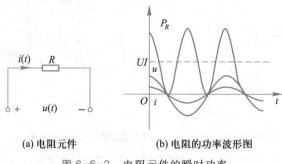

(a) 电阻元件　　　　　(b) 电阻的功率波形图

图 6-6-2　电阻元件的瞬时功率

由图 6-6-2 可知,电阻元件的瞬时功率始终满足 $p \geqslant 0$,即电阻元件是消耗功率的元件。

（2）N 为电感元件

由电感元件 VCR 得

$$u(t) = L\frac{\mathrm{d}i(t)}{\mathrm{d}(t)} = \sqrt{2}I\omega L\cos(\omega t + \varphi_i + 90°) \qquad (6\text{-}6\text{-}7)$$

比较式(6-6-1)和式(6-6-7)得出

$$\begin{cases} \dfrac{U}{\omega L} = I \\[3mm] \varphi_u = \varphi_i + 90° \end{cases} \qquad (6\text{-}6\text{-}8)$$

式(6-6-8)表明电感元件的电压与电流有效值关系为 $U = \omega L I$，相位关系为电压超前于电流 90°，即 $\varphi_u = \varphi_i + 90°$ 或相位差 $\varphi = \varphi_u - \varphi_i = 90°$。

由式(6-6-3)和式(6-6-8)得电感元件 L 的瞬时功率

$$p(t) = u(t)i(t) = UI\sin[2(\omega t + \varphi_u)] \qquad (6\text{-}6\text{-}9)$$

式(6-6-9)是角频率为 2ω 的正弦量，即电感的瞬时功率以 2ω 的频率在横轴上下波动，如图 6-6-3(b)所示。

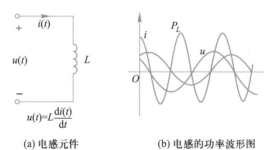

(a) 电感元件　　　　　　(b) 电感的功率波形图

图 6-6-3　电感元件的瞬时功率

电感的瞬时能量则为

$$W_L(t) = \frac{1}{2}Li^2(t) = \frac{1}{2}LI^2[1 - \cos(2\omega t)] \geqslant 0 \qquad (6\text{-}6\text{-}10)$$

电感储能平均值

$$W_L = \frac{1}{2}LI^2 \qquad (6\text{-}6\text{-}11)$$

由式(6-6-9)和式(6-6-11)可以看出，电感的瞬时功率可正、可负，但储能始终为正。当 $p>0$ 时，能量流入电感，电感储能增加；当 $p<0$ 时，能量自电感流出，电感储能减少。电感与外电路间存在着能量不断往返的现象。

（3）N 为电容元件

由电容元件 VCR 得

$$i(t) = C\frac{\mathrm{d}u(t)}{\mathrm{d}t} = \sqrt{2}\omega C U\cos(\omega t + \varphi_u + 90°) \qquad (6\text{-}6\text{-}12)$$

比较式(6-6-2)和式(6-6-12)得出

$$\begin{cases} U = \dfrac{1}{\omega C} I \\ \varphi_u = \varphi_i - 90° \end{cases} \qquad (6\text{-}6\text{-}13)$$

式(6-6-13)表明电容元件的电压与电流有效值关系为 $U = \dfrac{1}{\omega C} I$,相位关系为电压滞后于电流 $90°$,即 $\varphi_u = \varphi_i - 90°$ 或相位差 $\varphi = \varphi_u - \varphi_i = -90°$。

由式(6-6-3)和式(6-6-13)得电容元件 L 的瞬时功率

$$p(t) = u(t)i(t) = -UI\sin\left[2(\omega t + \varphi_u)\right] \qquad (6\text{-}6\text{-}14)$$

式(6-6-14)是角频率 2ω 的正弦量,波形如图 6-6-4(b)所示。

电容元件是一个储能元件,它与外电路间也存在着能量不断往返的现象。

电容储能平均值

$$W_C = \frac{1}{2} C U^2 \qquad (6\text{-}6\text{-}15)$$

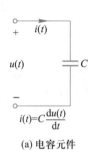
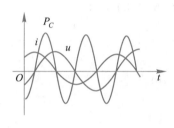

(a) 电容元件　　　　　　　　(b) 电容的功率波形图

图 6-6-4　电容元件的瞬时功率

2. 平均功率

瞬时功率在一周期内的平均值,称为平均功率(average power),记为 P,即

$$P = \frac{1}{T} \int_0^T p(t)\,\mathrm{d}t \qquad (6\text{-}6\text{-}16)$$

将式(6-6-3)代入式(6-6-16),得单口网络吸收的平均功率

$$P = UI\cos(\varphi_u - \varphi_i) = UI\cos\varphi \qquad (6\text{-}6\text{-}17)$$

其中,$\varphi = \varphi_u - \varphi_i$ 是端口电压与电流的相位差,也称为功率因数角(power factor angle),$\cos\varphi$ 为功率因数(power factor),用 λ 表示。式(6-6-17)表明单口网络吸收的平均功率值等于单口网络吸收的瞬时功率中的恒定分量。它不仅与网络端口电压、电流有效值(或振幅)大小有关,还与功率因数 $\cos\varphi$ 密切相关。

若单口网络 N 为无源单口网络,则单口网络的功率因数角即为该单口网络的阻抗角。当单口网络的阻抗为感性时,$\varphi > 0$;阻抗为容性时,$\varphi < 0$;阻抗为电阻性时,$\varphi = 0$。但无论 φ 是多少,$\cos\varphi \geqslant 0$。因此,在设计电路时,对功率因数指标不能只提数值要求,还要加上体现电路性质的"感性"或"容性"字样。

综上所述,根据式(6-6-17),当网络 N 为纯电阻元件 R、纯电感元件 L 和纯电容元件 C 时所对应的平均功率分别为

$$\begin{cases} P_R = UI\cos 0° = UI \\ P_L = UI\cos(+90°) = 0 \\ P_C = UI\cos(-90°) = 0 \end{cases} \qquad (6\text{-}6\text{-}18)$$

由式(6-6-18)可知,电阻元件平均功率与电压、电流有关,电感和电容元件的平均功率恒等于零。平均功率又称为有功功率(active power),单位为瓦[特](W)。

由式(6-6-18)可以得出结论:对无源单口网络来说,网络消耗的平均功率 P＝网络内部各电阻消耗的平均功率之和＝端口处所接电源提供的平均功率。

3. 无功功率

由有功功率的分析可知,电感与电容元件的有功功率均为零,它们是不消耗能量,只储存能量的元件。那么如何反映它们的能量变化,即它们与外电路(电源)的能量交换速度呢? 在电工技术中,用无功功率(reactive power) Q 来反映单口网络 N 与外电路的能量交换的最大速率,它定义为

$$Q = UI\sin(\varphi_u - \varphi_i) = UI\sin\varphi \qquad (6\text{-}6\text{-}19)$$

由此可见,无功功率就是电路与电源之间往返交换能量的最大速率。为了有别于平均功率,其单位为无功伏安(reactive component),简称乏[尔](var)。

根据式(6-6-19),当网络 N 为纯电阻元件 R、纯电感元件 L、纯电容元件 C 时所对应的无功功率为

$$\begin{cases} Q_R = UI\sin 0° = 0 \\ Q_L = UI\sin(+90°) = UI \\ Q_C = UI\sin(-90°) = -UI \end{cases} \qquad (6\text{-}6\text{-}20)$$

式(6-6-20)中的电容无功功率的负号表示电容元件和电感元件在能量交换过程中对能量的需要正好相反。

由式(6-6-20)得出结论:对无源单口网络来说,网络需要的无功功率 Q＝网络内部各动态元件吸收的无功功率之和＝端口处所接电源提供的无功功率。

4. 单口网络的视在功率

在电工技术中,把单口网络 N 的端口电压、电流有效值乘积或振幅乘积之半定义为 N 的视在功率(apparent power),用符号 S 表示,即

$$S = UI = \frac{1}{2}U_m I_m \qquad (6\text{-}6\text{-}21)$$

视在功率的单位为伏·安(V·A)。

由式(6-6-21)和式(6-6-17)可见,在正弦稳态电路中,平均功率一般是小于视在功率的,也就是说平均功率是在视在功率的基础上打一个折扣 λ 得到的。因此,视在功率是单口网络 N 吸收平均功率的最大值。

虽然视在功率不等于电路实际消耗的功率,但它在电力工程中却有着极其重要的实用意义。在任何实际电气设备出厂时,都要规定电气设备正常工作时的额定电压和电流的有效值,设备必须在低于额定数值的条件下使用,否则可能会损

坏电气设备。因此,视在功率是反映电气设备容量的,至于它到底能对负载提供多大的平均功率,要看负载的阻抗形式,即 λ 有多大。如某发电机的容量为 2 000 V·A:若负载为纯电阻($\lambda=1$),则发电机能提供的平均功率为 2 000 W;若负载为电动机(电感性负载),假设 $\lambda=0.8$,则发电机能提供的平均功率为 $2\,000\times0.8$ W = 1 600 W。由此可见,负载功率因数的高低决定了电气设备容量的利用程度。因此,要想充分利用电气设备,就必须尽量提高负载的功率因数。

5. P、S、Q 的关系

单口网络 N 的视在功率 S、平均功率 P 和无功功率 Q 在数值上存在一定关系,此关系可由式(6-6-22)表示,也可由图 6-6-5 所示功率三角形表明。

$$\begin{cases} P=UI\cos\varphi=S\cos\varphi=\dfrac{Q}{\tan\varphi} \\ Q=UI\sin\varphi=S\sin\varphi=P\tan\varphi \\ S=UI=\sqrt{P^2+Q^2} \end{cases} \qquad (6-6-22)$$

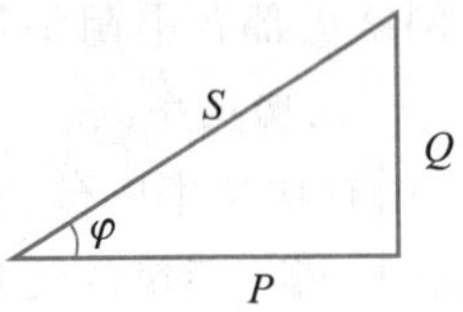

图 6-6-5　功率三角形

例 6-6-1

某单口网络端口电压 $u(t)=75\cos(\omega t)$ V,电流 $i(t)=10\cos(\omega t+30°)$ A,u 和 i 为关联参考方向,求单口网络的 P、Q、S 和 λ。

解　由已知端口电压和电流,得单口网络的功率因数角

$$\varphi=\varphi_u-\varphi_i=0°-30°=-30°$$

从而,功率因数为

$$\lambda=\cos\varphi=\cos(-30°)=0.866(电容性)$$

由式(6-6-19),得

$$S=\frac{1}{2}U_mI_m=\frac{1}{2}\times75\times10 \text{ V·A}=375 \text{ V·A}$$

由式(6-6-20),得

$$P=S\lambda=375\times0.866 \text{ W}=325 \text{ W}$$

$$Q=\sqrt{S^2-P^2}=187.5 \text{ var}$$

由于单口网络呈现电容性,故 Q 应为 -187.5 var。

---

6. 复功率

综上所述,正弦稳态电路的功率计算要比电阻电路复杂得多。对于正弦稳态电路中的电压、电流,在计算中引入了相量分析法使得分析过程简化、快捷。那么,对于功率是否有类似的方法可以应用呢? 引入复功率概念就可以方便地解决这个问题。

设单口网络 N 的端口电压有效值相量为 $\dot{U}=U\underline{/\varphi_u}$,端口电流有效值相量为 $\dot{I}=I\underline{/\varphi_i}$,电流的共轭相量 $\dot{I}^*$ 为

$$\dot{I}^*=I\underline{/-\varphi_i}$$

将电压相量与电流共轭相量相乘,得

$$\begin{aligned} \dot{U}\dot{I}^* &=U\underline{/\varphi_u}\ I\underline{/-\varphi_i}=UI\underline{/\varphi_u-\varphi_i} \\ &=UI\underline{/\varphi}=UI\cos\varphi+jUI\sin\varphi \\ &=P+jQ=S\underline{/\varphi} \end{aligned}$$

由此可见,电压相量与电流共轭相量乘积的实部和虚部恰好是单口网络 N 的平均功率和无功功率。因此,我们把 $\dot{U}\dot{I}^*$ 称为复功率,用符号 $\dot{S}$ 表示,即

$$\dot{S} = \dot{U}\dot{I}^* = P + jQ \qquad (6\text{-}6\text{-}23)$$

不难看出,复功率的模即为视在功率 S,单位仍为 V·A。必须指出,定义复功率概念只是为了借用相量法求取正弦稳态电路各功率,并无实际物理含义。

例 6-6-2

利用复功率概念,求解例 6-6-1。

解　由题意知

$$\dot{U} = \frac{75}{\sqrt{2}}\underline{/0°}\ \text{V}, \qquad \dot{I} = \frac{10}{\sqrt{2}}\underline{/30°}\ \text{A}$$

电流共轭相量为

$$\dot{I}^* = I\underline{/-\varphi_i} = \frac{10}{\sqrt{2}}\underline{/-30°}$$

将电压相量和电流共轭相量代入式(6-6-23),得

$$\dot{S} = \dot{U}\dot{I}^* = \frac{75}{\sqrt{2}}\underline{/0°}\ \frac{10}{\sqrt{2}}\underline{/-30°}$$

$$= 375\underline{/-30°} = 325 - j187.5\ (\text{V}\cdot\text{A}) = P + jQ$$

所以,单口网络的有功功率、无功功率为

$$P = 325\ \text{W} \qquad Q = -187.5\ \text{var(电容性)}$$

视在功率为

$$S = |\dot{S}| = \sqrt{P^2 + Q^2} = 375\ \text{V}\cdot\text{A}$$

功率因数为

$$\lambda = \cos\varphi = \frac{P}{S} = 0.866\ \text{(电容性)}$$

例 6-6-3

求图 6-6-6 中所有元件的平均功率和无功功率,并表明电路的功率关系。图中的相量均为有效值相量。

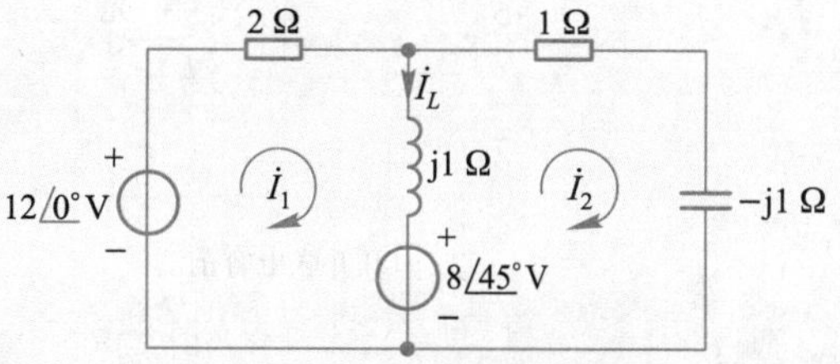

解　列出网孔电流方程

$$(2 + j1)\dot{I}_1 - j1\dot{I}_2 = 12 - 8\underline{/45°}$$

$$-j1\dot{I}_1 + (1 + j1 - j1)\dot{I}_2 = 8\underline{/45°}$$

整理得

$$(2 + j1)\dot{I}_1 - j1\dot{I}_2 = 12 - 8\underline{/45°}$$

$$-j1\dot{I}_1 + \dot{I}_2 = 8\underline{/45°}$$

联立以上两式解得

$$\dot{I}_1 = 0.217\underline{/-18.14°}\ \text{A}$$

$$\dot{I}_2 = 8.19\underline{/45.68°}\ \text{A}$$

从而

$$\dot{I}_L = \dot{I}_1 - \dot{I}_2 = 8.1\underline{/-132.95°}\ \text{A}$$

故,各元件的平均功率及无功功率分别为

$$P_{12\text{ V}} = -U_1 I_1\cos(\varphi_u - \varphi_i) = (-12 \times 0.217\cos 18.4°)\ \text{W}$$

$$= -2.47\ \text{W}$$

图 6-6-6　例 6-6-3 电路

$$P_{8\text{ V}} = U_2 I_L\cos(\varphi_u - \varphi_i) = 8 \times 8.1\cos(45° + 132.95°)\ \text{W}$$

$$= -64.76\ \text{W}$$

$$P_{2\ \Omega} = I_1{}^2 R_1 = (0.217^2 \times 2)\ \text{W} = 0.094\ \text{W}$$

$$P_{1\ \Omega} = I_2{}^2 R_2 = (8.19^2 \times 1)\ \text{W} = 67.076\ \text{W}$$

$$Q_L = I_L{}^2 X_L = (8.1^2 \times 1)\ \text{var} = 65.61\ \text{var}$$

$$Q_C = I_2{}^2 X_C = [8.19^2 \times (-1)]\ \text{var} = -67.07\ \text{var}$$

$$Q_{12\text{ V}} = (-12 \times 0.217\sin 18.4°)\ \text{var} = -0.82\ \text{var}$$

$$Q_{8\text{ V}} = (8 \times 8.1\sin 177.95°)\ \text{var} = 2.32\ \text{var}$$

所以

$$-(P_{12\,\text{V}}+P_{8\,\text{V}})=P_{2\Omega}+P_{1\Omega}$$

$$-(Q_{12\text{V}}+Q_{8\text{V}})=Q_L+Q_C$$

或写为

$$P_{12\,\text{V}}+P_{8\,\text{V}}+P_{2\Omega}+P_{1\Omega}=0$$

$$Q_{12\,\text{V}}+Q_{8\,\text{V}}+Q_L+Q_C=0$$

由此例分析得:电路的平均功率(有功功率)守恒,即 $\sum P_k=0$,无功功率守恒,即 $\sum Q_k=0$。同理,可以证明,电路的复功率守恒,即 $\sum \dot{S}_k=0$。需注意,视在功率不守恒,即 $\sum S_k\neq0$。

7. 功率因数的提高

生活中的用电设备绝大多数为感性负载,且负载阻抗角较大,致使实际负载的功率因数较低。若将此类负载接入供电系统(忽略输电线上的损耗),则供电系统的功率因数也比较低,使得供电设备的容量不能充分利用,造成电能的浪费。因此,要想充分利用供电设备的容量,就必须提高供电系统的功率因数。例 6-6-4 通过对荧光灯(俗称日光灯)供电电路的分析来讨论提高功率因数的方法。

例 6-6-4

图 6-6-7 为一荧光灯电路的简易模型,图中 L 为铁心电感,称为镇流器,R 为镇流器与灯管串联的等效电阻。已知 $U=220\text{ V}$,$f=50\text{ Hz}$,$R=250\ \Omega$,$L=1.56\text{ H}$。求此荧光灯电路:(1)吸收的平均功率及功率因数;(2)若要使功率因数提高到 0.8,需要在 RL 支路两端并联多大的电容 C。

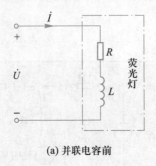
(a) 并联电容前

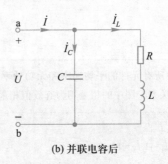
(b) 并联电容后

图 6-6-7 例 6-6-4 电路

解 (1)由已知条件知荧光灯的阻抗

$$Z=R+\text{j}\omega L=R+\text{j}2\pi fL=[\,250+\text{j}(2\times3.14\times50\times1.56)\,]\ \Omega$$

$$=(250+\text{j}490)\ \Omega=550\ \underline{/\arctan 1.96}\ \Omega$$

$$(6\text{-}6\text{-}24)$$

单口网络的平均功率即单口网络内所有电阻元件消耗的平均功率为

$$P=I^2R=\left(\frac{U}{|Z|}\right)^2\times250=\left(\frac{220}{550}\right)^2\times250\text{ W}=40\text{ W}$$

$$(6\text{-}6\text{-}25)$$

此荧光灯电路模型为无源单口网络,故电路的

功率因数角就是荧光灯的阻抗角,即

$$\varphi=\varphi_z=\arctan 1.96=63°$$

电路的功率因数为

$$\lambda=\cos\varphi=\cos 63°=0.45(电感性)$$

(2)求并联电容的电容量 C

未并联电容 C 时,输电线上的电流与流过 RL 支路的电流相等,即

$$\dot{i}=\dot{i}_L$$

并联电容 C 后,通过 RL 支路的电流不变,而输电线上的电流为

$$\dot{i} = \dot{i}_L + \dot{i}_C$$

设电压相量为参考相量

$$\dot{U} = 220 \underline{/0°}\ \text{V}$$

结合式(6-6-24)得

$$\dot{i}_L = \frac{\dot{U}}{Z} = \frac{220 \underline{/0°}}{550 \underline{/63°}} = 0.4 \underline{/-63°}\ \text{A}$$

并联电容支路的电流超前于电压 90°，并联电容 C 后的电路相量图如图 6-6-8 所示。图中的 φ' 是电路并联电容以后的功率因数角，即

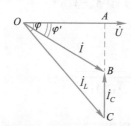

图 6-6-8　例 6-6-4 的相量图

$$\cos \varphi' = 0.8$$

则

$$\varphi' = \pm 36.9°$$

若并联电容 C 后，电压 $\dot{U}$ 仍超前电流 $\dot{i}$，电路呈现电感性，即 $\varphi' = 36.9°$，如图 6-6-8 所示。电路并联电容 C 后，消耗功率不变，故输电线电流有效值为

$$I = \frac{P}{U\cos \varphi'} = \frac{40}{220\cos 36.9°}\ \text{A} = \frac{40}{220 \times 0.8}\ \text{A} = 0.227\ \text{A}$$

由相量图，可知线段

$$\overline{AC} = I_L \sin \varphi = 0.4\sin 63° = 0.356$$

$$\overline{AB} = I\sin \varphi' = 0.227\sin 36.9° = 0.136$$

于是

$$I_C = \overline{AC} - \overline{AB} = 0.356 - 0.136 = 0.22$$

$$|X_C| = \frac{U}{I_C} = \frac{220}{0.22}\ \Omega = 1\ 000\ \Omega$$

故

$$C = \frac{1}{\omega |X_C|} = \frac{1}{2\pi \times 50 \times 1\ 000}\ \text{F} = 3.2\ \mu\text{F}$$

若并联电容 C 后，电压 $\dot{U}$ 滞后电流 $\dot{i}$，电路呈现电容性，即 $\varphi' = -36.9°$，那么并联电容值又该是多少？请读者自行计算。

由此可见，对于功率因数较低的感性电路，在不改变电路吸收的有功功率的前提下，可以通过并联一个适当的电容，利用容性的无功功率去补偿部分感性的无功功率（容性电路的无功功率为负，感性电路的无功功率为正），从而减小了全电路吸收的无功功率，达到提高功率因数的目的。同时看到，补偿前后，电路的电流由 0.4 A 降低到 0.227 A，相应地，视在功率（$S = UI$）由 88 V·A 降低到 50 V·A。这一结果的益处在于一方面降低了供电线路电流，进而降低了线路热损耗；另一方面降低了对供电电源的容量需求，提高供电效率。因此，在实际应用中，功率因数通常希望提高到 0.9 左右。

6.6.2　最大功率传输定理

电源的电能通过传输线输送给负载，再通过负载将电能转化为热能、机械能等其他形式的能量供人们生活、生产使用。在忽略传输线上能量损耗的前提下，负载若要尽可能多地获得能量，就必须从给定的电源（信号源）中获得尽可能大的功率。下面以图 6-6-9 为例，说明负载如何从给定的信号源中获得最大功率。图 6-6-9 中，Z_L 是实际用电设备的等效负载阻抗。电

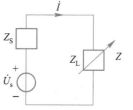

图 6-6-9　正弦稳态功率
传输电路

路中除 Z_L 以外的部分可以等效为线性含源单口网络的戴维宁等效模型。

设戴维宁等效阻抗为

$$Z_S = R_S + jX_S \qquad (6\text{-}6\text{-}26)$$

负载阻抗为

$$Z_L = R_L + jX_L \qquad (6\text{-}6\text{-}27)$$

由图 6-6-9 可求得电路中电流相量

$$\dot{I} = \frac{\dot{U}_S}{Z_S + Z_L} = \frac{\dot{U}_S}{(R_S + R_L) + j(X_S + X_L)} \qquad (6\text{-}6\text{-}28)$$

由式（6-6-28）可求得电流有效值

$$I = \frac{U_S}{\sqrt{(R_S + R_L)^2 + (X_S + X_L)^2}} \qquad (6\text{-}6\text{-}29)$$

因此负载获得的功率

$$P_L = I^2 R_L = \frac{U_S^2 R_L}{(R_S + R_L)^2 + (X_S + X_L)^2} \qquad (6\text{-}6\text{-}30)$$

式（6-6-30）中，U_S、R_S、X_S 是常量，R_L、X_L 是变量，负载吸收的功率取决于负载阻抗。

1. 共轭匹配（conjugate matching）

若负载阻抗中的 R_L 和 X_L 均可独立改变。

（1）先固定 R_L 不变，只改变 X_L

由式（6-6-30）可知，只有当 $(X_S + X_L)^2 = 0$，即 $X_L = -X_S$ 时，式（6-6-30）的分母为最小值，从而 P_L 为最大值，记为 P'_L，即

$$P'_L = \frac{U_S^2 R_L}{(R_S + R_L)^2} \qquad (6\text{-}6\text{-}31)$$

（2）固定 $X_L = -X_S$ 不变，改变 R_L

由式（6-6-31）可知，P'_L 是以 R_L 为变量的函数。要使 P'_L 为最大，必须满足

$$\frac{dP'_L}{dR_L} = \frac{U_S^2 \left[(R_S + R_L)^2 - 2R_L(R_S + R_L)\right]}{(R_S + R_L)^2} = 0$$

上式分母不为零，故只能是

$$(R_S + R_L)^2 - 2R_L(R_S + R_L) = 0$$

从而

$$R_L = R_S$$

综上分析，当负载阻抗中的 R_L 和 X_L 均可独立改变时，只要满足条件

$$\begin{cases} X_L = -X_S \\ R_L = R_S \end{cases} \qquad (6\text{-}6\text{-}32)$$

或写为

$$Z_L = Z_S^*\qquad\qquad(6-6-33)$$

负载即可获得最大功率。

式（6-6-32）或式（6-6-33）称为阻抗负载获得最大功率的共轭匹配（conjugate matching）条件。将此条件代入式（6-6-30），可得共轭匹配条件下负载获得的最大功率

$$P_{Lmax} = \frac{U_s^2}{4R_S}\qquad\qquad(6-6-34)$$

2. 等模匹配（modulus matching）

若负载阻抗 Z_L 表示为

$$Z_L = |Z_L| \underline{/\varphi_L} = |Z_L|\cos\varphi_L + j|Z_L|\sin\varphi_L$$

则式（6-6-28）可写为

$$\dot{I} = \frac{\dot{U}_s}{Z_S + Z_L} = \frac{\dot{U}_s}{(R_S + |Z_L|\cos\varphi_L) + j(X_S + |Z_L|\sin\varphi_L)}\qquad(6-6-35)$$

负载功率为

$$P_L = I^2 R_L = \frac{U_s^2|Z_L|\cos\varphi_L}{(R_S + |Z_L|\cos\varphi_L)^2 + (X_S + |Z_L|\sin\varphi_L)^2}\qquad(6-6-36)$$

若负载阻抗角 φ_L 不变，即功率因数不变，则式（6-6-36）的 P_L 是 $|Z_L|$ 的函数。要使 P_L 为最大，必须使 $\dfrac{\mathrm{d}P_L}{\mathrm{d}|Z_L|} = 0$。可以证明，使 $\dfrac{\mathrm{d}P_L}{\mathrm{d}|Z_L|} = 0$ 的条件是

$$|Z_L| = \sqrt{R_S^2 + X_S^2}\qquad\qquad(6-6-37)$$

式（6-6-37）是在负载阻抗角不变，阻抗模变化的情况下获得最大功率的等模匹配（modulus matching）条件。应当注意，此情况下负载获得的最大功率并非为负载可能获得的最大功率。如果改变阻抗角，即提高功率因数，负载还可获得更大的功率。

当负载是纯电阻，即 $|Z_L| = R_L$ 时，式（6-6-37）可改写为

$$R_L = \sqrt{R_S^2 + X_S^2}\qquad\qquad(6-6-38)$$

此时的最大功率为

$$P_{Lmax} = \frac{|Z_S|U_s^2}{(R_S + |Z_S|)^2 + X_S^2}\qquad\qquad(6-6-39)$$

比较式（6-6-34）和式（6-6-39），可以看出，负载在等模匹配条件下获得的最大功率比共轭匹配条件下获得的最大功率小。因此，在实际工程应用中，尽量满足共轭匹配，使电源输出最大功率，也就是使负载获得最大功率。

例 6-6-5

电路如图 6-6-10 所示。已知 $u(t) = 0.1\sqrt{2}\cos(2\pi ft)\,\text{V}$，$f =$ 100 MHz。问：

（1）R 和 C 各等于多少时，R 能获得最大功率？求出该最大功率。

（2）移去电容 C，R 等于多少时能获得最大功率？最大功率等于多少？

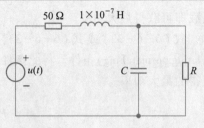

图 6-6-10　例 6-6-5 电路

解　（1）电源内阻抗

$$Z_S = R_S + jX_S = [50 + j(2\pi \times 100 \times 10^6 \times 10^{-7})]\,\Omega$$
$$= (50 + j62.8)\,\Omega$$

负载阻抗

$$Z_L = \frac{R - j\omega CR^2}{1 + (\omega CR)^2}$$

要使负载获得最大功率，必须满足共轭匹配条件 $Z_L = Z_S^*$，即

$$\begin{cases} \dfrac{R}{1 + (\omega CR)^2} = 50 \\ \dfrac{\omega CR^2}{1 + (\omega CR)^2} = 62.8 \end{cases}$$

解得

$$\begin{cases} R = 128.9\,\Omega \\ C = 15.5\,\text{pF} \end{cases}$$

共轭匹配条件下负载获得的最大功率

$$P_{Lmax} = \frac{U^2}{4R_S} = \frac{0.1^2}{4 \times 50}\,\text{W} = 50\,\mu\text{W}$$

（2）移去电容 C，不影响电源内阻抗，即电源内阻抗仍为

$$Z_S = R_S + jX_S = [50 + j(2\pi \times 100 \times 10^6 \times 10^{-7})]\,\Omega$$
$$= (50 + j62.8)\,\Omega$$

负载阻抗变为纯电阻，即　　$Z_L = R$

要使负载获得最大功率就必须满足等模匹配条件 $R_L = \sqrt{R_S^2 + X_S^2}$，即

$$R = |Z_S| = \sqrt{50^2 + 62.8^2}\,\Omega = 80.27\,\Omega$$

等模匹配条件下负载获得的最大功率

$$P_{Lmax} = \frac{|Z_S||U^2}{(R_S + |Z_S|)^2 + X_S^2} = \frac{80.27 \times 0.1^2}{(50 + 80.27)^2 + 62.8^2}\,\text{W}$$
$$= 38.38\,\mu\text{W}$$

6.7　技术实践

6.7.1　分频音箱系统分析

下面看引例中提到的分频音箱系统，图 6-7-1 为音频放大器、扬声器以及它们的等效电路。

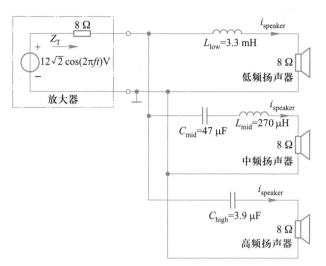

图 6-7-1　分频音箱系统等效电路

例 6-7-1

电路如图 6-7-1 所示,试分析:当某声音频率分别是 $f_{low} = 200$ Hz, $f_{mid} = 1.4$ kHz 和 $f_{high} = 20$ kHz 时,哪个扬声器能听到清晰干净的声音?

解　以 $f_{mid} = 1.4$ kHz 为例,进行如下分析。

低频扬声器:

回路阻抗

$$Z = 8 + j2\pi f_{mid}L + 8 = (16 + j29.03)\ \Omega$$
$$= 33.15\ \underline{/61.14°}\ \Omega$$

回路电流有效值

$$I = \frac{12}{33.15}\ \text{A} = 362\ \text{mA}$$

扬声器获得的功率

$$P = I^2R = (0.362)^2 \times 8\ \text{W} = 1.05\ \text{W}$$

中频扬声器:

回路阻抗

$$Z = 8 + j2\pi f_{mid}L + \frac{1}{j2\pi f_{mid}C} + 8 = (16 + j0.36)\ \Omega$$
$$\approx 16\ \underline{/1.29°}\ \Omega$$

回路电流有效值

$$I = \frac{12}{16}\ \text{A} = 0.75\ \text{A}$$

扬声器获得的功率

$$P = I^2R = (0.75)^2 \times 8\ \text{W} = 4.5\ \text{W}$$

高频扬声器:

回路阻抗

$$Z = 8 + \frac{1}{j2\pi f_{mid}C} + 8 = (16 - j29.15)\ \Omega$$
$$\approx 33.25\ \underline{/-61.24°}\ \Omega$$

回路电流有效值

$$I = \frac{12}{33.25}\ \text{A} = 0.36\ \text{A}$$

扬声器获得的功率

$$P = I^2R = (0.36)^2 \times 8\ \text{W} = 1.04\ \text{W}$$

由上述计算可以看出,当声音频率 $f_{mid} = 1.4$ kHz 时,中频扬声器相对低频扬声器、高频扬声器,获得的功率最大,因此中频扬声器能听到清晰干净的声音。同理,当声音频率为 $f_{low} = 200$ Hz 和 $f_{high} = 20$ kHz 时,低频和高频扬声器分别能听到清晰干净的声音。

6.7.2 移相器

　　移相器常用来修正电路中不满足要求的相移或者使电路产生某种期望的特定效果。图 6-7-2 所示为 RC 移相电路,由于电容电流超前其电压 90°,改变 R、C 参数可使输出、输入电压产生不同的相移。同样,RL 电路或其他电抗电路也可用做移相电路。

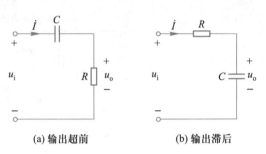

(a) 输出超前　　　　　　(b) 输出滞后

图 6-7-2　RC 移相电路

　　图 6-7-2(a)所示电路,电流 i 超前电压 u_i 某个相位角 θ。$0<\theta<90°$,θ 的大小取决于 R 和 C 的值,若 $X_C = -1/(\omega C)$,则电路的总阻抗是 $Z = R + jX_C$,且其相移量为

$$\theta = \arctan\frac{X_C}{R} \tag{6-7-1}$$

式(6-7-1)说明,相移量取决于 R 和 C 的值以及工作频率。由于电阻两端的输出电压 u_o 是与电流 i 同相的,所以 u_o 超前于 u_i(正相移),如图 6-7-3(a)所示。

　　图 6-7-2(b)所示电路,其输出是电容两端的电压。输入电压 u_i 滞后于电流 $i\theta$ 角,而输出电压 u_o 滞后于电流 90°,则电容两端的输出电压 u_o 是滞后于输入电压 u_i 的(负相移),如图 6-7-3(b)所示。

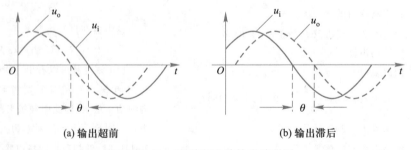

(a) 输出超前　　　　　　　　(b) 输出滞后

图 6-7-3　RC 移相电路输出波形图

　　应该注意到,图 6-7-2 所示简单 RC 电路也是一个分压电路,所以随着相移量 θ 趋于 90°,其输出电压也趋于零。因此简单 RC 电路只适用于相移量较小的场合。如果要求相移量大于 60°,则可以将简单 RC 电路级联起来,级联后提供的总

相移等于每级相移之和。事实上,由于后级作为前级的负载,降低了相移量,所以各级的相移量是不等的,除非采用运算放大器将前后级隔离。

例 6-7-2

  设计 RC 移相电路,提供 90° 的相位超前。

解 对于 RC 电路,在某个指定频率下,若 $R = |X_C|$,则由式(6-7-1)可知,相移量正好是 45°。将两个如图 6-7-2(a)所示的 RC 电路级联起来,得到图 6-7-4 所示电路。该电路能提供 90° 的超前相位,设 $R = |X_C| = 1\ \Omega$,具体分析如下。

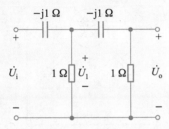

图 6-7-4 超前 90° 的 RC 相移电路

由分压关系得

$$\dot{U}_1 = \frac{\dfrac{1\times(1-\mathrm{j}1)}{1+(1-\mathrm{j}1)}}{-\mathrm{j}1+\dfrac{1\times(1-\mathrm{j}1)}{1+(1-\mathrm{j}1)}}\times\dot{U}_\mathrm{i} = \frac{\sqrt{2}}{3}\angle 45°\ \dot{U}_\mathrm{i}$$

输出电压为

$$\dot{U}_\mathrm{o} = \frac{1}{1-\mathrm{j}}\times\dot{U}_1 = \frac{\sqrt{2}}{2}\angle 45°\ \dot{U}_1 = \frac{\sqrt{2}}{2}\angle 45°\times\frac{\sqrt{2}}{3}\angle 45°\ \dot{U}_\mathrm{i}$$

$$= \frac{1}{3}\angle 90°\ \dot{U}_\mathrm{i}$$

即:输出超前于输入 90°,满足要求。

6.7.3 交流电桥

  交流电桥电路用于测量电感器的电感量或电容器的电容量,其形式和原理与测量未知电阻的惠斯通电桥基本一样。但是要测量 L 和 C,需要一个交流电源和交流仪表来取代检流计。交流仪表可以是一个灵敏的电流表或电压表。

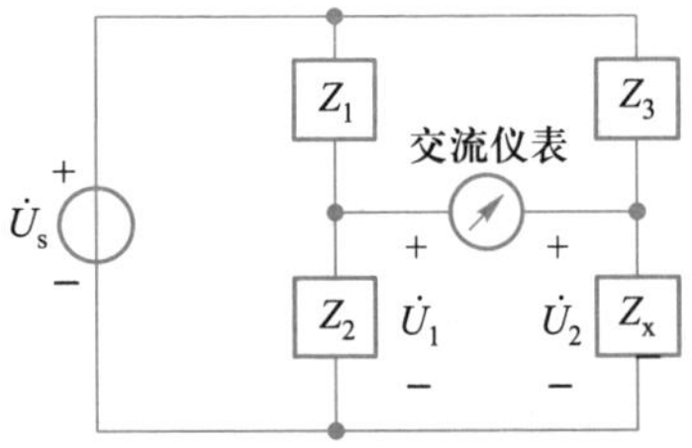

  一个通用的交流电桥电路如图 6-7-5 所示。当没有电流流过交流仪表时,电桥平衡,$\dot{U}_1 = \dot{U}_2$。由分压关系得

$$\dot{U}_1 = \frac{Z_2}{Z_1+Z_2}\dot{U}_\mathrm{s} = \dot{U}_2 = \frac{Z_\mathrm{x}}{Z_3+Z_\mathrm{x}}\dot{U}_\mathrm{s} \qquad (6-7-2)$$

则

图 6-7-5 一般形式的交流电桥

$$\frac{Z_2}{Z_1+Z_2} = \frac{Z_\mathrm{x}}{Z_3+Z_\mathrm{x}} \Rightarrow Z_2 Z_3 = Z_1 Z_\mathrm{x} \Rightarrow Z_\mathrm{x} = \frac{Z_3}{Z_1}Z_2 \qquad (6-7-3)$$

  式(6-7-3)是交流电桥的平衡方程,它与电阻电桥平衡方程类似,只是用阻

抗取代了电阻。

　　用于测量 L 或 C 的电桥电路如图 6-7-6 所示,图中 L_x 与 C_x 是待测的未知电感与电容,L_s 和 C_s 是已知的高精度标准电感和电容。改变可变电阻 R_1、R_2,使得交流仪表没有电流流过,则电桥平衡。由式(6-7-3)得到

$$L_x = \frac{R_2}{R_1} L_s \tag{6-7-4}$$

$$C_x = \frac{R_1}{R_2} C_s \tag{6-7-5}$$

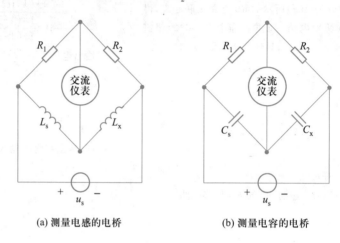

(a) 测量电感的电桥　　　　　　　　(b) 测量电容的电桥

图 6-7-6　测量 L 或 C 的电桥电路

　　注意:图 6-7-6 交流电桥的平衡与交流电源的角频率无关,因为通过式(6-7-3)推导出的式(6-7-4)和式(6-7-5)中并没有角频率出现。

例 6-7-3

　　图 6-7-5 所示的交流电桥电路,$Z_1 = 1\ 000\ \Omega$,$Z_2 = 4\ 000\ \Omega$,$Z_3 = (1\ 000 - j1\ 000)\ \Omega$,电源频率 $f = 1/\pi$ kHz。当电桥平衡时,求组成 Z_x 的串联成分。

解　设 $Z_x = R_x + jX_x$,由式(6-7-3)可得

$$Z_x = \frac{Z_3}{Z_1} Z_2 = \frac{1\ 000 - j1\ 000}{1\ 000} \times 4\ 000\ \Omega$$

$$= (4\ 000 - j4\ 000)\ \Omega = R_x + jX_x$$

即 $R_x = 4\ 000\ \Omega$,$X_x = -j4\ 000\ \Omega$,可看成是电阻和电容的串联,且电容的值为

$$-j\frac{1}{2\pi f C} = -j\frac{1}{2\pi \times 1/\pi \times 10^3 \times C} = -j4\ 000\ \Omega \Rightarrow C$$

$$= 0.125\ \mu F$$

6.7.4 交流功率测量

负载吸收的平均功率可以用功率表(旧称瓦特表)来测量。图 6-7-7 是一个功率表的结构示意图,它由电流线圈和电压线圈组成。电流线圈的阻抗非常低(理想情况为零),它与负载串联(见图 6-7-8),响应负载电流;电压线圈的阻抗非常高(理想情况是无穷大),它与负载并联(见图 6-7-8)并响应负载电压。电流线圈因其低阻抗在电路中相当于短路,而电压线圈因其高阻抗,在电路中相当于开路。这样,功率表接入后,不会对被测电路功率测量有影响。

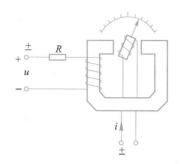
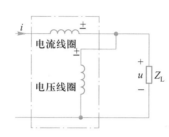

图 6-7-7　功率表结构示意图　　　图 6-7-8　功率表与负载相接

当两个线圈通以电流后,产生的电磁力矩使功率表运动系统形成一个偏转角,此偏转角正比于 $u(t)i(t)$ 的平均值。如果负载的电压和电流分别是 $u(t) = \sqrt{2}U\cos(\omega t + \varphi_u)$ 和 $i(t) = \sqrt{2}I\cos(\omega t + \varphi_i)$,对应的相量分别为

$$\dot{U} = U \underline{/\varphi_u}, \quad \dot{I} = I \underline{/\varphi_i} \tag{6-7-6}$$

则功率表所测量到的平均功率为

$$P = UI\cos(\varphi_u - \varphi_i) \tag{6-7-7}$$

如图 6-7-9 所示,功率表的两个线圈各有两个端子,其中一个端子标有±号。

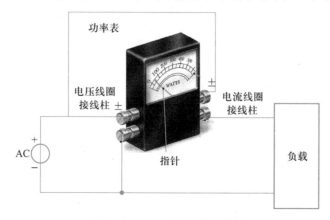

图 6-7-9　功率表接线示意图

要保证功率表顺时针偏转,电流线圈的±端接电源参考正极并与电压线圈的±端相连。如果两个线圈同时接反,则偏转结果同样正确。若只有一个线圈反接,则出现反向偏转,功率表无法读数,且易损坏指针。功率表及功率测量接线示意图如图 6-7-9 所示。

例 6-7-4

求图 6-7-10 所示电路中功率表的读数。

解 由图 6-7-10 所示电路可知,电流线圈与负载阻抗串联,而电压线圈与其并联,则功率表读出来的是负载阻抗所吸收的平均功率。流过电路的电流为

$$\dot{I} = \frac{110\ \underline{/\ 0°}}{10+j10+8-j28}\ \text{A} = \frac{110}{18-j18}\ \text{A}$$

负载阻抗两端的电压

$$\dot{U} = (8-j28)\dot{I} = (8-j28) \times \frac{110}{18-j18}\ \text{V} = \frac{110(8-j28)}{18-j18}\ \text{V}$$

负载的复功率为

$$\tilde{S} = \dot{U}\dot{I}^* = \frac{110(8-j28)}{18-j18} \times \frac{110}{18+j18}\ \text{V}\cdot\text{A}$$

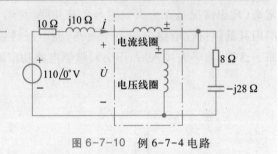

图 6-7-10 例 6-7-4 电路

$$= \frac{110^2(8-j28)}{18^2+18^2}\ \text{V}\cdot\text{A} = (149.4-j522.8)\ \text{V}\cdot\text{A}$$

所以,功率表的读数应为 $P = \text{Re}[\tilde{S}] = 149.4\ \text{W}$。

6.8 计算机辅助分析

采用相量法,可以将正弦稳态电路的分析转化为复数运算,从而简化正弦电路分析。然而,手工进行复数运算仍然比较繁杂。在 MATLAB 环境中可以快速进行复数的四则运算和矩阵运算,利用电路理论结合 MATLAB 可以更方便地分析正弦稳态电路。

下面学习复数在 MATLAB 中的表示及运算。

1. 复数的直角坐标形式

在 MATLAB 中,复数的直角坐标显示为 $a+bi$,有两种方法可以得到复数:

(1) 利用命令 $C=\text{complex}(a,b)$,其中 a,b 分别表示复数的实部和虚部,当虚部为零时,可以写为 $C=\text{complex}(a)$,例如:

在 MATLAB 的命令窗口输入 I=complex(3,4),得到

I =

    3.000 0+4.000 0i

输入 U=complex(10),得到

U =

    10

这时,虽然 U = 10,但其数据类型仍为复数。

(2) 利用命令 $C = a + b*i$ 或 $C = a + b*j$,其中 a, b 分别为用于表示复数实部和虚部的实数,当虚部为零时,写为 $C = \mathrm{complex}(a)$,例如:

输入 C1 = 1 + 3 * i(或 C1 = 1 + 3 * j),得

C1 =

    1.000 0 + 3.000 0i

2. 复数的极坐标表示

在 MATLAB 中,复数的极坐标用一组有序对,即 [Theta, R] 来表示,其中 Theta 表示复数的辐角,单位为弧度。如果已知一个复数的模和辐角(弧度),可以用命令 $Z = R*\exp(i*Theta)$ 来输入该复数,但显示的仍是直角坐标形式。例如,输入如下命令

Theta = 53.130 1 * pi/180;

R = 5;

Z = R * exp(i * Theta)

则有

Z =

    3.000 0 + 4.000 0i

3. 复数的运算

在 MATLAB 中,参与运算的复数变量都是以直角坐标形式表示的,复数的四则运算(加减乘除)都与一般的实数一样,其运算符分别为"+"、"-"、"*"、"/"。其他运算,如:指数运算、对数运算、矩阵运算也都与实数运算相同。另外,复数有一些特殊的运算,如:求复数的虚部、实部、模、辐角,复数的直角坐标与极坐标的相互转化等,下面一一介绍。

P = angle(Z):将复数 Z 的辐角返回给 P,辐角的单位为弧度。

Y = abs(X):将复数 X 的模返回给变量 Y。

X = real(Z):计算复数 Z 的实部并返回给变量 X。

Y = imag(Z):计算复数 Z 的虚部并返回给变量 Y。

[THETA, RHO] = cart2pol(X, Y):将复数的直角坐标转化为极坐标,其中 X,Y 分别为复数的实部和虚部,THETA 和 RHO 分别为转化后极坐标的辐角(单位为弧度)和模。

[X, Y] = pol2cart(THETA, RHO):将复数的极坐标转化为直角坐标,各变量的意义同函数"cart2pol"。

利用上述函数和运算法可以方便地进行电路的相量分析。

下面借助于 MATLAB 重新求解例 6-5-1 和例 6-5-2。

例 6-8-1

电路如图 6-8-1(a)所示,已知 $u_s(t)=6\sqrt{2}\cos(2t)$ V,$i_s(t)=2\sqrt{2}\cos(2t)$ A,试用网孔分析法求电压 $u_R(t)$。

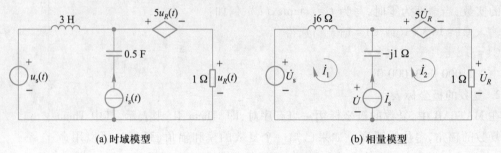

(a) 时域模型   (b) 相量模型

图 6-8-1 例 6-8-1 电路

解 将时域模型转化成相量模型,选择网孔电流方向,建立网孔方程,再利用 MATLAB 的复数运算和矩阵运算功能,求解出网孔电流,从而进一步求出 $u_R(t)$。

标有网孔电流方向的相量模型如图 6-8-1(b)所示,假设电流源两端的电压为 $\dot{U}$,网孔电流方程及其补充方程为

$$\begin{cases} (j5)\dot{I}_1+(j1)\dot{I}_2=-\dot{U}+6\underline{/0^\circ} \\ (j1)\dot{I}_1+(-j1+1)\dot{I}_2=-5\dot{U}_R+\dot{U} \\ -\dot{I}_1+\dot{I}_2=2\underline{/0^\circ} \\ \dot{I}_2-\dot{U}_R=0 \end{cases}$$

将上述方程组化为矩阵形式,有

$$\begin{bmatrix} j5 & j & 1 & 0 \\ j & 1-j & -1.5 & 0 \\ -1 & 1 & 0 & 0 \\ 0 & 1 & 0 & -1 \end{bmatrix}\begin{bmatrix} \dot{I}_1 \\ \dot{I}_2 \\ \dot{U} \\ \dot{U}_R \end{bmatrix}=\begin{bmatrix} 6\underline{/0^\circ} \\ 0 \\ 2\underline{/0^\circ} \\ 0 \end{bmatrix}$$

利用 MATLAB 求解上述方程如下:

```
>> A=[5*j j 1 0;j 1-j -1 5;-1 1 0 0;0 1 0 -1];
>> I=[6 0 2 0]';
>> Y=inv(A)*I
```

Y =

    -0.5 + 0.5i

    1.5 + 0.5i

    9.0 + 1.0i

    1.5 + 0.5i

即 $\dot{U}_R=(1.5+j0.5)$ V

利用以下语句将 $\dot{U}_R$ 转化为极坐标形式:

```
>>[THETA,RHO]=cart2pol(1.5,0.5)
```

THETA =

    0.32

RHO =

    1.6

其中,辐角的单位为弧度(rad),可以通过如下语句转化为角度:

```
>> THETA_dec=THETA * 180/pi
```

THETA_dec =

    18.4

即 $\dot{U}_R=(1.500\ 0+0.500\ 0j)$ V$=1.6\underline{/18.4^\circ}$ V

则

$$u_R(t)=1.6\sqrt{2}\cos(2t+18.4^\circ)\text{ V}=2.26\cos(2t+18.4^\circ)\text{ V}$$

上述结果与例 6-5-1 的结果一致。

例 6-8-2

电路如图 6-8-2(a)所示,已知 $u_s(t) = 20\sqrt{2}\cos(4t)$ V,试用结点分析法求电流 $i_x(t)$。

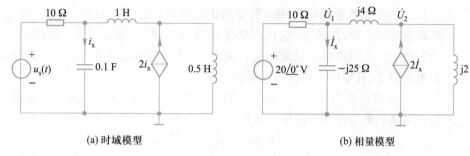

(a)时域模型　　　　　　　　(b)相量模型

图 6-8-2　例 6-8-2 电路

解　将时域模型转化成相量模型,标出独立结点的结点电压,建立结点方程及补充方程,利用 MATLAB 可以直接求出 $\dot{I}_x$,进而求出 $i_x(t)$。

结点电压方程和补充方程组成的方程组为

$$\begin{cases} \left(\dfrac{1}{10} + \dfrac{1}{\text{j}4} + \dfrac{1}{-\text{j}2.5}\right)\dot{U}_1 - \dfrac{1}{\text{j}4}\dot{U}_2 = \dfrac{20\angle 0°}{10} \\[2mm] -\dfrac{1}{\text{j}4}\dot{U}_1 + \left(\dfrac{1}{\text{j}4} + \dfrac{1}{\text{j}2}\right)\dot{U}_2 - 2\dot{I}_x = 0 \\[2mm] \dot{U}_1 + (\text{j}2.5)\dot{I}_x = 0 \end{cases}$$

将上述方程化简并写成矩阵形式,得

$$\begin{bmatrix} 2+\text{j}3 & \text{j}5 & 0 \\ \text{j}1 & -\text{j}3 & -8 \\ 1 & 0 & \text{j}2.5 \end{bmatrix} \begin{bmatrix} \dot{U}_1 \\ \dot{U}_2 \\ \dot{I}_x \end{bmatrix} = \begin{bmatrix} 2 \\ 0 \\ 0 \end{bmatrix}$$

在 MATLAB 命令窗口中,输入以下语句求解 $\dot{I}_x$:

```
>> A = [2+3*j 5*j 0;j -3*j -8;1 0 2.5*j];
>> Y = inv(A)*I
```

Y =

 18.000 0 + 6.000 0i

−13.200 0 − 4.400 0i

−2.400 0 + 7.200 0i

即 $\dot{I}_x = (-2.4+\text{j}7.2)$ A $= 1.6\angle 18.4°$ A

```
>> [THETA,RHO] = cart2pol(-2.4,7.2)
```

THETA =

 1.9

RHO =

 7.6

```
>> THETA_dec = THETA*180/pi
```

THETA_dec =

 108.4

即　　　$i_x(t) = 7.6\angle 108.4°$ A

时域表示 $i_x(t) = 7.6\sqrt{2}\cos(4t + 108.4°)$ A

与例 6-5-2 的结果一致。

本章小结

1. 信号(电压或电流)按照正弦或余弦函数变化时,称为正弦量。一个正弦量可以由振幅、角频率(或频率)及初相位三个要素唯一确定。例如电压

$$u(t) = U_m \cos(\omega t + \varphi) = \sqrt{2}\, U \cos(\omega t + \varphi)$$

其中，U_m 称为振幅（最大值），U 为有效值，$U = U_m/\sqrt{2}$；ω 称为角频率，$\omega = 2\pi f$；φ 称为初相位。

2. 一个线性电路受到相同频率的正弦电源（电压源和（或）电流源）激励，在电路达到稳态时，其响应（电压和电流）是同频率的正弦量。或者说，同频率正弦量的激励产生同频率正弦量响应。此时，电路结构和元件参数的变化，对正弦稳态电路而言，只影响正弦量的振幅和初相位。

3. 正弦量的相量是由其振幅和初相位组成的复数，用以代替正弦量进行正弦稳态电路的分析计算。例如电压为

$$u(t) = U_m \cos(\omega t + \varphi) = \sqrt{2}\, U \cos(\omega t + \varphi)$$

其有效值相量为
$$\dot{U} = U \underline{/\varphi}$$

4. 在正弦稳态电路中，某一支路（或元件）的电压相量与电流相量的比值在任何时刻都为确定值。电压相量与电流相量的比值称为阻抗，即

$$Z = \frac{\dot{U}}{\dot{I}} = R(\omega) + jX(\omega)$$

电流相量与电压相量的比值称为导纳，即

$$Y = \frac{\dot{I}}{\dot{U}} = \frac{1}{Z} = G(\omega) + jB(\omega)$$

对于电阻元件，$Z = R$；电感元件，$Z = jX = j\omega L$；电容元件，$Z = -jX = -j1/(\omega C) = 1/(j\omega C)$。

5. 正弦稳态电路中电路基本定律的相量形式为

$$\dot{U} = Z\,\dot{I}\,(\text{欧姆定律或元件 VCR})$$

$$\sum \dot{U}_k = 0\,(\text{KVL})$$

$$\sum \dot{I}_k = 0\,(\text{KCL})$$

6. 只要将电路的时域电路模型转换为复频域电路模型，直流电路的各种分析方法都可用于正弦稳态分析。

7. 正弦稳态电路中的功率。

瞬时功率：
$$p(t) = u(t)i(t)$$

平均功率（也称有功功率）：
$$P = \frac{1}{T}\int_0^T p(t)\,\mathrm{d}t = UI\cos(\varphi_u - \varphi_i) = UI\cos\varphi$$

其中，$\cos\varphi$ 称为功率因数。

无功功率：$Q = UI\sin(\varphi_u - \varphi_i) = UI\sin\varphi$

视在功率：$S = UI = \sqrt{P^2 + Q^2}$

复功率：$\tilde{S} = \dot{U}\cdot\dot{I}^* = P + jQ = S\underline{/\varphi}$

基础与提高题

P6-1　线性电路中电源电压为 $u_s(t) = 12\sin(10^3 t + 24°)\,\text{V}$，问：

　　（a）该电源电压的角频率是多少？

　　（b）该电源电压的频率是多少？

　　（c）求该电源电压的周期。

　　（d）用 cos 形式表示电源电压。

　　（e）求 $t = 2.5$ ms 时的 u_s。

P6-2　求出下面正弦波对应的相位关系：

　　（a）$u = 60\sin(377t - 50°)\,\text{V}$，$i = 3\sin(754t - 10°)\,\text{A}$；

　　（b）$u_1 = 6.4\sin(7.1\pi t + 30°)\,\text{V}$，

　　　　$u_2 = 7.3\sin(7.1\pi t - 10°)\,\text{V}$；

　　（c）$u = 42.3\sin(400t + 60°)\,\text{V}$，$i = -4.1\sin(400t - 50°)\,\text{A}$。

P6-3　计算下列复数并用极坐标形式表示：

　　（a）$\dfrac{15\underline{/45°}}{3 - \text{j}4} + \text{j}2$；

　　（b）$\dfrac{8\underline{/-20°}}{(2 + \text{j}1)(3 - \text{j}4)} + \dfrac{10}{-5 + \text{j}12}$；

　　（c）$10 + (8\underline{/50°})(5 - \text{j}12)$。

P6-4　将下面的数转换成极坐标形式：

　　（a）$6 + \text{j}9$；

　　（b）$21.4 + \text{j}33.3$；

　　（c）$-0.521 - \text{j}1.42$；

　　（d）$4.23 + \text{j}4.23$。

P6-5　求对应于以下相量的电压和电流（正弦波角频率为 377 rad/s）：

　　（a）$\dot{U} = 20\underline{/35°}\,\text{V}$；

　　（b）$\dot{I} = 10.2\underline{/-41°}\,\text{mA}$；

　　（c）$\dot{U} = (4 - \text{j}6)\,\text{V}$；

　　（d）$\dot{I} = (-3 + \text{j}1)\,\text{A}$。

P6-6　元件连接如图 P6-6 所示，若电流为 $i = 12\cos(2t - 30°)\,\text{A}$，求元件参数。

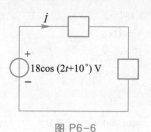

图 P6-6

P6-7　电路如图 P6-7 所示，ω 取何值时 u_0 的值为 0？

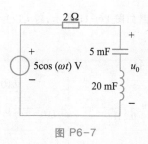

图 P6-7

P6-8　RC 串联电路中，$U_R = 12$ V，$U_C = 5$ V，电源电压多大？

P6-9　电路如图 P6-9 所示，求 $i(t)$ 和 $u(t)$。

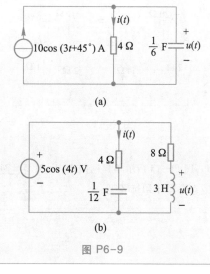

(a)

(b)

图 P6-9

P6-10 电路如图 P6-10 所示,ω 取下列值时分别求 i_0:

(a) $\omega = 1$ rad/s;

(b) $\omega = 5$ rad/s;

(c) $\omega = 10$ rad/s。

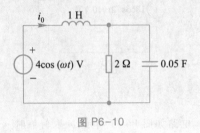

图 P6-10

P6-11 电路如图 P6-11 所示,若 $i_s(t) = 5\cos(10t + 40°)$ A,求 $i_0(t)$。

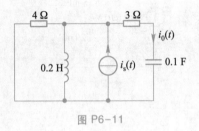

图 P6-11

P6-12 电路如图 P6-12 所示,已知 $\dot{I}_0 = 2\underline{/0°}$ A,求 $\dot{U}_s$。

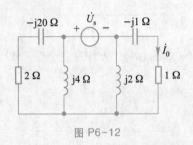

图 P6-12

P6-13 图 P6-13 所示单口网络中,$\dot{I} = 31.5\underline{/24°}$ A,$\dot{U} = 50\underline{/60°}$ V,求阻抗 Z_1。

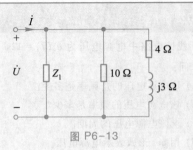

图 P6-13

P6-14 电路如图 P6-14 所示,当 $\omega = 50$ rad/s 时,Z_i 为多少?

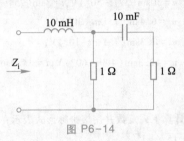

图 P6-14

P6-15 求 0.5 H 电感和 20 Ω 电阻串联时的总阻抗(极坐标形式),电源频率分别为(a)0 Hz;(b)10 Hz;(c)10 kHz。

P6-16 电路如图 P6-16 所示,计算 Z_{eq}。

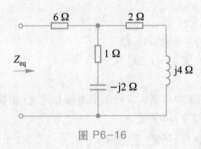

图 P6-16

P6-17 一个电阻器和一个 1 μF 的电容器并联,当外加 400 Hz,120 V 的电压源时电流为 0.48 A,求极坐标形式的导纳。

P6-18 电路如图 P6-18 所示,当 $\omega = 10^3$ rad/s 时,求各输入导纳。

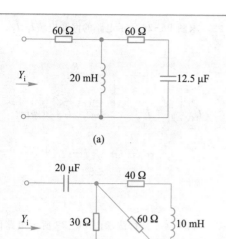

(a)

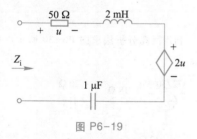

(b)

图 P6-18

P6-19 电路如图 P6-19 所示,当 $\omega = 10$ rad/s 时,求输入阻抗 Z_i。

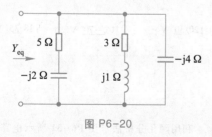

图 P6-19

P6-20 电路如图 P6-20 所示,求 Y_{eq}。

图 P6-20

P6-21 求图 P6-21 所示电路的导纳 Y_{eq}。

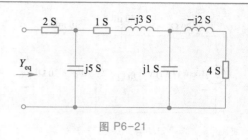

图 P6-21

P6-22 求图 P6-22 所示电路的电压 u_0。

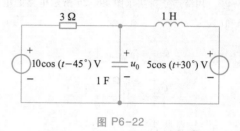

图 P6-22

P6-23 求图 P6-23 所示电路的电压 u_0。

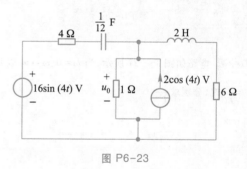

图 P6-23

P6-24 求图 P6-24 所示电路的电压 u_0。

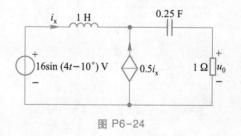

图 P6-24

P6-25 用结点分析法求图 P6-25 所示电路的电压 u_0。

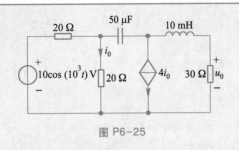

图 P6-25

P6-26 用结点分析法求图 P6-26 所示电路的电压 $\dot{U}_1$ 和 $\dot{U}_2$。

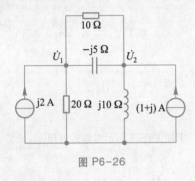

图 P6-26

P6-27 电路如图 P6-27 所示,当 $\omega = 0$、$\omega \to \infty$ 以及 $\omega^2 = \dfrac{1}{LC}$ 时,分别求 $\dfrac{U_o}{U_i}$。

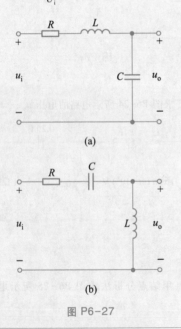

(a)

(b)

图 P6-27

P6-28 求图 P6-28 所示电路的网孔电流 $\dot{I}_1$、$\dot{I}_2$。

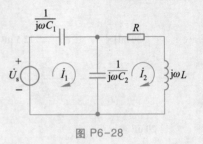

图 P6-28

P6-29 利用网孔分析法求图 P6-29 所示电路的电流 i_0。

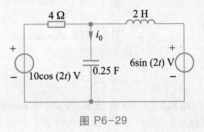

图 P6-29

P6-30 利用网孔分析法求图 P6-30 所示电路的网孔电流。

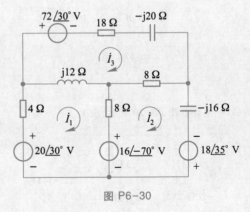

图 P6-30

P6-31 利用网孔分析法求图 P6-31 所示电路的电压 $\dot{U}_0$。

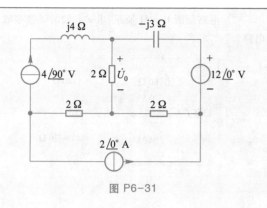

图 P6-31

P6-32 利用网孔分析法求图 P6-32 所示电路的电流 $\dot{I}_0$。

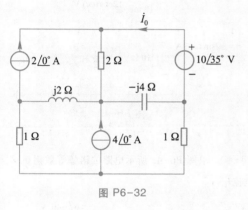

图 P6-32

P6-33 利用叠加定理求图 P6-33 所示电路的电压 $\dot{U}$。

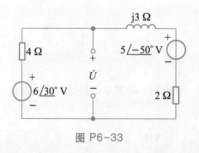

图 P6-33

P6-34 利用叠加定理求图 P6-34 所示电路的电流 i。

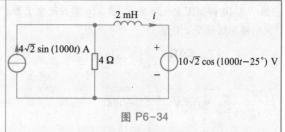

图 P6-34

P6-35 利用叠加定理求图 P6-35 所示电路的电压 $\dot{U}$。

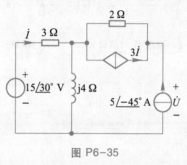

图 P6-35

P6-36 利用电源等效求图 P6-36 所示电路的电流 i。

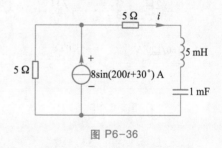

图 P6-36

P6-37 利用电源等效求图 P6-37 所示电路的电流 $\dot{I}_x$。

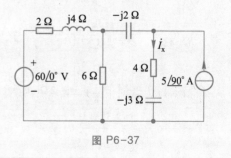

图 P6-37

P6-38 电路如图 P6-38 所示,求 a、b 端的戴维宁等效电路和诺顿等效电路。

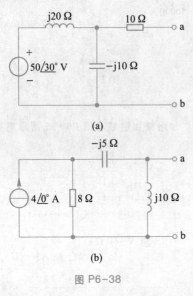

(a)

(b)

图 P6-38

P6-39 求图 P6-39 所示电路的戴维宁等效电路和诺顿等效电路。

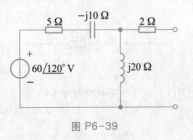

图 P6-39

P6-40 电路如图 P6-40 所示,利用戴维宁定理求电压 u。

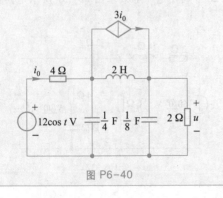

图 P6-40

P6-41 电路如图 P6-41 所示,求 a、b 端的诺顿等效电路。

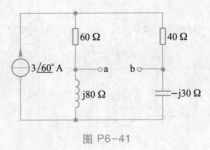

图 P6-41

P6-42 电路如图 P6-42 所示,求 a、b 端的戴维宁等效电路和诺顿等效电路,已知 $\omega = 10\,\mathrm{rad/s}$。

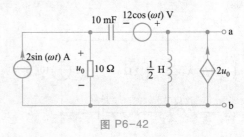

图 P6-42

P6-43 求图 P6-43 所示电路的诺顿等效阻抗 Z_{eq} 和电流 $\dot{I}_{sc}$。

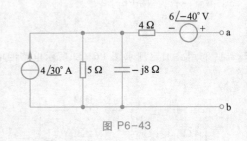

图 P6-43

P6-44 求图 P6-44 所示电路的诺顿等效阻抗 Z_{eq} 和电流 $\dot{I}_{sc}$。

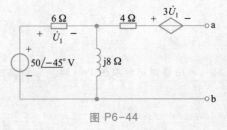

图 P6-44

P6-45 已知 $u(t) = 160\cos(50t)$ V, $i(t) = -20\sin(50t-30°)$ A, 电压、电流为关联参考方向。计算瞬时功率和平均功率。

P6-46 电路如图 P6-46 所示, 计算各元件吸收的有功功率。

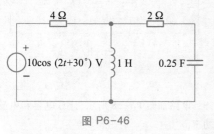

图 P6-46

P6-47 电路如图 P6-47 所示, 计算 4 Ω 电阻上吸收的有功功率。

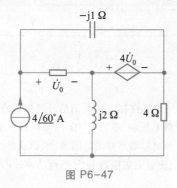

图 P6-47

P6-48 电路如图 P6-48 所示, 计算 40 Ω 电阻上吸收的有功功率。

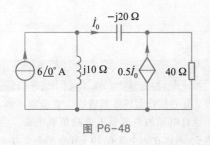

图 P6-48

P6-49 电感性负载在吸收功率 30 kW 时, 输入视在功率为 50 kV·A, 求功率因数。

P6-50 电路如图 P6-50 所示, 求:
（a）使负载上吸收最大有功功率的负载阻抗值;
（b）负载所吸收的最大有功功率。

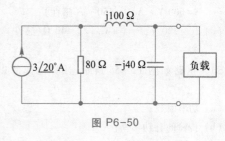

图 P6-50

P6-51 电路如图 P6-51 所示, 要使传输的功率最大, 求对应的 Z_L。

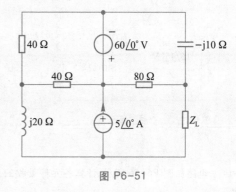

图 P6-51

P6-52 电路如图 P6-52 所示, 假定负载阻抗是纯电阻, 要使传输功率最大, a、b 端的负载应取何值?

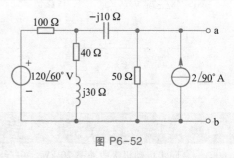

图 P6-52

P6-53 两个电路元件串联, 接到 120 V、60 Hz 电源时, 消耗无功功率 60 var, 设功率因数是 0.6, 问是两个什么元件? 它们的数值是多少?

P6-54 求以下情况的复功率：

(a) $P = 269$ W，$Q = 150$ var(容性)；

(b) $Q = 2\ 000$ var，功率因数 0.9(超前)；

(c) $S = 600$ V·A，$Q = 450$ var(感性)；

(d) $U_s = 220$ V，$P = 1$ kW，$|Z| = 40\ \Omega$(感性)。

P6-55 电路如图 P6-55 所示，计算电源的以下参数：

(a) 功率因数；

(b) 传输的有功功率；

(c) 无功功率；

(d) 视在功率；

(e) 复功率。

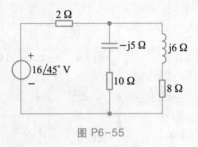

图 P6-55

P6-56 电路如图 P6-56 所示，计算各元件吸收的复功率。

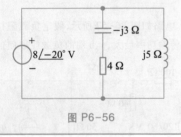

图 P6-56

P6-57 电路如图 P6-57 所示，计算受控源传输的有功功率、无功功率和复功率。

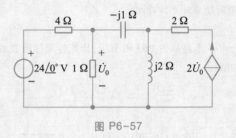

图 P6-57

P6-58 电路如图 P6-58 所示，计算电容和电感上的无功功率。

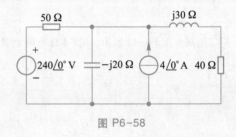

图 P6-58

P6-59 一个工作在 2 MHz 的信号发生器有 0.5V 的方均根开路电压和 50 $\underline{/30°}\ \Omega$ 内部阻抗。如果它供电于一个和电容器并联的电阻器，求出这些元件的电容和电阻，使电阻能吸收最大平均功率，并求出这个功率。

工程题

P6-60 一台同步电动机吸收功率 20 kW，和一台感应式电动机并联，后者吸收 50 kW，功率因数 0.7(滞后)。设同步电动机工作于超前功率因数，它需要提供多少无功功率才能使总功率因数为 0.9(滞后)？它的功率因数是多少？

P6-61 有时候将电容器和感性工业负载并联，目的是减少取自电源的电流而不影响负载电流。为验证这一概念，考虑在一个具有 10 mH 电感和 2 Ω 电阻的线圈两端并联一个电容器，线圈由 60 Hz、120 V 电源供电，为使电源电流最小，要用多大的电容？能使电流降低多少？

P6-62 使用一个电阻、一个电容、一个正弦电压源，利用分压关系，设计一个可以滤掉高频的电路（提示：将两个无源元件中的一个电压定义为输出电压，将正弦电压源看做输入，这里的"滤掉"理解为输出电压减小）。

P6-63 一个烤面包机用电峰值 200 kW，无功需求为 280 kvar。为补偿损失和鼓励用户提高功率因数，某地方电力公司对超过标准的无功用量罚款 2.2 元/kvar，标准无功用量按 0.65 乘以平均功率用量计算；（a）利用以上费率表计算用户与功率因数罚款有关的年度费用；（b）计算电力公司制定政策所根据的目标功率因数值；（c）如果电力公司提供补偿电容的花费为每增加 100 kvar 为 2 000 元，每增加 200 kvar 为

3 950 元，用户的最佳解决方案是什么？（d）校正功率因数所需的实际电容是多大？

P6-64 图 P6-64 所示电路中，包含一个晶体管模型，将 $\dot{U}$ 表示成 $\dot{I}$ 的函数，然后求出 $\dot{U}$ 的数值。

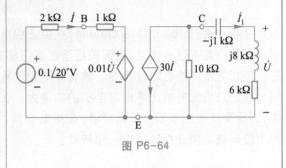

图 P6-64

第 7 章　三相电路

三相电路(three-phase circuits)是由三相电源、三相传输线路和三相负载组成的电路。三相供电系统具有很多优点,在国民经济各部门都获得了广泛应用。世界各国的供电系统大多数是在三相电路中产生和分配的。单相或两相的输入可以从三相系统获得,而无需单独产生。相同尺寸的三相发电机比单相发电机的功率大。在电能传输方面,三相系统比单相系统节省传输线,三相变压器比单相变压器经济;在用电方面,三相系统的瞬时功率是恒定的,三相电流容易产生旋转磁场使三相电动机平稳转动。

教学目标

知识

- 深刻理解三相对称电源、三相对称负载和三相平衡电路的概念及其特点;建立三相供电体系及相电压、相电流、线电压、线电流、三相电路的功率等概念。
- 正确掌握安全用电知识。
- 掌握平衡三相电路的分析计算方法。
- 掌握三相电路功率的计算方法和测量方法。
- 了解三相非平衡电路的特点及分析方法。
- 掌握应用 EWB 软件进行三相电路仿真和分析计算的方法。

能力

- 根据安全用电知识,正确使用电能。对生活、工作中常见的一般性用电问题进行分析和解决。
- 对工程中一般的平衡三相和非平衡三相电路进行理论分析和计算,并根据功能要求,设计简单的三相电路。
- 根据电路测试指标要求,设计测试方案,选择合适电工仪表,对给定三相电路进行测试。
- 利用 EWB 软件熟练地对给定三相电路进行仿真和测试。

引例 | 电力系统

电能是现代社会中不可缺少的二次能源。与其他能源相比,电能在输送、分配、控制与转换等方面具有便捷性,使其在日常生活、工农业生产、交通运输、通信、电子、医疗卫生、科技、国防等方面得到广泛应用。

现代电力系统的基本结构如图 7-0-1 所示,发电厂(如水电厂、火电厂、核电厂)中的发电机将机械能转变为电能,经变电站和输电线路传送并由配电变电所分配到工厂和居民区等用户端,供用户使用。

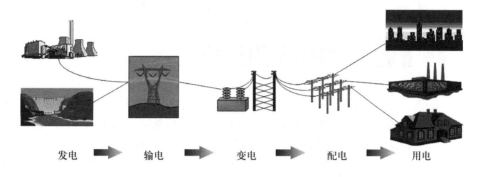

发电　　　输电　　　变电　　　配电　　　用电

图 7-0-1　电力系统示意图

电力系统通常采用三相对称电源供电,与用电设备构成三相电路。为什么采用三相制供配电方式? 如何分析、设计和运用生产生活中的三相电路? 这些将是本章重点讨论的内容。

7.1 三相电源

7.1.1 对称三相电源

三相供电系统的三相电源就是三相交流发电机,其结构示意图如图 7-1-1(a) 所示。三相发电机由定子和转子两部分组成。定子铁心内侧对称安放着三个相同的绕组,其端钮分别为 AX、BY、CZ。转子是旋转的电磁铁,其铁心上绕有励磁绕组。当转子恒速逆时针旋转时,磁通依次穿过 AX、BY、CZ 三个绕组,分别感应出振幅相等、频率相同、相位相差的三个正弦电压 $u_a(t)$、$u_b(t)$、$u_c(t)$。因为三个绕组间隔互距 120°放置,如果设 A、B、C 三端分别为对应绕组电压参考方向的正端,绕组中感应电压的初相角互差 120°。$u_a(t)$、$u_b(t)$、$u_c(t)$ 的波形如图 7-1-1(b) 所示。图 7-1-1(a) 所示的三相交流发电机输出的三组电压分别为

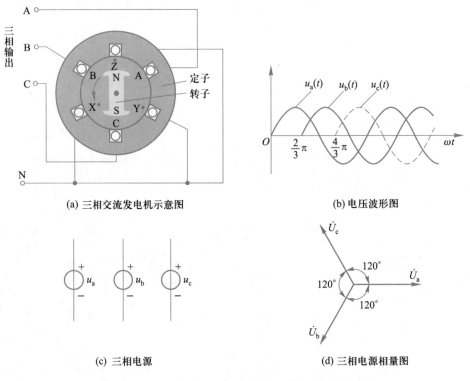

(a) 三相交流发电机示意图

(b) 电压波形图

(c) 三相电源

(d) 三相电源相量图

图 7-1-1 三相交流发电机及其电压波形图、相量图

$$\begin{cases} u_a(t) = U_{Pm}\cos \omega t = \sqrt{2}\,U_P\cos(\omega t) \\ u_b(t) = U_{Pm}\cos(\omega t - 120°) = \sqrt{2}\,U_P\cos(\omega t - 120°) \\ u_c(t) = U_{Pm}\cos(\omega t + 120°) = \sqrt{2}\,U_P\cos(\omega t + 120°) \end{cases} \quad (7\text{-}1\text{-}1)$$

式(7-1-1)中，U_{Pm}、U_P 分别为电压的幅值和有效值，下标 P 表示相(phase)。这组幅值相同、频率相同、相位互差 120° 的电压称为对称三相电压(symmetrical three-phase voltages)，分别称为 A 相电压、B 相电压和 C 相电压。端钮 A、B、C 为定子绕组的始端，端钮 X、Y、Z 为绕组的末端。能产生这种电压的发电机就构成一个对称三相电源。对称三相电源的电路符号如图 7-1-1(c)所示。

在任意时刻，对称三相电压之和恒等于零，即

$$u_a(t) + u_b(t) + u_c(t) = 0 \quad (7\text{-}1\text{-}2)$$

式(7-1-1)用相量形式表示为

$$\begin{cases} \dot{U}_a = U_P \underline{/0°} \\ \dot{U}_b = U_P \underline{/-120°} \\ \dot{U}_c = U_P \underline{/120°} \end{cases} \quad (7\text{-}1\text{-}3)$$

对称三相电源的产生

式(7-1-3)中的相量为有效值相量，相量图如图 7-1-1(d)所示。由图 7-1-1(d)可以看出

$$\dot{U}_a + \dot{U}_b + \dot{U}_c = 0 \quad (7\text{-}1\text{-}4)$$

对称三相电压中的三个电压经过正峰值的先后次序称为相序(phase sequence)。图 7-1-1(a)所示三相发电机转子逆时针方向旋转时，其电压达到正峰值的顺序为 A→B→C，称为正序；顺时针方向旋转时，其电压达到正峰值的顺序为 A→C→B，称为负序。

根据上述特性可知，已知相序和其中一相电压，就可确定其他两相电压。

7.1.2 对称三相电源的连接方式

三相交流电源的每相电压可以独立向外供电。在实际使用中，对称三相电源可接成 Y 形或 △ 形向外供电。

1. 对称三相电源 Y 形联结

把三相交流发电机三个定子绕组的末端连接到公共点 N 上，就构成了对称 Y 形联结的三相电源，如图 7-1-2(a)所示。公共点 N 称为中性点(neutral point，旧称中点)，由中性点引出的线称为中性线(neutral line，旧称中线)，俗称零线。将三相电源的始端 A、B、C 与输电线相连，传输能量给负载，这三根输电线称为相线(phase line)，俗称火线。相线与中性线间的电压，即每个定子绕组上的电压 $\dot{U}_a$、$\dot{U}_b$、$\dot{U}_c$ 称为相电压(phase voltage)，相线之间的电压称为线电压(line voltage)，如 $\dot{U}_{AB}$、$\dot{U}_{BC}$、$\dot{U}_{CA}$。每相中流过的电流称为相电流(phase current)，相线电流称为线电

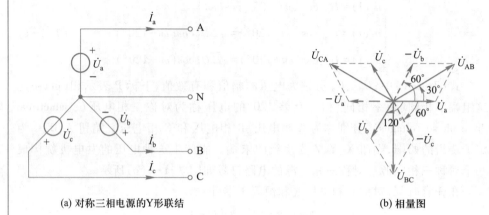

图 7-1-2   对称三相电源的 Y 形联结及相量图

流(line current)。

根据 KVL

$$\begin{cases} \dot{U}_{AB} = \dot{U}_a - \dot{U}_b = U_P \underline{/0°} - U_P \underline{/-120°} = \sqrt{3} U_P \underline{/30°} = U_L \underline{/30°} \\ \dot{U}_{BC} = \dot{U}_b - \dot{U}_c = U_P \underline{/-120°} - U_P \underline{/120°} = \sqrt{3} U_P \underline{/-90°} = U_L \underline{/-90°} \quad (7-1-5) \\ \dot{U}_{CA} = \dot{U}_c - \dot{U}_a = U_P \underline{/120°} - U_P \underline{/0°} = \sqrt{3} U_P \underline{/150°} = U_L \underline{/150°} \end{cases}$$

式(7-1-5)中,U_L、U_P 分别为线电压和相电压的有效值,下标 L 表示线(line),P 表示相(phase)。可以看出,线电压也是对称的,线电压的有效值是相电压的 $\sqrt{3}$ 倍,即 $U_L = \sqrt{3} U_P$。线电压的相位超前相的相电压 30°。对称三相电源 Y 形联结的相量图如图 7-1-2(b)所示,三个对称线电压之间也满足

$$\dot{U}_{AB} + \dot{U}_{BC} + \dot{U}_{CA} = 0 \qquad (7-1-6)$$

由图 7-1-2(a)还可以看出:流过相线的线电流与流过每相电源的相电流相等,即 $I_L = I_P$。I_L、I_P 分别为线电流和相电流的有效值。

2. 对称三相电源 Δ 形联结

把三相交流发电机三个定子绕组的始、末端顺次连接,再从始端 A、B、C 引出相线来,就构成了 Δ 形联结的对称三相电源,如图 7-1-3(a)所示。

由图 7-1-3 可以看出:线电压等于相电压,即

$$\begin{cases} \dot{U}_{AB} = \dot{U}_a \\ \dot{U}_{BC} = \dot{U}_b \qquad (7-1-7) \\ \dot{U}_{CA} = \dot{U}_c \end{cases}$$

根据三相电压的对称性,Δ 形联结的三相电源回路电压满足

$$\dot{U}_a + \dot{U}_b + \dot{U}_c = 0 \qquad (7-1-8)$$

需要注意的是,对称三相电源作 Δ 形联结时,应严格遵循始、末端顺次连接。假设将 C 相电压反接,此时回路电压为

$$\dot{U}_a + \dot{U}_b - \dot{U}_c = -2 \dot{U}_c \qquad (7-1-9)$$

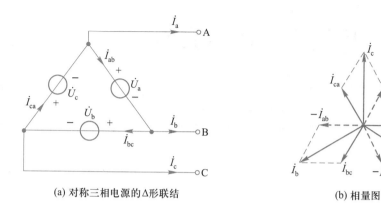

(a) 对称三相电源的△形联结　　　(b) 相量图

图 7-1-3　对称三相电源的 △ 形联结及相量图

由式(7-1-9)可知,回路中相当于有两倍的相电压作用于电路,所产生的环路电流会将发电机绕组烧毁。

由于对称三相电源的线电压是对称的,则三个相电流 $\dot{I}_{ab}$、$\dot{I}_{bc}$、$\dot{I}_{ca}$ 在相位上互差 $120°$。为计算简便,设 $\dot{I}_{ab} = I_P \angle 0°$,则 $\dot{I}_{bc} = I_P \angle -120°$,$\dot{I}_{ca} = I_P \angle 120°$。三个线电流 $\dot{I}_a$、$\dot{I}_b$、$\dot{I}_c$ 分别为

$$\begin{cases} \dot{I}_a = \dot{I}_{ab} - \dot{I}_{ca} = I_P \angle 0° - I_P \angle 120° = \sqrt{3} I_P \angle -30° = I_L \angle -30° \\ \dot{I}_b = \dot{I}_{bc} - \dot{I}_{ab} = I_P \angle -120° - I_P \angle 0° = \sqrt{3} I_P \angle -150° = I_L \angle -150° \\ \dot{I}_c = \dot{I}_{ca} - \dot{I}_{bc} = I_P \angle 120° - I_P \angle -120° = \sqrt{3} I_P \angle 90° = I_L \angle 90° \end{cases}$$

$$(7-1-10)$$

式(7-1-10)中,I_L、I_P 分别为线电流和相电流的有效值。可以看出,线电流也是对称的,线电流的幅值是相电流的 $\sqrt{3}$ 倍,即 $I_L = \sqrt{3} I_P$。线电流的相位滞后相的相电流 $30°$。对称三相电源 Δ 形联结线电流、相电流的相量图如图 7-1-3(b)所示,三个对称线电流之间也满足

$$\dot{I}_a + \dot{I}_b + \dot{I}_c = 0 \qquad (7-1-11)$$

目标 1 测评

T7-1　已知三相电源的相电压 $\dot{U}_{AN} = 220 \angle -100°$ V,$\dot{U}_{BN} = 220 \angle 140°$ V,则相序是(　　)。

(a) ABC　　　　　(b) ACB

T7-2　已知三相电源为 ACB 相序,$\dot{U}_{AN} = 100 \angle -20°$,那么 $\dot{U}_{CN}$ 是(　　)。

(a) $100 \angle -140°$　　(b) $100 \angle 100°$

(c) $100 \angle -50°$　　(d) $100 \angle 10°$

7.2 平衡三相电路分析

由对称三相电源与对称三相负载(balanced three-phase load)连接组成的电路是平衡三相电路(balanced three-phase circuit)。

对称三相负载是三个完全相同的负载。同发电机的连接一样,也可以连接成 Y 形或 Δ 形,如图 7-2-1 所示。

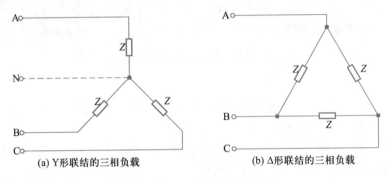

(a) Y形联结的三相负载   (b) Δ形联结的三相负载

图 7-2-1   对称三相负载的连接

平衡三相电路有四种不同的连接形式构成四种电路:Y-Y(电源和负载均为 Y 形联结)、Y-Δ、Δ-Δ、Δ-Y。四种连接形式在工程上都有应用。

7.2.1 Y-Y 电路与 Δ-Y 电路

Y-Y 电路的电源和负载均为 Y 形联结,如图 7-2-2 所示。假设对称三相电源为正序,则三相电压为

$$\begin{cases} \dot{U}_a = U_P \ \underline{/0°} \\ \dot{U}_b = U_P \ \underline{/-120°} \\ \dot{U}_c = U_P \ \underline{/120°} \end{cases} \qquad (7-2-1)$$

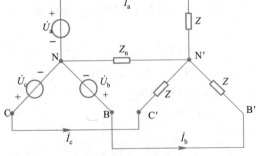

图 7-2-2   Y-Y 电路

对称三相负载每相的阻抗为

$$Z = |Z| \angle \varphi_Z \tag{7-2-2}$$

三相电路实质上就是含有多个电源的正弦电路,分析正弦电路的方法都适用于分析三相电路。现采用结点分析法分析该电路。设电源中性点 N 为参考结点,负载中性点 N′的结点电压为 $\dot{U}_{N'N}$。结点电压方程为

$$\left| \frac{1}{Z} + \frac{1}{Z} + \frac{1}{Z} + \frac{1}{Z_N} \right| \dot{U}_{N'N} = \frac{1}{Z} \dot{U}_a + \frac{1}{Z} \dot{U}_b + \frac{1}{Z} \dot{U}_c \tag{7-2-3}$$

即

$$\left| \frac{3}{Z} + \frac{1}{Z_N} \right| \dot{U}_{N'N} = \frac{1}{Z} (\dot{U}_a + \dot{U}_b + \dot{U}_c) \tag{7-2-4}$$

由 7.1 节可知,对称三相电源有 $\dot{U}_a + \dot{U}_b + \dot{U}_c = 0$,推出

$$\dot{U}_{N'N} = 0 \tag{7-2-5}$$

式(7-2-5)表明,Y-Y 平衡三相电路中,中性线电压为零,也就是电源中性点 N 与负载中性点 N′间的电位差为零,进一步得出中性线上的电流也为零。因此,中性线既可以开路处理,直接去掉,也可以短路处理。

此时,若将中性线短路,负载上的相电压等于对应电源的相电压,即

$$\begin{cases} \dot{U}_{AN} = \dot{U}_a = U_P \angle 0° \\ \dot{U}_{BN} = \dot{U}_b = U_P \angle -120° \\ \dot{U}_{CN} = \dot{U}_c = U_P \angle 120° \end{cases} \tag{7-2-6}$$

式(7-2-6)表明,负载上的相电压是一组对称电压。根据 Y 形对称三相电源相电压和线电压的关系,还可推出,负载上的线电压也是一组对称电压。

对于 Y 形对称三相负载,其相电流与对应的线电流相等。负载上的相电流为

$$\begin{cases} \dot{I}_a = \dfrac{\dot{U}_{AN}}{Z} = \dfrac{U_P}{|Z|} \angle -\varphi_Z \\ \dot{I}_b = \dfrac{\dot{U}_{BN}}{Z} = \dfrac{U_P}{|Z|} \angle -120° - \varphi_Z \\ \dot{I}_c = \dfrac{\dot{U}_{CN}}{Z} = \dfrac{U_P}{|Z|} \angle +120° - \varphi_Z \end{cases} \tag{7-2-7}$$

由式(7-2-7)可知,负载相电流和线电流也是对称的。

在 Y-Y 形平衡三相电路中,三相电压、电流都是对称的。因此,对其中任一相进行计算,求出其电压和电流,根据对称性,其他两相的电压、电流可直接推出。例如,图 7-2-2 所示电路中,中性线电压 $\dot{U}_{N'N} = 0$,电源中性点 N 与负载中性点 N′间用一导线短接,将 A 相取出,即可得到图 7-2-3 所示的一相等效电路。由该电路计算一相结果,进一步推出其他两相。

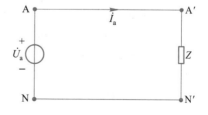

图 7-2-3 A 相等效电路

由此可见,尽管平衡三相电路是正弦稳态电路,在对其分析计算时,可充分利用对称性,将三相计算简化为一相计算问题。最后根据 Y,Δ 形联结时电压、电流关系直接推出其他所求变量。

Δ-Y 电路的电源是 Δ 形联结,负载是 Y 形联结,如图 7-2-4 所示。由图看出加在负载上的电压是电源的线电压。为了获取流过负载上的电流,首先利用相、线电压关系 $\dot{U}_\mathrm{L} = \dot{U}_\mathrm{P}\ /\underline{30°}$,求得一相负载上的 $\dot{U}_\mathrm{P}$,再求相电流。最后根据负载 Y 形联结及对称性,求取其他相的电压、电流。

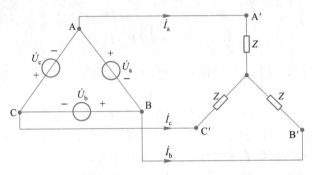

图 7-2-4 Δ-Y 电路

例 7-2-1

求图 7-2-5(a)所示电路的线电流。

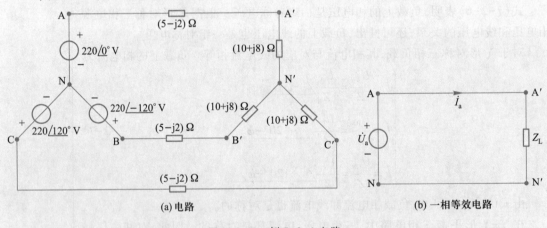

(a) 电路　　　　　　　　　　(b) 一相等效电路

图 7-2-5 例 7-2-1 电路

解 电路为 Y-Y 平衡三相电路,所求线电流等于负载相电流。可将电源中性点和负载中性点短接,取出任一相构成一相等效电路,求出负载相电流,其他两相根据对称性递推。

取出 A 相,其一相等效电路如图 7-2-5(b)所示。

$Z_\mathrm{L} = \left[(5-j2)+(10+j8) \right]\Omega = (15+j6)\Omega = 16.2\ /\underline{21.8°}\ \Omega$

$\dot{I}_\mathrm{a} = \dfrac{\dot{U}_\mathrm{AN}}{Z_\mathrm{L}} = \dfrac{220\ /\underline{0°}}{16.2\ /\underline{21.8°}}\ \mathrm{A} = 13.6\ /\underline{-21.8°}\ \mathrm{A}$

根据三相电流的对称性,可得

$\dot{I}_\mathrm{b} = \dot{I}_\mathrm{a}\ /\underline{-120°} = 13.6\ /\underline{-141.8°}\ \mathrm{A}$

$\dot{I}_\mathrm{c} = \dot{I}_\mathrm{a}\ /\underline{120°} = 13.6\ /\underline{98.2°}\ \mathrm{A}$

7.2.2 Δ-Δ 电路与 Y-Δ 电路

Δ-Δ 电路的电源和负载均是 Δ 形联结,如图 7-2-6(a)所示。Y-Δ 电路的电源是 Y 形联结,负载是 Δ 形联结,如图 7-2-6(b)所示。可以看出,Δ 形负载上的相电压和线电压相等,无论三相电源是 Y 形联结还是 Δ 形联结,负载电压都等于电源的线电压。电源提供给负载的线电压,Δ 形联结与 Y 形联结不同之处在于:Δ 形联结时线电压等于相电压,见图 7-2-6(a),Y 形联结时为 $\sqrt{3}$ 倍的相电压,见例 7-2-2。假设对称三相电源为正序,设其线电压为

$$\begin{cases} \dot{U}_{AB} = U_L \angle 0° \\ \dot{U}_{BC} = U_L \angle -120° \\ \dot{U}_{CA} = U_L \angle 120° \end{cases} \qquad (7-2-8)$$

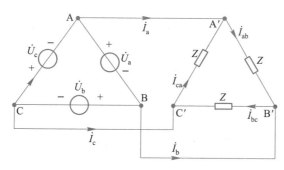

(a) Δ-Δ电路

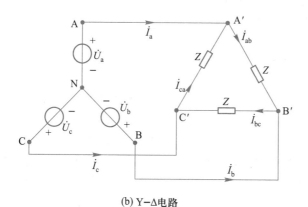

(b) Y-Δ电路

图 7-2-6 负载为 Δ 形联结的平衡三相电路

对称三相负载每相的阻抗为

$$Z = |Z| \angle \varphi_Z \qquad (7-2-9)$$

负载上的相电流为

$$\begin{cases} \dot{I}_{ab} = \dfrac{\dot{U}_{AB}}{Z} = \dfrac{U_L}{|Z|} \underline{/-\varphi_Z} = I_P \underline{/-\varphi_Z} \\[2mm] \dot{I}_{bc} = \dfrac{\dot{U}_{BC}}{Z} = \dfrac{U_L}{|Z|} \underline{/-120°-\varphi_Z} = I_P \underline{/-120°-\varphi_Z} \\[2mm] \dot{I}_{ca} = \dfrac{\dot{U}_{CA}}{Z} = \dfrac{U_L}{|Z|} \underline{/120°-\varphi_Z} = I_P \underline{/120°-\varphi_Z} \end{cases} \quad (7-2-10)$$

由式(7-2-10),负载相电流有效值相等 $I_P = \dfrac{U_L}{|Z|}$,相位互差120°。对结点 A、B、C 应用 KCL,可以获得线电流

$$\begin{cases} \dot{I}_a = \dot{I}_{ab} - \dot{I}_{ca} = \sqrt{3}\, I_P \underline{/-\varphi_Z-30°} \\[2mm] \dot{I}_b = \dot{I}_{bc} - \dot{I}_{ab} = \sqrt{3}\, I_P \underline{/-\varphi_Z-150°} \\[2mm] \dot{I}_c = \dot{I}_{ca} - \dot{I}_{bc} = \sqrt{3}\, I_P \underline{/-\varphi_Z+90°} \end{cases} \quad (7-2-11)$$

式(7-2-11)表明,负载线电流也是对称的,且线电流的幅值是相电流的 $\sqrt{3}$ 倍,线电流的相位滞后对应相电流30°。

例 7-2-2

图 7-2-7 所示平衡三相电路中 $\dot{U}_a = 220 \underline{/0°}$ V,负载阻抗 $Z = (3+j4)\ \Omega$,求负载每相电压、电流及线电流的相量值。

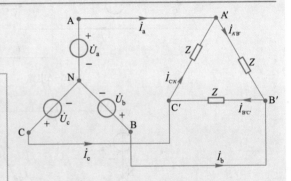

图 7-2-7　例 7-2-2 电路

解　电路为 Y-Δ 形平衡三相电路,负载相电压等于线电压,且与对称三相电源的线电压相等。求得负载相电压,相电流及线电流即可求出。

由 Y 形对称三相电源相电压与线电压的关系可得

$$\dot{U}_{AB} = \dot{U}_a - \dot{U}_b = \sqrt{3}\,\dot{U}_a \underline{/30°} = 380 \underline{/30°} \text{ V} = \dot{U}_{AB}$$

根据对称性,其他线电压为

$$\dot{U}_{BC} = \dot{U}_{AB} \underline{/-120°} = 380 \underline{/-90°} \text{ V} = \dot{U}_{BC}$$

$$\dot{U}_{CA} = \dot{U}_{AB} \underline{/+120°} = 380 \underline{/150°} \text{ V} = \dot{U}_{CA}$$

$$Z = (3+j4)\ \Omega = 5 \underline{/53.1}\ \Omega$$

根据欧姆定律,负载相电流为

$$\dot{I}_{A'B'} = \frac{\dot{U}_{AB}}{Z} = \frac{380 \underline{/30°}}{5 \underline{/53.1°}} = 76 \underline{/-23.1°} \text{ A}$$

根据对称性,其他相电流为

$$\dot{I}_{B'C'} = \dot{I}_{A'B'} \underline{/-120°} = 76 \underline{/-143.1°} \text{ A}$$

$$\dot{I}_{C'A'} = \dot{I}_{A'B'} \underline{/+120°} = 76 \underline{/96.9°} \text{ A}$$

由 Δ 形联结的负载线电流与相电流的关系得

$$\dot{I}_a = \dot{I}_{A'B'} - \dot{I}_{C'A'} = \sqrt{3}\,\dot{I}_{A'B'} \underline{/-30°} = 131.6 \underline{/-53.1°} \text{ A}$$

根据对称性,其他线电流为

$$\dot{I}_b = \dot{I}_a \underline{/-120°} = 131.6 \underline{/-173.1°} \text{ A}$$

$$\dot{I}_c = \dot{I}_a \underline{/+120°} = 131.6 \underline{/-66.9°} \text{ A}$$

目标 2 测评

T7-3　Y 形联结三相电路中,线电流和相电流相等。(　　　)

（a）对　　　　（b）错

T7-4　△形联结三相电路中,线电流和相电流相等。（　　）

（a）对　　　　（b）错

T7-5　Y-Y联结的三相电力系统,线电压 220 V,那么相电压是:（　　）。

（a）381 V　　（b）311 V　　（c）220 V　　（d）156 V　　（e）127 V

T7-6　△-△联结的三相电力系统,线电压 100 V,那么相电压是:（　　）。

（a）58 V　　（b）71 V　　（c）100 V　　（d）173 V　　（e）141 V

7.3 平衡三相电路功率

现在,让我们来分析平衡三相电路的功率计算问题。首先分析对称 Y 形联结的负载吸收的瞬时功率。

Y 形联结的对称负载如图 7-3-1 所示,设其相电压分别是

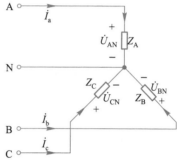

$$\begin{cases} u_{AN} = \sqrt{2}\,U_P \cos \omega t \\ u_{BN} = \sqrt{2}\,U_P \cos(\omega t - 120°) \\ u_{CN} = \sqrt{2}\,U_P \cos(\omega t + 120°) \end{cases} \quad (7-3-1)$$

若 $Z_A = Z_B = Z_C = Z\underline{/\theta}$,其中 θ 是负载的阻抗角,又是各相的功率因数角,则相电流为

图 7-3-1　Y 形联结的对称负载

$$\begin{cases} i_a = \sqrt{2}\,I_P \cos(\omega t - \theta) \\ i_b = \sqrt{2}\,I_P \cos(\omega t - 120° - \theta) \\ i_c = \sqrt{2}\,I_P \cos(\omega t + 120° - \theta) \end{cases} \quad (7-3-2)$$

整个电路总的瞬时功率等于各相的瞬时功率之和,即

$$\begin{aligned} p &= p_a + p_b + p_c = u_{AN} i_a + u_{BN} i_b + u_{CN} i_c \\ &= 2U_P I_P \begin{vmatrix} \cos \omega t \cos(\omega t - \theta) \\ + \cos(\omega t - 120°) \cos(\omega t - \theta - 120°) \\ + \cos(\omega t + 120°) \cos(\omega t - \theta + 120°) \end{vmatrix} \end{aligned} \quad (7-3-3)$$

根据三角函数公式

$$\cos A \cos B = \frac{1}{2}\big[\cos(A+B) + \cos(A-B)\big]$$

将式（7-3-3）整理得

$$p = p_a + p_b + p_c = u_{AN} i_a + u_{BN} i_b + u_{CN} i_c = 3U_P I_P \cos \theta \quad (7-3-4)$$

由式（7-3-3）及式（7-3-4）可知,即使各相的瞬时功率是时变的,平衡三相电路总的瞬时功率是一个不随时间变化的定值。此结论是利用平衡三相电路产

生和分配功率的重要依据之一。下面将进一步对此结论进行分析。

依据 6.6 节的内容,式(7-3-4)又可写为

$$p = 3U_{\mathrm{P}}I_{\mathrm{P}}\cos\theta = 3P_{\mathrm{P}} = P_{\mathrm{T}} \tag{7-3-5}$$

其中,P_{P} 为单相的平均功率。可以得出结论:平衡三相电路总的瞬时功率是恒定的,且等于其平均功率 P,也等于 3 倍的单相平均功率。

类似地,平衡三相电路的无功功率、视在功率、复功率分别为

$$Q_{\mathrm{T}} = 3Q_{\mathrm{P}} = 3U_{\mathrm{P}}I_{\mathrm{P}}\sin\theta \tag{7-3-6}$$

$$S_{\mathrm{T}} = 3U_{\mathrm{P}}I_{\mathrm{P}} \tag{7-3-7}$$

$$\dot{S}_{\mathrm{T}} = P_{\mathrm{T}} + \mathrm{j}Q_{\mathrm{T}} = 3\dot{S}_{\mathrm{P}} = 3\,\dot{U}_{\mathrm{P}}\dot{I}_{\mathrm{P}}^{*} \tag{7-3-8}$$

根据相电压、相电流与线电压、线电流的关系,式(7-3-5)~式(7-3-8)又可写为

$$P_{\mathrm{T}} = \sqrt{3}\,U_{\mathrm{L}}I_{\mathrm{L}}\cos\theta \tag{7-3-9}$$

$$Q_{\mathrm{T}} = \sqrt{3}\,U_{\mathrm{L}}I_{\mathrm{L}}\sin\theta \tag{7-3-10}$$

$$S_{\mathrm{T}} = \sqrt{3}\,U_{\mathrm{L}}I_{\mathrm{L}} \tag{7-3-11}$$

$$\dot{S}_{\mathrm{T}} = \sqrt{3}\,\dot{U}_{\mathrm{L}}\dot{I}_{\mathrm{L}}^{*} \tag{7-3-12}$$

以上有关功率的计算公式是在基于 Y 形联结负载的前提下推导的。可以证明,对于 Δ 形联结的对称负载的平衡三相电路,它们仍然适用。请读者自行证明。

应该指出,只有在三相负载对称的情况下,其瞬时功率才能为恒定值。因此,工程应用中的三相设备,应尽力做到三相阻抗对称。

例 7-3-1

对于图 7-3-2 所示的电路,计算负载消耗的总平均功率和总无功功率。

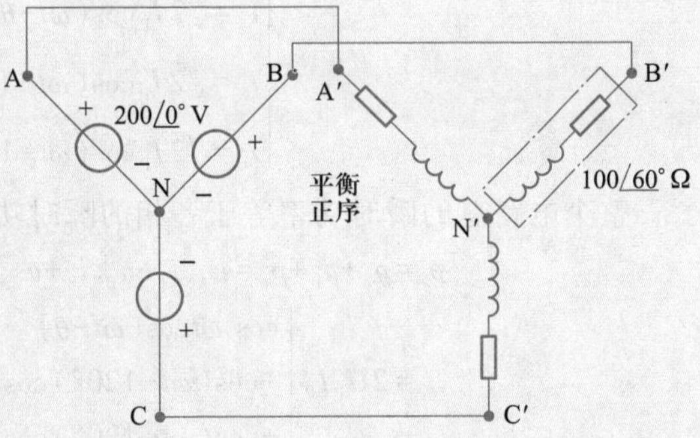

解 图中已给出电源的一相相电压,且是正相序,故三个相电压可表示为

$$\dot{U}_{\mathrm{AN}} = 200\,\underline{/\,0°}\ \mathrm{V}, \quad \dot{U}_{\mathrm{BN}} = 200\,\underline{/\,-120°}\ \mathrm{V},$$

$$\dot{U}_{\mathrm{CN}} = 200\,\underline{/\,120°}\ \mathrm{V}$$

图 7-3-2 所示的电路为平衡三相电路,负载的相电流为

$$\dot{I}_{\mathrm{A'N'}} = \frac{\dot{U}_{\mathrm{AN}}}{Z_{\mathrm{P}}} = \frac{200\,\underline{/\,0°}}{100\,\underline{/\,60°}}\mathrm{A} = 2\,\underline{/\,-60°}\ \mathrm{A}$$

$$\dot{I}_{\mathrm{B'N'}} = \frac{\dot{U}_{\mathrm{BN}}}{Z_{\mathrm{P}}} = \frac{200\,\underline{/\,-120°}}{100\,\underline{/\,60°}}\mathrm{A} = 2\,\underline{/\,-180°}\ \mathrm{A}$$

$$\dot{I}_{\mathrm{C'N'}} = \frac{\dot{U}_{\mathrm{CN}}}{Z_{\mathrm{P}}} = \frac{200\,\underline{/\,120°}}{100\,\underline{/\,60°}}\mathrm{A} = 2\,\underline{/\,60°}\ \mathrm{A}$$

A 相负载消耗的平均功率为

图 7-3-2 Y 形联结的三相三线系统

$$P_{\mathrm{A'N'}} = 200 \times 2\cos(0° + 60°)\ \mathrm{W} = 200\ \mathrm{W}$$

无功功率为

$$Q_{\mathrm{A'N'}} = 200 \times 2\sin(0° + 60°)\ \mathrm{var} = 346\ \mathrm{var}$$

因此,三相负载的平均功率为 600 W,无功功率为 1 038 var。

7.4 非平衡三相电路

在实际三相电路中,接到各相的负载很难使电路成为平衡三相电路。通常,实际的三相电路都是非平衡的。非平衡三相电路一般由两种情况造成:(1) 等效到三相用电设备的电源不对称,即电源提供的各相电压不一样;(2) 负载不对称,即各相的阻抗不一样。为了简化分析,后续内容只研究常见的负载非对称的三相电路,即负载不对称、电源是对称的非平衡三相电路。

对于非平衡三相电路的分析,不能利用平衡三相电路的简化分析方法,而通常只能将三相电路作为有三个激励源的正弦稳态电路,按照上一章方法分析。下面举例说明。

例 7-4-1

如图 7-4-1 所示三相四线制电路,非对称 Y 形联结负载 $Z_A = 15\ \Omega$, $Z_B = (10+j5)\ \Omega$, $Z_C = (6-j8)\ \Omega$,由负相序三相四线制供电,电源相电压有效值为 100 V。假定中性线阻抗可忽略不计。

(1) 求电路的线电流和中性线电流;

(2) 求取消中性线后的线电流以及中性线电压 $\dot{U}_{N'N}$。

解 (1) 以阻抗 Z_A 的相电压 $\dot{U}_{A'N'}$ 为参考相量,按负相序得

$$\dot{U}_{A'N'} = 100\ \underline{/0°}\ \text{V}, \quad \dot{U}_{B'N'} = 100\ \underline{/120°}\ \text{V},$$
$$\dot{U}_{C'N'} = 100\ \underline{/-120°}\ \text{V}$$

中性线阻抗忽略不计,各线电流为

$$\dot{I}_a = \frac{\dot{U}_{A'N'}}{Z_A} = \frac{100\ \underline{/0°}}{15}\text{A} = 6.67\ \underline{/0°}\ \text{A}$$

$$\dot{I}_b = \frac{\dot{U}_{B'N'}}{Z_B} = \frac{100\ \underline{/120°}}{10+j5}\text{A} = 8.94\ \underline{/93.44°}\ \text{A}$$

$$\dot{I}_c = \frac{\dot{U}_{C'N'}}{Z_C} = \frac{100\ \underline{/-120°}}{6-j8}\text{A} = 10\ \underline{/-66.87°}\ \text{A}$$

根据 KCL,得中性线电流

$$\dot{I}_n = -(\dot{I}_a + \dot{I}_b + \dot{I}_c) = 10.06\ \underline{/178.4°}\ \text{A}$$

在此例中,虽然 Y 形联结负载非对称,但中性线使每相电源仍负担相应的一相负载,各负载相电流仍可利用对称的相电压逐相分别计算。中性线承载了 Y 形联结负载的非对称电流。

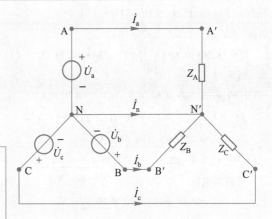

图 7-4-1 例 7-4-1 电路

(2) 取消中性线后,电路如图 7-4-2 所示。设网孔电流 $\dot{I}_A$ 和 $\dot{I}_B$ 如图中所示,则网孔方程为

$$\begin{cases} (Z_A + Z_B)\dot{I}_A - Z_B\dot{I}_B = \dot{U}_a - \dot{U}_b \\ -Z_B\dot{I}_A + (Z_B + Z_C)\dot{I}_B = \dot{U}_b - \dot{U}_c \end{cases} \quad (7\text{-}4\text{-}1)$$

其中

$$Z_A = 15\ \Omega$$
$$Z_B = (10+j5)\ \Omega = 11.18\ \underline{/26.57°}\ \Omega$$
$$Z_C = (6-j8)\ \Omega = 10\ \underline{/-53.13°}\ \Omega$$
$$\dot{U}_a - \dot{U}_b = (100 - 100\ \underline{/120°})\ \text{V} = (150-j86.6)\ \text{V}$$
$$\dot{U}_b - \dot{U}_c = (100\ \underline{/120°} - 100\ \underline{/-120°})\ \text{V} = j173.2\ \text{V}$$

代入式(7-4-1)得

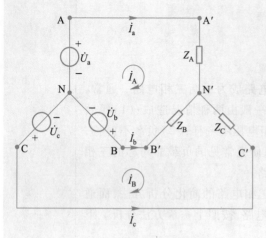

图 7-4-2 取消中性线后电路

$$\begin{cases}(25+j5)\dot I_A-(10+j5)\dot I_B=150-j86.6\\-(10+j5)\dot I_A+(16-j3)\dot I_B=j173.2\end{cases}$$

解得

$$\dot I_A=(3.56+j0.69)\,\text{A},\dot I_B=(-0.30+j12.31)\,\text{A}$$

线电流

$$\dot i_a=\dot I_A=(3.56+j0.69)\,\text{A}=3.63\,\underline{/10.97°}\,\text{A}$$

$$\dot i_b=\dot I_B-\dot I_A=(-3.86+j11.62)\,\text{A}$$
$$=12.24\,\underline{/108.38°}\,\text{A}$$

$$\dot i_c=-\dot I_B=(0.3-j12.31)\,\text{A}=12.31\,\underline{/-88.6°}\,\text{A}$$

负载相电压

$$\dot U_{A'N'}=Z_A\dot i_a=15×3.63\,\underline{/10.97°}\,\text{V}$$
$$=54.45\,\underline{/10.97°}\,\text{V}$$

$$\dot U_{B'N'}=Z_B\dot i_b=11.18\,\underline{/26.57°}×12.24\,\underline{/108.38°}\,\text{V}$$
$$=136.84\,\underline{/134.95°}\,\text{V}$$

$$\dot U_{C'N'}=Z_C\dot i_c=10\,\underline{/-53.13°}×12.31\,\underline{/-88.6°}\,\text{V}$$
$$=123.1\,\underline{/-141.73°}\,\text{V}$$

中性线电压

$$\dot U_{N'N}=\dot U_a-\dot U_{A'N'}=(100\,\underline{/0°}-54.54\,\underline{/10.97°})\,\text{V}$$
$$=47.61\,\underline{/-12.5°}\,\text{V}$$

有中性线时 $\dot U_{N'N}$ 为零,取消中性线后, $\dot U_{N'N}$ 升高至 47.61 V!

图 7-4-3 为图 7-4-1 和图 7-4-2 所示电路的

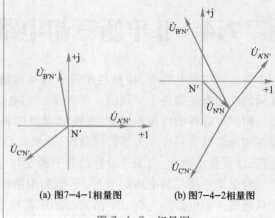

(a) 图7-4-1相量图　　　(b) 图7-4-2相量图

图 7-4-3 相量图

相量图,图 7-4-3(a)中负载中性点 N' 与电源中性点 N 重合,中性点电压 $\dot U_{N'N}$ 为零,三相负载电压对称,有效值相同,相位互差 120°;图(b)中负载中性点 N' 与电源中性点 N 不重合,发生了位移,中性点电压 $\dot U_{N'N}$ 不再为零,这就意味着三相负载电压会出现不对称现象,且不对称的程度与负载中性点位移的程度即中性线电压 $\dot U_{N'N}$ 的大小有关。这种负载中性点 N' 与电源中性点 N 在相量图上不重合的现象称为负载中性点的位移。

本例中 A 相负载电压 $\dot U_{A'N'}$ 过低,从上面的计算可知仅为 54.45 V,而 B 相、C 相电压均过高,分别为 136.84 V 和 123.1 V。负载电压过低,则负载不能正常工作,电压过高,则负载将因过热而被烧毁,且引起负载电压的严重不对称,以中性线断路最为严重。

因此,非平衡三相电路在实际运行时应尽量避免发生负载中性点位移(即中性线电压不为零)的现象。在实际非平衡三相电路中,应尽量采用三相四线制系统,且为防止电路运行时中性线断路,中性线上不允许安装开关或熔断器,中性线应采用机械强度较高、阻抗值尽量小的导线。

综上所述,三相电路可以用三线或四线配置成 Y 形,也可以用三线配置成 Δ 形,如何配置,取决于负载的情况。

7.5 技术实践

7.5.1 家庭配电

图 7-5-1 所示为某家庭简易配电系统示意图。该配电系统中包含了配电箱、断路器、开关、插座、照明及家庭常用的典型电气设备（如洗衣机、烘干机、空调、电热片）等。

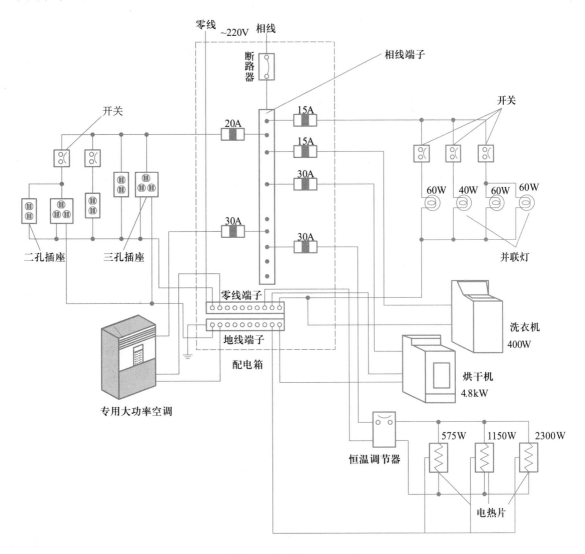

图 7-5-1 家庭配电系统

配电箱中有总断路器、回路断路器、相线、中性线及地线端子。总断路器保护家庭全部用电设备的安全;回路断路器保护各分支用电设备的安全;接线端子实现家用电气设备的配电接线。

家居用电应按照明回路、电源插座回路、专用大功率电器回路分开布线,如图7-5-1所示。这样当其中一个回路出现故障时,其他回路仍可正常供电,不会给正常生活带来过多影响。

照明回路一般包含开关和光源(荧光灯、台灯、节能灯等照明设备)。为防止照明设备相互影响,照明回路应采用并联连接。

插座回路设计有二孔和三孔两种形式的插座,二孔插座接相线和中性线,三孔插座接相线、中性线和地线。小家电,如电吹风、充电器等常采用二孔插座提供电源;大家电,如洗衣机、计算机、壁挂式空调等应采用三孔插座提供电源,以保证人身、设备安全。

专用大功率电器设备,地线应接在其金属外壳上以与地直接相连,防止短路或泄漏电流,如图7-5-1所示。

7.5.2 接地和接零

为了人身安全和电气设备安全工作的需要,要求电气设备采用接地措施。按照接地目的的不同,主要可分为工作接地、保护接地和保护接零,如图 7-5-2 所示。图中的接地体是埋入地下并且直接与大地接触的金属导体。

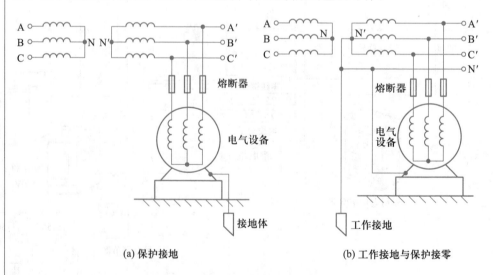

(a) 保护接地   (b) 工作接地与保护接零

图 7-5-2　接地与接零

工作接地是为了保证电力系统的运行安全,将中性点接地的工作方式。保护接地是将电气设备的金属外壳(正常情况下是不带电的)接地,宜用于中性点不接地的低压系统中。保护接零是将电气设备的金属外壳接到中性线(零线)上,宜用于中性点接地的低压系统中。

注意：

（1）对于中性点接地的三相四线制供电系统,不允许采用保护接地,如图7-5-3所示。

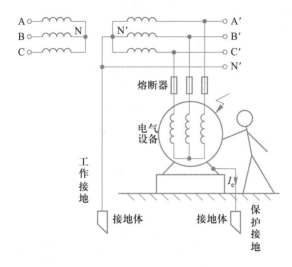

图7-5-3　不正确的接地保护

（2）在同一系统中,不允许同时采用保护接地和保护接零,如图7-5-4所示。

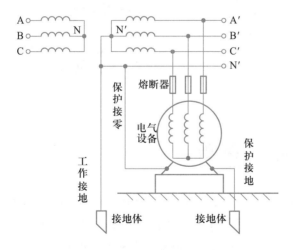

图7-5-4　不正确的接地、接零保护

（3）在图7-5-2(b)所示系统中,为防止当中性线某处发生断线(图7-5-5中×),接在断线后面的所有电气设备发生碰壳短路而造成损坏,需在电源中性点接地外,还要在一定间隔距离及终端进行多次接地,即重复接地,如图7-5-5所示。

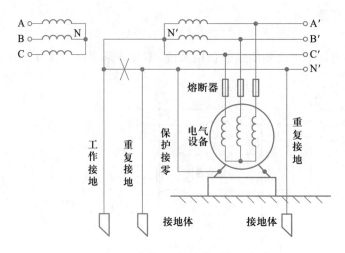

图 7-5-5 工作接地、保护接零与重复接地

例 7-5-1

试分析如图 7-5-3 所示的三相四线制供电系统能否安全供电。设接地体电阻 $R_N = 4\ \Omega$，相电压 $U_P = 220\ V$。

解 若电气设备内部绝缘损坏而使外壳带电，其一相线碰壳时，该相线通过设备外壳再经两个接地体回到电源中性线 N，构成回路，产生的接地电流 I_e 为

$$I_e = \frac{U_P}{2R_N} = 27.5\ A$$

若该接地电流（故障电流）不够大，不足以使电气设备的熔断器或保护装置动作，则接地电流长期存在，电气设备外壳也将长期带电，其对地电压为

$$U_e = I_e R_N = 110\ V$$

这个电压对人体是不安全的。因此该三相四线制系统不能安全供电。

7.5.3 三相功率测量

三相电路的功率是每相功率的总和，因此，对三相功率的测量有其特殊性。

在 6.7 节中已介绍了用功率表测量单相电路平均功率的方法。用一个功率表也可以测量平衡三相电路的平均功率，测得单相功率 P_1 后，有 $P_1 = P_2 = P_3$，则三相功率是功率表读数的三倍。但是，若测量不平衡三相电路功率，则需要用两个或三个单相功率表。

三表法测量功率如图 7-5-6 所示，无论负载是对称的还是不对称的、是 Y 形还是 Δ 形联结都是适用的。对于功率因数经常有变化的三相电路，用三表法测量功率比较合适，三相功率是三个功率表读数之和，即

$$P = P_1 + P_2 + P_3 \tag{7-5-1}$$

图 7-5-6 中的公共参考点 O 在负载是 Y 形联结时,与中性线 N 相连接。在负载为 Δ 形联结时,点 O 可接到任意一相。例如,点 O 接到 B 相上,则功率表 W_2 的电压线圈读数为零,即 $P_2 = 0$,表示 W_2 是不必要的,只要用两个功率表就可以测量三相功率。这种情况实际上就是下面将介绍的二表法。

二表法测量三相功率是最常用的测量法,二表法中的两个功率表必须正确地接到任意两相之中,图 7-5-7 所示为一种典型接法。图中每个功率表的电流线圈测量线电流,而各个电压线圈测量相应的线电压。这样连接后,各个功率表的读数不再是任一相的功率值,不论负载是 Y 形或 Δ 形联结,以及负载是对称的或不对称的,两个表读数之和等于负载吸收的总有功功率。即

$$P = P_1 + P_2 \tag{7-5-2}$$

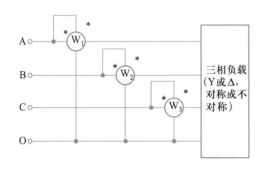

图 7-5-6　三表法测量三相功率

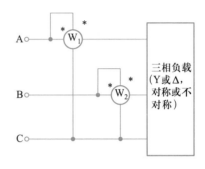

图 7-5-7　二表法测量三相功率

注意:

(1) 当负载功率因数比较低时(对称负载时,小于 0.5),其中有一个可能出现负值,该功率表指针将出现反转,需将电流端钮对换连接,才能读数,这时三相电路总功率 P 的瓦数应为两表读数之差,即两表读数的代数和;

(2) 对于中性线电流不为零的三相四线制系统,二表法测量功率是不适用的,一般采用三表法测量。

例 7-5-2

在如图 7-5-8 所示的三相三线制系统中,证明:(1)三相功率可用二表法测量;(2)三相功率应是两个功率表读数的代数和;(3)三相无功功率是两个功率表读数之差的 $\sqrt{3}$ 倍。

证明　(1) 图 7-5-8 所示是负载星形联结的三相三线制电路,其三相瞬时功率为

$$p = p_A + p_B + p_C = u_A i_A + u_B i_B + u_C i_C$$

由

$$i_A + i_B + i_C = 0$$

得

$$
\begin{aligned}
p &= u_A i_A + u_B i_B + u_C (-i_A - i_B) \\
&= (u_A - u_C) i_A + (u_B - u_C) i_B \\
&= u_{AC} i_A + u_{BC} i_B = p_1 + p_2
\end{aligned}
\tag{7-5-3}
$$

由式(7-5-3)可知,三相功率可用二表法测量。

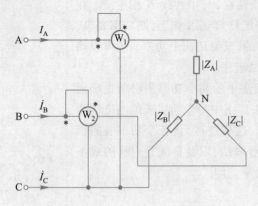

图 7-5-8 二表法测量三相功率

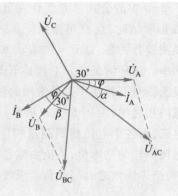

图 7-5-9 对称负载星形
联结时的相量图

（2）在图 7-5-8 中，第一个功率表 W_1 的读数为

$$P_1 = \frac{1}{T}\int_0^T u_{AC}i_A\,dt = U_{AC}I_A\cos(\varphi_{u_{AC}} - \varphi_{i_A})$$

$$= U_{AC}I_A\cos\alpha \qquad (7-5-4)$$

第二个功率表 W_2 的读数为

$$P_2 = \frac{1}{T}\int_0^T u_{BC}i_B\,dt = U_{BC}I_B\cos(\varphi_{u_{BC}} - \varphi_{i_B})$$

$$= U_{BC}I_B\cos\beta \qquad (7-5-5)$$

当负载对称时，由图 7-5-9 所示的相量图可知，两功率表的读数为

$$P_1 = U_{AC}I_A\cos\alpha = U_LI_L\cos(30°-\varphi)$$
$$\qquad (7-5-6)$$

$$P_2 = U_{BC}I_B\cos\beta = U_LI_L\cos(30°+\varphi)$$
$$\qquad (7-5-7)$$

两功率表的读数之和为

$$P = P_1+P_2 = U_LI_L\cos(30°-\varphi) + U_LI_L\cos(30°+\varphi)$$

$$= \sqrt{3}\,U_LI_L\cos\varphi \qquad (7-5-8)$$

由式（7-5-8）可知，当 $\varphi = 0$ 时，$P_1 = P_2$；当 $\varphi > 60°$ 时，$P_2 < 0$，这时，三相功率等于 W_1 的读数减去 W_2 的读数，即

$$P = P_1+(-P_2) = P_1-P_2$$

由此可知，三相功率应是两个功率表读数的代数和，其中任意一个功率表的读数没有意义。

（3）由式（7-5-6）和式（7-5-7）知

$$P_1-P_2 = U_LI_L\cos(30°-\varphi) - U_LI_L\cos(30°+\varphi)$$

$$= U_LI_L[\cos(30°-\varphi) - \cos(30°+\varphi)]$$

$$= U_LI_L(\cos\varphi\cos30° - \sin\varphi\sin30° -$$
$$\cos\varphi\cos30° - \sin\varphi\sin30°)$$

$$= -2U_LI_L\sin\varphi\sin30° = -U_LI_L\sin\varphi$$
$$\qquad (7-5-9)$$

由式（7-3-10）及式（7-5-9）知

$$Q = \sqrt{3}\,U_LI_L\sin\theta = \sqrt{3}(P_2-P_1)$$

由此可知，三相无功功率恰好是两个功率表读数之差的 $\sqrt{3}$ 倍。

7.6 计算机辅助分析

第 7 章 工程例题（相序检测）

　　应用前面几节的分析方法，可以计算 Δ 形联结或 Y 形联结三相电路的电压或者电流。在实际应用中，很多时候，我们仅仅需要得到各相负载的功率，或者三相电源的总功率和功率因数，如果仍然按照定义去计算整个系统的各个电路变量，然后再计算功率和功率因数，则计算过程将显得十分繁琐。这时我们可以利用

EWB 提供的功率表得到功率和功率因数的值,下面将说明如何通过仿真得到三相电路中各相负载或者电源的总功率及功率因数。

仿真电路的建立:在 EWB 的元件库中的 source 类中,有 Δ 形联结和 Y 形联结两种三相电源,可以根据需要直接选取并设置,与其他电路元件一起可以构成任意形式的三相电路。两种三相电源的主要参数设置如图 7-6-1(a)、(b)所示。

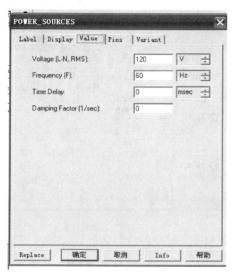 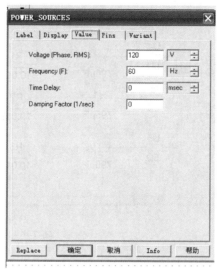

(a) Y形联结   (b) Δ形联结

图 7-6-1 三相电源的参数设置

从图中可以看出,两种三相电源都有四个参数,其区别在于第一个参数。对于 Y 形联结,第一个参数表示线电压(有效值);对于 Δ 形联结,第一个参数表示相电压(有效值)。其余三个参数都相同,其中第二个参数表示电源频率,第三个参数表示延迟时间,可以通过该参数来设置三相电源的初相位,第四个参数为衰减系数,一般不用。

功率表:EWB 为用户提供了与实际功率表相似的虚拟仪表,它包含两个线圈,四个端子,其中一对端子用于测量流过被测支路的电流,另一对端子用于测量该支路的端电压,则该支路吸收的功率及功率因数将显示出来,其测量方法与实际功率表完全一致。EWB 中的功率表见图 7-6-2。

图 7-6-2 功率表

例 7-6-1

求图 7-2-5(a)所示电路每个负载(即阻抗(10+j8)Ω)上消耗的功率。

解 电路见图 7-2-5(a),为了构建该电路模型,需要将各阻抗用元件代替,即(5-j2)Ω 用电阻和电容串联替代,(10+j8)Ω 用电阻和电感串联替代。设三相电源的频率为 100 Hz,据此可计算电容和电感的参数分别为 796 μF 和 12.7 mH,则在 EWB 中建立仿真模型如图 7-6-3 所示。

选择菜单 Simulate-Run 或者按快捷键 F5,仿真完毕,双击功率计(即图中的"XWM1"),将显示该负载消耗的有功功率和对应的功率因数,如图 7-6-4 所示。

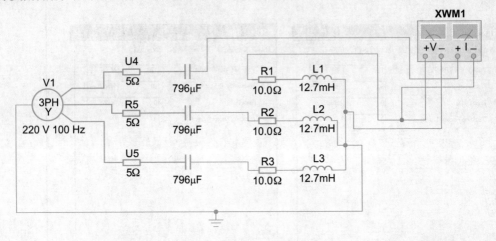

图 7-6-3 例 7-6-1 仿真电路

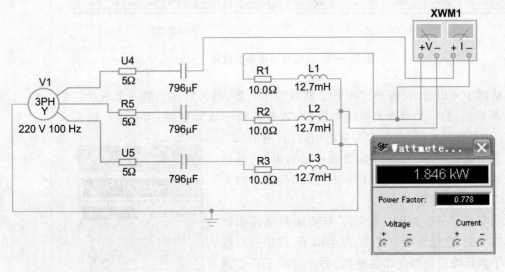

图 7-6-4 例 7-6-1 仿真结果

本章小结

1. 平衡三相电源是频率相同、幅值相同、相位互差 120° 的三相交流电源。相序是三相发电机相电压随时间到达最大值的次序。电源的 ABC 相序(也称为正序)是指 A 相电压超前于 B 相 120°,B 相超前于 C 相 120°。ACB 相序(也称为负序)是指 A 相电压超前于 C 相 120°,C 相超前于 B 相 120°。

2. 平衡三相负载是三个阻抗相同的负载连接成星形或三角形的负载。

3. 平衡三相电路最简单的分析计算方法是将三相电源和负载转换为 Y-Y 联结,然后取一相等效电路进行分析,最后根据对称性和相、线电压,电流幅值,相位关系获取其他相结果。

4. 三相电路中,线电流是从电源流向负载的传输线中的电流,相电流是流过每相负载的电流;线电压是两条传输线之间的电压,相电压是三相电路每一相的电压。

对 Y 形联结的负载

$$U_{\rm L} = \sqrt{3}\, U_{\rm P} \ \text{及} \ I_{\rm L} = I_{\rm P}$$

对 Δ 形联结的负载

$$U_{\rm L} = U_{\rm P} \ \text{及} \ I_{\rm L} = \sqrt{3}\, I_{\rm P}$$

5. 平衡三相电路中的瞬时功率等于平均功率。无论 Y 形联结还是 Δ 形联结,平衡三相电路吸收的复功率为

$$\tilde{S} = P + \mathrm{j}Q = \sqrt{3}\, U_{\rm L} I_{\rm L} \underline{/\varphi}$$

其中 φ 为负载的阻抗角。

6. 非平衡三相电路可以采用结点法或网孔法进行分析。

基础与提高题

P7-1　平衡三相电路中,已知相电压 $\dot{U}_{\rm A'N'} = 160 \underline{/30°}$ V,$\dot{U}_{\rm C'N'} = 160 \underline{/-90°}$ V,则相序是? 并求 $\dot{U}_{\rm B'N'}$ 的值。

P7-2　已知三相电路的线电压分别是 $\dot{U}_{\rm AB} = 420 \underline{/0°}$ V,$\dot{U}_{\rm BC} = 420 \underline{/-120°}$ V,$\dot{U}_{\rm CA} = 420 \underline{/120°}$ V,求相电压 $\dot{U}_{\rm A'N'}$,$\dot{U}_{\rm B'N'}$ 和 $\dot{U}_{\rm C'N'}$ 的值。

P7-3　Y-Y 联结三相电路如图 P7-3 所示,求线电流、线电压及负荷电压。

P7-4　求如图 P7-4 所示电路的线电流。

P7-5　Y-Y 联结的三相四线电力系统,相电压分别是 $\dot{U}_{\rm A'N'} = 120 \underline{/0°}$ V,$\dot{U}_{\rm B'N'} = 120 \underline{/-120°}$ V,$\dot{U}_{\rm C'N'} = 120 \underline{/120°}$ V,每相负荷阻抗 $(19+\mathrm{j}13)$ Ω,每相线路阻抗 $(1+\mathrm{j}2)$ Ω,求线电流及中性线电流。

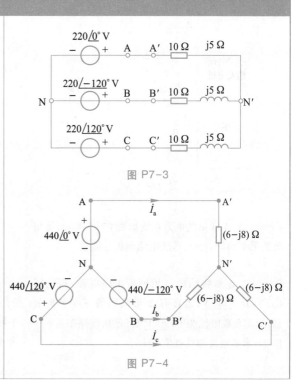

图 P7-3

图 P7-4

P7-6 Y-△ 联结的电力系统如图 P7-6 所示,已知 $Z_\Delta = 60 \underline{/45°}$ Ω,求线电流。

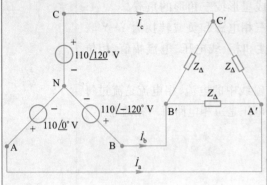

图 P7-6

P7-7 Y-△ 联结的平衡三相电力系统,相序为正相序,$\dot{U}_{A'N'} = 120 \underline{/0°}$ V,连接三相平衡负载,每相负载阻抗为 $Z_\Delta = (9+j12)$Ω,每相线路阻抗 $Z_L = (1+j0.5)$Ω,求负载上的相电压和相电流。

P7-8 如图 P7-8 所示,已知 $\dot{U}_{A'N'} = 440 \underline{/60°}$ V,求负载相电流 $\dot{I}_{A'B'}$,$\dot{I}_{B'C'}$ 及 $\dot{I}_{C'A'}$ 的值。

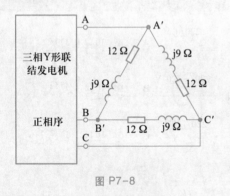

图 P7-8

P7-9 △-△ 联结的电力系统如图 P7-9 所示,每相负载阻抗(12+j9)Ω,求线电流和相电流。

P7-10 △ 形联结的三相平衡正序电源,相电压 $\dot{U}_{AB} = 416 \underline{/30°}$ V,若接有 △ 形联结的三相平衡负载,每相负载阻抗为 $60 \underline{/30°}$ Ω,每相线路阻抗(1+j1)Ω,求相电流和线电流。

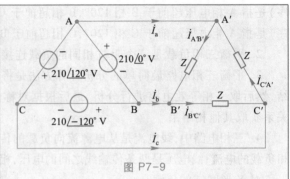

图 P7-9

P7-11 电路如图 P7-11 所示,已知 $\dot{U}_{AB} = 440 \underline{/10°}$ V,$\dot{U}_{BC} = 440 \underline{/250°}$ V,$\dot{U}_{CA} = 440 \underline{/130°}$ V,求线电流。

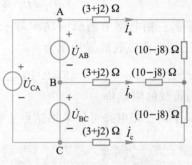

图 P7-11

P7-12 平衡三相电路如图 P7-12 所示,已知 $\dot{U}_{AB} = 125 \underline{/0°}$ V,求线电流。

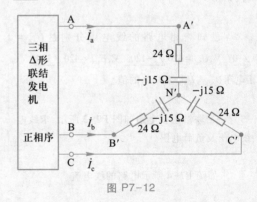

图 P7-12

P7-13 △ 形联结的三相发电机电源带有 Y 形联结的平衡负载,每相负载阻抗 $30 \underline{/-60°}$ Ω,若发电机线电压为 400 V,相序为正序,求负载上的线电流和相电压。

P7-14　电路如图 P7-14 所示,求每相负载上吸收的有功功率。

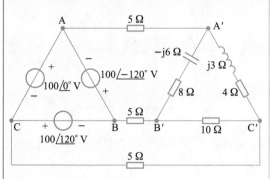

图 P7-14

P7-15　平衡三相发电机向 Y 形联结的负载输送 7.2 kW 的功率,每相负载阻抗(30−j40)Ω,求负载上的线电流和线电压。

P7-16　电路如图 P7-16 所示,已知 $Z_A = (6-j8)\,\Omega$, $Z_B = (12+j9)\,\Omega$, $Z_C = 15\,\Omega$, 求线电流。

P7-17　Y 形联结的三相平衡发电机电源相电压 $U_P = 220$ V,带有 Y 形联结的不平衡负载, $Z_{AN} = (60+j80)\,\Omega$, $Z_{BN} = (100-j120)\,\Omega$, $Z_{CN} = (30+j40)\,\Omega$, 求所有负载上吸收的复功率。

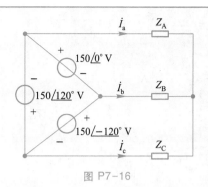

图 P7-16

P7-18　600 V、ACB 线路有阻抗为 $60\underline{/20°}\,\Omega$ 的平衡 Δ 形负载,用二功率表法接入两个功率表,电流线圈在 B 和 C 线中,求功率表读数。

P7-19　三相对称负载接入配电线路,如图 P7-19 所示,负载分别是变压器、电动机和未知负载。

　　变压器参数:12 kV·A,功率因数 0.6。

　　电动机参数:16 kV·A,功率因数 0.8。

　　若线电压 220 V,线电流 120 A,总功率因数 0.95,试确定未知负载。

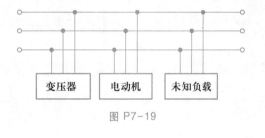

图 P7-19

工程题

P7-20　在图 P7-20 所示电路中,端点 A,B 分别接在(a)X 和 Y;(b)X 和 Z;(c)Y 和 Z。试确定三种情况下功率表的读数(指出是否需要反接两个连接点)。

P7-21　(a)确定如图 P7-21 所示电路的两个功率表的读数,其中 $\dot{U}_A = 100\underline{/0°}$ V, $\dot{U}_B = 50\underline{/90°}$ V, $Z_A = (10-j10)\,\Omega$, $Z_B = (8+j6)\,\Omega$, $Z_C = (30+j10)\,\Omega$。

　　(b)它们的读数是否等于三个负载获取的总功率?用适当的仿真验证你的答案。

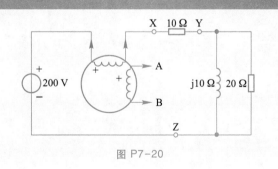

图 P7-20

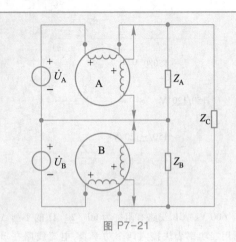

图 P7-21

P7-22　对于图 P7-22 中的电路,如何用下面两种方法测量负载所吸收的功率:(a)三表法;(b)二表法。

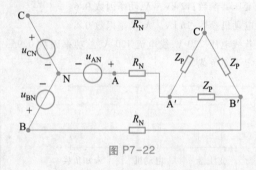

图 P7-22

P7-23　对于图 P7-23 中的电路,如何用下面两种方法测量负载所吸收的功率:(a)三表法;(b)二表法。

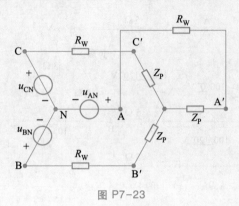

图 P7-23

第8章 耦合电感和理想变压器

本章将要介绍两类电路元件:耦合电感和理想变压器。前面我们学习了电感元件,其磁通完全由自身电流产生,这种磁通称为自感磁通。而耦合电感和变压器涉及磁场的耦合,其磁通既包含自感磁通也包含互感磁通。在正弦稳态下,对含有这两类元件的电路的分析仍可采用前面学习的相量法。

教学目标

知识
- 深刻理解互感现象,掌握互感现象的数学描述方法。建立自感电压、互感电压、互感系数、耦合系数、同名端等概念。
- 掌握互感电路的分析计算方法。
- 掌握空心变压器、自感变压器、铁心变压器和理想变压器的工作原理及性能特点和各自的应用,掌握含有变压器电路的分析计算方法。

能力
- 对生活、工作中常见的互感问题进行分析和计算。
- 根据工程问题需要正确选择变压器,并进行相关的分析计算。
- 应用实验法测定变压器的同名端。

引例 | 变压器

变压器是工程上常用的电气设备之一,它既可用于电力系统的电压变换,也可用于信号处理电路的信号隔离、耦合和阻抗匹配等,图8-0-1所示为典型的电力变压器和信号变换变压器。例如,在电力系统中,发电厂生产的电能通常由三相升压变压器升压后经输电线远距离传输,再经降压变压器降压输送到用户端。

变压器是如何实现升压或降压的? 加入变压器对电路有何影响? 根据实际需要,该如何选择不同类型的变压器、设计变压器电路呢?

(a) 电力变压器　　　　　　　　(b) 信号变换变压器

图 8-0-1　变压器示意图

8.1 耦合电感元件

耦合线圈在电子工程、通信工程和测量仪器等方面都有广泛的应用,将耦合线圈的电路模型抽象出来,就是耦合电感。

随时间变化的电场产生磁场,随时间变化的磁场产生电场,两者互为因果,形成交变电磁场。当给两个相邻电感(或"线圈")中的一个电感通以时变电流时,在第二个电感元件两端感应出开路电压,在电磁学上称此现象为互感应,并称此感应开路电压为互感电压;把具有互感现象的两个电感元件称为磁耦合元件。

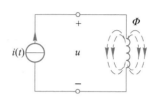

图 8-1-1 线圈通电产生磁通

假设一个电感线圈的匝数为 N,当其中通以电流 i,则电感线圈可产生的磁通为 Φ,如图 8-1-1 所示。由法拉第定律可知,感应电压 u 为

$$u = N \frac{\mathrm{d}\Phi}{\mathrm{d}t} \tag{8-1-1}$$

式(8-1-1)可以表示为

$$u = N \frac{\mathrm{d}\Phi}{\mathrm{d}i} \times \frac{\mathrm{d}i}{\mathrm{d}t} \tag{8-1-2}$$

令

$$L = N \frac{\mathrm{d}\Phi}{\mathrm{d}i} \tag{8-1-3}$$

则式(8-1-2)可以表示为

$$u = L \frac{\mathrm{d}i}{\mathrm{d}t} \tag{8-1-4}$$

式(8-1-3)中的 L 被称为自感系数,式(8-1-4)就是电感元件 VCR 的微分形式。

假设两个自感系数为 L_1、L_2 的电感线圈,线圈 1 的匝数为 N_1,线圈 2 的匝数为 N_2,如图 8-1-2 所示。

流过线圈 1 的电流为 i_1,该电流分别在线圈 1 和线圈 2 中产生磁通 Φ_{11} 和 Φ_{21};且 $\Phi_{21} < \Phi_{11}$,其中 Φ_{11} 称为线圈 1 的自感磁通,Φ_{21} 称为耦合磁通或互感磁通(本节中磁通、互感电压等量采用双下标。其规定为:第一个下标表示该量所在线圈的编号;第二个下标表示产生该量的原因所在线圈的编号)。对应的磁链为自磁链 $\Psi_{11} = \Phi_{11} N_1$,互磁链 $\Psi_{21} = \Phi_{21} N_2$。

同理,电流 i_2 流过线圈 2,将分别在线圈 2 和线圈 1 中产生磁通 Φ_{22} 和 Φ_{12},并且 $\Phi_{12} < \Phi_{22}$,Φ_{22} 称为线圈 2 的自感磁通,Φ_{12} 称为耦合磁通或互感磁通。对应的磁链为自磁链 $\Psi_{22} = \Phi_{22} N_2$ 和互磁链 $\Psi_{12} = \Phi_{12} N_1$。

当两线圈上都有电流时,穿越每一线圈的磁链可以看成是自磁链和互磁链的

互感电压的产生过程

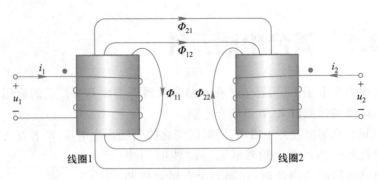

图 8-1-2　耦合电感（磁通相互加强）

代数和。所以，线圈 1、线圈 2 的磁链分别是

$$\Psi_1 = \Psi_{11} + \Psi_{12} \tag{8-1-5}$$

$$\Psi_2 = \Psi_{22} + \Psi_{21} \tag{8-1-6}$$

线圈 1 中的自感电压 u_{11} 为

$$u_{11} = \frac{\mathrm{d}\Psi_{11}}{\mathrm{d}t} = N_1 \frac{\mathrm{d}\Phi_{11}}{\mathrm{d}t} = N_1 \frac{\mathrm{d}\Phi_{11}}{\mathrm{d}i} \cdot \frac{\mathrm{d}i_1}{\mathrm{d}t} = L_1 \frac{\mathrm{d}i_1}{\mathrm{d}t} \tag{8-1-7}$$

线圈 2 中的互感电压 u_{21} 为

$$u_{21} = \frac{\mathrm{d}\Psi_{21}}{\mathrm{d}t} = N_2 \frac{\mathrm{d}\Phi_{21}}{\mathrm{d}t} = N_2 \frac{\mathrm{d}\Phi_{21}}{\mathrm{d}i_1} \cdot \frac{\mathrm{d}i_1}{\mathrm{d}t} = M_{21} \frac{\mathrm{d}i_1}{\mathrm{d}t} \tag{8-1-8}$$

线圈 2 中的自感电压 u_{22} 为

$$u_{22} = \frac{\mathrm{d}\Psi_{22}}{\mathrm{d}t} = N_2 \frac{\mathrm{d}\Phi_{22}}{\mathrm{d}t} = N_2 \frac{\mathrm{d}\Phi_{22}}{\mathrm{d}i_2} \cdot \frac{\mathrm{d}i_2}{\mathrm{d}t} = L_2 \frac{\mathrm{d}i_2}{\mathrm{d}t} \tag{8-1-9}$$

线圈 1 中的互感电压 u_{12} 为

$$u_{12} = \frac{\mathrm{d}\Psi_{12}}{\mathrm{d}t} = N_1 \frac{\mathrm{d}\Phi_{12}}{\mathrm{d}t} = N_1 \frac{\mathrm{d}\Phi_{12}}{\mathrm{d}i_2} \cdot \frac{\mathrm{d}i_2}{\mathrm{d}t} = M_{12} \frac{\mathrm{d}i_2}{\mathrm{d}t} \tag{8-1-10}$$

式（8-1-8）中 M_{21} 为线圈 1 与线圈 2 之间的互感系数，简称互感。

对于线性耦合电感，可以证明：$M_{12} = M_{21} = M$，互感的单位与自感相同，为亨[利]（H）。互感系数 M 的大小与两线圈的匝数、几何尺寸和相对位置有关，而与电流无关。互感系数 M 说明了一个线圈中的电流在另一个线圈中建立磁场的能力。M 越大则说明这种能力越强。如果 M 为常数且不随时间和电流变化，则称为线性时不变互感。

由于磁通 $\Phi_{12} \leqslant \Phi_{22}$、$\Phi_{21} \leqslant \Phi_{11}$，则有

$$M^2 = M_{12} M_{21} = N_1 \frac{\mathrm{d}\Phi_{12}}{\mathrm{d}i_2} \times N_2 \frac{\mathrm{d}\Phi_{21}}{\mathrm{d}i_1} \leqslant N_1 \frac{\mathrm{d}\Phi_{11}}{\mathrm{d}i_1} \times N_2 \frac{\mathrm{d}\Phi_{22}}{\mathrm{d}i_2} = L_1 L_2$$

$$M \leqslant \sqrt{L_1 L_2} \tag{8-1-11}$$

因此引入耦合系数（coefficient of coupling）k 的概念，令

$$k = \frac{M}{\sqrt{L_1 L_2}} \tag{8-1-12}$$

k 反映了两电感线圈耦合的紧密程度,由式(8-1-11)、式(8-1-12)可以看出 $0 \leqslant k \leqslant 1$。当 $k=0$ 时,两个线圈之间没有耦合;$k=1$ 时,两个线圈之间为全耦合;$k>0.5$ 时为紧耦合;$k<0.5$ 时为松耦合。在电子电路和电力系统中,为了有效地传输信号或功率,一般采用紧耦合。在实际的电气设备中有时也需要减小互感的作用,以避免线圈之间的干扰,此时可以合理布置线圈的相对位置,使之为松耦合。耦合系数 k 的大小与线圈的结构、两个线圈的相对位置以及周围磁介质的性质有关。

耦合电感中一个电感线圈的电流发生变化,会在自身线圈中产生自感电压,在相邻电感线圈中产生互感电压,互感电压的参考方向与本线圈的电流和端电压的参考方向无关,而取决于它在另一线圈所产生磁通的参考方向。若已知电感线圈的位置与线圈的绕向,设定各电感线圈的电流为 i_1、i_2,则可根据右手螺旋法则判断自磁通与互磁通是相互加强的还是相互削弱的。

实际中耦合电感的线圈大多数是密封的,不能直接得知线圈的绕向。电路中为了简便,也经常不画出线圈绕向,因而无法确定磁通的参考方向。那么现实中如何判定互感电压的参考方向呢?工程中采用标记线圈端子的方法,这种方法称为同名端法(corresponding terminals)。规定,当两电流分别从各线圈的某端子流入(或"流出")时,若产生的磁通相互加强,则称这两个端子为耦合电感的同名端,用"·"或"＊"表示。在图 8-1-3 中,a 端和 c 端互为同名端,标记"·",而不带标记的 b 端和 d 端也互为同名端,a 和 d 端或 b 和 c 端则为非同名端(或称为"异名端")。

如果不知道耦合电感线圈的绕行方向,则可以通过实验来判定同名端。如图 8-1-4 所示,当开关闭合时,线圈 1 的电流从 a 端流入,此时若电压表的指针是正偏,说明在线圈 2 上的互感电压的正极在 c 端,从而可知 a 端与 c 端为同名端。若电压表的指针是反偏,说明在线圈 2 上的互感电压的正极在 d 端,从而可知 a 端与 d 端为同名端。

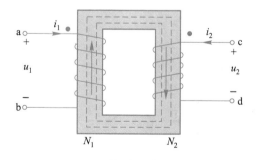

图 8-1-3　耦合电感的同名端

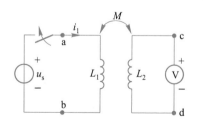

图 8-1-4　实验法判定耦合
电感线圈的同名端

≡ 8.2 耦合电感的电压、电流关系

图 8-2-1 与图 8-1-2 所示的耦合电感不同,图 8-1-2 中的磁通是相互加强的,可用图 8-2-2(a)所示的电路模型来表示;而图 8-2-1 中的磁通是相互削弱的,可用图 8-2-2(b)所示的模型来表示。模型中电压 u_1 与 i_1、u_2 与 i_2 均为关联参考方向。

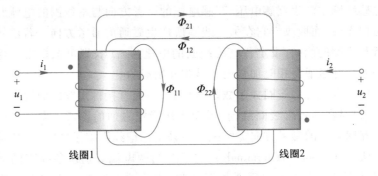

线圈1   线圈2

图 8-2-1 耦合电感(磁通相互削弱)

在图 8-2-2(a)所示的耦合电感的模型中,由于电流 i_1、i_2 经过耦合电感时,产生的磁通是相互加强的,根据电磁感应定律则有

$$\begin{cases} u_1 = u_{11} + u_{12} = L_1 \dfrac{\mathrm{d}i_1}{\mathrm{d}t} + M \dfrac{\mathrm{d}i_2}{\mathrm{d}t} \\[3mm] u_2 = u_{21} + u_{22} = M \dfrac{\mathrm{d}i_1}{\mathrm{d}t} + L_2 \dfrac{\mathrm{d}i_2}{\mathrm{d}t} \end{cases} \tag{8-2-1}$$

同理,在图 8-2-2(b)所示的耦合电感的模型中,由于电流 i_1、i_2 经过耦合电感时,产生的磁通是相互削弱的,根据电磁感应定律则有

$$\begin{cases} u_1 = u_{11} - u_{12} = L_1 \dfrac{\mathrm{d}i_1}{\mathrm{d}t} - M \dfrac{\mathrm{d}i_2}{\mathrm{d}t} \\[3mm] u_2 = -u_{21} + u_{22} = -M \dfrac{\mathrm{d}i_1}{\mathrm{d}t} + L_2 \dfrac{\mathrm{d}i_2}{\mathrm{d}t} \end{cases} \tag{8-2-2}$$

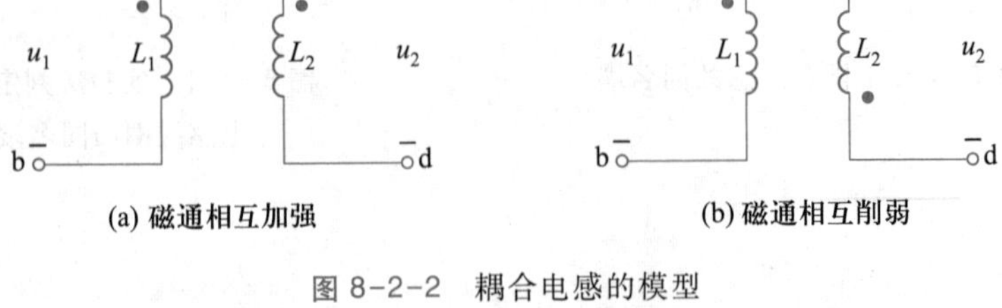

(a) 磁通相互加强   (b) 磁通相互削弱

图 8-2-2 耦合电感的模型

电感线圈中的互感现象可以用附加受控电压源来表征。图 8-2-2(a)、图 8-2-2(b)所示的耦合电感可以等效为图 8-2-3(a)、图 8-2-3(b),通过这种方式将耦合电感变为普通的电感和受控电压源串联。需要注意的是受控电压源(即互感电压)的极性如何确定。此时可采用电流与该电流产生的互感电压相对于同名端一致的原则来判断,即:电流从耦合电感线圈的一个同名端流入,则在另一个线圈产生的互感电压正极在该线圈的同名端。例如,在图8-2-2(a)所示的耦合电感模型中,电流 i_1 从线圈 1 的同名端流入,则该电流在线圈 2 中产生的互感电压正极位于线圈 2 的同名端,因此互感电压极性如图 8-2-3(a)所示。同理可知图 8-2-2(b)所示的耦合电感模型中,电流 i_1 在线圈 2 中产生的互感电压正极位于线圈 2 的同名端,因此互感电压极性如图 8-2-3(b)所示。

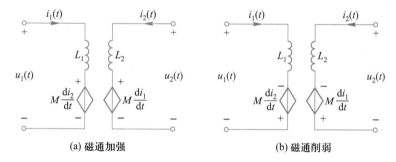

(a) 磁通加强　　　　　　　　(b) 磁通削弱

图 8-2-3　耦合电感时域等效电路模型

式(8-2-1)与式(8-2-2)为耦合电感 VCR 的时域表达形式。如果是正弦电流与电压,则可以写出耦合电感 VCR 的相量形式,即式(8-2-3)与式(8-2-4)。耦合电感的无感等效受控源电路如图 8-2-4 所示。

$$\begin{cases} \dot{U}_1 = j\omega L_1\, \dot{I}_1 + j\omega M\, \dot{I}_2 \\ \dot{U}_2 = j\omega M\, \dot{I}_1 + j\omega L_2\, \dot{I}_2 \end{cases} \quad (8-2-3)$$

$$\begin{cases} \dot{U}_1 = j\omega L_1\, \dot{I}_1 - j\omega M\, \dot{I}_2 \\ \dot{U}_2 = -j\omega M\, \dot{I}_1 + j\omega L_2\, \dot{I}_2 \end{cases} \quad (8-2-4)$$

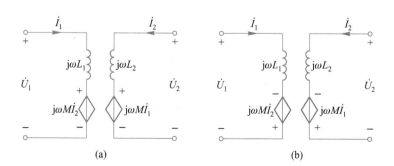

(a)　　　　　　　　　　(b)

图 8-2-4　耦合电感的无感等效受控源电路

8.3　耦合电感的去耦等效

正弦稳态电路中若含有互感,其计算方法仍然是根据基尔霍夫定律的相量形式列出电路方程,但应注意在列写 KVL 方程时还要计入互感电压。如果将含互感的电路变换为无互感的等效电路,则会大大简化计算过程。无互感等效电路有两种:一种是用受控源替代互感电压所得电路称为无互感等效受控源电路,如图 8-2-4 所示;另一种是去掉耦合,消去互感,变换为几个无互感的电感,这种变换方法称为去耦法或互感消去法,其等效电路称为去耦等效电路或无互感等效电路。

本节将介绍耦合电感的串、并联和 T 形连接以及其去耦等效电路。

1. 耦合电感的串联等效

两个耦合电感串联有两种连接方式——顺接串联和反接串联。

顺接串联:电流从两耦合电感的同名端流进(或流出)称为顺接串联,如图 8-3-1(a)所示。

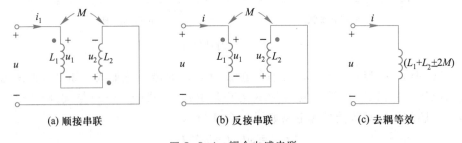

(a) 顺接串联　　　　　(b) 反接串联　　　　　(c) 去耦等效

图 8-3-1　耦合电感串联

根据 KVL,顺接串联时有

$$u = u_1 + u_2 = L_1\frac{\mathrm{d}i}{\mathrm{d}t} + M\frac{\mathrm{d}i}{\mathrm{d}t} + M\frac{\mathrm{d}i}{\mathrm{d}t} + L_2\frac{\mathrm{d}i}{\mathrm{d}t} = (L_1 + L_2 + 2M)\frac{\mathrm{d}i}{\mathrm{d}t} = L'\frac{\mathrm{d}i}{\mathrm{d}t} \quad (8-3-1)$$

式中

$$L' = L_1 + L_2 + 2M \quad (8-3-2)$$

这表明耦合电感顺接串联单口网络,就端口而言,可等效为一个电感元件,其等效电感为 $L' = L_1 + L_2 + 2M$,如图 8-3-1(c)所示。

反接串联:电流从两耦合电感的异名端流进(或流出)称为反接串联,如图 8-3-1(b)所示。

根据 KVL,反接串联时有

$$u = u_1 + u_2 = L_1\frac{\mathrm{d}i}{\mathrm{d}t} - M\frac{\mathrm{d}i}{\mathrm{d}t} - M\frac{\mathrm{d}i}{\mathrm{d}t} + L_2\frac{\mathrm{d}i}{\mathrm{d}t} = (L_1 + L_2 - 2M)\frac{\mathrm{d}i}{\mathrm{d}t} = L''\frac{\mathrm{d}i}{\mathrm{d}t} \quad (8-3-3)$$

与顺接串联类似,耦合电感反接串联的单口网络,就端口而言,可以等效为一个电感,其等效电感为 $L'' = L_1 + L_2 - 2M$,如图 8-3-1(c)所示。

通过耦合电感的顺接串联与反接串联,可以测互感系数 M,即

$$M = \frac{L' - L''}{4} \qquad (8-3-4)$$

L' 和 L'' 可用交流电桥测出其值,这也是实际测量互感的一种方法。

例 8-3-1

图 8-3-2 所示电路,$\omega = 100$ rad/s,$U = 220$ V,求电流 $\dot{I}$。

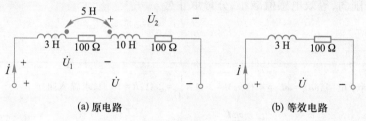

(a) 原电路   (b) 等效电路

图 8-3-2 例 8-3-1 电路

解 图示电路中两个电感为反接串联,因此等效电感为

$$L = L_1 + L_2 - 2M = (3 + 10 - 2 \times 5)\,\text{H} = 3\text{H},$$ 等效电路为图 8-3-2(b),其中 200 Ω 的电阻是图 8-3-2(a) 中两个 100 Ω 电阻串联所得。

设 $\dot{U} = 220\,\underline{/0°}$,支路电流

$$\dot{I} = \frac{\dot{U}}{Z} = \frac{220\,\underline{/0°}}{200 + j\omega L} = \frac{220\,\underline{/0°}}{200 + j \times 100 \times 3}\text{A}$$

$$= 0.61\,\underline{/-56.31°}\ \text{A}$$

请读者自己求解图 8-3-2(a)中的电压 $\dot{U}_1$、$\dot{U}_2$。

2. 耦合电感的并联等效

耦合电感的并联也有两种方式——同侧并联和异侧并联,如图 8-3-3 所示。

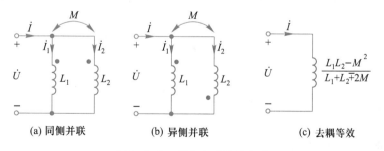

(a) 同侧并联   (b) 异侧并联   (c) 去耦等效

图 8-3-3 耦合电感并联电路

同侧并联:耦合电感两个线圈的同名端相联,如图 8-3-3(a)所示。

异侧并联:耦合电感两个线圈的异名端相联,如图 8-3-3(b)所示。

根据 KVL,有

$$\dot{U} = j\omega L_1 \dot{I}_1 \pm j\omega M \dot{I}_2$$
$$\dot{U} = j\omega L_2 \dot{I}_2 \pm j\omega M \dot{I}_1$$

注意:同侧并联时取"+"号,异侧并联时取"-"号。

根据 KCL $\qquad\qquad\qquad \dot{i} = \dot{i}_1 + \dot{i}_2$

联立求解,得

$$Z = \frac{\dot{U}}{\dot{i}} = j\omega \frac{L_1 L_2 - M^2}{L_1 + L_2 \mp 2M}$$

由此得到等效电感为

$$L = \frac{L_1 L_2 - M^2}{L_1 + L_2 \mp 2M} \qquad\qquad (8-3-5)$$

当线圈同侧并联时,磁场增强,等效电感值增大,分母取负号;异侧并联时,磁场削弱,等效电感值减小,分母取正号。

例 8-3-2

图 8-3-4 所示电路,$\omega L_1 = \omega L_2 = 4\ \Omega,\omega M = 2\ \Omega,\dfrac{1}{\omega C} = 2\ \Omega,R = 10\ \Omega$,求输入阻抗 Z。

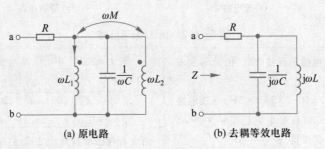

图 8-3-4　例 8-3-2 电路

解　由图知耦合电感为同侧并联,因此去耦等效电感值为 $L = \dfrac{L_1 L_2 - M^2}{L_1 + L_2 - 2M}$,又利用已知条件,分子分母同乘以 ω^2 得

$$L = \frac{L_1 L_2 - M^2}{L_1 + L_2 - 2M} = \frac{\omega L_1 \times \omega L_2 - (\omega M)^2}{(\omega L_1 + \omega L_2 - 2\omega M) \times \omega}$$

$$= \frac{4 \times 4 - 2^2}{(4 + 4 - 2 \times 2) \times \omega} = \frac{12}{4\omega}$$

所以

$$\omega L = 3\ \Omega$$

作去耦等效电路,如图 8-3-4(b)所示,输入阻抗为

$$Z = 10 + \frac{j\omega L \times \left(-j\dfrac{1}{\omega C}\right)}{j\omega L - j\dfrac{1}{\omega C}} = \left[10 + \frac{j3 \times (-j2)}{j3 - j2}\right]\ \Omega$$

$$= (10 - j6)\ \Omega$$

---

3. 耦合电感的 T 形等效

T 形连接也有两种情况:同侧 T 形连接和异侧 T 形连接。

同侧 T 形连接:两个线圈同名端连接在一起成为公共端,构成 T 形结构,如图 8-3-5(a)所示。

根据 KCL

$$\dot{i}_1 + \dot{i}_2 = \dot{i}_3$$

写出两个端口电压电流关系为

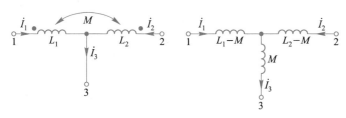

(a) 同侧T形连接　　　　　　(b) 去耦等效

图 8-3-5　同侧 T 形连接及去耦等效电路

$$\dot{U}_{13} = j\omega L_1 \dot{I}_1 + j\omega M \dot{I}_2 = j\omega L_1 \dot{I}_1 + j\omega M (\dot{I}_3 - \dot{I}_1) = j\omega (L_1 - M) \dot{I}_1 + j\omega M \dot{I}_3$$
$$(8-3-6)$$

$$\dot{U}_{23} = j\omega L_2 \dot{I}_2 + j\omega M \dot{I}_1 = j\omega L_2 \dot{I}_2 + j\omega M (\dot{I}_3 - \dot{I}_2) = j\omega (L_2 - M) \dot{I}_2 + j\omega M \dot{I}_3$$
$$(8-3-7)$$

由式(8-3-6)和式(8-3-7)可以画出等效电路,如图 8-3-5(b)所示。三个电感的自感系数分别为(L_1-M)、(L_2-M)和 M,彼此间已无耦合。

异侧 T 形连接:与同侧 T 形连接对应,两个线圈异名端连接在一起成为公共端,构成 T 形结构,如图 8-3-6(a)所示。

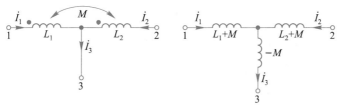

(a) 异侧T形连接　　　　　　(b) 去耦等效

图 8-3-6　异侧 T 形连接及去耦等效电路

此时,端口处及电路结点的电压电流关系为

$$\dot{I}_1 + \dot{I}_2 = \dot{I}_3$$
$$\dot{U}_{13} = j\omega L_1 \dot{I}_1 - j\omega M \dot{I}_2 = j\omega (L_1 + M) \dot{I}_1 - j\omega M \dot{I}_3 \qquad (8-3-8)$$
$$\dot{U}_{23} = j\omega L_2 \dot{I}_2 - j\omega M \dot{I}_1 = j\omega (L_2 + M) \dot{I}_2 - j\omega M \dot{I}_3 \qquad (8-3-9)$$

由式(8-3-8)和式(8-3-9)可以画出去耦等效电路如图 8-3-6(b)所示。三个电感的自感系数为(L_1+M)、(L_2+M)和$(-M)$,彼此间已无耦合。

例 8-3-3

图 8-3-7(a)所示正弦稳态电路,已知 $u_s(t) = 4\cos(2t+45°)$ V,$L_1 = L_2 = 1.5$ H,$M = 0.5$ H,$C = 0.25$ F,负载 $R_L = 1$ Ω,求负载吸收的平均功率。

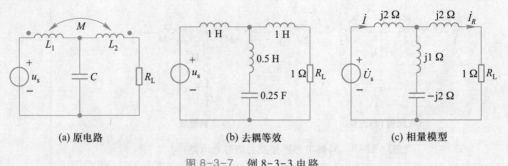

图 8-3-7 例 8-3-3 电路

解 由图 8-3-7(a)知耦合电感为同侧 T 形连接,其去耦等效电路如图 8-3-7(b)所示,三个电感的自感系数分别为 $L_1-M=L_2-M=(1.5-0.5)$H 和 $M=0.5$ H。

去耦等效电路的相量模型如图 8-3-7(c)所示,有

$$\dot{I}=\frac{\dot{U}_s}{Z}=\frac{2\sqrt{2}\,\underline{/45°}}{j2+\dfrac{(1+j2)(j1-j2)}{(1+j2)+(j1-j2)}}\text{A}=4\,\underline{/0°}\ \text{A}$$

负载支路电流

$$\dot{I}_R=\dot{I}\times\frac{j1-j2}{j1-j2+j2+1}=2\sqrt{2}\,\underline{/-135°}\ \text{A}$$

负载吸收的平均功率

$$P_R=I^2R=8\times1\ \text{W}=8\ \text{W}$$

4. 一次、二次等效电路

图 8-3-8(a)所示耦合电感电路,与激励相连的线圈称为一次线圈,旧称初级线圈或原边线圈;与负载相连的线圈称为二次线圈,旧称次级线圈或副边线圈。这也是空心变压器的电路模型图。

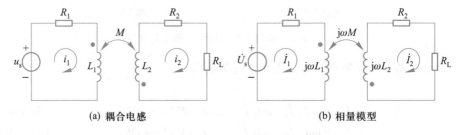

图 8-3-8 耦合电感及相量模型

一次线圈和二次线圈所对应的回路,分别称为一次回路和二次回路。设回路电流分别为 i_1 和 i_2。电路的相量模型如图 8-3-8(b)所示。根据 KVL,有

$$\begin{cases}(R_1+j\omega L_1)\dot{I}_1+j\omega M\dot{I}_2=\dot{U}_s\\ j\omega M\dot{I}_1+(j\omega L_2+R_2+R_L)\dot{I}_2=0\end{cases} \tag{8-3-10}$$

设 $Z_{11}=R_1+j\omega L_1$,Z_{11} 为一次回路的自阻抗;$Z_{22}=j\omega L_2+R_2+R_L$,$Z_{22}$ 为二次回路的自阻抗;$Z_{12}=j\omega M$,是二次回路对一次回路的互阻抗,$Z_{21}=j\omega M$,反映一次回路对二次回路的互阻抗。因此,式(8-3-10)可以写成

$$\begin{cases} Z_{11}\dot{I}_1 + Z_{12}\dot{I}_2 = \dot{U}_s \\ Z_{21}\dot{I}_1 + Z_{22}\dot{I}_2 = 0 \end{cases} \qquad (8\text{-}3\text{-}11)$$

若电流 i_1 和 i_2 均从同名端流入（或流出），磁通相互增强，则互阻抗前取"+"；若电流 i_1 和 i_2 从异名端流入（或流出），磁通相互减弱，则互阻抗前应取"−"，即 $Z_{12} = Z_{21} = -j\omega M$。

（1）一次等效电路

由式（8-3-11），得

$$\dot{I}_1 = \frac{\begin{vmatrix} \dot{U}_s & Z_{12} \\ 0 & Z_{22} \end{vmatrix}}{\begin{vmatrix} Z_{11} & Z_{12} \\ Z_{21} & Z_{22} \end{vmatrix}} = \frac{\dot{U}_s}{Z_{11} + \dfrac{\omega^2 M^2}{Z_{22}}} \qquad (8\text{-}3\text{-}12)$$

$$\dot{I}_2 = -\frac{Z_{21}}{Z_{22}}\dot{I}_1 \qquad (8\text{-}3\text{-}13)$$

令 $Z_{\text{ref}} = \dfrac{\omega^2 M^2}{Z_{22}}$，称为二次回路对一次回路的反映阻抗（reflected impedance），体现了二次回路的存在对一次回路的影响。

由此，式（8-3-12）可以表示为

$$\dot{I}_1 = \frac{\dot{U}_s}{Z_{11} + Z_{\text{ref}}} \qquad (8\text{-}3\text{-}14)$$

由式（8-3-14）得一次等效电路如图 8-3-9 所示。只要确定电流 $\dot{I}_1$ 的参考方向从激励正极流出，即使不知道互感线圈的同名端，也可以根据式（8-3-14）计算一次电流。由图 8-3-9 还可得输入阻抗为

$$Z_i = \frac{\dot{U}_1}{\dot{I}_1} = Z_{11} + Z_{\text{ref}} = Z_{11} + \frac{\omega^2 M^2}{Z_{22}} \qquad (8\text{-}3\text{-}15)$$

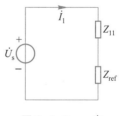

图 8-3-9　一次等效电路

请读者思考，如果负载开路，那么输入阻抗会是多少？

（2）二次等效电路

将二次回路的负载开路，求所得单口网络的戴维宁等效电路，如图 8-3-10（a）所示。

开路电压 $\qquad\qquad \dot{U}_{\text{oc}} = -j\omega M\,\dot{I}_{1o}$

其中，$\dot{I}_{1o}$ 是二次开路时一次电流

$$\dot{I}_{1o} = \frac{\dot{U}_s}{Z_{11}} = \frac{\dot{U}_s}{R_1 + j\omega L_1} \qquad (8\text{-}3\text{-}16)$$

$\dot{U}_{\text{oc}}$ 表示了一次电流 $\dot{I}_1$ 通过互感在二次线圈中产生的感应电压，该电压在二次回路产生电流 $\dot{I}_2$。

运用外施电源法求等效阻抗 Z_o，如图 8-3-10（c）所示，设 cd 端电压为 $\dot{U}$，端

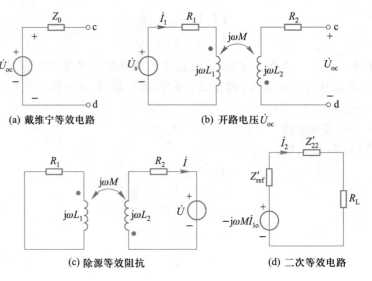

(a) 戴维宁等效电路　　　　(b) 开路电压 $\dot{U}_{\text{oc}}$

(c) 除源等效阻抗　　　　(d) 二次等效电路

图 8-3-10　二次等效电路

电流为 $\dot{I}$,按照式(8-3-15)有

$$Z_o = Z'_{22} + \frac{\omega^2 M^2}{Z_{11}} = R_2 + j\omega L_2 + Z'_{\text{ref}} \qquad (8-3-17)$$

其中

$$Z'_{\text{ref}} = \frac{\omega^2 M^2}{Z_{11}} \qquad (8-3-18)$$

Z'_{ref} 称为一次回路对二次回路的反映阻抗,同样反映了一次回路的存在对二次回路的影响。最后,接入负载 R_L,画出戴维宁等效电路,即为二次等效电路,如图 8-3-10(d)所示。

二次回路电流

$$\dot{I}_2 = \frac{-j\omega M \dot{I}_{1o}}{Z'_{22} + Z'_{\text{ref}} + R_L} \qquad (8-3-19)$$

细心的读者会发现,图 8-3-8 中原电路一次、二次回路电流均是从同名端流入,最后得到戴维宁等效电路中电源 $\dot{U}_{\text{oc}} = -j\omega M \dot{I}_{1o}$,如果两电流从异名端流入,那么得到的戴维宁等效电路中的电源又该如何呢? 请读者思考。

例 8-3-4

电路如图 8-3-11 所示,已知:$L_1 = 5$ H,$L_2 = 1.2$ H,$M = 1$ H,$u_s(t) = 10\sqrt{2}\cos(10t)$ V,求负载 R 为何值时可获得最大功率?

解　要求最大功率问题,需断开负载,求输出阻抗。根据式(8-3-17),有

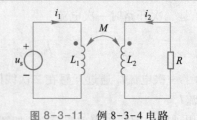

图 8-3-11　例 8-3-4 电路

$$Z_o = Z'_{22} + Z'_{ref} = j\omega L_2 + \frac{\omega^2 M^2}{Z_{11}}$$

$$= \left(j10 \times 1.2 + \frac{10^2 \times 1^2}{j10 \times 5}\right)\Omega = (j12 - j2)\Omega = j10\ \Omega$$

当负载与输出阻抗达到等模匹配时,可获得最大功率,即

$$R = |Z_o| = |j10|\Omega = 10\ \Omega$$

目标 1 测评

T8-1 耦合电感如图 T8-1 所示,互感电压极性是( )。

T8-2 耦合电感如图 T8-2 所示,互感电压极性是( )。

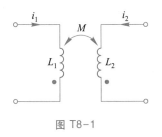 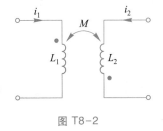

图 T8-1   图 T8-2

T8-3 耦合电路中,$L_1 = 2$ H,$L_2 = 8$ H,$M = 3$ H,则耦合系数是( )。

(a) 0.187 5　　　(b) 0.75　　　(c) 1.333　　　(d) 5.333

8.4 理想变压器

变压器是一种常用的器件,其在电路中的作用是通过磁场耦合传输能量或信号。尽管变压器种类很多,就其耦合紧密程度通常可以分为空心变压器和铁心变压器两种。它们的主要区别是:空心变压器绕制两个线圈的心架是非铁磁性材料,而铁心变压器的心架是铁磁性材料。空心变压器的耦合系数小,属于松耦合;铁心变压器的耦合系数大,接近于 1,属于紧耦合。无论空心变压器还是铁心变压器,在对其电路进行分析时都可采用 8.2 节的电路模型。工程应用中,为了简化计算,对紧耦合的铁心变压器常采用理想变压器近似。

理想变压器(ideal transformer)是实际铁心变压器抽象出来的理想化模型,这种抽象须满足三个理想化条件。

(1)全耦合:耦合系数 $k = 1$。

(2)参数无穷大:自感系数 L_1,L_2 无穷大且 L_1/L_2 等于常数。如果由式(8-1-12)并考虑条件(1),可知 $M = \sqrt{L_1 L_2}$ 也为无穷大。

(3)无损耗:即线圈没有阻值,电导率趋于无穷大,心架的磁导率趋于无穷大。

实际的变压器并不能达到以上三个理想化条件,无法制造出理想变压器。那么理想变压器的模型有什么意义?事实上,工厂在制造变压器时,从选材到工艺都力求满足这三个理想化条件。例如:采用高绝缘层的漆包线通过紧绕、密绕和双线绕,

并对外实施磁屏蔽,来实现理想化条件 1(全耦合);绕足够多匝数的线圈来实现理想化条件 2(参数无穷大);选用电导率高的金属导线绕制线圈,磁导率高的硅钢片按叠式结构做铁心,来实现理想化条件 3(无损耗)。

这样做的优点是,在电路总能量不变的前提下,尽可能减少变压器的不必要损耗,达到能量的全部转化,实现变压、变流和变阻抗的目的。另外在一些工程估算中,如计算变压比、变流比等,在工程允许的误差范围内,可以把实际变压器当做理想变压器,以简化工程计算。

理想变压器的主要性能

理想变压器的一、二次电感值 L_1、L_2 与一、二次线圈的匝数 N_1、N_2 有如下关系

$$\sqrt{\frac{L_1}{L_2}} = \frac{N_1}{N_2} = n \tag{8-4-1}$$

n 表示一次和二次线圈匝数之比,称为变比(transformation ratio)或匝比(turns ratio),是理想变压器的重要参数。理想变压器的电路符号如图 8-4-1 所示。

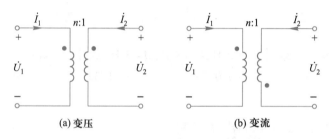

(a) 变压　　　　　　　　　　(b) 变流

图 8-4-1　理想变压器变压、变流关系

1. 变压关系

设 u_1,u_2 参考极性的"+"极(或"-"极)在同名端,如图 8-4-1(a)所示,则理想变压器一、二次电压之比为匝比

$$u_1 = nu_2 \quad 或 \quad \dot{U}_1 = n\dot{U}_2 \tag{8-4-2}$$

反之,若 u_1,u_2 参考极性的"+"极(或"-"极)在异名端,如图 8-4-1(b)所示,则电压之比为负的匝比

$$u_1 = -nu_2 \quad 或 \quad \dot{U}_1 = -n\dot{U}_2 \tag{8-4-3}$$

2. 变流关系

当两个线圈的电流 i_1,i_2 都从同名端流入(或流出)时,如图 8-4-1(a)所示,i_1、i_2 之比为负的匝比,即

$$\frac{i_1}{i_2} = -\frac{N_2}{N_1} = -\frac{1}{n} \quad 或 \quad \frac{\dot{I}_1}{\dot{I}_2} = -\frac{1}{n} \tag{8-4-4}$$

若 i_1、i_2 的参考方向从变压器的异名端流入,如图 8-4-1(b)所示,则 i_1、i_2 的关系为

$$\frac{i_1}{i_2} = \frac{N_2}{N_1} = \frac{1}{n} \quad 或 \quad \frac{\dot{I}_1}{\dot{I}_2} = \frac{1}{n} \tag{8-4-5}$$

3. 变阻抗关系

理想变压器有变压、变流的特性,还有变换阻抗的特性。

如图 8-4-2(a)所示,二次侧接负载 Z_L,从一次侧看其输入阻抗为

$$Z_i = \frac{\dot{U}_1}{\dot{I}_1} = n^2 Z_L \qquad (8-4-6)$$

$n^2 Z_L$ 即为二次侧折合至一次侧的等效阻抗,称为折合阻抗(referred impedance)。

如图 8-4-2(b)所示,一次侧有阻抗 Z_S 时,从二次侧看其输出阻抗为

$$Z_o = \frac{\dot{U}_2}{\dot{I}_2} = \frac{1}{n^2} Z_S \qquad (8-4-7)$$

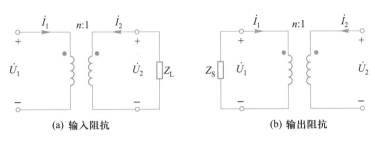

(a) 输入阻抗　　　　　　　　(b) 输出阻抗

图 8-4-2　理想变压器阻抗变换特性

理想变压器的阻抗变换关系不受同名端位置影响。它的阻抗变换性质,只改变原阻抗大小,不改变阻抗性质,即当负载阻抗为感性时变换到一次侧的阻抗也是感性的;负载阻抗为容性时,变换到一次侧的阻抗也为容性的。

由式(8-4-6)可知,当接有负载阻抗时,改变变压器的匝比 n,会影响输入阻抗的值。在实际应用中,可以通过这样的方式,实现与电源内阻的匹配,从而在负载上获得最大功率。

例 8-4-1

电路如图 8-4-3 所示,已知 $\dot{U}_o = 10 \underline{/0°}$ V,求 $\dot{U}_s$。

解　由图 8-4-3 知

$$\dot{I}_2 = \frac{\dot{U}_o}{2} = \frac{10 \underline{/0°}}{2} \text{ A} = 5 \underline{/0°} \text{ A}$$

在二次回路中,由 KVL 有

$$\dot{U}_2 = (2-j2) \times \dot{I}_2 = (2-j2) \times 5 \underline{/0°} \text{ V} = 10(1-j) \text{ V}$$

由理想变压器的变压关系,有

$$\dot{U}_1 = \frac{1}{2} \dot{U}_2 = \frac{1}{2} \times 10(1-j) \text{ V} = 5(1-j) \text{ V}$$

由理想变压器的变流关系,有

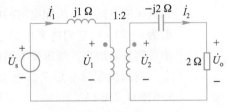

图 8-4-3　例 8-4-1 电路

$$\dot{I}_1 = 2\dot{I}_2 = 2 \times 5 \underline{/0°} \text{ A} = 10 \underline{/0°} \text{ A}$$

在一次回路,由 KVL,有

$$\dot{U}_s = j1 \times \dot{I}_1 + \dot{U}_1 = (j10+5-j5) \text{ V} = (5+j5) \text{ V} = 5\sqrt{2} \underline{/45°} \text{ V}$$

目标 2 测评

　　T8-4　理想变压器如图 T8-4 所示,已知 $N_1 : N_2 = 10$,那么 u_2/u_1 是(　　)。

　　(a) 10　　　　　(b) 0.1　　　　(c) -0.1　　　　(d) -10

　　T8-5　理想变压器如图 T8-5 所示,已知 $N_1 : N_2 = 10$,那么 i_2/i_1 是(　　)。

　　(a) 10　　　　　(b) 0.1　　　　(c) -0.1　　　　(d) -10

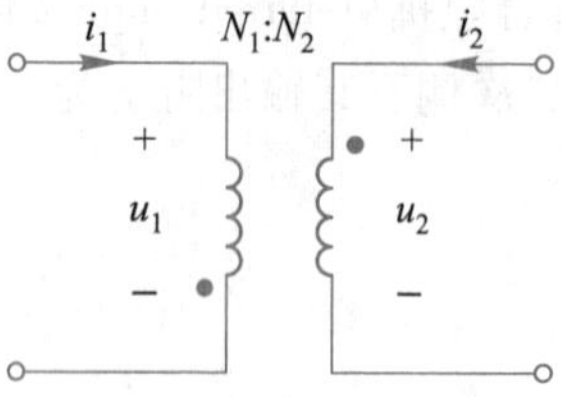

图 T8-4 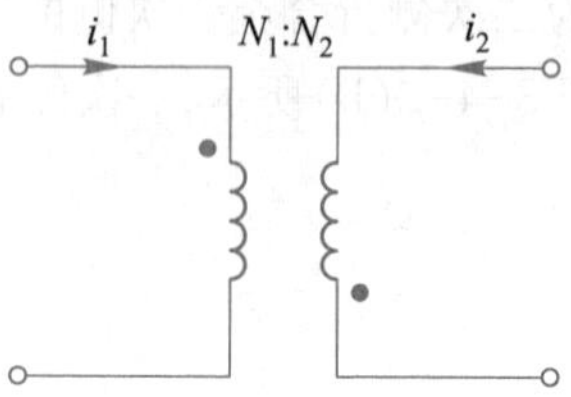　　　　　　　　　　　　　图 T8-5

8.5　技术实践

8.5.1　电力变压器

　　变压器是电力网中的重要设备,其主要功能是升高或降低电压,以利于电能的合理输送、分配和使用。

　　电力网由输电网和配电网组成。输电网主要是将远离负荷中心的发电厂的大量电能经过变压器升压,通过高压输电线路送到邻近负载中心的枢纽变电站,同时,输电网还有联络相邻电力系统和联系相邻变电站的作用,或向某些容量特大的用户直接供电。输电网的额定电压通常为 220～750 kV 或更高。配电网可分高压、中压和低压配电网。高压配电网的电压一般为 35～110 kV 或更高,中压配电网的电压一般为 6～20 kV,它们将来自变电站的电能分配到众多的配电变压器,以及直接供应中等容量的用户。低压配电网的电压为 380/220 V,用于向数量很大的小用户供电。

　　我国国家标准规定的电力网络的电压等级有 0.38、3、6、10、35、63、110、220、330、500、750 kV。

例 8-5-1

　　某工厂从电力系统中的某一变电站获得 10 kV 电压进线,厂车间所需电压为 0.4 kV,因此需用变压器降压。设车间的总负荷为 1 350 kV·A,其中重要负荷容量为 680 kV·A。试确定所需变压器的台数和容量。

解　为了满足对重要负荷供电的可靠性要求,一般选择两台变压器。

任一台变压器单独运行时,要满足 60%～70% 的负荷,即

$$S_N = (0.6～0.7) \times 1\,350\ V \cdot A = 810～945\ kV \cdot A$$

且任一台变压器应满足 $S_N \geqslant 680\ kV \cdot A$。因此,可选两台容量均为 $1\,000\ kV \cdot A$ 的变压器,具体型号为 S9-1 000/10。该变压器为三相油浸式电力变压器,其额定容量为 $1\,000\ kV \cdot A$,高压为 10 kV,低压为 0.4 kV。

8.5.2 隔离变压器

两个装置之间没有实际的电流连接时,称为电隔离。变压器的能量转换是靠一次侧和二次侧之间的磁耦合,它们之间没有物理连接,所以变压器是电隔离的。工程上常利用此特性实现信号的隔离,以消除干扰。

图 8-5-1 所示为一整流电路:整流器将交流电源转换为直流电源,变压器用在电路中可以将交流电源耦合到整流器中。这里的变压器起两个作用:升压或降压,以及在交流电源与整流器之间实现电隔离,这样,可以有效降低整流器对电源的高频污染。

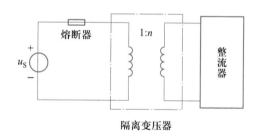

图 8-5-1　用于隔离交流电源与整流器的变压器

在多级电子放大器的级与级之间常常采用变压器实现信号耦合,避免前一级的直流电压影响后一级的直流偏置。放大器的每一级都有各自的直流偏置电压,使电子器件按一定的模式工作,直流偏置是电子放大电路正常工作的必要条件。图 8-5-2 所示电路,使用变压器后,直流电压源不会产生磁耦合,只有交流信号由前级通过变压器耦合到后级。在无线通信设备或电视接收机中,变压器常用于高频放大器各级之间的隔离和耦合。若变压器只作为隔离之用,其匝数比为 1,即隔离变压器的 $n = 1$。

在高电压测量中,如图 8-5-3 所示,要测量图中的供电高压 110 kV,直接用电压表接在高压两端显然是不安全的。用变压器既隔离了高压电源又降低电压至安全等级。随后用电压表测量变压器二次电压,并结合它的匝数比就能确定一次侧的高压大小了。

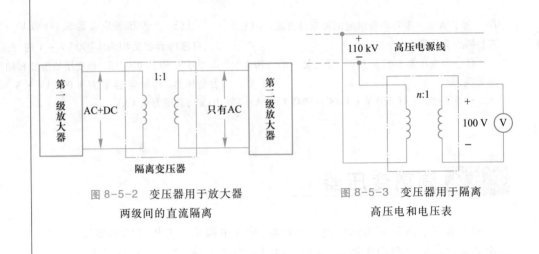

图 8-5-2 变压器用于放大器
两级间的直流隔离

图 8-5-3 变压器用于隔离
高压电和电压表

例 8-5-2

确定图 8-5-4 所示负载两端的电压。

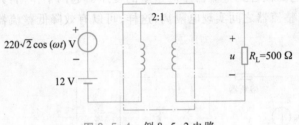

图 8-5-4 例 8-5-2 电路

解 用叠加定理求负载电压,当直流源单独作用时,如图 8-5-5(a)所示。由于变压器的隔直作用,直流源产生的负载电压为零,即

$$u' = 0 \text{ V}$$

交流源单独作用时,如图 8-5-5(b)所示,有

$$\dot{U}'' = \frac{1}{2} \times \dot{U}_1 = \frac{1}{2} \times 220 \underline{/0°} \text{ V} = 110 \underline{/0°} \text{ V}$$

即

$$u'' = 110\sqrt{2} \cos(\omega t) \text{ V}$$

由叠加定理得负载的电压为

$$u = u' + u'' = 110\sqrt{2} \cos(\omega t) \text{ V}$$

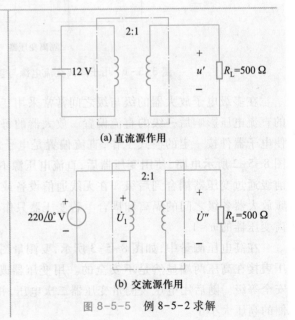

(a) 直流源作用

(b) 交流源作用

图 8-5-5 例 8-5-2 求解

8.5.3 变压器用做阻抗匹配

最大功率传输到负载的条件是负载电阻 R_L 必须与信号源内阻 R_S 相匹配,而在大多数情况下,R_L 和 R_S 是不匹配的,且多为不能改变的固定值。采用变压器可实现负载电阻与信号源内阻的匹配,这个过程称为阻抗匹配。例如,扬声器的电阻只有几欧,而音频功率放大器的输出电阻通常是几千欧,所以将扬声器接到音频功放时,需要接入变压器,以达到最大功率传输的目的。

考虑图 8-5-6 所示电路,理想变压器将负载阻抗反映到一次侧的比例因子是 n^2,即反映阻抗为 R_L/n^2,要实现阻抗匹配必须

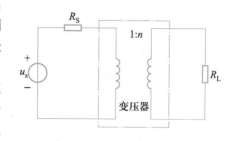

图 8-5-6 变压器用于阻抗匹配

$$R_S = \frac{R_L}{n^2} \tag{8-5-1}$$

选择适当的匝数比 n,就能满足上述匹配要求。

例 8-5-3

图 8-5-7 所示理想变压器匹配放大电路与扬声器,以便使扬声器的功率最大。放大器的戴维宁(输出)阻抗是 128 Ω,扬声器的内阻抗为 8 Ω,试确定变压器的匝数比。

解 用戴维宁等效电路取代放大器,并将扬声器阻抗 $Z_L = 8\ \Omega$ 反映到理想变压器的一次侧,得到图 8-5-8

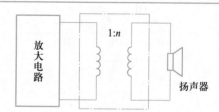

图 8-5-7 用理想变压器使扬声器与放大器匹配

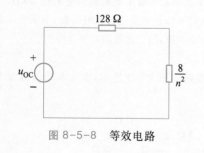

图 8-5-8 等效电路

所示电路,由最大功率传输得匝数比为

$$\frac{8}{n^2} = 128 \Rightarrow n = \frac{1}{4} = 0.25$$

本章小结

1. 两个线圈之间存在互感应是指各自的磁通穿过对方线圈,此时两线圈的互

感系数为

$$M = k\sqrt{L_1 L_2} \quad \text{其中 } k \text{ 为耦合系数}, 0 < k < 1。$$

2. 如果 u_1、i_1 为线圈一的电压和电流，u_2、i_2 为线圈二的电压和电流，那么

$$u_1 = L_1 \frac{\mathrm{d}i_1}{\mathrm{d}t} \pm M \frac{\mathrm{d}i_2}{\mathrm{d}t} \text{ 及 } u_2 = L_2 \frac{\mathrm{d}i_2}{\mathrm{d}t} \pm M \frac{\mathrm{d}i_1}{\mathrm{d}t}$$

3. 含有耦合电感电路分析的关键是去耦等效，常用的等效方法为根据连接关系去耦等效和用受控电压源模型等效。

4. 变压器是一个含有两个或两个以上耦合线圈的四端电气设备，它常用来实现电压、电流及阻抗的变换，并实现一、二次侧的直流隔离。

5. 理想变压器是对铁心变压器的理想化等效。具有以下变换关系：

$$U_2 = nU_1, I_2 = \frac{1}{n}I_1, Z_{\mathrm{ref}} = \frac{1}{n^2}Z_{\mathrm{L}}$$

其中，$n = N_2/N_1$，N_1、N_2 分别为变压器一次与二次线圈的匝数。

基础与提高题

P8-1 三线圈耦合如图 P8-1 所示，计算等效电感。

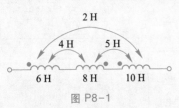

图 P8-1

P8-2 求图 P8-2 所示电路的同名端，并用等效法求等效感抗。

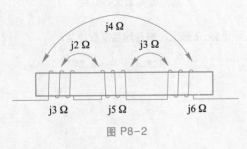

图 P8-2

P8-3 电路如图 P8-3 所示，求电压 $\dot{U}_{\mathrm{o}}$。

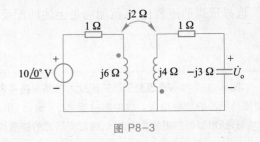

图 P8-3

P8-4 某音响系统输出级的输出电阻是 2 kΩ，用输出变压器来对 6 Ω 扬声器进行电阻匹配，如果变压器的一次线圈有 400 匝，问二次线圈有多少匝？

P8-5 电路如图 P8-5 所示，求 a、b 端的戴维宁等效电路。

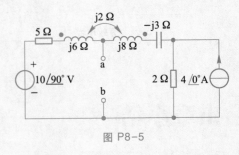

图 P8-5

P8-6 电路如图 P8-6 所示,求 a、b 端的诺顿等效电路。

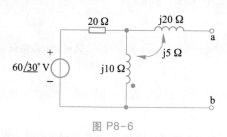

图 P8-6

P8-7 求图 P8-7 所示耦合电路的同名端,并求 10 Ω 容抗的电容器两端的电压 $\dot{U}$。

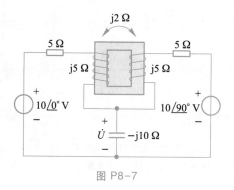

图 P8-7

P8-8 电路如图 P8-8 所示,求网孔电流 $\dot{I}_1$ 和 $\dot{I}_2$,并计算 4 Ω 电阻上吸收的功率。

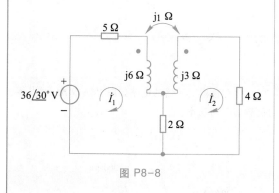

图 P8-8

P8-9 对于图 P8-9 所示的耦合电路,求使电流 $\dot{I}_1$ 为 0 的 $\dot{U}_2/\dot{U}_1$。

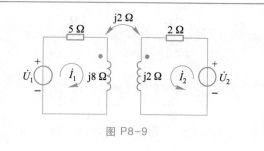

图 P8-9

P8-10 电路如图 P8-10 所示,求 Z_{ab} 和 $\dot{I}_0$。

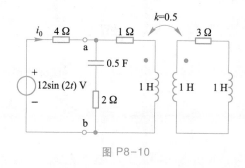

图 P8-10

P8-11 电路如图 P8-11 所示,求各理想变压器的两端电压关系方程与电流关系方程。

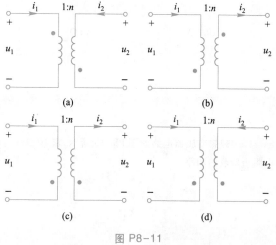

图 P8-11

P8-12 电路如图 P8-12 所示,求电流 $\dot{I}_1$ 和 $\dot{I}_2$。

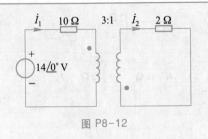

图 P8-12

P8-13 理想变压器电路如图 P8-13 所示,求电流 $i_1(t)$ 和 $i_2(t)$。

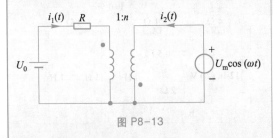

图 P8-13

P8-14 电路如图 P8-14 所示,求使得负载上吸收最大有功功率的变比 n,并计算该最大有功功率。

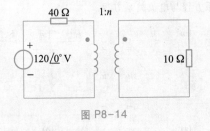

图 P8-14

P8-15 理想变压器电路如图 P8-15 所示,求 10 Ω 电阻上吸收的功率。

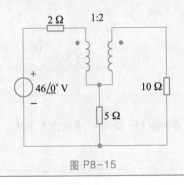

图 P8-15

P8-16 电路如图 P8-16 所示,求传输到 Z_s 的有功功率。

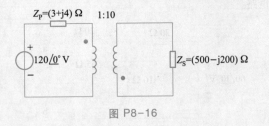

图 P8-16

P8-17 电路如图 P8-17 所示,求传输到各电阻的有功功率。

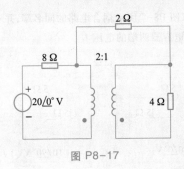

图 P8-17

P8-18 含有自耦变压器的电路如图 P8-18 所示,计算 i_1,i_2 和 i_0;并求负载上吸收的有功功率。

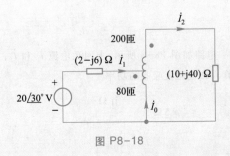

图 P8-18

P8-19 含有自耦变压器的电路如图 P8-19 所示,求传输到负载的有功功率。

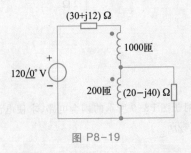

图 P8-19

工程题

P8-20　说明如何用两个理想变压器模型来进行这样的阻抗匹配:信号发生器的输出阻抗为 4 kΩ,负载由一个 8 W 和一个 10 W 的扬声器组成,并且 8 W 的扬声器所吸收的平均功率为 10 W 的扬声器所吸收的平均功率的两倍。画出相应的电路图,并确定所需的匝数比。

P8-21　某变压器的铭牌上标有 2 300/230 V,25 kV·A,表示其一次回路和二次回路的工作电压分别为 2 300 V 和 230 V,二次绕组可输出的功率为 25 kV·A,如果给该变压器提供的电压为 2 300 V,当功率因数为 1 时,其二次回路所接的负载需要的功率为 8 kW,当功率因数为 0.8 时,负载需要的功率为 15 kV·A。问:(a)一次电流是多少?(b)当功率因数等于 0.95 时,该变压器还能提供给负载多少千瓦的功率?(c)用适当的仿真验证你的答案。

P8-22　深夜,电视台正在播放一则关于某种设备的广告,这种设备可以测量你的 IQ(智商)值,其售价为 200 元。你一时冲动,拿起电话定了一台这种设备,4~6 周后,你收到了货。说明书上说,在标有 R_H 的拨号盘上输入身高(cm),在标有 R_M 的拨号盘上输入体重(kg),然后在标有 R_Y 的拨号盘上输入年龄(岁),看到显示器上显示的数字后,你生气地把该设备往墙上扔去,这时其后盖掉了下来,其原理图因此暴露了出来,如图 P8-22 所示,要注意的是,身高、体重和岁数均与电阻的阻值相对应,功率表所测得的功率(单位为 mW)即为 IQ。(a)采用这个设备来测量,你的室友的 IQ 将是多少?(b)采用此设备测得的 IQ 高的人有什么特点?(c)你损失了多少钱?

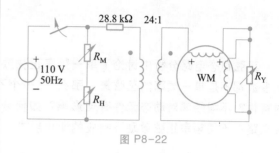

图 P8-22

P8-23　试设计一个电路,使工作于 220 V 电压的氦低温压缩机也可以工作于 380 V 电压,并保证该低温压缩机内的三相电动机在线电压为 220 V 时,每相的电流为 10 A。

P8-24　图 P8-24 所示网络的一个特性是它只允许正的 $u(t)$ 通过该网络到达输出端,负的 $u(t)$ 将使得 $u_o(t) = 0$。(a)如果输入电压为 115 V,希望输出电压的峰值为 5 V,设计出一个合理的电路,画出你所设计的电路的输出;(b)修改你的电路,使得输出更"平滑"一些(即波动较小)。

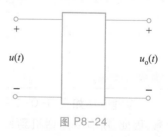

图 P8-24

第 9 章　电路频率响应

正弦稳态电路分析中讨论了单一频率正弦激励下电路的稳态响应,但实际中,激励信号绝大多数都不是单一频率的正弦量。那么,在多个不同频率的正弦激励下,电路又将出现什么样的特性? 不同频率对动态元件有何影响? 如何分析电路的响应? 要解决这些问题就有必要研究电路在不同频率正弦激励下响应的变化规律和特点,即研究电路的频率特性。

教学目标

知识

- 建立网络传输函数、频率特性、滤波器等概念。理解电路谐振现象及特点。
- 掌握多频激励稳态电路的分析计算方法和电路频率特性分析方法。
- 掌握利用 EWB 软件分析、仿真电路频率特性的方法。

能力

- 对生活、工作中常见的谐振应用电路进行定性分析和定量计算。
- 根据工程问题需要设计简单的无源滤波电路,并进行相关的分析计算。
- 设计实验并选择相应仪器测定电路的频率特性。
- 利用 EWB 软件设计、测试电路频率特性。

引例 | 按键电话

按键电话如图 9-0-1 所示,用来传输和处理频率在 20 Hz ~ 20 kHz 的音频信号,因此,所有从电话机到使用者之间的信号包括拨号音、占线(忙)音和通话声音等,都是可以听到的信号。区分这些信号对电话机来讲是非常重要的。因此,电话机采用双音多频(DTMF)设计。当一个按键被按下时,两个精确频率的独一无二的正弦波信号由电话机发送到电话系统中,DTMF 的频率和计时特性将其与人的声音相区别。在交换系统中,电子电路检测音频信号,监听代表按键的双音信号。那么,您一定想知道电话机是如何实现DTMF 的,电话系统又是如何区分通话声音和拨号音的。本章将详细讨论与之相关的知识。

图 9-0-1　按键电话

9.1 网络函数与频率响应

9.1.1 网络函数

　　由于电路网络状的结构,也将其称为网络。网络函数(network function)定义为电路的响应相量与电路的激励相量之比,用符号 $H(j\omega)$ 表示。

$$H(j\omega) = \frac{响应相量}{激励相量} = \frac{\dot{Y}}{\dot{X}} \tag{9-1-1}$$

　　式(9-1-1)中的响应相量或激励相量既可以是电压相量,也可以是电流相量;响应相量与激励相量可以是同一端口处的相量,也可以是不同端口处的相量。

　　若激励与响应属于同一端口,网络函数称为驱动点函数或策动点函数。若激励是电流,响应是电压,网络函数称为驱动点阻抗,如图 9-1-1 所示的端口 1 处的 $\dot{U}_1/\dot{I}_1$ 和端口 2 处的 $\dot{U}_2/\dot{I}_2$;若激励是电压,响应是电流,网络函数称为驱动点导纳,如图 9-1-1 所示的端口 1 处的 $\dot{I}_1/\dot{U}_1$ 和端口 2 处的 $\dot{I}_2/\dot{U}_2$。

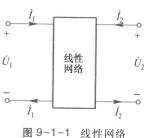

图 9-1-1　线性网络

　　若激励与响应属于不同端口,网络函数称为转移函数。仍以图 9-1-1 为例,$\dot{U}_1/\dot{I}_2$ 和 $\dot{U}_2/\dot{I}_1$ 称为转移阻抗;$\dot{I}_2/\dot{U}_1$ 和 $\dot{I}_1/\dot{U}_2$ 称为转移导纳;$\dot{U}_1/\dot{U}_2$ 和 $\dot{U}_2/\dot{U}_1$ 称为转移电压比;$\dot{I}_1/\dot{I}_2$ 和 $\dot{I}_2/\dot{I}_1$ 称为转移电流比。

　　由网络函数的定义可知 $H(j\omega)$ 是 ω 的函数,它取决于电路的结构和参数,与激励的幅值无关。若已知电路相量模型,可通过外施电源法求解网络函数。即在端口处加一个电压源 $\dot{U}_s$ 或者电流源 $\dot{I}_s$,应用正弦稳态电路分析的一般方法求解响应相量,然后将响应相量与激励相量进行比值运算,最终获取网络函数。

例 9-1-1

　　试求出图 9-1-2 所示电路中当负载端开路时的转移阻抗 $\dot{U}_2/\dot{I}_1$。

解　假设 $\dot{I}_1$ 已知(相当于外施一个电流源,电流值为 $\dot{I}_1$),得 $\dot{U}_2$ 为

$$\dot{U}_2 = \frac{R}{R+[R+1/(j\omega C)]} \times \dot{I}_1 \times R = \frac{jR^2\omega C}{1+j2R\omega C}\dot{I}_1$$

从而求出转移阻抗

$$\frac{\dot{U}_2}{\dot{I}_1} = \frac{jR^2\omega C}{1+j2R\omega C}$$

值得指出的是:纯电阻网络的网络函数与频率

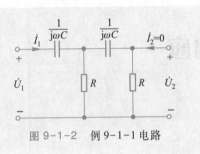

图 9-1-2　例 9-1-1 电路

无关,所以只有对含动态元件的网络进行频率特性研究才有意义。网络函数 $H(j\omega)$ 可以反映响应与激励之间的振幅及相位间的关系,在已知网络函数的前提下,输入一定频率的正弦信号,即可求出响应。

由例 9-1-1 知,网络函数 $H(j\omega)$ 是一个复数,可以表示为极坐标形式 $H(j\omega) = |H(j\omega)|\angle\varphi(\omega)$。其中,$|H(j\omega)|$ 称为网络函数的模,$\varphi(\omega)$ 称为网络函数的辐角,它们都是频率的函数。

实际电路的网络函数也可以通过实验方法获得。使用正弦信号发生器将正弦信号接到被测网络的输入端,用一台示波器同时观测输出波形与输入波形,从波形的幅值之比可以求得 $|H(j\omega)|$,从输出和输入波形的相位差可以求得 $\varphi(\omega)$,最终获得该网络的频率特性。

频率 ω 作为横坐标,模 $|H(j\omega)|$ 或者相位 $\varphi(\omega)$ 作为纵坐标,可以得到网络函数的幅频特性曲线或者相频特性曲线,从曲线上可直观地看出网络对不同频率的正弦波呈现出的不同特性。

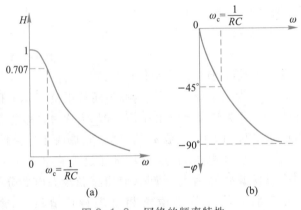

(a)　　　　　　　　(b)

图 9-1-3　网络的频率特性

图 9-1-3(a)、(b)所示为某网络的幅频特性和相频特性曲线。从图 9-1-3(a)的幅频特性曲线可以看出,该网络对频率较高的正弦信号有较大的衰减,而频率较低的正弦信号衰减较小。因此,该网络称为低通(lowpass)网络。

根据网络的幅频特性,可将网络分为低通、高通(highpass)、带通(bandpass)、带阻(bandstop)以及全通(allpass)网络。相应地,也称电路为低通、高通、带通、带阻、全通滤波器。其理想化幅频特性如 9-1-4 所示。图 9-1-4(a)、(b)中的 ω_c 称为截止频率(cutoff angular frequency)。

在图 9-1-4(a)所示低通滤波器中,角频率高于 ω_c 的输入信号被极大地削弱,几乎没有输出,其通频带 BW 为 $0\sim\omega_c$;在图 9-1-4(b)所示高通滤波器中,角频率低于 ω_c 的输入信号被削弱,其通频带 BW 为 $\omega_c\sim\infty$;在图 9-1-4(c)所示带通滤波器中,ω_1、ω_2 分别称为上、下截止频率,角频率低于 ω_1 和高于 ω_2 的输入信号被削弱,其通频带 BW 为 $\omega_1\sim\omega_2$;在图9-1-4(d)所示带阻滤波器中,ω_1、ω_2 也称为上、下截止频率,角频率高于 ω_1 低于 ω_2 的输入信号被削弱,其通频带 BW 为 $0\sim\omega_1$ 和 $\omega_2\sim\infty$;而在图 9-1-4(e)所示全通滤波器中,所有频率分量的输入信号都能顺利通过,不存在截止频率。

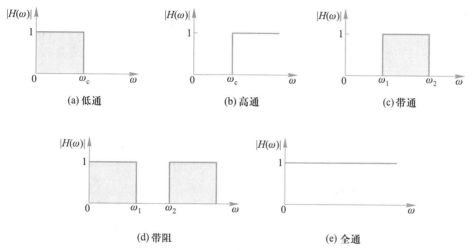

图 9-1-4 理想滤波器的幅频特性

同样的,根据网络的相频特性,可将网络分为超前网络和滞后网络。当 $0<\omega<\infty$ 时,若 $\varphi(\omega)>0$,则称为超前网络;若 $\varphi(\omega)<0$,则称为滞后网络。一些网络在某些频段可能 $\varphi(\omega)>0$,属于超前网络;而在另一些频段则可能 $\varphi(\omega)<0$,属于滞后网络。

9.1.2 一阶 RC 电路的频率响应

1. RC 一阶低通电路的频率特性

如图 9-1-5 所示 RC 串联电路,其电容电压对输入电压的转移电压比为

$$H(\mathrm{j}\omega)=\frac{\dot{U}_2}{\dot{U}_1}=\frac{\dfrac{1}{\mathrm{j}\omega C}}{R+\dfrac{1}{\mathrm{j}\omega C}}=\frac{1}{1+\mathrm{j}\omega CR} \tag{9-1-2}$$

$$|H(\mathrm{j}\omega)|=\frac{1}{\sqrt{1+\omega^2 C^2 R^2}} \tag{9-1-3}$$

$$\varphi(\omega)=-\arctan(\omega RC) \tag{9-1-4}$$

由式(9-1-3)和式(9-1-4)知:当 $\omega = 0$ 时,$|H(0)| = 1$,$\varphi(0) = 0°$,即输入为直流信号时,输出信号与输入信号大小相等、相位相同;当 $\omega = \infty$ 时,$|H(\infty)| = 0$,$\varphi(\infty) = -90°$,即输出信号大小为 0,相位滞后输入信号90°。对图 9-1-5 所示电路来说,直流和低频信号能够通过,而高频信号则被衰减,属于低通网络。

与理想低通滤波器的幅频特性曲线不一样,实际的幅频特性曲线是一条单调下降的连续曲线,如图 9-1-6 所示。从图中可以看出,当 $\omega > \omega_c$ 时,输出信号的幅值减小了,但却不是零。因此,低通网络的截止角频率 ω_c 是指网络的幅频特性值下降到 $|H(0)|$ 值的 $1/\sqrt{2}$ 时所对应的角频率。

$$|H(j\omega_c)| = \frac{1}{\sqrt{1 + \omega_c^2 C^2 R^2}} = \frac{1}{\sqrt{2}} \tag{9-1-5}$$

$$\omega_c = \frac{1}{RC} \tag{9-1-6}$$

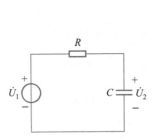

图 9-1-5 RC 一阶低通电路

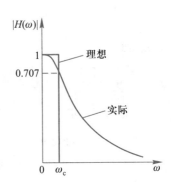

图 9-1-6 图 9-1-5 网络的幅频特性

工程上常以分贝为单位表示幅频特性,定义为:对 $|H(j\omega)|$ 取以 10 为底的对数并乘以 20,即 $20\lg|H(j\omega)|$。当 $\omega = \omega_c$ 时,$20\lg|H(j\omega)| = 20\lg 0.707 = -3$ dB,所以有时也称 ω_c 为 3 dB 角频率。还可以从功率的角度来定义 ω_c。由于输出功率正比于输出电压的平方,在图9-1-5中,输出电压最大为 $U_2 = U_1$,当 $\omega = \omega_c$ 时,$U_2 = U_1/\sqrt{2}$,故输出功率正比于 $U_1^2/2$,刚好是最大输出功率的一半,所以 3 dB 功率点也称为半功率点。

由式(9-1-4)画出图 9-1-5 所示网络的相频特性曲线,如图 9-1-7 所示。可以看出,随着角频率 ω 的增加,相位角 $\varphi(\omega)$ 将从 0° 单调下降到 -90°,说明输出信号总是滞后于输入信号的,即 RC 一阶低通网络属于滞后网络。

2. RC 一阶高通电路的频率特性

如图 9-1-8 所示电路中,其电阻电压对输入电压的转移电压比为

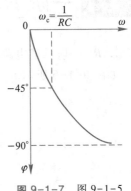

图 9-1-7 图 9-1-5 网络的相频特性

$$H(j\omega) = \frac{\dot{U}_2}{\dot{U}_1} = \frac{R}{R + \dfrac{1}{j\omega C}} = \frac{1}{1 - j\dfrac{1}{\omega CR}} \qquad (9-1-7)$$

$$|H(j\omega)| = \frac{1}{\sqrt{1 + \dfrac{1}{\omega^2 C^2 R^2}}} \qquad (9-1-8)$$

$$\varphi(\omega) = \arctan\frac{1}{\omega RC} \qquad (9-1-9)$$

由式(9-1-7)和式(9-1-8)可得对应的幅频特性曲线和相频特性曲线,如图9-1-9(a)、(b)所示。

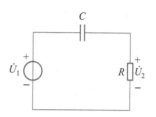

图 9-1-8　RC 一阶高通电路

由图 9-1-9(a)可以看出,当 $\omega = 0$ 时,$|H(0)| = 0$,$\varphi(0) = 90°$,说明输出信号大小为零,且相位超前输入信号90°;当 $\omega = \infty$ 时,$|H(\infty)| = 1$,$\varphi(\infty) = 0°$,说明输出信号与输入信号大小相等,相位相同。与图9-1-5所示电路的幅频特性刚好相反,对高频信号可以通过,而抑制了低频信号,属于高通网络。图9-1-9(b)表明,随着角频率 ω 的增加,相位角 $\varphi(\omega)$ 将从90°单调下降到0°,说明输出信号总是超前于输入信号的,即 RC 一阶高通网络属于超前网络。

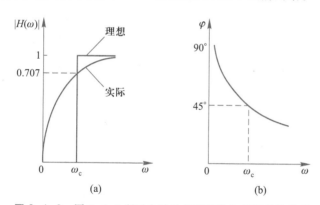

图 9-1-9　图 9-1-8 所示电路的幅频特性和相频特性曲线

9.1.3 *RLC* 电路的频率响应

1. 带通电路的频率特性

如图 9-1-10 所示的 *RLC* 串联带通电路,其网络函数

$$H(j\omega) = \frac{\dot{U}_o}{\dot{U}_i} = \frac{R}{R + j\omega L + \dfrac{1}{j\omega C}} = \frac{R\omega}{R\omega + jL\left(\omega^2 - \dfrac{1}{LC}\right)} \qquad (9-1-10)$$

$$\varphi(\omega) = 90° - \arctan\left[\frac{\omega(R/L)}{(1/LC) - \omega^2}\right]$$

$$(9-1-11)$$

由式(9-1-10)和式(9-1-11)可得到该电路的幅频特性和相频特性曲线,如图 9-1-11(a)、(b)所示。

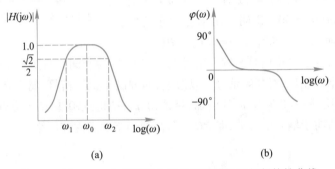

图 9-1-10 RLC 串联带通电路

由图 9-1-11(a)可以看出,当 $\omega = \omega_0 = \dfrac{1}{\sqrt{LC}}$ 时,$|H(j\omega)| = 1$,$\varphi(\omega) = 0°$,此时输出信号与输入信号大小相等,相位相同。当 $\omega = 0$ 或 $\omega = \infty$ 时,$|H(j\omega)| = 0$,此时输出信号为零。显然这是一个带通滤波电路。半功率点所对应的 ω_1 称为导通频率,ω_2 称为截止频率。

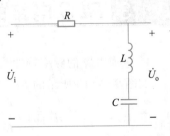

(a)   (b)

图 9-1-11 RLC 串联带通电路的幅频特性和相频特性曲线

2. 带阻电路的频率特性

如图 9-1-12 所示的 RLC 串联带阻电路,其网络函数

$$H(j\omega) = \frac{\dot{U}_o}{\dot{U}_i} = \frac{j\omega L + \dfrac{1}{j\omega C}}{R + j\omega L + \dfrac{1}{j\omega C}} = \frac{\omega^2 - \dfrac{1}{LC}}{\left(\omega^2 - \dfrac{1}{LC}\right) - j\dfrac{\omega R}{L}} \qquad (9-1-12)$$

$$\varphi(\omega) = \arctan\left(\frac{\dfrac{\omega R}{L}}{\dfrac{1}{LC} - \omega^2}\right) \qquad (9-1-13)$$

由式(9-1-12)和式(9-1-13)可得到该电路的幅频特性和相频特性曲线,如图 9-1-13(a)、(b)所示。

由图 9-1-13(a)可以看出,当 $\omega = \omega_0 = \dfrac{1}{\sqrt{LC}}$ 时,$|H(j\omega)| = 0$,此时没有输出信号。当 $\omega = 0$ 或 $\omega = \infty$ 时,$|H(j\omega)| = 1$,此时输出信号与输入信号

图 9-1-12 RLC 串联带阻电路

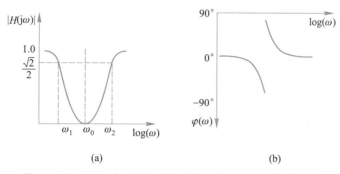

图 9-1-13　*RLC* 串联带阻电路的幅频特性和相频特性曲线

大小相等,相位相同。显然这是一个带阻滤波电路。

9.2　多频正弦稳态电路

9.2.1　非正弦周期信号

　　通信工程传输的各种信号(如收音机、电视机收到的信号)波形都是非正弦波,这些信号由各种频率的正弦信号叠加而成。若电路中存在非线性元件,即使在正弦电源的作用下,电路也将产生非正弦的电压和电流。

　　非正弦信号可分为周期性和非周期性两种。如图 9-2-1(a)、(b)所示为周期信号,如图 9-2-1(c)所示为非周期信号。

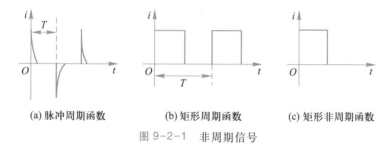

(a) 脉冲周期函数　　　　　(b) 矩形周期函数　　　　(c) 矩形非周期函数

图 9-2-1　非周期信号

周期函数满足狄里赫利条件时,可以分解为傅里叶级数。

$$f(t) = A_0 + \sum_{k=1}^{\infty} A_{mk}\sin(k\omega t + \varphi_k) = a_0 + \sum_{k=1}^{\infty} \left[a_k\cos(\omega t) + b_k\sin(\omega t) \right]$$

$$(9-2-1)$$

　　式(9-2-1)中 $\omega = 2\pi/T$ 为角频率,T 为 $f(t)$ 的周期,a_0、a_k、b_k 为傅里叶系数,按照下列公式计算:

$$
\begin{cases}
a_0 = \dfrac{1}{T}\int_0^T f(t)\,\mathrm{d}t \\[2mm]
a_k = \dfrac{2}{T}\int_0^T f(t)\cos(k\omega t)\,\mathrm{d}t = \dfrac{1}{\pi}\int_0^{2\pi} f(t)\cos(k\omega t)\,\mathrm{d}(\omega t) \\[2mm]
b_k = \dfrac{2}{T}\int_0^T f(t)\sin(k\omega t)\,\mathrm{d}t = \dfrac{1}{\pi}\int_0^{2\pi} f(t)\sin(k\omega t)\,\mathrm{d}(\omega t)
\end{cases}
$$

参数之间满足以下关系：

$$
\begin{cases}
A_0 = a_0 \\[1mm]
A_{mk} = \sqrt{a_k^2 + b_k^2} \\[1mm]
\varphi_k = \arctan\dfrac{a_k}{b_k}
\end{cases}
\quad 及 \quad
\begin{cases}
a_0 = A_0 \\[1mm]
a_k = A_{mk}\sin\varphi_k \\[1mm]
b_k = A_{mk}\cos\varphi_k
\end{cases}
$$

由此可见，角频率为 ω 的非正弦周期信号可分解为无穷多个正弦信号之和，这些正弦信号的角频率为 ω 的整数倍（可认为直流是角频率为 0 时的特殊正弦波）。当倍数 k 为 0 时，对应分量 A_0 称为 $f(t)$ 的直流分量；当倍数 k 为 1 时，对应分量 $A_{m1}\sin(\omega t + \varphi_1)$ 称为 $f(t)$ 的一次谐波分量或基波分量；以此类推，分量 $A_{mk}\sin(k\omega t + \varphi_k)$ 称为 $f(t)$ 的 k 次谐波分量。对于大多数电工、电子电路使用的非正弦周期信号，可通过查表获得其傅里叶展开式。而不必每次都去计算。

9.2.2 多频正弦电路的稳态响应

非正弦周期信号可以表示为多频正弦信号的线性组合，当线性电路受到非正弦信号激励时，其稳态响应可以看成多频正弦信号激励下电路的稳态响应。具体分析过程为：首先将非正弦激励信号分解为多频正弦信号，然后分别求出每一频率下电路的正弦稳态响应，最后将所有的响应表示为时域解进行叠加，从而得到非正弦周期信号激励时电路的稳态响应。

需要注意的是：（1）频率不同，相量模型也会随之改变，有几种频率就对应有几个相量模型；（2）将各个频率的响应进行叠加时，不是将相量结果相加，而是先将响应的相量转换为时域形式即正弦量，再进行叠加。

例 9-2-1

求解图 9-2-2 中的电压 u_0。

解 本问题是求多个频率激励源共同作用下线性电路的稳态响应。应用叠加定理，按激励源分别进行计算，然后叠加。

（1）当 5 V 电压源单独作用时，频率 $\omega = 0$，感抗 $j\omega L = 0$，容抗 $1/(j\omega C) = \infty$，对应的相量

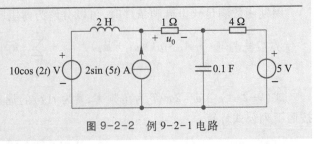

图 9-2-2 例 9-2-1 电路

模型如图 9-2-3(a)所示。

$$u_1 = -\frac{1}{1+4} \times 5 \text{ V} = -1 \text{ V}$$

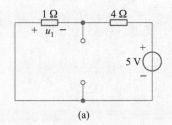

(a)

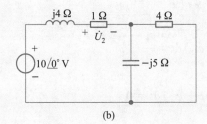

(b)

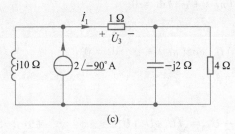

(c)

图 9-2-3 例 9-2-1 电路

（2）当 $10\cos(2t)$ V 电压源单独作用时，频率 $\omega = 2 \text{ rad/s}$，感抗 $j\omega L = j2 \times 2 \ \Omega = j4 \ \Omega$，容抗 $1/(j\omega C) = -j5 \ \Omega$，电压源电压振幅相量为 $10 \underline{/0°}$ V，对应的相量模型如图 9-2-3(b)所示。

$$Z = \frac{-j5 \times 4}{4-j5} \ \Omega = (2.439 - j1.951) \ \Omega$$

$$\dot{U}_{2m} = \frac{1}{1+j4+Z} \times (10 \underline{/0°}) = \frac{10}{3.439+j2.049} \text{ V}$$

$$= 2.498 \underline{/-30.79°} \text{ V}$$

将相量解表示为正弦量，得到时域解

$$u_2 = 2.498 \cos(2t - 30.79°) \text{ V}$$

（3）当 $2\sin(5t)$ A 电流源单独作用时，频率 $\omega = 5 \text{ rad/s}$，感抗 $j\omega L = j2 \times 5 \ \Omega = j10 \ \Omega$，容抗 $1/(j\omega C) = -j2 \ \Omega$，电流源电流振幅相量为 $2 \underline{/-90°}$ A。对应的相量模型如图 9-2-3(c)所示。

$$Z_1 = \frac{-j2 \times 4}{4-j2} \ \Omega = (0.8 - j1.6) \ \Omega$$

利用电流的分流公式，得

$$\dot{I}_{1m} = \frac{j10}{1+j10+Z_1} \times (2 \underline{/-90°}) \text{ A}$$

$$\dot{U}_{3m} = 1 \times \dot{I}_1 = \frac{j10}{1.8+j8.4} \times (-j2) \text{ V} = 2.328 \underline{/-78°} \text{ V}$$

将相量转换为时域表示

$$u_3 = 2.328 \cos(5t - 78°) \text{ V}$$

在时域中叠加，则有

$$u_0 = u_1 + u_2 + u_3 = [-1 + 2.498 \cos(2t - 30.79°) + 2.328 \cos(5t - 78°)] \text{ V}$$

9.2.3 多频正弦信号的有效值

以多频正弦电压为例，假设电压 u 含有直流分量，以及频率分别为 ω_1 和 ω_2（$\omega_1 \neq \omega_2$，且 ω_1/ω_2 是有理数）的正弦量，即

$$u = u_0 + u_1 + u_2 = U_0 + U_{m1}\cos(\omega_1 t + \varphi_1) + U_{m2}\cos(\omega_2 t + \varphi_2) \quad (9-2-2)$$

式（9-2-2）中 u_1 的周期为 T_1、u_2 的周期为 T_2，且 $T_1 = 2\pi/\omega_1$、$T_2 = 2\pi/\omega_2$。设 $T_2/T_1 = m/n$，则 $T_2/T_1 = m/n = \omega_1/\omega_2$ 应为有理数，故电压 u 仍为周期函数。如果电压 u 的周期用 T 表示，角频率用 ω 表示，则周期 $T = mT_1 = nT_2$，$\omega_1 = m\omega$、$\omega_2 = n\omega$。式（9-2-2）又可表示为

$$u = u_0 + u_1 + u_2 = U_0 + U_{m1}\cos(m\omega t + \varphi_1) + U_{m2}\cos(n\omega t + \varphi_2)$$

$$u^2 = (u_0 + u_1 + u_2)^2 = [U_0 + U_{m1}\cos(m\omega t + \varphi_1) + U_{m2}\cos(n\omega t + \varphi_2)]^2$$

$$= U_0^2 + U_{m1}^2 \cos^2(m\omega t + \varphi_1) + U_{m2}^2 \cos^2(n\omega t + \varphi_2) + 2U_0 U_{m1} \cos(m\omega t + \varphi_1) +$$

$$2U_0 U_{m2} \cos(n\omega t + \varphi_2) + 2U_{m1} \cos(m\omega t + \varphi_1) U_{m2} \cos(n\omega t + \varphi_2) \quad (9\text{-}2\text{-}3)$$

根据有效值定义

$$U = \sqrt{\frac{1}{T} \int_0^T u^2(t)\, \mathrm{d}t} \qquad (9\text{-}2\text{-}4)$$

将式(9-2-3)代入到式(9-2-4)中,由于

$$\frac{1}{T} \int_0^T U_0^2 \mathrm{d}t = U_0^2$$

$$\frac{1}{T} \int_0^T U_{m1}^2 \cos^2(m\omega t + \varphi_1)\, \mathrm{d}t = \frac{1}{2} U_{m1}^2$$

$$\frac{1}{T} \int_0^T U_{m2}^2 \cos^2(n\omega t + \varphi_2)\, \mathrm{d}t = \frac{1}{2} U_{m2}^2$$

$$\frac{1}{T} \int_0^T 2U_0 U_{m1} \cos(m\omega t + \varphi_1)\, \mathrm{d}t = 0$$

$$\frac{1}{T} \int_0^T 2U_0 U_{m2} \cos(n\omega t + \varphi_2)\, \mathrm{d}t = 0$$

$$\frac{1}{T} \int_0^T 2U_{m1} \cos(m\omega t + \varphi_1) U_{m2} \cos(n\omega t + \varphi_2)\, \mathrm{d}t = 0$$

则多频周期电压 u 的有效值为

$$U = \sqrt{U_0^2 + \frac{1}{2} U_{m1}^2 + \frac{1}{2} U_{m2}^2} = \sqrt{U_0^2 + U_1^2 + U_2^2} \qquad (9\text{-}2\text{-}5)$$

将式(9-2-5)扩展到一般情况,当多频周期电压为

$$u = U_0 + \sqrt{2} U_1 \cos(\omega_1 t + \varphi_1) + \sqrt{2} U_2 \cos(\omega_2 t + \varphi_2) + \cdots + \sqrt{2} U_n \cos(\omega_n t + \varphi_n)$$

其有效值为

$$U = \sqrt{U_0^2 + U_1^2 + U_2^2 + \cdots + U_n^2} \qquad (9\text{-}2\text{-}6)$$

同样,当多频周期电流为

$$i = I_0 + \sqrt{2} I_1 \cos(\omega_1 t + \varphi_1) + \sqrt{2} I_2 \cos(\omega_2 t + \varphi_2) + \cdots + \sqrt{2} I_n \cos(\omega_n t + \varphi_n)$$

其有效值为

$$I = \sqrt{I_0^2 + I_1^2 + I_2^2 + \cdots + I_n^2} \qquad (9\text{-}2\text{-}7)$$

9.2.4 多频正弦电路的平均功率

前面 6.6 节已讨论了同频率正弦信号激励的正弦稳态电路的功率问题,本节

仅讨论不同频率正弦信号激励电路的功率问题。

如图 9-2-4 所示的单口网络,端口电压与电流采用关联参考方向。假设网络中存在两种不同频率的正弦信号激励,则电压、电流变量可表示为

$$u(t) = \sqrt{2}\,U_1\cos(\omega_1 t + \varphi_{u1}) + \sqrt{2}\,U_2\cos(\omega_2 t + \varphi_{u2})$$

$$(9\text{-}2\text{-}8)$$

$$i(t) = \sqrt{2}\,I_1\cos(\omega_1 t + \varphi_{i1}) + \sqrt{2}\,I_2\cos(\omega_2 t + \varphi_{i2})$$

$$(9\text{-}2\text{-}9)$$

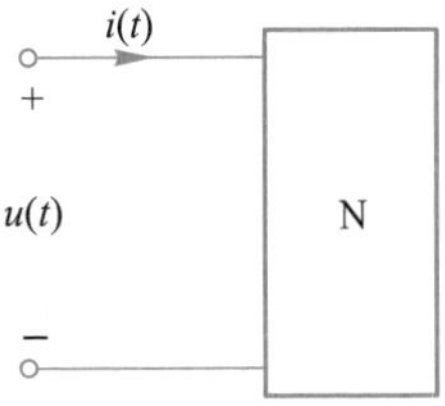

图 9-2-4 单口网络

且

$$\omega_1 \neq \omega_2$$

则单口网络 N 的瞬时功率

$$
\begin{aligned}
p(t) = u(t)i(t) = {} & \sqrt{2}\,U_1\cos(\omega_1 t + \varphi_{u1})\sqrt{2}\,I_1\cos(\omega_1 t + \varphi_{i1}) + \\
& \sqrt{2}\,U_2\cos(\omega_2 t + \varphi_{u2})\sqrt{2}\,I_2\cos(\omega_2 t + \varphi_{i2}) + \\
& \sqrt{2}\,U_1\cos(\omega_1 t + \varphi_{u1})\sqrt{2}\,I_2\cos(\omega_2 t + \varphi_{i2}) + \\
& \sqrt{2}\,U_2\cos(\omega_2 t + \varphi_{u2})\sqrt{2}\,I_1\cos(\omega_1 t + \varphi_{i1})
\end{aligned}
$$

$$(9\text{-}2\text{-}10)$$

利用三角函数正交性,有

$$\int_0^T \cos(\omega_1 t + \varphi_1)\cos(\omega_2 t + \varphi_2)\,\mathrm{d}t = 0$$

$$\omega_1 \neq \omega_2$$

由平均功率定义知单口网络 N 的 P 为

$$P = \frac{1}{T}\int_0^T p(t)\,\mathrm{d}t = U_1 I_1\cos\varphi_1 + U_2 I_2\cos\varphi_2 + 0 + 0 = P_1 + P_2$$

$$(9\text{-}2\text{-}11)$$

式(9-2-11)说明两种不同频率正弦信号激励的单口网络 N 所吸收的平均功率等于各个频率正弦信号单独作用于网络所吸收的平均功率之和。

因此,若 n 种不同频率的正弦信号激励于单口网络,则单口网络吸收的总的平均功率应等于各个频率正弦信号单独作用于网络所吸收的平均功率之和,即

$$P = P_1 + P_2 + \cdots + P_n$$

$$(9\text{-}2\text{-}12)$$

其中

$$P_k = U_k I_k\cos(\varphi_{uk} - \varphi_{ik}) = U_k I_k\cos\varphi_k$$

$$(9\text{-}2\text{-}13)$$

结合 6.6 节内容,特别指出:同频率的若干正弦信号作用于电路时,功率计算不能应用叠加定理,即不能分别计算各个激励引起的功率然后叠加;只有不同频率的若干正弦信号作用于电路时,功率计算才能叠加,即可分别计算各个激励引起的功率然后叠加。

例 9-2-2

图 9-2-4 所示单口网络 N 的端口电压、电流分别为

$$u(t) = \left[\cos\left(t+\frac{\pi}{2}\right) + \cos\left(2t-\frac{\pi}{4}\right) + \cos\left(3t-\frac{\pi}{3}\right) \right] \text{V}$$

$$i(t) = \left[5\cos t + 2\cos\left(2t+\frac{\pi}{4}\right) \right] \text{A}$$

求网络消耗的平均功率,电流、电压的有效值。

解 (1) 网络消耗的平均功率

由题意知网络内含有多种频率的正弦信号激励,因此,利用式(9-2-13)可得网络消耗的平均功率

$$P_0 = U_0 I_0 = 0$$

$$P_1 = U_1 I_1 \cos(\varphi_{u1} - \varphi_{i1}) = \frac{1}{\sqrt{2}} \times \frac{5}{\sqrt{2}} \cos\left(\frac{\pi}{2} - 0\right) = 0$$

$$P_2 = U_2 I_2 \cos(\varphi_{u2} - \varphi_{i2}) = \frac{1}{\sqrt{2}} \times \frac{2}{\sqrt{2}} \cos\left(-\frac{\pi}{4} - \frac{\pi}{4}\right)$$

$$= \frac{1}{\sqrt{2}} \times \frac{2}{\sqrt{2}} \cos\left(-\frac{\pi}{2}\right) = 0$$

$$P_3 = U_3 I_3 \cos(\varphi_{u3} - \varphi_{i3}) = \frac{1}{\sqrt{2}} \times 0 \times \cos\left(-\frac{\pi}{3} - 0\right) = 0$$

$$P = P_0 + P_1 + P_2 + P_3 = 0$$

(2) 电流、电压的有效值

由式(9-2-5)及式(9-2-7)得,本题电流、电压的有效值为

$$U = \sqrt{0 + \left(\frac{1}{\sqrt{2}}\right)^2 + \left(\frac{1}{\sqrt{2}}\right)^2 + \left(\frac{1}{\sqrt{2}}\right)^2} \text{ V} = 1.22 \text{ V}$$

$$I = \sqrt{0 + \left(\frac{5}{\sqrt{2}}\right)^2 + \left(\frac{2}{\sqrt{2}}\right)^2 + 0} \text{ A} = 3.81 \text{ A}$$

例 9-2-3

某电阻 $R = 10 \ \Omega$,若其端电压为

(1) $u(t) = u_1(t) + u_2(t) = [10\cos(2t) + 20\cos(2t+30°)] \text{ V}$

(2) $u(t) = u_1(t) + u_2(t) + u_3(t) = [10 + 20\cos(2t) + 30\cos(3t+30°)] \text{ V}$

分析上述两种情况下电阻 R 吸收的平均功率。

解 (1) 由于施加于电阻 R 上的电压为同频率的正弦信号,利用 6.6 节的知识,用相量法先求出电阻两端的总电压,然后再求电阻吸收的平均功率。

电阻两端的总电压相量

$$\dot{U}_m = \dot{U}_{m1} + \dot{U}_{m2} = (10 \underline{/0°} + 20 \underline{/30°}) \text{ V}$$

$$= 29.1 \underline{/20.1°} \text{ V}$$

总电压有效值

$$U = \frac{29.1}{\sqrt{2}} \text{ V} = 20.58 \text{ V}$$

电阻 R 吸收的平均功率

$$P = \frac{U^2}{R} = \frac{(20.58)^2}{10} \text{ W} = 42.3 \text{ W}$$

注意:本例若分别求出 $u_1(t)$ 和 $u_2(t)$ 施加到电

阻 R 上的平均功率,然后再叠加求出 $u(t)$ 施加到电阻 R 上的平均功率,会是一个错误的结果。这表明同频率的正弦量所形成的功率不能叠加。

$$P_1 = \frac{U_1^2}{R} = \frac{1}{2} \times \frac{U_{m1}^2}{R} = \frac{1}{2} \times \frac{10^2}{10} \text{ W} = 5 \text{ W}$$

$$P_2 = \frac{U_2^2}{R} = \frac{1}{2} \times \frac{U_{m2}^2}{R} = \frac{1}{2} \times \frac{20^2}{10} \text{ W} = 20 \text{ W}$$

若

$$P' = P_1 + P_2 = 25 \text{ W}$$

显然

$$P' \neq P$$

(2) 由于施加于电阻 R 上的电压为不同频率的正弦信号,因此,可利用叠加法计算电阻吸收的平均功率。

在直流 $u_1(t)$ 单独作用时,电阻 R 吸收的平均功率

$$P_0 = \frac{U_1^2}{R} = \frac{10^2}{10} \text{ W} = 10 \text{ W}$$

在直流 $u_2(t)$ 单独作用时,电阻 R 吸收的平均功率

$$P_1 = \frac{U_2^2}{R} = \frac{1}{2} \times \frac{20^2}{10} \text{ W} = 20 \text{ W}$$

在直流 $u_3(t)$ 单独作用时,电阻 R 吸收的平均功率

$$P_2 = \frac{U_3^2}{R} = \frac{1}{2} \times \frac{30^2}{10} \text{ W} = 45 \text{ W}$$

故电阻 R 吸收的平均功率为

$$P = P_0 + P_1 + P_2 = (10 + 20 + 45) \text{ W} = 75 \text{ W}$$

9.3 电路的谐振

谐振(resonance)是 RLC 电路的一种特殊工作状态。谐振现象在通信、电工技术中有着广泛应用,但在某些情况下,谐振也有可能破坏系统的正常工作。因此,了解和掌握谐振现象具有重要意义。

谐振分为串联谐振(series resonance)、并联谐振(parallel resonance)、串并联谐振和耦合谐振等。本节仅讨论串联谐振和并联谐振。

9.3.1 串联谐振

图 9-3-1 所示串联谐振电路,端口处电路的输入阻抗为

$$Z = R + jX = R + j\left(\omega L - \frac{1}{\omega C}\right) \tag{9-3-1}$$

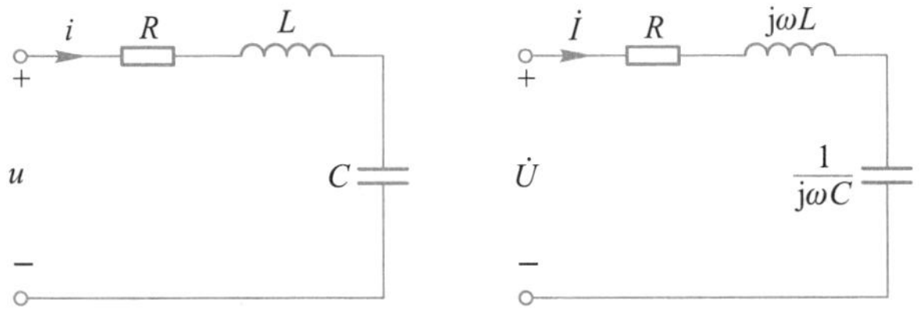

(a) 原电路　　　　(b) 相量模型

图 9-3-1　串联谐振电路

当 $X = \omega L - \dfrac{1}{\omega C} = 0$ 时,端口处的输入阻抗 $Z = R$,即整个电路对外表现为纯电阻电路,单口网络端口处 VCR 为

$$\dot{U} = R\dot{I} \tag{9-3-2}$$

从式(9-3-2)可知,端口处的电压 $\dot{U}$ 与电流 $\dot{I}$ 同相位。

因此,对含有电容和电感的正弦稳态电路,当输入阻抗为纯电阻,即端口电

压、电流同相位时,称该电路处于谐振状态。

图 9-3-1 串联电路发生谐振时

$$\omega L - \frac{1}{\omega C} = 0 \tag{9-3-3}$$

$$\omega = \omega_0 = \frac{1}{\sqrt{LC}} \quad 或 \quad f_0 = \frac{1}{2\pi\sqrt{LC}} \tag{9-3-4}$$

ω_0 称为谐振频率。由式(9-3-4)可知,ω_0 仅与电路中电感和电容参数有关,与电阻阻值 R 无关。因此,要使电路达到谐振,有两种方式:(1)当电路元件参数 L 和 C 确定时,改变激励源频率使其等于电路的谐振频率,从而使电路出现谐振;(2)当激励源频率无法改变时,调节电路元件 L 和 C 的参数,实现谐振。人们在收听无线广播时,通过改变收音机接收电路电容的大小,使其谐振频率与电台载波频率相同,即可收到该电台的信号。这种调节电感 L 或电容 C,使电路与某一特定频率信号发生谐振的过程称为调谐。

由式(9-3-3)和式(9-3-4)得出,当发生串联谐振时

$$\omega_0 L = \frac{1}{\omega_0 C} = \frac{1}{\sqrt{LC}} L = \sqrt{\frac{L}{C}} = \rho \tag{9-3-5}$$

式中,ρ 称为串联谐振电路的特征阻抗,受参数 L 和 C 的影响。

串联谐振电路的特征阻抗 ρ 和端口电阻之比定义为该电路的品质因数 Q

$$Q \overset{\text{def}}{=} \frac{\rho}{R} = \frac{\omega_0 L}{R} = \frac{1}{\omega_0 RC} = \frac{\sqrt{L/C}}{R} \tag{9-3-6}$$

可见,特征阻抗 ρ 和品质因数 Q 都与外界因素无关,只与电路元件参数 R、L、C 有关,是反映谐振电路基本特性的重要参数。

发生串联谐振时,电路会有哪些特性呢?

(1)输入阻抗为纯电阻且阻抗的模值达到最小

$$Z = R + jX = R + j\left(\omega_0 L - \frac{1}{\omega_0 C}\right) = R \tag{9-3-7}$$

$Z = R$ 称为谐振阻抗。

(2)端口电流与电压同相,电流达到最大值

$$\dot{I}_0 = \frac{\dot{U}}{Z} = \frac{\dot{U}}{R} \tag{9-3-8}$$

(3)图 9-3-2 为 RLC 串联电路谐振时各电压、电流的相量图。

从图 9-3-1 中,可以计算出电容、电感的分压

$$\dot{U}_C = -j\frac{1}{\omega_0 C}\dot{I}_0 = -j\frac{1}{\omega_0 C} \times \frac{\dot{U}}{R} = -jQ\dot{U} \tag{9-3-9}$$

$$\dot{U}_L = j\omega_0 L \dot{I}_0 = j\omega_0 L \times \frac{\dot{U}}{R} = jQ\dot{U} \tag{9-3-10}$$

从图 9-3-2 及式(9-3-9)和式(9-3-10)可知:谐振时电感电压与电容电压的相位相反,幅值相等,均为端口电压的 Q 倍,外加电压全部加在电阻上,$\dot{U}_R = \dot{U}$。

由于串联谐振电路的品质因数 Q 的数值一般在几十至几百之间,因此发生谐振时,电容和电感的端电压是单口网络端口电压的几十、几百倍,称为过电压。所以,串联谐振电路又称电压谐振电路。

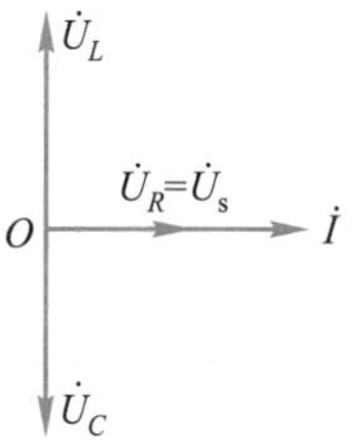

在无线电通信系统中,对微弱的信号可运用谐振,在电容或电感两端获得较高电压,实现信号的放大。在电力系统中,串联谐振引起的过电压将会导致电气设备的损坏,因此设计或使用时需要避免串联谐振现象的发生。

图 9-3-2 *RLC* 串联谐振相量图

例 9-3-1

图 9-3-3 所示谐振电路,已知电压 u_s 的有效值 $U_s = 1.0$ V,求发生谐振时的频率 f_0、品质因数 Q、电感的端电压 U_{L0} 和电流 I_0。

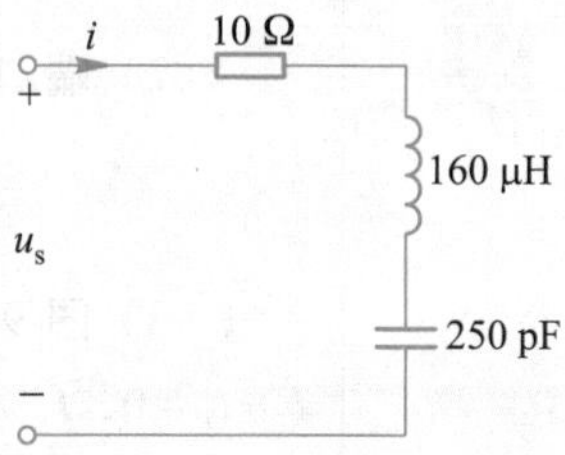

解 根据式(9-3-4),有

$$f_0 = \frac{1}{2\pi\sqrt{LC}} = \frac{1}{2\pi \times \sqrt{160 \times 10^{-6} \times 250 \times 10^{-12}}} \text{ Hz}$$

$$= 796 \text{ kHz}$$

由式(9-3-6),有

$$Q = \frac{\sqrt{L/C}}{R} = \frac{\sqrt{160 \times 10^{-6}/250 \times 10^{-12}}}{10} = 80$$

又由式(9-3-10),得

$$U_{L0} = Q U_s = 80 \times 1 \text{ V} = 80 \text{ V}$$

图 9-3-3 例 9-3-1 电路

由式(9-3-8),得

$$I_0 = \frac{U_s}{R} = \frac{1}{10} \text{ A} = 0.1 \text{ A}$$

9.3.2 并联谐振

图 9-3-4(a)是典型的 *RLC* 并联谐振电路。

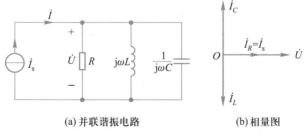

(a) 并联谐振电路　　　　(b) 相量图

图 9-3-4 并联谐振电路及谐振时电压电流相量图

端口的输入导纳为

$$Y = \frac{\dot{I}}{\dot{U}} = \frac{1}{R} + \mathrm{j}\left(\omega C - \frac{1}{\omega L}\right) \qquad (9\text{-}3\text{-}11)$$

当 $\omega L - \dfrac{1}{\omega C} = 0$ 时,式(9-3-11)为 $Y = \dfrac{1}{R}$,电流与电压同相,电路发生谐振。因此,并联电路的谐振条件与串联电路的谐振条件相同,都是

$$\omega = \omega_0 = \frac{1}{\sqrt{LC}} \quad \text{或} \quad f_0 = \frac{1}{2\pi\sqrt{LC}} \qquad (9\text{-}3\text{-}12)$$

并联谐振时,电路有以下特性:

(1) 输入导纳为纯电导且达到最小

$$Y = \frac{1}{R} = G \qquad (9\text{-}3\text{-}13)$$

(2) 端口电流与电压同相,电压达到最大值

$$\dot{U} = \frac{\dot{I}}{Y} = R\dot{I} \qquad (9\text{-}3\text{-}14)$$

(3) 图 9-3-4(b) 为 RLC 并联谐振时各电压、电流的相量图。并联谐振时,$\dot{I}_L + \dot{I}_C = 0$,$\dot{I}_L$ 和 $\dot{I}_C$ 相互抵消,$\dot{I} = \dot{I}_R$,电压与电流同相,因此,并联谐振又称电流谐振。

$$\dot{I}_L = -\mathrm{j}\frac{1}{\omega_0 L}\dot{U}_0 = -\mathrm{j}\frac{R}{\omega_0 L}\dot{I} = -\mathrm{j}Q\dot{I} \qquad (9\text{-}3\text{-}15)$$

$$\dot{I}_C = \mathrm{j}\omega_0 C\dot{U}_0 = \mathrm{j}\omega_0 CR\dot{I} = \mathrm{j}Q\dot{I} \qquad (9\text{-}3\text{-}16)$$

式中

$$Q \overset{\mathrm{def}}{=} \frac{R}{\omega_0 L} = \omega_0 RC = \frac{RC}{\sqrt{LC}} = R\sqrt{\frac{C}{L}} = \frac{R}{\rho} \qquad (9\text{-}3\text{-}17)$$

$\rho = \sqrt{\dfrac{L}{C}}$ 称为特征阻抗,Q 为 RLC 并联谐振时的品质因数,与串联谐振的品质因数为倒数关系。从式(9-3-15)和式(9-3-16)知,电感电流和电容电流的大小为电源电流的 Q 倍,出现过电流。

9.3.3 谐振电路的频率特性

谐振电路频率特性是研究电路中的电流、电压、阻抗和导纳等物理量随激励信号频率变化的特性。

1. RLC 串联阻抗频率特性

由式(9-3-1),有

$$Z = R + \mathrm{j}X = R + \mathrm{j}\left(\omega L - \frac{1}{\omega C}\right) = R + \mathrm{j}(X_L + X_C) = |Z(\mathrm{j}\omega)|\,\mathrm{e}^{\mathrm{j}\varphi(\omega)} \qquad (9\text{-}3\text{-}18)$$

其中

$$|Z(j\omega)| = \sqrt{R^2 + \left(\omega L - \frac{1}{\omega C}\right)^2} \qquad (9-3-19)$$

$$\varphi(\omega) = \arctan\frac{\omega L - \dfrac{1}{\omega C}}{R} \qquad (9-3-20)$$

图 9-3-5 为 $X_L(\omega)$、$X_C(\omega)$、$X(\omega)$、$|Z(j\omega)|$ 和 $\varphi(\omega)$ 随频率 ω 变化的特性曲线。

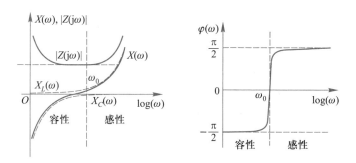

(a) 阻抗模频率特性 (b) 阻抗角频率特性

图 9-3-5 RLC 串联电路的频率特性

从图 9-3-5 可以观察到:当 $\omega < \omega_0$ 时,电路呈容性,$X < 0$;当 $\omega > \omega_0$ 时,电抗呈感性,$X > 0$;当 $\omega = \omega_0$ 时,$X = 0$,$Z = R$,Z 的模达到最小,对外呈现纯电阻性。

2. RLC 并联导纳频率特性

根据式(9-3-11),有

$$Y = \frac{1}{R} + j\left(\omega C - \frac{1}{\omega L}\right) = G + j(B_C + B_L) = |Y(j\omega)|e^{j\varphi'(\omega)} \qquad (9-3-21)$$

其中

$$|Y(j\omega)| = \sqrt{\left(\frac{1}{R}\right)^2 + \left(\omega C - \frac{1}{\omega L}\right)^2} \qquad (9-3-22)$$

$$\varphi'(\omega) = \arctan\left[R\left(\omega C - \frac{1}{\omega L}\right)\right] \qquad (9-3-23)$$

图 9-3-6 为 $B_C(\omega)$、$B_L(\omega)$、$B(\omega)$、$|Y(j\omega)|$ 和 $\varphi'(\omega)$ 随频率 ω 变化的特性曲线。从图中得出:当 $\omega < \omega_0$ 时,电路呈感性,$B < 0$;当 $\omega > \omega_0$ 时,电路呈容性,$B > 0$;当 $\omega = \omega_0$ 时,Y 的模达到最小,$Y = \dfrac{1}{R}$,对外呈现纯电导性。

3. 串联谐振电路电流频率特性

若外加电压的有效值 U 不变,则电流 I 的频率特性为

$$I(\omega) = \frac{U}{|Z(j\omega)|} = \frac{U}{\sqrt{R^2 + \left(\omega L - \dfrac{1}{\omega C}\right)^2}} \qquad (9-3-24)$$

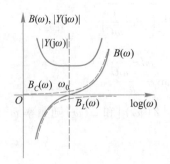 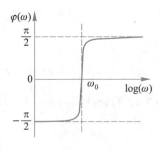

(a) $B(\omega)$, $|Y(j\omega)|$ 频率特性   (b) $\varphi'(\omega)$ 频率特性

图 9-3-6   RLC 并联电路的频率特性

$I(\omega)$ 的频率特性曲线如图 9-3-7 所示。当 $\omega = \omega_0$ 时，$|Z(j\omega_0)| = R$，达到最小值，$I(\omega_0) = \dfrac{U}{R}$ 达到最大；随着 $\omega \to 0$ 和 $\omega \to \infty$，电流趋近于 0。当电流下降到 $\dfrac{1}{\sqrt{2}}I_0$ 时，电路吸收的功率恰为谐振时的 $\dfrac{1}{2}$，此时对应的两个频率 ω_1 和 ω_2 被称为半功率频率。

图 9-3-7   RLC 串联电路中 I 的频率特性曲线

根据式（9-3-24）推出

$$\sqrt{R^2 + \left(\omega L - \frac{1}{\omega C}\right)^2} = \sqrt{2}\,R,$$ 计算可得

$$
\begin{cases}
\omega_1 = -\dfrac{R}{2L} + \sqrt{\left(\dfrac{R}{2L}\right)^2 + \dfrac{1}{LC}} \\[3mm]
\omega_2 = \dfrac{R}{2L} + \sqrt{\left(\dfrac{R}{2L}\right)^2 + \dfrac{1}{LC}}
\end{cases}
\tag{9-3-25}
$$

由上式得出

$$\omega_0 = \sqrt{\omega_1 \omega_2} \tag{9-3-26}$$

工程上，一般称 $\omega_1 \sim \omega_2$ 为 RLC 串联谐振电路的通频带，记为 BW

$$BW = \omega_2 - \omega_1 = \frac{R}{L} = \frac{\omega_0}{\omega_0 L/R} = \frac{\omega_0}{Q} \tag{9-3-27}$$

由此可见，Q 和 BW 成反比关系，即品质因数越大，通频带越窄。

4. 并联谐振电路电压频率特性

由图 9-3-4 和式（9-3-11），得到电压与频率之间的关系

$$U(\omega) = \frac{I}{\sqrt{\left(\dfrac{1}{R}\right)^2 + \left(\omega C - \dfrac{1}{\omega L}\right)^2}} \tag{9-3-28}$$

图 9-3-8 是 $U(\omega)$ 的曲线, 当 $\omega = \omega_0$ 时, $U(\omega_0) = RI$, 达到最大值; $U(\omega) = \dfrac{U_0}{\sqrt{2}}$

时, 电路吸收的功率为谐振时的 $\dfrac{1}{2}$, 对应的两

个频率为

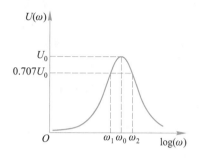

$$
\begin{cases}
\omega_1 = -\dfrac{1}{2RC} + \sqrt{\left(\dfrac{1}{2RC}\right)^2 + \dfrac{1}{LC}} \\[2mm]
\omega_2 = \dfrac{1}{2RC} + \sqrt{\left(\dfrac{1}{2RC}\right)^2 + \dfrac{1}{LC}}
\end{cases}
$$

$$(9\text{-}3\text{-}29)$$

图 9-3-8   *RLC* 并联电路中
U 的幅频特性

类似串联谐振, ω_1、ω_2 和 ω_0 有以下关系

$$\omega_0^2 = \omega_1 \omega_2 \qquad (9\text{-}3\text{-}30)$$

通频带为

$$BW = \omega_2 - \omega_1 = \dfrac{1}{RC} = \dfrac{\omega_0}{\omega_0 RC} = \dfrac{\omega_0}{Q} \qquad (9\text{-}3\text{-}31)$$

从图 9-3-7 和图 9-3-8 中, 可以得到 ω_1、ω_2、ω_0 和通频带 BW 的关系

$$
\begin{cases}
\omega_1 = \omega_0 - \dfrac{BW}{2} \\[2mm]
\omega_2 = \omega_0 + \dfrac{BW}{2}
\end{cases}
\qquad (9\text{-}3\text{-}32)
$$

并联谐振电路在电子电路中有着广泛应用。若对电路施加不同频率的电流激励, 则此电路对频率偏离谐振频率的激励电流呈现高阻抗特性, 而对频率在通频带以内的激励呈现低阻抗特性, 这样就可区别激励电流在电路两端产生的电压, 从而利用谐振电路实现频率的选择。

例 9-3-2

图 9-3-9 所示并联谐振电路, $R = 8\ \text{k}\Omega$, $L = 0.2\ \text{mH}$, $C = 8\ \mu\text{F}$, 求 ω_0、Q、BW 并确定 ω_1、ω_2。

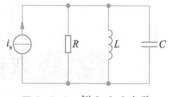

图 9-3-9   例 9-3-2 电路

解 $\omega_0 = \dfrac{1}{\sqrt{LC}} = \dfrac{1}{\sqrt{0.2 \times 10^{-3} \times 8 \times 10^{-6}}}$ rad/s

$\qquad = \dfrac{10^5}{4}$ rad/s $= 25 \times 10^3$ rad/s

由于电路结构为并联谐振, 所以

$$Q = \dfrac{R}{\omega_0 L} = \dfrac{8 \times 10^3}{25 \times 10^3 \times 0.2 \times 10^{-3}} = 1\ 600$$

$$BW = \dfrac{\omega_0}{Q} = 15.6\ \text{rad/s}$$

根据式 (9-3-32), 得

$$\omega_1 = \omega_0 - \dfrac{BW}{2} = (25\ 000 - 7.8)\ \text{rad/s} = 24\ 992\ \text{rad/s}$$

$$\omega_2 = \omega_0 + \dfrac{BW}{2} = (25\ 000 + 7.8)\ \text{rad/s} = 25\ 008\ \text{rad/s}$$

5. Q 对频率特性的影响

从式(9-3-27)和式(9-3-31)看出,无论对串联谐振电路还是并联谐振电路,Q 均与通频带的宽窄有着直接关系,电路因此具有选择某一频率,排除其他频率的性质,即选择性(selectivity)。如图 9-3-10 所示,Q 越大,通频带越窄,谐振曲线越尖锐,电路的选择能力也就越强。即通频带与 Q 成反比,选择性与 Q 成正比。那么,通频带是否越窄越好呢?事实上,单一频率的正弦波无法携带信息,实际的信号是包含若干频率分量的多频率信号,如果只选择出某一个或几个频率分量而把其余有用频率分量去除,则选择出的信号相对原信号会严重失真。人们期望谐振电路能够把实际信号中的各种有用频率分量都选择出来,而对不需要的频率分量进行抑制。因此,对谐振电路,选择性和通频带两个性能指标要综合考虑,即要根据实际需要合理选择电路品质因数 Q。

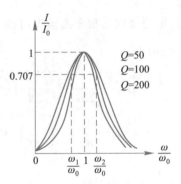

图 9-3-10 Q 与通频带的关系图

目标 1 测评

T9-1 多大电感在 5 kHz 频率下会和 12 nF 电容产生谐振?(　　)

(a) 84.43 H　　(b) 11.844 H　　(c) 3.33 H　　(d) 0.084 43 H

T9-2 RLC 串联电路中,哪个品质因数会让谐振时曲线更陡峭?(　　)

(a) $Q = 20$　　(b) $Q = 12$　　(c) $Q = 8$　　(d) $Q = 4$

T9-3 电台会选择哪种类型的滤波器来选择信号?(　　)

(a) 低通　　(b) 高通　　(c) 带通　　(d) 带阻

9.4 技术实践

9.4.1 双音频电话分析

"双音频"电话机是滤波器的一种典型应用,电话机的 12 个按键排列成 4 行 3 列,如图 9-4-1(a)所示。这种排列用 7 个音提供了 12 个不同的信号,这些信号分成低频组(697~941 Hz)和高频组(1 209~1 477 Hz)。按下一个键产生一对固定频率的正弦信号。例如,按下"6"键产生频率为 770 Hz 和 1 477 Hz 的正弦信号。

当呼叫者拨打一个电话号码时,一组信号被传送到电话系统。电话系统通过

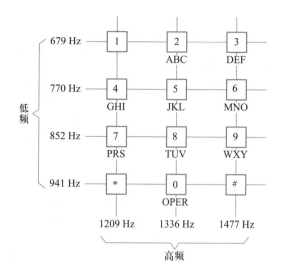

(a) 语音拨号的频率分配

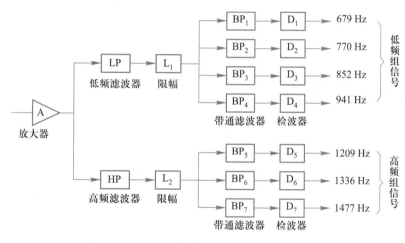

(b) 频率检测电路框图

图 9-4-1 电话机按键所在行和列产生不同频率声音

检测信号的频率来解码,图 9-4-1(b)为解码流程示意图。信号首先经过放大器放大,然后通过低通、高通滤波器分成低频和高频两组,再经限幅电路将信号转换成方波信号。7 个带通滤波器用以识别 7 个音,每个带通滤波器后跟一个检测电路。当检测电路输入信号电压超过一定范围,检测电路就输出交换系统所需的直流信号,以触发交换系统连接呼叫者与被叫者。

例 9-4-1

设计一个串联 RLC 带通滤波器,使电话键产生 BP_3 的低频音。同时计算 L 和 C 的值,使截止频率在 DTMF 低频带的边沿处。标准电话电路中的电阻值是 600 Ω。

解 串联 RLC 带通滤波器如图 9-4-2 所示,由于 BP_3 的带通频率为 770 ~ 941 Hz,中心频率为 852 Hz,即在低频段边沿处的截止频率为

$$\omega_1 = 2\pi f_1 = 2\pi \times 770 \text{ rad/s} = 4\,835.6 \text{ rad/s}$$

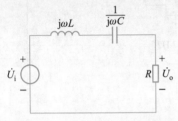

图 9-4-2 串联 RLC 带通滤波器

$$\omega_2 = 2\pi f_2 = 2\pi \times 941 \text{ rad/s} = 5\,909.48 \text{ rad/s}$$

因此,滤波器的带宽为

$$\begin{aligned} BW &= \omega_2 - \omega_1 = (5\,909.48 - 4\,835.6) \text{ rad/s} \\ &= 1\,073.88 \text{ rad/s} \end{aligned}$$

所以,电感为

$$BW = \frac{\omega_0}{Q} = \frac{R}{L} \Rightarrow L = \frac{R}{BW} = \frac{600}{1\,073.88} \text{H} = 0.56 \text{ H}$$

电容为

$$\omega_0 = \sqrt{\omega_1 \omega_2} = \frac{1}{\sqrt{LC}} \Rightarrow C = \frac{1}{L\omega_1 \omega_2}$$

$$= \frac{1}{0.56 \times 4\,835.6 \times 5\,909.48} \text{ F} = 0.06 \text{ μF}$$

9.4.2 无线电接收机

超外差式无线电接收机组成框图如图 9-4-3 所示,其中的输入回路为接收机的调谐电路,通常由固定 L 值的电感线圈与可变电容器组成。调节可变电容 C 值,使回路对某频率的无线电信号产生谐振,实现从接收到的众多信号中选择出所需的电台信号。

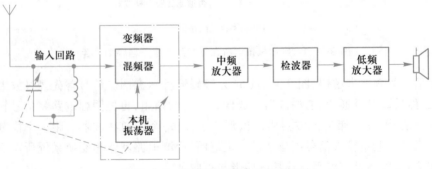

图 9-4-3 超外差式接收机组成框图

例 9-4-2

图 9-4-4 为无线接收机的调谐电路,已知 $L=1\ \mu H$,要使谐振频率由广播中波频段的一端调整到另一端,问 C 的值应是什么范围?(广播中波频段为 535~1 605 kHz)

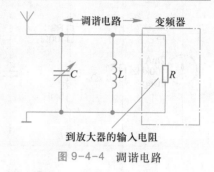

图 9-4-4 调谐电路

解 由图 9-4-4 可知,调谐电路为并联谐振电路。按式(9-3-12)计算电容值

$$\omega_0 = 2\pi f_0 = \frac{1}{\sqrt{LC}} \Rightarrow C = \frac{1}{4\pi^2 f_0^2 L}$$

频段的高端,$f_0 = 1\ 605$ kHz,其对应电容 C 的值为

$$C = \frac{1}{4\pi^2 \times (1\ 605\times10^3)^2\times10^{-6}}\ \text{F} = 9.8\ \text{nF}$$

频段的低端,$f_0 = 535$ kHz,其对应电容 C 的值为

$$C = \frac{1}{4\pi^2 \times (535\times10^3)^2\times10^{-6}}\ \text{F} = 88.6\ \text{nF}$$

所以,电容 C 必须是由 9.8~88.6 nF 的可调(同轴)电容器。

9.5 计算机辅助分析

在电路的分析和设计过程中,通常需要知道电路对于不同频率信号的响应情况。前面几节内容告诉我们,电路的特性将随着频率的变化而改变,要得到不同频率下系统的响应,其计算量是相当大的。因而,可以借助 EWB 中的交流分析(AC Analysis)工具得到电路的幅频特性和相频特性。

这里以谐振电路的分析为例说明 EWB 中交流分析的仿真过程。

例 9-5-1

图 9-5-1 为一带通滤波电路,试用 EWB 绘出电容端电压的幅频特性和相频特性,并求出谐振频率、谐振电压和截止频率,估计其带宽。

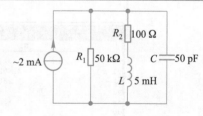

图 9-5-1 例 9-5-1 电路

解 在 EWB 中建立对应的电路模型如图 9-5-2 所示。

粗略估计该电路的谐振频率为几百千赫(也可以通过多次仿真确定大致范围),因此,交流分析的频率范围可以设为 100 kHz~1 MHz。

仿真时,首先选择菜单 Simulate->Analysis-> AC Analysis 进入交流分析对话框。在该对话框中,将起始频率(start frequency)设为 100 kHz,终止频率(stop frequency)设为 1 MHz;扫描类型(sweep type)设为十倍(decade);每十倍频扫描的点数(number of points per decade)设为 1 000;纵坐标刻度(vertical scale)为线性(linear);取结点 1(见图 9-5-2)的电压作为输出变量(output variable)。点击仿真(simulate)运行,将得到图 9-5-3 的仿真结

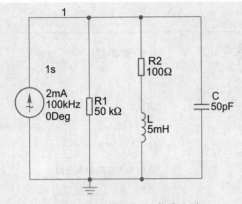

图 9-5-2 例 9-5-1 仿真电路

果。从对应的菜单中选择显示栅格(grid),显示光标(cursor)。显示结果含有两条曲线,分别为幅频和相频。每条曲线都有两个光标:光标 1 和光标 2。拖动光标,光标对应点的信息将被显示出来。图9-5-3中右下方对应幅频特性的光标点

信息,左下方为相频特性的光标点信息。

从右下方的光标读数中可以看出输出变量的最大值为 95.24 V,将光标 1 移动到最大值处得到其振荡频率为 318.42 kHz。纵坐标 0.707×95.24 V = 67.33 V 对应该电路的两个截止频率,将光标 2 分别移到对应的两个坐标处,得到上下截止频率分别为 353.82 kHz 和 286.94 kHz,则带宽为(353.82 - 286.94)kHz = 66.88 kHz。

运用同样的分析方法,也可以从相频特性中求取振荡频率、截止频率。将相频特性中的光标 1 移到相移为 0°的位置,可以得到振荡频率约为 318.29 kHz,将光标 2 分别移到相移为 45°和-45°,得到截止频率分别为 286.28 kHz 和 353.14 kHz,带宽为(353.14 - 286.28)kHz = 66.86 kHz。

而通过理论分析,该电路的谐振频率为 318.31 kHz,谐振电压为 95.24 V,带宽为 66.87 kHz,仿真结果与理论分析结果非常接近。

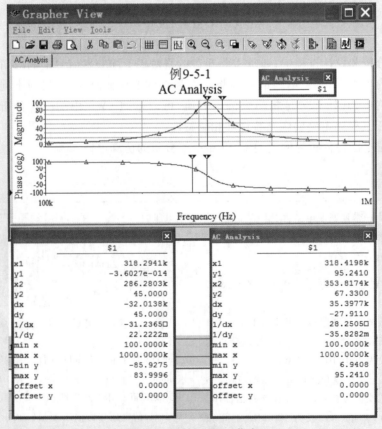

图 9-5-3 例 9-5-1 仿真

例 9-5-2

RLC 串联谐振电路的研究

通过本例加深对电路发生谐振的条件和特点的理解,掌握电路品质因数的物理意义和测定方法,学习用波特仪来测试谐振电路的幅频特性曲线。

1. 谐振频率的测定

参考图 9-5-4 所示,取 $R_1 = 0.5\ \Omega$、$C_1 = 2\ \text{mF}$、$L_1 = 2\ \text{mH}$,调节函数信号发生器输出电压峰值为 1.414 V 的正弦信号,并在整个实验中不变。令信号源的频率由小变大(比如 $1 \sim 100$ Hz),观测并记录电阻 R_1 上的电压读数,当读数最大时的频率就是谐振频率 f_0。并测量此时电阻上的电压 U_R、电感电压 U_L 和电容电压 U_C 的值。取 $R_1 = 1\ \Omega$ 时,重复上述操作,记录实验数据,并用示波器观测信号源和电阻电压波形。最后回答以下问题:

(1) 谐振频率是多少? 它会随电阻的改变而改变吗?

(2) 计算电路的品质因数,它随电阻的增大如何变化?

(3) 发生谐振时电阻电压与电源电压的相位如何? 大小如何?

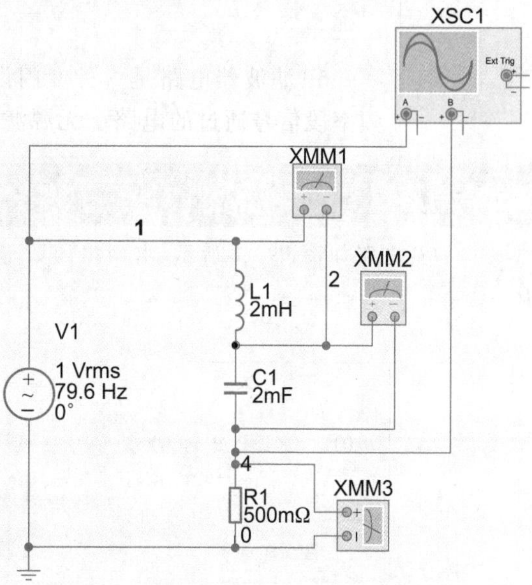

2. *RLC* 串联谐振电路的幅频特性曲线的测试

用波特仪观测不同 R_1 值时电路的幅频特性曲线,计算截止频率,算出通频带,回答问题:当 R 值变小时,通频带变窄还是变宽?

图 9-5-4 *RLC* 串联谐振电路

本章小结

1. 电路(网络)的传输函数是输出响应与激励输入的比值

$$H(\omega) = \frac{\dot{Y}}{\dot{X}}$$

2. 电路的频率响应是传输函数随频率变化规律的数学描述,包括幅频特性和相频特性

$$H(j\omega) = |H(\omega)| \underline{/\varphi(\omega)}$$

3. 非正弦周期信号可利用傅里叶变换表示为若干个正弦信号的线性组合。电路受到非正弦周期信号激励的稳态响应的分析可采用多频正弦激励电路稳态分析方法。

4. 在分析计算多频正弦激励电路稳态响应时,必须将不同频率的激励源分别单独进行计算,再利用叠加定理进行时域叠加。一般方法是:对不同频率的激励

源采用相量分析方法进行单独计算,然后获得各自的时域响应,最后利用叠加定理求取总响应。

5. 如果激励源的频率等于电路的固有频率时,电路将出现谐振现象。串联和并联 RLC 电路的固有频率(或称谐振频率)为

$$\omega_0 = \frac{1}{\sqrt{LC}}$$

6. 滤波器电路是一种专门设计的用以允许一定频率段信号通过而阻止其他频率段信号通过的电路。无源滤波器是由电阻、电容和电感组成的网络。

基础与提高题

P9-1 RC 电路如图 P9-1 所示,求网络函数 $\dot{U}_o / \dot{U}_i$。

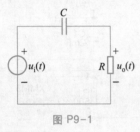

图 P9-1

P9-2 RL 电路如图 P9-2 所示,求网络函数 $\dot{U}_o / \dot{U}_i$。

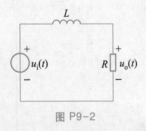

图 P9-2

P9-3 电路如图 P9-3 所示,求网络函数 $H(\omega) = \dot{i}_o / \dot{i}_s$。

P9-4 对于图 P9-4 所示的低通 RC 网络,求在网络函数的幅值 $|H(\omega)| = 0.50$ 时的频率。

P9-5 RLC 串联电路,$R = 2\ \text{k}\Omega$,$L = 40\ \text{mH}$,$C = 1\ \mu\text{F}$,计算谐振时的阻抗,以及在 1/4、1/2、2 倍、4 倍谐振频率时的阻抗。

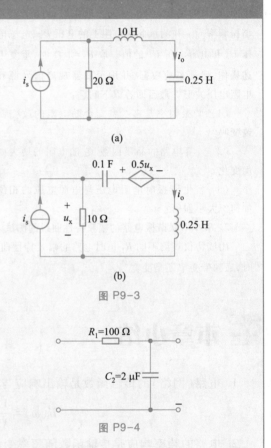

(a)

(b)

图 P9-3

图 P9-4

P9-6 设计一个 RLC 串联电路,使得其在谐振频率 $\omega_0 = 50\ \text{rad/s}$ 时阻抗为 $10\ \Omega$,品质因数为 80,求其带宽。

P9-7 电路如图 P9-7 所示,求其频率 ω 使得 $u(t)$ 和 $i(t)$ 同相。

P9-8 求图 P9-8 所示各电路的谐振频率。

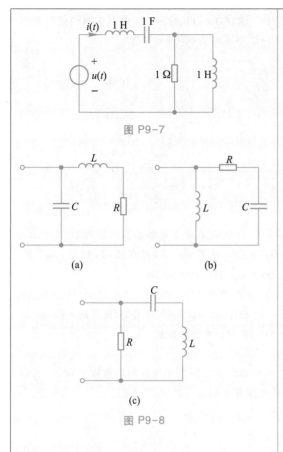

图 P9-7

图 P9-8

(a)

(b)

(c)

P9-9 电路如图 P9-9 所示，求其谐振频率 ω_0、品质因数 Q 以及带宽 BW。

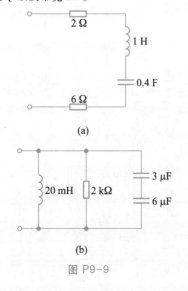

(a)

(b)

图 P9-9

P9-10 电路如图 P9-10 所示，求其网络传递函数 $\dot{U}_o/\dot{U}_s$，并说明该电路为低通滤波器。

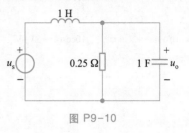

图 P9-10

P9-11 带通滤波器电路如图 P9-11 所示，求其中央频率及带宽。

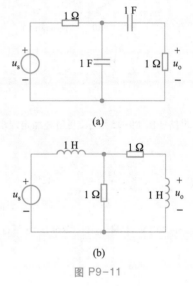

(a)

(b)

图 P9-11

P9-12 电路如图 P9-12 所示，利用叠加定理求电流 i_0。

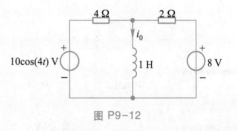

图 P9-12

P9-13 电路如图 P9-13 所示，利用叠加定理求电流 i_x。

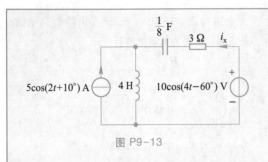

图 P9-13

P9-14 电路如图 P9-14 所示，利用叠加定理求电压 $u_0(t)$。

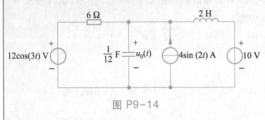

图 P9-14

P9-15 电路如图 P9-15 所示，利用叠加定理求电流 $i_0(t)$。

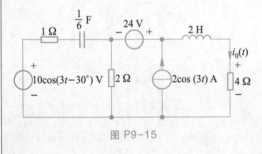

图 P9-15

P9-16 电路如图 P9-16 所示，利用叠加定理求电流 $i_0(t)$。

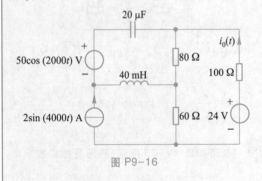

图 P9-16

P9-17 求图 P9-17 所示 RLC 串联电路的谐振频率 $\omega_0 = 2\pi f_0$，并求半功率频率和带宽。

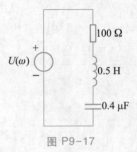

图 P9-17

P9-18 计算 RLC 串联电路的品质因数 Q，其中 $R = 20\ \Omega$，$L = 50$ mH，$C = 1$ μF，要求使用（1）$Q = \omega_0 L/R$；（2）$Q = 1/\omega_0 CR$；（3）$Q = \omega_0/BW$。

P9-19 设计一个 RLC 并联谐振电路，使其 $\omega_0 = 10$ rad/s，$Q = 20$，并计算该电路的带宽。

P9-20 求图 P9-20 所示电路的谐振频率 ω_0，品质因数 Q 以及带宽 BW。

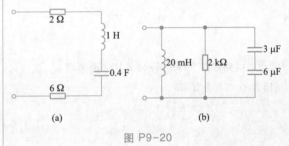

(a)   (b)

图 P9-20

P9-21 比较图 P9-21 所示电路对于 $R = 0$ 和 $R = 50\ \Omega$ 时的谐振频率。

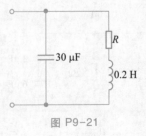

图 P9-21

工程题

P9-22 设计一个用于接收调幅广播的并联谐振电路，用可变电感器进行调谐，调谐范围可以覆盖调幅广播的频带，即 535~1 605 kHz，在频带的一端 Q_0 值为 45，在整个频带内 $Q \leqslant 45$。设 $R = 20$ kΩ，求 C，L_{min} 和 L_{max} 的值。

P9-23 考察图 P9-23 所示电路，注意电压源的幅度，现在假定如果确实在实验室里建立了这个电路，你能否将手放到电容的两端？画出 $|u_C|$ 随 ω 变化的曲线来验证你的回答。

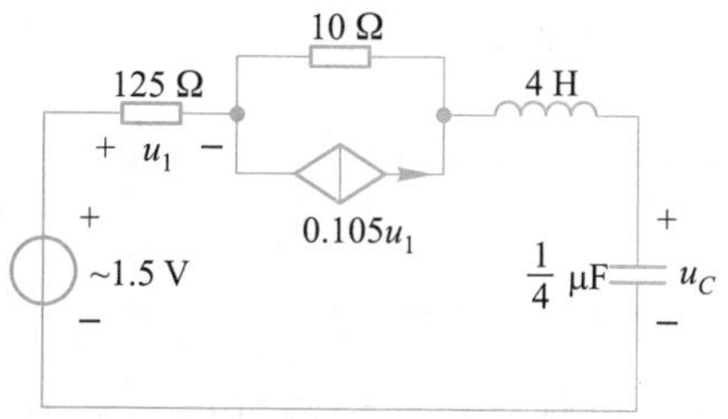

125 Ω 10 Ω 4 H

$+\ u_1\ -$

0.105u_1

~1.5 V

$\frac{1}{4}$ μF u_C

图 P9-23

P9-24 宽吻海豚发出的声音频率范围大约是 250 Hz~150 kHz。其中 250 Hz~50 kHz 的频率被认为主要用于"社会交往"，而高于 40 kHz 的"滴答声"被认为主要用于回声定位。设计一个放大电路，用来有选择性地放大海豚的"交谈"。用麦克风来接受海豚的声音，可以将麦克风看做一个最大值小于 15 mV 的正弦电压源与一个 1 Ω 电阻串联的模型，传到阻值为 1 kΩ 的耳机上的放大后电压的最大值必须接近 1 V。

P9-25 设计一个滤波器电路，滤去人耳听得见的整个频率范围（20 Hz~20 kHz），而让其他频率信号通过。并用仿真来验证你的设计。

P9-26 尽管人耳所能听到的频率范围普遍认为是 20 Hz~20 kHz，但许多电话系统的带宽却限制在 3 kHz 内。设计一个滤波器，将 20 kHz 带宽的语音转换为 3 kHz"电话带宽"的语音。用最大电压为 150 mV，串联电阻几乎为零的麦克风作为输入，输出设备为一个 8 Ω 的扬声器。要求语音放大倍数至少为 10，用仿真验证你的设计。

P9-27 设计一个电路，除去天线接收的信号中 50 nHz 的频率成分，其中 n 为整数，取值范围为 1~4。图 P9-27 给出了一个很好的"陷波"滤波器（也就是说"陷去"某种频率成分）结构，不过，现在将输出取为电感和电容的串联组合上的电压而不是电阻上的电压。可以将天线信号看做最大值为 1 V 的时变电压源，其串联电阻为零。

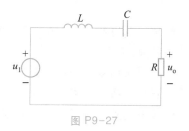

图 P9-27

P9-28 监视设备的一个敏感部分受到 60 Hz 工频的负面影响，引入的噪声对输入信号造成了污染。由于该信号的特征决定了不能使用任何类型的低通、高通或者带通滤波器来除去噪声，设计一个"陷波"滤波器，有选择地除去从该监视设备输入端引入的任何 60 Hz 的信号。假定该设备的戴维宁等效电阻为无穷大。图 P9-27 给出了一个很好的"陷波"滤波器结构，不过，现在将输出取为电感和电容的串联组合上的电压而不是电阻上的电压。

第 10 章 双口网络

在第 2 章中我们介绍了分析线性时不变电路(网络)的系统分析方法,即结点分析法和网孔分析法,应用这些方法可以有效地分析电路(网络)在一个或多个激励作用下的响应。但在许多实际应用中,所研究的网络多为双口(二端口)网络,如晶体管、射频传输线、衰减器、适配器等。在这种网络中,激励从网络的一个端口施加,而其响应则为某端口的端电压或电流。在这种情况下,如果能获知网络函数,则求取网络在某一输入下的响应时,可不必使用前面提到的那些系统分析方法,直接利用网络函数进行计算,从而既简单又节省时间。

教学目标

知识

- 建立双口网络、网络函数、网络参数等概念。理解双口网络特性的描述方法及特点。
- 掌握常用双口网络参数方程及其参数的分析计算方法和参数间的转换方法,学习双口网络等效实现方法。
- 掌握利用双口网络参数方程分析双口网络链接电路、端接电路的方法。

能力

- 可利用双口网络参数方程方法对常见的较为复杂的电路进行定性分析和定量计算。
- 根据工程问题需要设计简单的无源双口等效电路,并进行相关的分析计算。
- 设计实验并选择相应仪器测定给定双口电路的参数。

引例 | 射频传输线

现实生活中,无论你在家中传输有线电视信号还是在实验室传输射频信号,你都会发现:如果采用普通的信号线,而不是专用的传输线,信号就无法正常传输。是什么造成了这种现象? 事实上,无论有线电视信号还是实验中的射频信号,由于信号的频率太高,使得传输线组成的电路(如图 10-0-1 所示)不再属于集总参数电路(集总电路),传输线不能像前面章节中的导线一样进行理想化处理,由于分布参数的存在,必须将其看成一个网络。那么,如何将它抽象为网络? 抽象为什么样的网络? 如何分析发生在此网络中的信号衰减现象? 又如何有效避免这种衰减? 显然用结点分析法和网孔分析法直接进行分析就有困难了,需要新的概念和方法。

图 10-0-1　射频传输线图

10.1 双口网络方程及其参数

多数网络具有两个端口,即双口网络。信号从网络的一个端口输入,从另一个端口输出,所以,双口网络经常作为传输网络使用。本节将介绍双口网络函数的各种描述方法及其参数的求取方法。

这里讨论的双口网络具有以下特征:(1)网络端口的电压电流设为关联参考方向;(2)网络内部不含独立电源,为无源网络;(3)网络内只含有线性时不变元件,动态元件的初始状态为零。

以正弦稳态电路为例,双口网络的端口电压、电流相量分别为 $\dot{U}_1$、$\dot{I}_1$、$\dot{U}_2$、$\dot{I}_2$,如图 10-1-1 所示。任意选择两个作为自变量,另外两个作为因变量,双口网络的网络方程是用两个自变量表示两个因变量的方程。因此自变量和因变量将会有六种不同的组合,对应的网络方程也有六组,自变量系数构成的网络参数矩阵也有六种。具体为 Z 方程与 Z 参数;Y 方程与 Y 参数;A 方程与 A 参数(或 A' 方程与 A' 参数);H 方程与 H 参数(或 H' 方程与 H' 参数)。

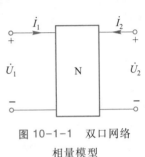

图 10-1-1 双口网络相量模型

10.1.1 Z 方程与 Z 参数

若以电流 $\dot{I}_1$、$\dot{I}_2$ 为自变量,可认为是在双口网络的两个端口各施加一个电流源,其响应为 $\dot{U}_1$、$\dot{U}_2$,如图 10-1-2 所示。

根据线性电路的线性齐次性,其网络方程为

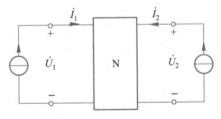

图 10-1-2 Z 方程双口网络

$$\begin{cases} \dot{U}_1 = Z_{11}\dot{I}_1 + Z_{12}\dot{I}_2 \\ \dot{U}_2 = Z_{21}\dot{I}_1 + Z_{22}\dot{I}_2 \end{cases} \quad (10-1-1)$$

式(10-1-1)所示方程组称为 Z 方程,$\dot{I}_1$、$\dot{I}_2$ 前面的系数称为双口网络的 Z 参数,这些参数具有阻抗的量纲。

当输出端口开路时,即 $\dot{I}_2 = 0$,有

$$\begin{cases} Z_{11} = \dfrac{\dot{U}_1}{\dot{I}_1}\bigg|_{\dot{I}_2=0} \\[3mm] Z_{21} = \dfrac{\dot{U}_2}{\dot{I}_1}\bigg|_{\dot{I}_2=0} \end{cases} \quad (10-1-2a)$$

当输入端口开路时,即$\dot{I}_1 = 0$,有

$$\begin{cases} Z_{12} = \left. \dfrac{\dot{U}_1}{\dot{I}_2} \right|_{\dot{I}_1 = 0} \\[3mm] Z_{22} = \left. \dfrac{\dot{U}_2}{\dot{I}_2} \right|_{\dot{I}_1 = 0} \end{cases} \tag{10-1-2b}$$

式(10-1-2)中,Z_{11}表示输出端口开路时输入端口的策动点阻抗;Z_{22}表示输入端口开路时输出端口的策动点阻抗;Z_{21}和Z_{12}分别表示输出端口和输入端口开路时的转移阻抗。四个Z参数是在输出或输入端口开路时定义的,故统称为开路阻抗参数(open-circuit impedance parameters)。这些参数取决于双口网络的拓扑结构、元件参数和角频率ω。

式(10-1-1)写成矩阵形式,有

$$\begin{bmatrix} \dot{U}_1 \\ \dot{U}_2 \end{bmatrix} = \begin{bmatrix} Z_{11} & Z_{12} \\ Z_{21} & Z_{22} \end{bmatrix} \begin{bmatrix} \dot{I}_1 \\ \dot{I}_2 \end{bmatrix} = \boldsymbol{Z} \begin{bmatrix} \dot{I}_1 \\ \dot{I}_2 \end{bmatrix} \tag{10-1-3}$$

式(10-1-3)中,$\boldsymbol{Z}$称为双口网络的开路阻抗矩阵(open-circuit impedance matrix),$\boldsymbol{Z} = \begin{bmatrix} Z_{11} & Z_{12} \\ Z_{21} & Z_{22} \end{bmatrix}$。

例 10-1-1

求图10-1-3所示双口网络的Z参数。

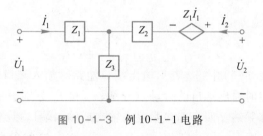

图 10-1-3 例 10-1-1 电路

解 方法1 运用电路定律列写关于$\dot{U}_1$、$\dot{I}_1$、$\dot{U}_2$、$\dot{I}_2$的方程,整理成Z方程,Z参数即可求得。

根据KVL可得

$$\begin{cases} \dot{U}_1 = Z_1 \dot{I}_1 + Z_3(\dot{I}_1 + \dot{I}_2) \\ \dot{U}_2 = Z_1 \dot{I}_1 + Z_2 \dot{I}_2 + Z_3(\dot{I}_1 + \dot{I}_2) \end{cases}$$

整理方程组,写成Z方程的标准形式

$$\begin{cases} \dot{U}_1 = (Z_1 + Z_3)\dot{I}_1 + Z_3 \dot{I}_2 \\ \dot{U}_2 = (Z_1 + Z_3)\dot{I}_1 + (Z_2 + Z_3)\dot{I}_2 \end{cases}$$

Z参数分别为

$$Z_{11} = Z_1 + Z_3,\ Z_{12} = Z_3,\ Z_{21} = Z_1 + Z_3,\ Z_{22} = Z_2 + Z_3$$

方法2 直接用Z参数定义求得。

$$Z_{11} = \left. \dfrac{\dot{U}_1}{\dot{I}_1} \right|_{\dot{I}_2 = 0} = Z_1 + Z_3 \qquad Z_{21} = \left. \dfrac{\dot{U}_2}{\dot{I}_1} \right|_{\dot{I}_2 = 0} = Z_1 + Z_3$$

$$Z_{12} = \left. \dfrac{\dot{U}_1}{\dot{I}_2} \right|_{\dot{I}_1 = 0} = Z_3 \qquad Z_{22} = \left. \dfrac{\dot{U}_2}{\dot{I}_2} \right|_{\dot{I}_1 = 0} = Z_2 + Z_3$$

10.1.2 Y 方程与 Y 参数

在图 10-1-4 所示网络中,若以电压 $\dot{U}_1$、$\dot{U}_2$ 为自变量,可认为是在双口网络的两个端口各施加一个电压源,其响应为电流 $\dot{I}_1$、$\dot{I}_2$。

根据线性电路的可加性与齐次性,其网络方程为

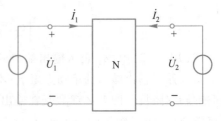

图 10-1-4 推导 Y 方程用图

$$\begin{cases} \dot{I}_1 = Y_{11}\dot{U}_1 + Y_{12}\dot{U}_2 \\ \dot{I}_2 = Y_{21}\dot{U}_1 + Y_{22}\dot{U}_2 \end{cases} \quad (10-1-4)$$

式(10-1-4)所示方程组称为 Y 方程,$\dot{U}_1$、$\dot{U}_2$ 前面的系数称为双口网络的 Y 参数,这些参数具有导纳的量纲。

当输出端口短路时,即 $\dot{U}_2 = 0$,有

$$\begin{cases} Y_{11} = \left. \dfrac{\dot{I}_1}{\dot{U}_1} \right|_{\dot{U}_2=0} \\[2mm] Y_{21} = \left. \dfrac{\dot{I}_2}{\dot{U}_1} \right|_{\dot{U}_2=0} \end{cases} \quad (10-1-5\text{a})$$

当输入端口短路时,即 $\dot{U}_1 = 0$,有

$$\begin{cases} Y_{12} = \left. \dfrac{\dot{I}_1}{\dot{U}_2} \right|_{\dot{U}_1=0} \\[2mm] Y_{22} = \left. \dfrac{\dot{I}_2}{\dot{U}_2} \right|_{\dot{U}_1=0} \end{cases} \quad (10-1-5\text{b})$$

式(10-1-5)中,Y_{11} 表示输出端口短路时输入端口的策动点导纳;Y_{22} 表示输入端口短路时输出端口的策动点导纳;Y_{21} 和 Y_{12} 分别表示输出端口和输入端口短路时的转移导纳。四个 Y 参数是在输出或输入端口短路时定义的,故统称为短路导纳参数(short-circuit admittance parameters)。这些参数取决于双口网络的拓扑结构、元件参数和角频率 ω。

式(10-1-4)写成矩阵形式,有

$$\begin{bmatrix} \dot{I}_1 \\ \dot{I}_2 \end{bmatrix} = \begin{bmatrix} Y_{11} & Y_{12} \\ Y_{21} & Y_{22} \end{bmatrix} \begin{bmatrix} \dot{U}_1 \\ \dot{U}_2 \end{bmatrix} = Y \begin{bmatrix} \dot{U}_1 \\ \dot{U}_2 \end{bmatrix} \quad (10-1-6)$$

式(10-1-6)中,Y 称为双口网络的短路导纳矩阵(short-circuit admittance matrix),$Y = \begin{bmatrix} Y_{11} & Y_{12} \\ Y_{21} & Y_{22} \end{bmatrix}$。

例 10-1-2

求图 10-1-5 所示双口网络的 Y 参数。

解 方法 1 运用电路定律列写关于 $\dot{U}_1$、$\dot{I}_1$、$\dot{U}_2$、$\dot{I}_2$ 的方程,整理成 Y 方程,Y 参数即可求得。

对结点 a、b 应用 KCL,以流出结点的电流代数和为零,可得

$$\begin{cases} -\dot{I}_1 + Y_1\dot{U}_1 + Y_2(\dot{U}_1 - \dot{U}_2) = 0 \\ -\dot{I}_2 - g\dot{U}_1 + Y_2(\dot{U}_2 - \dot{U}_1) + Y_3\dot{U}_2 = 0 \end{cases}$$

整理方程组,写成 Y 方程的标准形式

$$\begin{cases} \dot{I}_1 = (Y_1 + Y_2)\dot{U}_1 - Y_2\dot{U}_2 \\ \dot{I}_2 = (-g - Y_2)\dot{U}_1 + (Y_2 + Y_3)\dot{U}_2 \end{cases}$$

Y 参数分别为

$$Y_{11} = Y_1 + Y_2,\ Y_{12} = -Y_2,\ Y_{21} = -g - Y_2,\ Y_{22} = Y_2 + Y_3$$

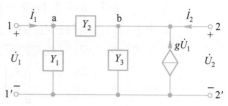

图 10-1-5 例 10-1-2 电路

方法 2 直接用 Y 参数定义求得。

$$Y_{11} = \frac{\dot{I}_1}{\dot{U}_1}\bigg|_{\dot{U}_2=0} = Y_1 + Y_2 \qquad Y_{21} = \frac{\dot{I}_2}{\dot{U}_1}\bigg|_{\dot{U}_2=0} = -g - Y_2$$

$$Y_{12} = \frac{\dot{I}_1}{\dot{U}_2}\bigg|_{\dot{U}_1=0} = -Y_2 \qquad Y_{22} = \frac{\dot{I}_2}{\dot{U}_2}\bigg|_{\dot{U}_1=0} = Y_2 + Y_3$$

10.1.3 A 方程与 A 参数

A 方程是以输出端口的电压 $\dot{U}_2$、电流 $\dot{I}_2$ 为自变量的方程。图 10-1-6 所示双口网络的 A 方程为

$$\begin{cases} \dot{U}_1 = A_{11}\dot{U}_2 - A_{12}\dot{I}_2 \\ \dot{I}_1 = A_{21}\dot{U}_2 - A_{22}\dot{I}_2 \end{cases} \qquad (10\text{-}1\text{-}7)$$

式(10-1-7)中,$\dot{U}_2$、$-\dot{I}_2$ 前面的系数称为双口网络的 A 参数。分别将输出端口开路和短路,A 参数定义为

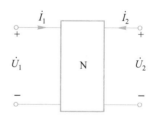

图 10-1-6 推导 A 方程用图

$$\begin{cases} A_{11} = \dfrac{\dot{U}_1}{\dot{U}_2}\bigg|_{-\dot{I}_2=0} \\[3mm] A_{21} = \dfrac{\dot{I}_1}{\dot{U}_2}\bigg|_{-\dot{I}_2=0} \\[3mm] A_{12} = \dfrac{\dot{U}_1}{-\dot{I}_2}\bigg|_{\dot{U}_2=0} \\[3mm] A_{22} = \dfrac{\dot{I}_1}{-\dot{I}_2}\bigg|_{\dot{U}_2=0} \end{cases} \qquad (10\text{-}1\text{-}8)$$

式(10-1-8)中,A_{11}表示输出端口开路时转移电压比;A_{21}表示输出端口开路时的转移导纳;A_{12}表示输出端口短路时的转移阻抗;A_{22}表示输出端口短路时转移电流比。四个 A 参数统称为传输参数(transmission parameters)。同样,这些参数取决于双口网络的拓扑结构、元件参数和角频率 ω。

式(10-1-7)写成矩阵形式,有

$$\begin{bmatrix} \dot{U}_1 \\ \dot{I}_1 \end{bmatrix} = \begin{bmatrix} A_{11} & A_{12} \\ A_{21} & A_{22} \end{bmatrix} \begin{bmatrix} \dot{U}_2 \\ -\dot{I}_2 \end{bmatrix} = \boldsymbol{A} \begin{bmatrix} \dot{U}_2 \\ -\dot{I}_2 \end{bmatrix} \qquad (10-1-9)$$

式(10-1-9)中,$\boldsymbol{A}$ 称为双口网络的传输参数矩阵(transmission parameters matrix),$\boldsymbol{A} = \begin{bmatrix} A_{11} & A_{12} \\ A_{21} & A_{22} \end{bmatrix}$。

A'方程是以输入端口的电压$\dot{U}_1$、电流$\dot{I}_1$为自变量的方程。读者可根据 A 方程与 A 参数的推导过程自行确定 A' 方程与 A' 参数。

例 10-1-3

求图 10-1-7(a)所示双口网络的 A 参数。

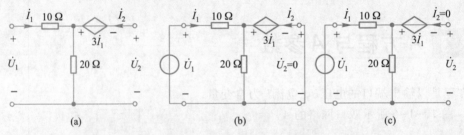

图 10-1-7　例 10-1-3 电路

解　运用电路定律列写关于$\dot{U}_1$、$\dot{I}_1$、$\dot{U}_2$、$\dot{I}_2$的方程,整理成 A 方程,该方法计算量较大。可直接用 A 参数定义求得。

令$\dot{I}_2 = 0$,即输出端口开路,在输入端口外加一个电压为$\dot{U}_1$的电压源,其电路如图10-1-7(b)所示。

$$\dot{U}_1 = 10\dot{I}_1 + 20\dot{I}_1 = 30\dot{I}_1$$

$$\dot{U}_2 = -3\dot{I}_1 + 20\dot{I}_1 = 17\dot{I}_1$$

$$A_{11} = \frac{\dot{U}_1}{\dot{U}_2}\bigg|_{-\dot{I}_2 = 0} = \frac{30}{17} = 1.8$$

$$A_{21} = \frac{\dot{I}_1}{\dot{U}_2}\bigg|_{-\dot{I}_2 = 0} = \frac{1}{17}\text{S} = 0.06 \text{ S}$$

令$\dot{U}_2 = 0$,即输出端口短路,在输入端口外加一个电压为$\dot{U}_1$的电压源,其电路如图10-1-7(c)所示。

$$\dot{U}_1 = 10\dot{I}_1 + 3\dot{I}_1 = 13\dot{I}_1$$

$$20(\dot{I}_1 + \dot{I}_2) = 3\dot{I}_1 \rightarrow \dot{I}_2 = -\frac{17}{20}\dot{I}_1$$

$$A_{12} = \frac{\dot{U}_1}{-\dot{I}_2}\bigg|_{\dot{U}_2 = 0} = \frac{260}{17}\ \Omega = 15.3\ \Omega$$

$$A_{22} = \frac{\dot{I}_1}{-\dot{I}_2}\bigg|_{\dot{U}_2 = 0} = \frac{20}{17}$$

10.1.4 H 方程与 H 参数

H 方程是以输入端口的电流 $\dot{I}_1$、输出端口的电压 $\dot{U}_2$ 为自变量的方程。图 10-1-8 所示双口网络的 H 方程为

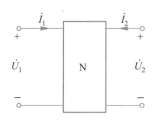

$$\begin{cases} \dot{U}_1 = H_{11}\dot{I}_1 + H_{12}\dot{U}_2 \\ \dot{I}_2 = H_{21}\dot{I}_1 + H_{22}\dot{U}_2 \end{cases} \quad (10\text{-}1\text{-}10)$$

图 10-1-8 推导 H 方程用图

式（10-1-10）中，$\dot{I}_1$、$\dot{U}_2$ 前面的系数称为双口网络的 H 参数。分别将输出端口短路和输入端口开路，H 参数定义为

$$\begin{cases} H_{11} = \dfrac{\dot{U}_1}{\dot{I}_1} \Big|_{\dot{U}_2 = 0} \\[2mm] H_{21} = \dfrac{\dot{I}_2}{\dot{I}_1} \Big|_{\dot{U}_2 = 0} \\[2mm] H_{12} = \dfrac{\dot{U}_1}{\dot{U}_2} \Big|_{\dot{I}_1 = 0} \\[2mm] H_{22} = \dfrac{\dot{I}_2}{\dot{U}_2} \Big|_{\dot{I}_1 = 0} \end{cases} \quad (10\text{-}1\text{-}11)$$

式（10-1-11）中，H_{11} 表示输出端口短路时输入端口的策动点阻抗；H_{21} 表示输出端口短路时的转移电流比；H_{12} 表示输入端口开路时的转移电压比；H_{22} 表示输入端口开路时的转移电导。四个 H 参数统称为混合参数（hybrid parameters）。同样，这些参数取决于双口网络的拓扑结构、元件参数和角频率 ω。

式（10-1-10）写成矩阵形式，有

$$\begin{bmatrix} \dot{U}_1 \\ \dot{I}_2 \end{bmatrix} = \begin{bmatrix} H_{11} & H_{12} \\ H_{21} & H_{22} \end{bmatrix} \begin{bmatrix} \dot{I}_1 \\ \dot{U}_2 \end{bmatrix} = \boldsymbol{H} \begin{bmatrix} \dot{I}_1 \\ \dot{U}_2 \end{bmatrix} \quad (10\text{-}1\text{-}12)$$

式（10-1-12）中，$\boldsymbol{H}$ 称为双口网络的混合参数矩阵（hybrid parameters matrix），$\boldsymbol{H} = \begin{bmatrix} H_{11} & H_{12} \\ H_{21} & H_{22} \end{bmatrix}$。

H' 方程是以输出端口的电流 $\dot{I}_2$、输入端口的电压 $\dot{U}_1$ 为自变量的方程。读者可根据 H 方程与 H 参数的推导过程自行确定 H' 方程与 H' 参数。

例 10-1-4

求图 10-1-9(a)所示双口网络的 H 参数。

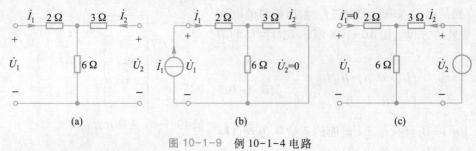

图 10-1-9 例 10-1-4 电路

解 运用电路定律列写关于 $\dot{U}_1$、$\dot{I}_1$、$\dot{U}_2$、$\dot{I}_2$ 的方程，整理成 H 方程，该法计算量较大。可直接用 H 参数定义求得。

令 $\dot{U}_2 = 0$，即输出端口短路，在输入端口外加一个电流为 $\dot{I}_1$ 的电流源，其电路如图 10-1-9(b)所示。

$$\dot{U}_1 = \left(2 + \frac{3 \times 6}{3+6}\right)\dot{I}_1 = 4\dot{I}_1 \qquad \dot{I}_2 = -\frac{6}{3+6}\dot{I}_1 = -\frac{2}{3}\dot{I}_1$$

$$H_{11} = \frac{\dot{U}_1}{\dot{I}_1}\Big|_{\dot{U}_2 = 0} = 4\ \Omega \qquad H_{21} = \frac{\dot{I}_2}{\dot{I}_1}\Big|_{\dot{U}_2 = 0} = -\frac{2}{3}$$

令 $\dot{I}_1 = 0$，即输入端口开路，在输出端口外加一个电压为 $\dot{U}_2$ 的电压源，其电路如图 10-1-9(c)所示。

$$\dot{U}_1 = \frac{6}{3+6}\dot{U}_2 = \frac{2}{3}\dot{U}_2 \qquad \dot{U}_2 = (3+6)\dot{I}_2 = 9\dot{I}_2$$

$$H_{12} = \frac{\dot{U}_1}{\dot{U}_2}\Big|_{\dot{I}_1 = 0} = \frac{2}{3} \qquad H_{22} = \frac{\dot{I}_2}{\dot{U}_2}\Big|_{\dot{I}_1 = 0} = \frac{1}{9}\text{S}$$

10.1.5 双口网络参数的转换

前面介绍的四种不同的双口网络参数矩阵都是描述同一个双口网络输入和输出端口变量的关系。因此，如果各参数矩阵存在，参数矩阵之间是可以相互转换的。举两个例子来证明。

已知 Z 参数，求 Y 参数。

由式(10-1-3)可知

$$\begin{bmatrix} \dot{U}_1 \\ \dot{U}_2 \end{bmatrix} = \begin{bmatrix} Z_{11} & Z_{12} \\ Z_{21} & Z_{22} \end{bmatrix}\begin{bmatrix} \dot{I}_1 \\ \dot{I}_2 \end{bmatrix} = \mathbf{Z}\begin{bmatrix} \dot{I}_1 \\ \dot{I}_2 \end{bmatrix} \qquad (10\text{-}1\text{-}13)$$

或者写成

$$\begin{bmatrix} \dot{I}_1 \\ \dot{I}_2 \end{bmatrix} = \mathbf{Z}^{-1}\begin{bmatrix} \dot{U}_1 \\ \dot{U}_2 \end{bmatrix} \qquad (10\text{-}1\text{-}14)$$

由式(10-1-6)可知

$$\begin{bmatrix} \dot{I}_1 \\ \dot{I}_2 \end{bmatrix} = \begin{bmatrix} Y_{11} & Y_{12} \\ Y_{21} & Y_{22} \end{bmatrix} \begin{bmatrix} \dot{U}_1 \\ \dot{U}_2 \end{bmatrix} = Y \begin{bmatrix} \dot{U}_1 \\ \dot{U}_2 \end{bmatrix} \tag{10-1-15}$$

比较式(10-1-14)和式(10-1-15),可以看出

$$Y = Z^{-1} \tag{10-1-16}$$

即

$$\begin{bmatrix} Y_{11} & Y_{12} \\ Y_{21} & Y_{22} \end{bmatrix} = \frac{\begin{bmatrix} Z_{22} & -Z_{12} \\ -Z_{21} & Z_{11} \end{bmatrix}}{\Delta_Z} \tag{10-1-17}$$

式(10-1-17)中,$\Delta_Z = Z_{11}Z_{22} - Z_{12}Z_{21}$。可得

$$Y_{11} = \frac{Z_{22}}{\Delta_Z}, \quad Y_{12} = -\frac{Z_{12}}{\Delta_Z}, \quad Y_{21} = -\frac{Z_{21}}{\Delta_Z}, \quad Y_{22} = \frac{Z_{11}}{\Delta_Z} \tag{10-1-18}$$

已知 Z 参数,求 H 参数。

由式(10-1-1)可知

$$\begin{cases} \dot{U}_1 = Z_{11}\dot{I}_1 + Z_{12}\dot{I}_2 \\ \dot{U}_2 = Z_{21}\dot{I}_1 + Z_{22}\dot{I}_2 \end{cases} \tag{10-1-19}$$

可得

$$\dot{I}_2 = -\frac{Z_{21}}{Z_{22}}\dot{I}_1 + \frac{1}{Z_{22}}\dot{U}_2 \tag{10-1-20}$$

$$\dot{U}_1 = \frac{Z_{11}Z_{22} - Z_{12}Z_{21}}{Z_{22}}\dot{I}_1 + \frac{Z_{12}}{Z_{22}}\dot{U}_2 \tag{10-1-21}$$

将式(10-1-20)、式(10-1-21)写成矩阵形式

$$\begin{bmatrix} \dot{U}_1 \\ \dot{I}_2 \end{bmatrix} = \begin{bmatrix} \dfrac{\Delta_Z}{Z_{22}} & \dfrac{Z_{12}}{Z_{22}} \\ -\dfrac{Z_{21}}{Z_{22}} & \dfrac{1}{Z_{22}} \end{bmatrix} \begin{bmatrix} \dot{I}_1 \\ \dot{U}_2 \end{bmatrix} \tag{10-1-22}$$

由式(10-1-12)可知

$$\begin{bmatrix} \dot{U}_1 \\ \dot{I}_2 \end{bmatrix} = \begin{bmatrix} H_{11} & H_{12} \\ H_{21} & H_{22} \end{bmatrix} \begin{bmatrix} \dot{I}_1 \\ \dot{U}_2 \end{bmatrix} = H \begin{bmatrix} \dot{I}_1 \\ \dot{U}_2 \end{bmatrix} \tag{10-1-23}$$

比较式(10-1-22)和式(10-1-23),可以看出

$$H_{11} = \frac{\Delta_Z}{Z_{22}}, H_{12} = \frac{Z_{12}}{Z_{22}}, H_{21} = -\frac{Z_{21}}{Z_{22}}, H_{22} = \frac{1}{Z_{22}} \tag{10-1-24}$$

用类似的方法可实现各种参数之间转换,如表10-1-1所示。给出一种参数,可以从表10-1-1查出其他参数。

表 10-1-1　双口网络的参数矩阵转换表

	Z		Y		A		H	
Z	Z_{11}	Z_{12}	$\dfrac{Y_{22}}{\Delta_Y}$	$-\dfrac{Y_{12}}{\Delta_Y}$	$\dfrac{A_{11}}{A_{21}}$	$\dfrac{\Delta_A}{A_{21}}$	$\dfrac{\Delta_H}{H_{22}}$	$\dfrac{H_{12}}{H_{22}}$
	Z_{21}	Z_{22}	$-\dfrac{Y_{21}}{\Delta_Y}$	$\dfrac{Y_{11}}{\Delta_Y}$	$\dfrac{1}{A_{21}}$	$\dfrac{A_{22}}{A_{21}}$	$-\dfrac{H_{21}}{H_{22}}$	$\dfrac{1}{H_{22}}$
Y	$\dfrac{Z_{22}}{\Delta_Z}$	$-\dfrac{Z_{12}}{\Delta_Z}$	Y_{11}	Y_{12}	$\dfrac{A_{22}}{A_{12}}$	$-\dfrac{\Delta_A}{A_{12}}$	$\dfrac{1}{H_{11}}$	$-\dfrac{H_{12}}{H_{11}}$
	$-\dfrac{Z_{21}}{\Delta_Z}$	$\dfrac{Z_{11}}{\Delta_Z}$	Y_{21}	Y_{22}	$-\dfrac{1}{A_{21}}$	$\dfrac{A_{11}}{A_{21}}$	$\dfrac{H_{21}}{H_{11}}$	$\dfrac{\Delta_H}{H_{11}}$
A	$\dfrac{Z_{11}}{Z_{21}}$	$\dfrac{\Delta_Z}{Z_{21}}$	$-\dfrac{Y_{22}}{Y_{21}}$	$-\dfrac{1}{Y_{21}}$	A_{11}	A_{12}	$-\dfrac{\Delta_H}{H_{21}}$	$-\dfrac{H_{11}}{H_{21}}$
	$\dfrac{1}{Z_{21}}$	$\dfrac{Z_{22}}{Z_{21}}$	$-\dfrac{\Delta_Y}{Y_{21}}$	$-\dfrac{Y_{11}}{Y_{21}}$	A_{21}	A_{22}	$-\dfrac{H_{22}}{H_{21}}$	$-\dfrac{1}{H_{21}}$
H	$\dfrac{\Delta_Z}{Z_{22}}$	$\dfrac{Z_{12}}{Z_{22}}$	$\dfrac{1}{Y_{11}}$	$\dfrac{Y_{12}}{Y_{11}}$	$\dfrac{A_{12}}{A_{22}}$	$\dfrac{\Delta_A}{A_{22}}$	H_{11}	H_{12}
	$-\dfrac{Z_{21}}{Z_{22}}$	$\dfrac{1}{Z_{22}}$	$\dfrac{Y_{21}}{Y_{11}}$	$\dfrac{\Delta_Y}{Y_{11}}$	$-\dfrac{1}{A_{22}}$	$\dfrac{A_{21}}{A_{22}}$	H_{21}	H_{22}

例 10-1-5

已知 A 参数矩阵，求 Z 参数。

$$A = \begin{bmatrix} 10 & 1.5\ \Omega \\ 2\text{S} & 4 \end{bmatrix}$$

解　由 A 参数矩阵可知，$A_{11}=10$，$A_{12}=1.5$，$A_{21}=2$，$A_{22}=4$，$\Delta_A = A_{11}A_{22}-A_{12}A_{21}=37$ 由表10-1-1 可得

$$Z_{11}=\frac{A_{11}}{A_{21}}=\frac{10}{2}\ \Omega=5\ \Omega,\ Z_{12}=\frac{\Delta_A}{A_{21}}=\frac{37}{2}\ \Omega=18.5\ \Omega$$

$$Z_{21}=\frac{1}{A_{21}}=\frac{1}{2}\ \Omega=0.5\ \Omega,\ Z_{22}=\frac{A_{22}}{A_{21}}=\frac{4}{2}\ \Omega=2\ \Omega$$

$$Z = \begin{bmatrix} 5 & 18.5 \\ 0.5 & 2 \end{bmatrix}\ \Omega$$

10.1.6 互易双口网络和互易定理

以上研究了双口网络的 VCR 及各组参数间的转换。由上述分析可知，对于一般的无源双口网络，需要用四个独立参数去表征，如用 Z_{11}、Z_{12}、Z_{21}、Z_{22} 一组开路阻抗参数可表征一个无源双口网络。本节将说明：对某些特殊的无源双口网络，所需的独立参数还可减少。

1. 互易双口网络

对一个无源线性双口网络 N,在只有一个激励源的情况下,将一个端口的理想电压源与另一个端口的理想电流表互换位置,电流表的读数不变,则该网络就是互易网络,如图10-1-10(a)、(b)所示。同理,将一个端口的理想电流源与另一个端口的理想电压表互换位置,电压表的读数不变,则该网络也是互易网络,如图10-1-10(c)、(d)所示。

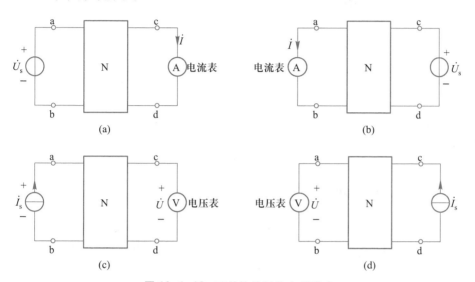

图 10-1-10　互易性的两种表现形式

注意:

(1)双口网络 N 必须是不含受控源的线性网络。可含线性时不变电阻元件、电容元件、电感元件、耦合电感元件和理想变压器;

(2)互易前、后网络的拓扑结构不能发生变化,仅理想电压源(或理想电流源)搬移,理想电压源(或理想电流源)所在支路中的元件仍保留在原支路中;

(3)激励和响应必须一个是电压,一个是电流,不能全是电压或全是电流;

(4)互易前后电压源极性与支路电流的参考方向保持一致。

如果一个互易网络,它的两个端口可以交换而端口电压、电流的数值不变,这网络便是对称的。对称双口网络的例子如图 10-1-11 所示。

2. 互易定理

若双口网络是互易双口网络,则参数之间存在下述关系

$$Z_{12} = Z_{21} \tag{10-1-25}$$

$$Y_{12} = Y_{21} \tag{10-1-26}$$

$$A_{11}A_{22} - A_{12}A_{21} = \Delta_A = 1 \tag{10-1-27}$$

$$H_{12} = -H_{21} \tag{10-1-28}$$

故,对于互易双口网络,要确定一组参数,只需要计算或测量三个参数,即表征互易双口网络的任一组参数中只有三个参数是独立的。

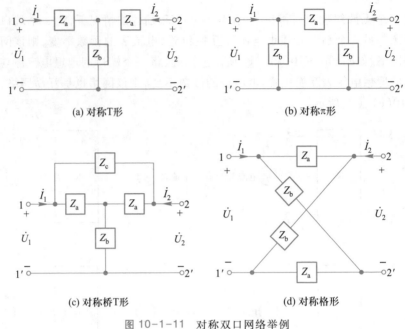

图 10-1-11 对称双口网络举例

若双口网络是对称的互易双口网络,则参数之间还存在下述附加关系

$$Z_{11} = Z_{22} \tag{10-1-29}$$

$$Y_{11} = Y_{22} \tag{10-1-30}$$

$$A_{11} = A_{22} \tag{10-1-31}$$

$$H_{11}H_{22} - H_{12}H_{21} = \Delta_H = 1 \tag{10-1-32}$$

根据对称双口网络参数间的附加关系,可知表征对称互易双口网络的任一组参数中只有两个参数是独立的。只需计算或测量两个参数就可以确定整组的四个参数。

目标 1 测评

T10-1 某单个元件的双口网络如图 T10-1(a)所示,那么 Z_{11} 是( )。

(a) 0 　　　(b) 5 　　　(c) 10 　　　(d) 20 　　　(e) 以上皆非

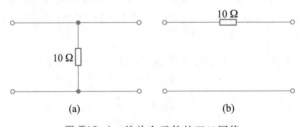

图 T10-1 某单个元件的双口网络

T10-2 某单个元件的双口网络如图 T10-1(b)所示,那么 Y_{11} 是( )。

(a) 0 　　　(b) 5 　　　(c) 10 　　　(d) 20 　　　(e) 以上皆非

T10-3 某单个元件的双口网络如图 T10-1 所示,那么 H_{21} 是( )。

(a) -0.1   (b) -1   (c) 0   (d) 10   (e) 以上皆非

T10-4 某双口网络方程如下: $u_1 = 50i_1 + 10i_2$, $u_2 = 30i_1 + 20i_2$,下列参数不正确的是( )。

(a) $Z_{12} = 10$ (b) $Y_{12} = -0.014\,3$ (c) $H_{12} = 0.5$ (d) $B = 50$

T10-5 双口网络中当一端口短路,已知 $I_1 = 4I_2$, $U_2 = 0.25I_2$,下列正确的是( )。

(a) $Y_{11} = 4$ (b) $Y_{12} = 16$ (c) $Y_{21} = 16$ (d) $Y_{22} = 0.25$

T10-6 若一个双口网络是互易双口网络,下列不正确的是( )。

(a) $Z_{21} = Z_{12}$ (b) $Y_{12} = Y_{21}$ (c) $H_{21} = H_{12}$ (d) $AD = BC + 1$

10.2 具有端接的双口网络

双口网络在实际应用中一般按图 10-2-1(a)所示连接,端口 1 接电源,端口 2 接负载。其中, Z_S 是电源的内阻抗, Z_L 是负载阻抗。这种连接方式的网络就称为具有端接的双口网络。在已知双口网络参数的情况下,对于这种电路的分析,实质就是要分析网络端口电压 $\dot{U}_1$ 、 $\dot{U}_2$ 、端口电流 $\dot{I}_1$ 、 $\dot{I}_2$ 与外电路 $\dot{U}_s$ 、 Z_S 、 Z_L 参数的关系。为了便于分析输入端口的电压、电流,可以将端接负载的双口网络等效为一个输入阻抗 Z_i ,如图 10-2-1(b)所示。为了便于分析输出端口的电压、电流,可以将端接电源的双口网络等效为戴维宁(或诺顿)等效电路,如图10-2-1(c)所示。

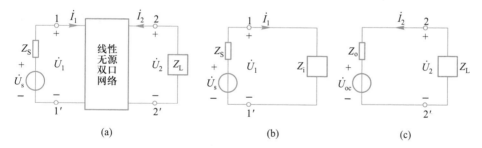

图 10-2-1 具有端接的双口网络

具有端接的双口网络的端口特性由以下六个特性参量确定。

(1) 输入阻抗 $Z_i = \dot{U}_1/\dot{I}_1$,或输入导纳 $Y_i = \dot{I}_1/\dot{U}_1$ 。

(2) 输出电流 $\dot{I}_2$ 。

(3) 端接电源的戴维宁等效参数:开路电压 $\dot{U}_{oc}$ 、输出阻抗 Z_o 。

(4) 端口电流比 $\dot{I}_2/\dot{I}_1$ 。

(5) 端口电压比 $\dot{U}_2/\dot{U}_1$ 。

(6) 转移电压比 $\dot{U}_2/\dot{U}_s$ 。

下面以已知 Z 参数为例具体分析具有端接的双口网络的特性参量。

描述图 10-2-1 所示双口网络的 Z 参数方程为

$$\dot{U}_1 = Z_{11}\dot{I}_1 + Z_{12}\dot{I}_2 \qquad (10\text{-}2\text{-}1)$$

$$\dot{U}_2 = Z_{21}\dot{I}_1 + Z_{22}\dot{I}_2 \qquad (10\text{-}2\text{-}2)$$

端口处电路的电压电流约束方程为

$$\dot{U}_1 = \dot{U}_s - Z_s\dot{I}_1 \qquad (10\text{-}2\text{-}3)$$

$$\dot{U}_2 = -Z_L\dot{I}_2 \qquad (10\text{-}2\text{-}4)$$

（1）输入阻抗 Z_i

将式（10-2-4）代入式（10-2-2），消去 $\dot{U}_2$，得

$$\dot{I}_2 = \frac{-Z_{21}\dot{I}_1}{Z_L + Z_{22}} \qquad (10\text{-}2\text{-}5)$$

再将 $\dot{I}_2$ 代入式（10-2-1），得

$$Z_i = Z_{11} - \frac{Z_{12}Z_{21}}{Z_{22} + Z_L} \qquad (10\text{-}2\text{-}6)$$

（2）输出电流 $\dot{I}_2$

将式（10-2-3）代入式（10-2-1），消去 $\dot{U}_1$，得

$$\dot{I}_1 = \frac{\dot{U}_s - Z_{12}\dot{I}_2}{Z_{11} + Z_s} \qquad (10\text{-}2\text{-}7)$$

再将 $\dot{I}_1$ 代入式（10-2-5），得

$$\dot{I}_2 = \frac{-Z_{21}\dot{U}_s}{(Z_{11} + Z_s)(Z_{22} + Z_L) - Z_{12}Z_{21}} \qquad (10\text{-}2\text{-}8)$$

（3）端接电源的戴维宁等效参数 $\dot{U}_{oc}$、Z_o

当 $\dot{I}_2 = 0$ 时，端接电源的开路电压 $\dot{U}_{oc} = \dot{U}_2$。联立式（10-2-1）和式（10-2-2）得

$$\dot{U}_2 \big|_{\dot{I}_2 = 0} = Z_{21}\dot{I}_1 = Z_{21}\frac{\dot{U}_1}{Z_{11}} \qquad (10\text{-}2\text{-}9)$$

将式（10-2-3）、式（10-2-7）代入式（10-2-9）得

$$\dot{U}_2 \big|_{\dot{I}_2 = 0} = \dot{U}_{oc} = \frac{Z_{21}}{Z_s + Z_{11}}\dot{U}_s \qquad (10\text{-}2\text{-}10)$$

当 $\dot{U}_s = 0$ 时，端接电源的输出阻抗 $Z_o = \dot{U}_2 / \dot{I}_2$。式（10-2-7）则简化为

$$\dot{I}_1 = \frac{-Z_{12}\dot{I}_2}{Z_{11} + Z_s} \qquad (10\text{-}2\text{-}11)$$

联立式（10-2-11）和式（10-2-2）得

$$Z_o \big|_{\dot{U}_s = 0} = \dot{U}_2 / \dot{I}_2 = Z_{22} - \frac{Z_{12}Z_{21}}{Z_s + Z_{11}} \qquad (10\text{-}2\text{-}12)$$

（4）端口电流比 $\dot{I}_2 / \dot{I}_1$

由式（10-2-5）直接得

$$\frac{\dot{I}_2}{\dot{I}_1} = \frac{-Z_{21}}{Z_L + Z_{22}} \qquad (10\text{-}2\text{-}13)$$

（5）端口电压比 $\dot{U}_2 / \dot{U}_1$

联立式(10-2-1)~式(10-2-4),消去中间变量,解得

$$\frac{\dot{U}_2}{\dot{U}_1} = \frac{Z_{21}Z_L}{Z_{11}Z_L + Z_{11}Z_{22} - Z_{12}Z_{21}} \qquad (10\text{-}2\text{-}14)$$

(6) 转移电压比 $\dot{U}_2/\dot{U}_s$

联立式(10-2-1)~式(10-2-4),消去中间变量,解得

$$\frac{\dot{U}_2}{\dot{U}_s} = \frac{Z_{21}Z_L}{(Z_{11}+Z_s)(Z_{22}+Z_L) - Z_{12}Z_{21}} \qquad (10\text{-}2\text{-}15)$$

综上所述,要获得具有端接的双口网络的端口特性参量,就要涉及对双口网络方程以及端口约束方程的代数运算。按此思路,具有端接的双口网络的端口特性也可以用 Y 参数、A 参数、A' 参数、H 参数和 H' 参数表示。读者可自行推导各自对应的特性参数表达式。

例 10-2-1

如图 10-2-2 所示,网络参数 $\boldsymbol{Z} = \begin{bmatrix} 3 & 4 \\ j2 & -j3 \end{bmatrix}$ Ω,

图中相量均为有效值相量,求:

(1) 电压相量 $\dot{U}_2$;

(2) 4 Ω 负载消耗的平均功率;

(3) 提供给输入端口的平均功率;

(4) 具有最大平均功率时的负载阻抗;

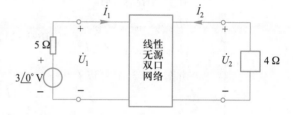

图 10-2-2 例 10-2-1 电路

解 (1) 由已知条件列出双口网络的 Z 参数方程

$$\dot{U}_1 = 3\dot{I}_1 + 4\dot{I}_2 \qquad (10\text{-}2\text{-}16)$$

$$\dot{U}_2 = j2\dot{I}_1 - j3\dot{I}_2 \qquad (10\text{-}2\text{-}17)$$

由图 10-2-2 列出端口外电路的电压电流约束方程

$$\dot{U}_1 = 3\underline{/0°} - 5\dot{I}_1 \qquad (10\text{-}2\text{-}18)$$

$$\dot{U}_2 = -4\dot{I}_2 \qquad (10\text{-}2\text{-}19)$$

联立式(10-2-16)~式(10-2-19),解得

$$\dot{U}_2 = 0.53\underline{/135°} \text{ V}$$

(2) 4 Ω 负载消耗的平均功率为

$$P_2 = \frac{U_2^2}{4} = \frac{0.53^2}{4} \text{ W} = 0.07 \text{ W}$$

(3) 为求出传输给输入端口的平均功率,就需先求出输入阻抗 Z_i。由式(10-2-6)得

$$Z_i = Z_{11} - \frac{Z_{12}Z_{21}}{Z_{22}+Z_L} = \left[3 - \frac{4\times j2}{(-j3)+4}\right] \text{ Ω}$$

$$= \frac{20.81\underline{/-54.78°}}{5\underline{/-36.87°}} \text{ Ω} = 4.16\underline{/-17.91°} \text{ Ω}$$

$$= (3.96 - j1.28) \text{ Ω}$$

于是

$$\dot{I}_1 = \frac{\dot{U}_s}{5+Z_i} = \frac{3\underline{/0°}}{5+3.96-j1.28} \text{ A}$$

$$= \frac{3\underline{/0°}}{9.05\underline{/-8.13°}} \text{ A} = 0.33\underline{/8.13°} \text{ A}$$

提供给输入端口的平均功率为

$$P_1 = I_1^2 R_i = 0.33^2 \times 3.96 \text{ W} = 0.43 \text{ W}$$

(4) 由题,负载要具有最大功率必须满足共轭匹配,即负载阻抗应等于从端口 2 看进去的戴维宁输出阻抗的共轭阻抗。

由式(10-2-12)得输出阻抗

$$Z_o = Z_{22} - \frac{Z_{12}Z_{21}}{Z_s+Z_{11}} = \left[(-j3) - \frac{4\times j2}{5+3}\right] \text{ Ω} = -j4 \text{ Ω}$$

因此 $Z_L = Z_o^* = j4$ Ω 时可获最大功率。

10.3 双口网络的连接

为了便于分析和设计,一个大型复杂双口网络可以划分成若干个简单的双口子网络,这些子网络按一定方式连接起来构成复杂的双口网络。双口网络的连接方式有串联、并联、级联等。

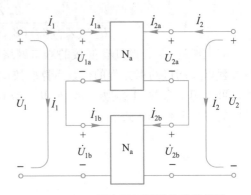

两个双口网络的串联模型如图 10-3-1 所示,这两个网络输入电流相同,电压相加。对于网络 N_a,有

$$\begin{cases} \dot{U}_{1a} = Z_{11a}\dot{I}_{1a} + Z_{12a}\dot{I}_{2a} \\ \dot{U}_{2a} = Z_{21a}\dot{I}_{1a} + Z_{22a}\dot{I}_{2a} \end{cases} \quad (10\text{-}3\text{-}1)$$

对于网络 N_b,有

$$\begin{cases} \dot{U}_{1b} = Z_{11b}\dot{I}_{1b} + Z_{12b}\dot{I}_{2b} \\ \dot{U}_{2b} = Z_{21b}\dot{I}_{1b} + Z_{22b}\dot{I}_{2b} \end{cases} \quad (10\text{-}3\text{-}2)$$

图 10-3-1 两个双口网络的串联模型

由图 10-3-1 可以看出

$$\dot{I}_1 = \dot{I}_{1a} = \dot{I}_{1b} \quad (10\text{-}3\text{-}3)$$
$$\dot{I}_2 = \dot{I}_{2a} = \dot{I}_{2b} \quad (10\text{-}3\text{-}4)$$

并且

$$\begin{cases} \dot{U}_1 = \dot{U}_{1a} + \dot{U}_{1b} = (Z_{11a} + Z_{11b})\dot{I}_1 + (Z_{12a} + Z_{12b})\dot{I}_2 \\ \dot{U}_2 = \dot{U}_{2a} + \dot{U}_{2b} = (Z_{21a} + Z_{21b})\dot{I}_1 + (Z_{22a} + Z_{22b})\dot{I}_2 \end{cases} \quad (10\text{-}3\text{-}5)$$

因此,图 10-3-1 所示网络的 Z 参数为

$$\begin{bmatrix} Z_{11} & Z_{12} \\ Z_{21} & Z_{22} \end{bmatrix} = \begin{bmatrix} Z_{11a} + Z_{11b} & Z_{12a} + Z_{12b} \\ Z_{21a} + Z_{21b} & Z_{22a} + Z_{22b} \end{bmatrix} \quad (10\text{-}3\text{-}6)$$

即

$$\boldsymbol{Z} = \boldsymbol{Z}_a + \boldsymbol{Z}_b \quad (10\text{-}3\text{-}7)$$

两个双口网络串联的 Z 参数为每个双口网络 Z 参数之和,该法则适用于 n 个网络串联。

两个双口网络的并联模型如图 10-3-2 所示,这两个网络端口电压相同,并联模型的电流为两个双口网络端口电流之和。对于网络 N_a,有

$$\begin{cases} \dot{I}_{1a} = Y_{11a}\dot{U}_{1a} + Y_{12a}\dot{U}_{2a} \\ \dot{I}_{2a} = Y_{21a}\dot{U}_{1a} + Y_{22a}\dot{U}_{2a} \end{cases} \quad (10\text{-}3\text{-}8)$$

对于网络 N_b,有

$$\begin{cases} \dot{I}_{1b} = Y_{11b}\dot{U}_{1b} + Y_{12b}\dot{U}_{2b} \\ \dot{I}_{2b} = Y_{21b}\dot{U}_{1b} + Y_{22b}\dot{U}_{2b} \end{cases} \quad (10\text{-}3\text{-}9)$$

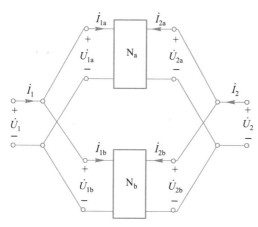

图 10-3-2　两个双口网络的并联模型

由图 10-3-2 可以看出

$$\dot{U}_1 = \dot{U}_{1a} = \dot{U}_{1b} \tag{10-3-10}$$

$$\dot{U}_2 = \dot{U}_{2a} = \dot{U}_{2b} \tag{10-3-11}$$

$$\dot{I}_1 = \dot{I}_{1a} + \dot{I}_{1b} \tag{10-3-12}$$

$$\dot{I}_2 = \dot{I}_{2a} + \dot{I}_{2b} \tag{10-3-13}$$

可得

$$\begin{cases} \dot{I}_1 = \dot{I}_{1a} + \dot{I}_{1b} = (Y_{11a} + Y_{11b})\dot{U}_1 + (Y_{12a} + Y_{12b})\dot{U}_2 \\ \dot{I}_2 = \dot{I}_{2a} + \dot{I}_{2b} = (Y_{21a} + Y_{21b})\dot{U}_1 + (Y_{22a} + Y_{22b})\dot{U}_2 \end{cases} \tag{10-3-14}$$

因此,图 10-3-2 所示网络的 Y 参数为

$$\begin{bmatrix} Y_{11} & Y_{12} \\ Y_{21} & Y_{22} \end{bmatrix} = \begin{bmatrix} Y_{11a} + Y_{11b} & Y_{12a} + Y_{12b} \\ Y_{21a} + Y_{21b} & Y_{22a} + Y_{22b} \end{bmatrix} \tag{10-3-15}$$

即

$$\boldsymbol{Y} = \boldsymbol{Y}_a + \boldsymbol{Y}_b \tag{10-3-16}$$

两个双口网络并联的 Y 参数为每个双口网络 Y 参数之和,该法则适用于 n 个网络并联。

两个双口网络的级联是指一个双口网络的输出是另一个双口网络的输入,其模型如图10-3-3所示。对于网络 N_a,有

$$\begin{bmatrix} \dot{U}_{1a} \\ \dot{I}_{1a} \end{bmatrix} = \begin{bmatrix} A_{11a} & A_{12a} \\ A_{21a} & A_{22a} \end{bmatrix} \begin{bmatrix} \dot{U}_{2a} \\ -\dot{I}_{2a} \end{bmatrix} \tag{10-3-17}$$

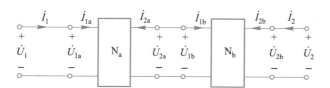

图 10-3-3　两个双口网络的级联模型

对于网络 N_b,有

$$\begin{bmatrix} \dot{U}_{1b} \\ \dot{I}_{1b} \end{bmatrix} = \begin{bmatrix} A_{11b} & A_{12b} \\ A_{21b} & A_{22b} \end{bmatrix} \begin{bmatrix} \dot{U}_{2b} \\ -\dot{I}_{2b} \end{bmatrix} \qquad (10-3-18)$$

由图 10-3-3 可以看出

$$\begin{bmatrix} \dot{U}_1 \\ \dot{I}_1 \end{bmatrix} = \begin{bmatrix} \dot{U}_{1a} \\ \dot{I}_{1a} \end{bmatrix} \qquad (10-3-19)$$

$$\begin{bmatrix} \dot{U}_{2a} \\ -\dot{I}_{2a} \end{bmatrix} = \begin{bmatrix} \dot{U}_{1b} \\ \dot{I}_{1b} \end{bmatrix} \qquad (10-3-20)$$

$$\begin{bmatrix} \dot{U}_{2b} \\ -\dot{I}_{2b} \end{bmatrix} = \begin{bmatrix} \dot{U}_2 \\ -\dot{I}_2 \end{bmatrix} \qquad (10-3-21)$$

可得

$$\begin{bmatrix} \dot{U}_1 \\ \dot{I}_1 \end{bmatrix} = \begin{bmatrix} A_{11a} & A_{12a} \\ A_{21a} & A_{22a} \end{bmatrix} \begin{bmatrix} A_{11b} & A_{12b} \\ A_{21b} & A_{22b} \end{bmatrix} \begin{bmatrix} \dot{U}_2 \\ -\dot{I}_2 \end{bmatrix} \qquad (10-3-22)$$

因此,图 10-3-3 所示网络的 A 参数为

$$\begin{bmatrix} A_{11} & A_{12} \\ A_{21} & A_{22} \end{bmatrix} = \begin{bmatrix} A_{11a} & A_{12a} \\ A_{21a} & A_{22a} \end{bmatrix} \begin{bmatrix} A_{11b} & A_{12b} \\ A_{21b} & A_{22b} \end{bmatrix} \qquad (10-3-23)$$

即

$$A = A_a \cdot A_b \qquad (10-3-24)$$

两个双口网络级联的 A 参数为每个双口网络 A 参数之积,该法则适用于 n 个网络级联。

例 10-3-1

求图 10-3-4 所示双口网络的 $\dfrac{\dot{U}_2}{\dot{U}_s}$。

解 由图可知为双口网络的串联,根据电路定律列写关于 $\dot{U}_s$、$\dot{U}_2$ 的方程,消去中间变量,即可得到所求。

由网络 N_b 可以得到

$$Z_{11b} = Z_{12b} = Z_{21b} = Z_{22b} = 10 \ \Omega$$

因此

$$Z = Z_a + Z_b = \left(\begin{bmatrix} 12 & 8 \\ 8 & 20 \end{bmatrix} + \begin{bmatrix} 10 & 10 \\ 10 & 10 \end{bmatrix} \right) \Omega$$

$$= \begin{bmatrix} 22 & 18 \\ 18 & 30 \end{bmatrix} \Omega$$

可得

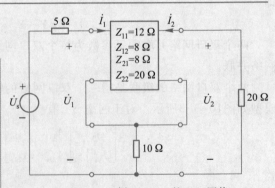

图 10-3-4 例 10-3-1 的双口网络

$$\begin{cases} \dot{U}_1 = Z_{11}\dot{I}_1 + Z_{12}\dot{I}_2 = 22\dot{I}_1 + 18\dot{I}_2 \\ \dot{U}_2 = Z_{21}\dot{I}_1 + Z_{22}\dot{I}_2 = 18\dot{I}_1 + 30\dot{I}_2 \end{cases} \qquad (10-3-25)$$

输入端口

$$\dot{U}_1 = \dot{U}_s - 5\dot{I}_1 \qquad (10\text{-}3\text{-}26)$$

输出端口

$$\dot{U}_2 = -20\dot{I}_2 \rightarrow \dot{I}_2 = -\frac{\dot{U}_2}{20} \qquad (10\text{-}3\text{-}27)$$

将式（10-3-26）、式（10-3-27）代入到式（10-3-25），可得

$$\dot{U}_s - 5\dot{I}_1 = 22\dot{I}_1 - \frac{18}{20}\dot{U}_2 \rightarrow \dot{U}_s = 27\dot{I}_1 - \frac{18}{20}\dot{U}_2 \qquad (10\text{-}3\text{-}28)$$

$$\dot{U}_2 = 18\dot{I}_1 - \frac{30}{20}\dot{U}_2 \rightarrow \dot{I}_1 = \frac{2.5}{18}\dot{U}_2 \qquad (10\text{-}3\text{-}29)$$

将式（10-3-29）代入到式（10-3-28），可得

$$\dot{U}_s = 27 \times \frac{2.5}{18}\dot{U}_2 - \frac{18}{20}\dot{U}_2 = 2.9\dot{U}_2$$

所以

$$\frac{\dot{U}_2}{\dot{U}_s} = \frac{1}{2.9} = 0.35$$

10.4 技术实践

10.4.1 晶体管放大电路分析

双口网络常常用于将负载从激励源的电路中分离出来,例如,图10-4-1的双口可以表示一个放大器、滤波器或其他电路。若这是一个放大器,则其电压增益 A_u,电流增益 A_i,输入阻抗 Z_i 和输出阻抗 Z_o 分别定义如下:

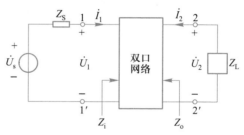

图10-4-1 双口网络将负载与电源分离开

$$A_u = \frac{\dot{U}_2}{\dot{U}_1} , \quad A_i = \frac{\dot{I}_2}{\dot{I}_1} ,$$
$$\qquad\qquad\qquad (10\text{-}4\text{-}1)$$
$$Z_i = \frac{\dot{U}_1}{\dot{I}_1} , Z_o = \frac{\dot{U}_2}{\dot{I}_2}\bigg|_{\substack{\dot{U}_s = 0 \\ Z_L = \infty}}$$

双口网络六组参数中的任意一组都可用来推导出式(10-4-1)定义的表达式,这里,将用混合参数 H 来表达晶体管放大器的上述特性。

晶体管是一个典型的双口网络(元件),如图10-4-2(a)所示。它工作在放大状态时,其特性常用 H 参数表示。H 参数有其专用的含义,其下标的第一个字母与一般的 H 参数的关系是

$$H_i = H_{11}, H_r = H_{12}, H_f = H_{21}, H_o = H_{22} \qquad (10\text{-}4\text{-}2)$$

式(10-4-2)中的 i,r,f 和 o 分别表示输入、反向、前向和输出。晶体管 H 参数下标的第二个字母表示晶体管连接的方式,e 表示共发射极连接(CE),c 表示共集电极连接(CC),而 b 则表示共基极连接(CB)。这里只讨论共发射极连接,所以,共发射极晶体管放大器的四个参数为:H_{ie} 基极输入阻抗,H_{re} 反向电压反馈率,H_{fe} 基极-集电极电流增益,H_{oe} 输出导纳。H_{ie}、H_{re}、H_{fe} 和 H_{oe} 参数的计算或测量方法与通常的 H 参数相同,它们的典型值是:$H_{ie} = 6\ \text{k}\Omega$,$H_{re} = 1.5 \times 10^{-4}$,$H_{fe} = 200$,$H_{oe} =$

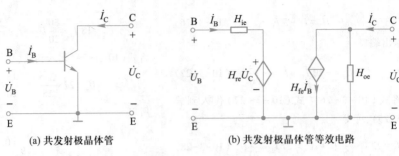

(a) 共发射极晶体管　　　　　(b) 共发射极晶体管等效电路

图 10-4-2　晶体管放大器

8 μS,这些值是在特定条件下所得到的晶体管交流特性量。

图 10-4-2(b)所示为共发射极晶体管等效 H 参数电路模型,由图可知

$$\dot{U}_B = H_{ie}\dot{I}_B + H_{re}\dot{U}_C$$

$$\dot{I}_C = H_{fe}\dot{I}_B + H_{oe}\dot{U}_C \tag{10-4-3}$$

若该晶体管接上一个交流信号和负载,如图 10-4-3 所示,就构成了一个具有端接的双口网络,利用式(10-4-3)来分析此放大电路。由图 10-4-3 可知,$\dot{U}_C = -R_L\dot{I}_C$,代入式(10-4-3)有

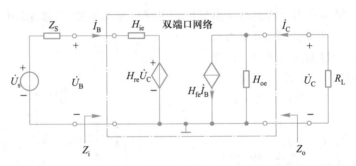

图 10-4-3　带驱动源和负载电阻的晶体管放大器电路模型

$$\dot{I}_C = H_{fe}\dot{I}_B - H_{oe}R_L\dot{I}_C$$

或

$$(1+H_{oe}R_L)\dot{I}_C = H_{fe}\dot{I}_B \tag{10-4-4}$$

由此,得到放大器的电流增益为

$$A_i = \frac{\dot{I}_C}{\dot{I}_B} = \frac{H_{fe}}{1+H_{oe}R_L} \tag{10-4-5}$$

由式(10-4-3)和式(10-4-5)得到 $\dot{I}_B$ 和 $\dot{U}_C$ 的关系

$$\dot{I}_C = H_{fe}\dot{I}_B + H_{oe}\dot{U}_C = \frac{H_{fe}}{1+H_{oe}R_L}\dot{I}_B \Rightarrow \dot{I}_B = \frac{H_{oe}\dot{U}_C}{\dfrac{H_{fe}}{1+H_{oe}R_L}-H_{fe}} \tag{10-4-6}$$

将式(10-4-6)代入式(10-4-3),得到放大器电压增益为

$$A_u = \frac{\dot{U}_B}{\dot{U}_C} = \frac{-H_{fe}R_L}{H_{ie}+(H_{ie}H_{oe}-H_{re}H_{fe})R_L} \tag{10-4-7}$$

以 $\dot{U}_{\mathrm{C}} = -R_{\mathrm{L}} \dot{I}_{\mathrm{C}}$ 代入式(10-4-3),有

$$\dot{U}_{\mathrm{B}} = H_{\mathrm{ie}} \dot{I}_{\mathrm{B}} - H_{\mathrm{re}} R_{\mathrm{L}} \dot{I}_{\mathrm{C}} \Rightarrow \frac{\dot{U}_{\mathrm{B}}}{\dot{I}_{\mathrm{B}}} = H_{\mathrm{ie}} - H_{\mathrm{re}} R_{\mathrm{L}} \frac{\dot{I}_{\mathrm{C}}}{\dot{I}_{\mathrm{B}}}$$

因此,放大器的输入阻抗是

$$Z_{\mathrm{i}} = \frac{\dot{U}_{\mathrm{B}}}{\dot{I}_{\mathrm{B}}} = H_{\mathrm{ie}} - H_{\mathrm{re}} R_{\mathrm{L}} \frac{\dot{I}_{\mathrm{C}}}{\dot{I}_{\mathrm{B}}} = H_{\mathrm{ie}} - \frac{H_{\mathrm{re}} H_{\mathrm{fe}} R_{\mathrm{L}}}{1 + H_{\mathrm{oe}} R_{\mathrm{L}}} \qquad (10\text{-}4\text{-}8)$$

放大器的输出阻抗就是输出端的戴维宁等效阻抗,短路电压源并在输出端设置一个 1 V 的电压源,得到图 10-4-4 所示的电路,则输出阻抗 $Z_{\mathrm{o}} = 1/\dot{I}_{\mathrm{C}}$。

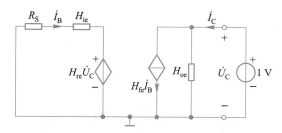

图 10-4-4　求放大器的输出阻抗

因为 $\dot{U}_{\mathrm{C}} = 1$ V,则输入回路中有

$$H_{\mathrm{re}} = -\dot{I}_{\mathrm{B}}(R_{\mathrm{S}} + H_{\mathrm{ie}}) \Rightarrow \dot{I}_{\mathrm{B}} = -\frac{H_{\mathrm{re}}}{R_{\mathrm{S}} + H_{\mathrm{ie}}} \qquad (10\text{-}4\text{-}9)$$

对于输出回路,有

$$\dot{I}_{\mathrm{C}} = H_{\mathrm{fe}} \dot{I}_{\mathrm{B}} + H_{\mathrm{oe}} \qquad (10\text{-}4\text{-}10)$$

将式(10-4-9)代入式(10-4-10),得到

$$\dot{I}_{\mathrm{C}} = \frac{(R_{\mathrm{S}} + H_{\mathrm{ie}}) H_{\mathrm{oe}} - H_{\mathrm{re}} H_{\mathrm{fe}}}{R_{\mathrm{S}} + H_{\mathrm{ie}}}$$

所以,输出阻抗为

$$Z_{\mathrm{o}} = \frac{1}{\dot{I}_{\mathrm{C}}} = \frac{R_{\mathrm{S}} + H_{\mathrm{ie}}}{(R_{\mathrm{S}} + H_{\mathrm{ie}}) H_{\mathrm{oe}} - H_{\mathrm{re}} H_{\mathrm{fe}}} \qquad (10\text{-}4\text{-}11)$$

例 10-4-1

图 10-4-5 为一个共发射极放大电路,晶体管的 H 参数是:$H_{\mathrm{ie}} = 1$ kΩ,$H_{\mathrm{re}} = 2.5 \times 10^{-4}$,$H_{\mathrm{fe}} = 50$,$H_{\mathrm{oe}} = 20$ μS,试计算:(1)电压增益、电流增益、输入阻抗和输出阻抗,(2)求输出电压 $\dot{U}_{\mathrm{o}}$。

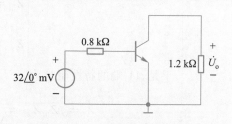

图 10-4-5　共发射极放大电路

解　(1)由图可见,$R_{\mathrm{S}} = 0.8$ kΩ,$R_{\mathrm{L}} = 1.2$ kΩ,将晶体管按双口网络处理,分别得到电流增益为

$$A_{i} = \frac{H_{\mathrm{fe}}}{1 + H_{\mathrm{oe}} R_{\mathrm{L}}} = \frac{50}{1 + 20 \times 10^{-6} \times 1\,200} = 48.8$$

电压增益为

$$A_u = \frac{-H_{fe}R_L}{H_{ie} + (H_{ie}H_{oe} - H_{re}H_{fe})R_L}$$

$$= \frac{-50 \times 1\,200}{1\,000 + (1\,000 \times 20 \times 10^{-6} - 2.5 \times 10^{-4} \times 50) \times 1\,200}$$

$$= -59.5$$

输入阻抗为

$$Z_i = H_{ie} - \frac{H_{re}H_{fe}R_L}{1 + H_{oe}R_L}$$

$$= \left(1\,000 - \frac{2.5 \times 10^{-4} \times 50 \times 1\,200}{1 + 20 \times 10^{-6} \times 1\,200}\right) \Omega = 985.4\ \Omega$$

输出阻抗为

$$Z_o = \frac{R_s + H_{ie}}{(R_s + H_{ie})H_{oe} - H_{re}H_{fe}}$$

$$= \frac{800 + 1\,000}{(800 + 1\,000) \times 20 \times 10^{-6} - 2.5 \times 10^{-4} \times 50}\ \Omega$$

$$= 76.6\ \text{k}\Omega$$

（2）输出电压为

$$\dot{U}_o = A_u \dot{U}_i = -59.5 \times 32 \underline{/0°} \times 10^{-3}\ \text{V}$$

$$= 1.9 \underline{/180°}\ \text{V}$$

10.4.2 均匀传输线及其特性阻抗

当电路的几何尺寸与信号的波长比不能忽略时，信号将不仅是时间的函数，而且还是空间的函数，如对高频信号或长传输线。所谓传输线，是指用来传输信号线路的电阻、电感、电容及漏导不能忽略时的信号传输线路。当线路的电阻、电容、电感和漏导沿线路均匀分布时，称为均匀传输线。均匀传输线用单位长度的电阻 $R(\Omega/\text{m})$、电感 $L(\text{H}/\text{m})$、电容 $C(\text{F}/\text{m})$ 及漏导 $G(\text{S}/\text{m})$ 四个分布参数描述。

图 10-4-6(a) 所示的均匀传输线可用图 10-4-6(b) 所示的等效电路近似，即将 l 长的均匀传输线分成 n 段，每段长 l/n，整个传输线可看成是由图 10-4-7 所示的小段等效电路连接而成的。图 10-4-7 所示为一双口网络，通过分析此双口网络的特性参数，结合双口网络的级联，可获得传输线的特性及其参数。

传输线重要的特性参数之一是特性阻抗。特性阻抗可定义为某端口开路阻抗和短路阻抗的几何平均值，其只与网络本身的参数有关，与负载阻抗、信号源内阻抗无关，能客观地表征网络本身的特性。首先研究图 10-4-7 所示等效电路的 $11'$ 端，其短路和开路输入阻抗分别为

$$\begin{cases} Z_{01} = (R + \text{j}\omega L)\dfrac{l}{n} \\[3mm] Z_{\infty 1} = (R + \text{j}\omega L)\dfrac{l}{n} + \dfrac{1}{(G + \text{j}\omega C)l/n} \end{cases} \quad (10\text{-}4\text{-}12)$$

于是，$11'$ 端的特性阻抗为

$$Z_T = \sqrt{Z_{01}Z_{\infty 1}} = \sqrt{\frac{R + \text{j}\omega L}{G + \text{j}\omega C}\left[1 + (R + \text{j}\omega L)(G + \text{j}\omega C)\left(\frac{l}{n}\right)^2\right]} \quad (10\text{-}4\text{-}13)$$

$n \rightarrow \infty$ 时，$l/n \rightarrow 0$，因此

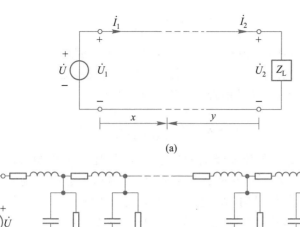

(a)

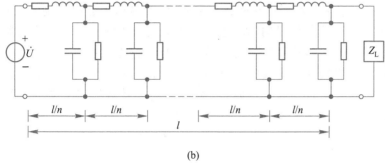

(b)

图 10-4-6 传输线及其近似等效电路

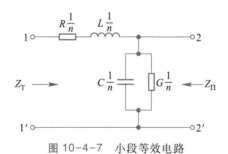

图 10-4-7 小段等效电路

$$Z_{\mathrm{T}} = \sqrt{\frac{R + \mathrm{j}\omega L}{G + \mathrm{j}\omega C}} \qquad (10\text{-}4\text{-}14)$$

再分析 22′端的特性阻抗,其短路和开路输入阻抗分别为

$$\begin{cases} Z_{02} = \cfrac{1}{\cfrac{1}{(R + \mathrm{j}\omega L)(l/n)} + (G + \mathrm{j}\omega C)(l/n)} \\[4mm] Z_{\infty 2} = \cfrac{1}{(G + \mathrm{j}\omega C)l/n} \end{cases} \qquad (10\text{-}4\text{-}15)$$

则特性阻抗为

$$Z_{\Pi} = \sqrt{Z_{02} Z_{\infty 2}} = \sqrt{\frac{R + \mathrm{j}\omega L}{G + \mathrm{j}\omega C} \cdot \frac{1}{1 + (R + \mathrm{j}\omega L)(G + \mathrm{j}\omega C)(l/n)^2}} \qquad (10\text{-}4\text{-}16)$$

当 $n \to \infty$ 时,同样有

$$Z_{\Pi} = \sqrt{\frac{R+j\omega L}{G+j\omega C}} \tag{10-4-17}$$

由式(10-4-14)和式(10-4-17)知,图 10-4-7 所示的传输线小段等效电路两端的特性阻抗相等,即图 10-4-6(b)所示均匀传输线等效电路在 $n \to \infty$ 时为匹配连接,所以,均匀传输线两端的特性阻抗相等,均为

$$Z_c = Z_T = Z_{\Pi} = \sqrt{\frac{R+j\omega L}{G+j\omega C}} \tag{10-4-18}$$

工程上最常用的均匀传输线(同轴电缆)的特性阻抗为 50 Ω 或 75 Ω,前者多用于测试仪器、医疗设备的信号连接,后者多用于有线电视和射频设备。采用均匀传输线传输信号时,阻抗匹配是首先必须满足的,否则将造成信号的过度衰减。如果传输线连接的负载阻抗与其特性阻抗相同,那么在信号源端的特性阻抗必然为传输线的特性阻抗。因此,阻抗匹配就是要求负载阻抗与传输线的特性阻抗相同。例如,75 Ω 有线电视传输线连接的负载阻抗必须为 75 Ω。

本章小结

1. 双口网络是具有两个端口(四个端钮)的电路网络,其中一个端口为输入端口,另一个为输出端口。本章仅讨论无源双口网络。

2. 可以采用六种参数描述双口网络特性,分别称为阻抗参数(Z 参数)、导纳参数(Y 参数)、混合参数(H 参数)、逆混合参数(H' 参数)、传输参数(A 参数)和逆传输参数(A' 参数)。输入输出端口参数方程分别为

$$\begin{bmatrix} \dot{U}_1 \\ \dot{U}_2 \end{bmatrix} = \mathbf{Z} \begin{bmatrix} \dot{I}_1 \\ \dot{I}_2 \end{bmatrix} \quad, \quad \begin{bmatrix} \dot{I}_1 \\ \dot{I}_2 \end{bmatrix} = \mathbf{Y} \begin{bmatrix} \dot{U}_1 \\ \dot{U}_2 \end{bmatrix} \quad, \quad \begin{bmatrix} \dot{U}_1 \\ \dot{I}_2 \end{bmatrix} = \mathbf{H} \begin{bmatrix} \dot{I}_1 \\ \dot{U}_2 \end{bmatrix}$$

$$\begin{bmatrix} \dot{I}_1 \\ \dot{U}_2 \end{bmatrix} = \mathbf{H'} \begin{bmatrix} \dot{U}_1 \\ \dot{I}_2 \end{bmatrix} \quad, \quad \begin{bmatrix} \dot{U}_1 \\ \dot{I}_1 \end{bmatrix} = \mathbf{A} \begin{bmatrix} \dot{U}_2 \\ -\dot{I}_2 \end{bmatrix} \quad, \quad \begin{bmatrix} \dot{U}_2 \\ \dot{I}_2 \end{bmatrix} = \mathbf{A'} \begin{bmatrix} \dot{U}_1 \\ -\dot{I}_1 \end{bmatrix}$$

3. 双口网络的参数可以通过将相应的端口短路或开路后计算或测试获得。如果已知一种参数,可以通过不同参数之间的关系求得其他参数。尤其是

$$\mathbf{Y} = \mathbf{Z}^{-1} \quad, \quad \mathbf{H'} = \mathbf{H}^{-1} 但 \mathbf{A'} \neq \mathbf{A}^{-1}$$

4. 双口网络可以通过串联、并联进行多个网络的连接,通过连接关系和各网络参数,获得连接后网络的参数。

5. 双口网络参数常用来分析梯形网络或长传输线特性,也可用来设计与综合满足一定特性的 RLC 网络。

基础与提高题

P10-1 电路如图 P10-1 所示,求 Z 参数。

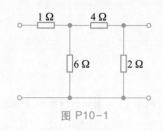

图 P10-1

P10-2 求图 P10-2 所示电路的 Z 参数。

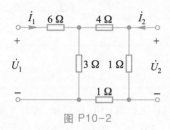

图 P10-2

P10-3 电路如图 P10-3 所示,求 Z 参数。

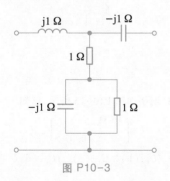

图 P10-3

P10-4 求图 P10-4 所示双口网络的 Z 参数。

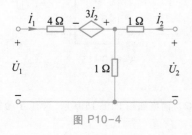

图 P10-4

P10-5 设计一个双口网络,使其 Z 参数为 $Z = \begin{bmatrix} 10 & 4 \\ 4 & 6 \end{bmatrix} \Omega$。

P10-6 求图 P10-6 所示双口网络的 Y 参数。

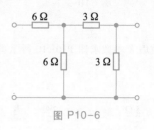

图 P10-6

P10-7 求图 P10-7 所示双口网络的 Y 参数。

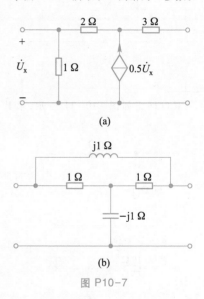

P10-8 设计一个双口网络,使 Y 参数为

$$Y = \begin{bmatrix} \dfrac{1}{2} & -\dfrac{1}{4} \\ -\dfrac{1}{4} & \dfrac{3}{8} \end{bmatrix} S$$

P10-9 求图 P10-9 所示双口网络的 Y 参数。

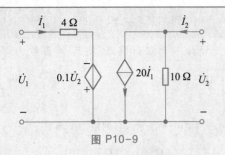

图 P10-9

P10-10 使用 Z 参数求图 P10-10 所示电路的 Y 参数。

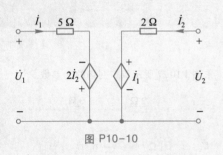

图 P10-10

P10-11 双口网络如图 P10-11 所示,求其 H 参数。

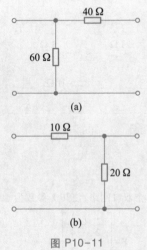

(a)

(b)

图 P10-11

P10-12 双口网络如图 P10-12 所示,求其 H 参数和 H' 参数。

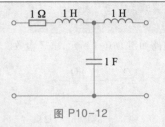

图 P10-12

P10-13 求图 P10-13 所示双口网络的 H 参数。

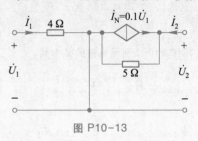

图 P10-13

P10-14 双口网络如图 P10-14 所示,求其 H 参数。

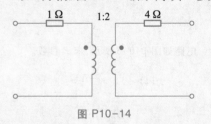

图 P10-14

P10-15 双口网络如图 P10-15 所示,已知

$$H = \begin{bmatrix} 16\ \Omega & 3 \\ -2 & 0.01\ \text{S} \end{bmatrix}$$

求:(a) $\dot{U}_2/\dot{U}_1$;(b) $\dot{I}_2/\dot{I}_1$;(c) $\dot{I}_1/\dot{U}_1$;(d) $\dot{U}_2/\dot{I}_1$。

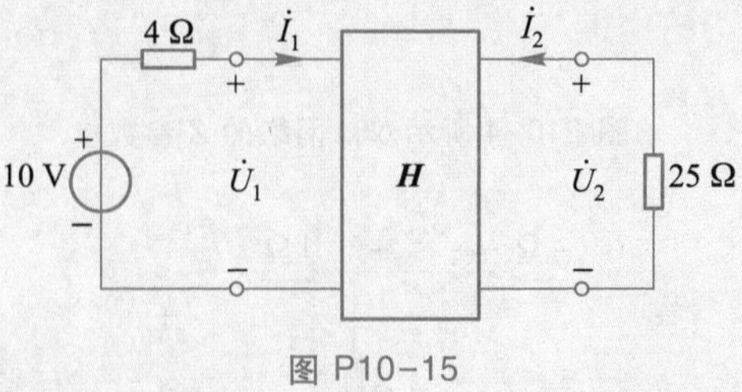

图 P10-15

P10-16 双口网络如图 P10-16 所示,求其 H' 参数。

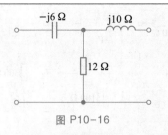

图 P10-16

P10-17 双口网络如图 P10-17 所示，求其 A 参数。

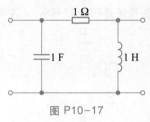

图 P10-17

P10-18 双口网络如图 P10-18 所示，求其 A 参数。

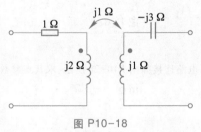

图 P10-18

P10-19 求图 P10-19 所示电路的 Z 参数及等效模型（模型中含有两个电阻和一个受控电压源）。

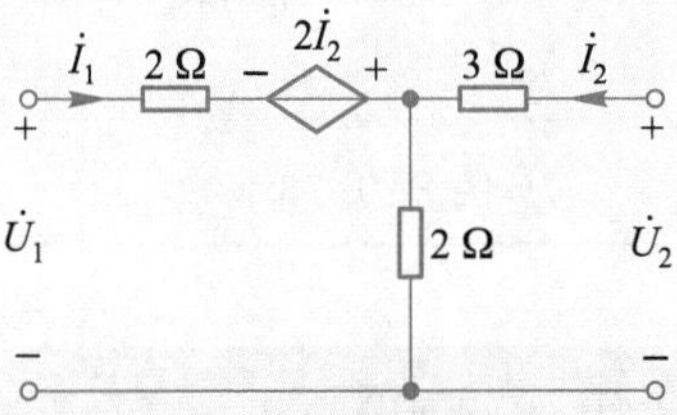

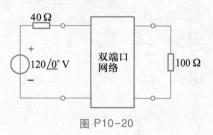

图 P10-19

P10-20 双口网络如图 P10-20 所示，若

$$Z = \begin{bmatrix} 50 & 10 \\ 30 & 20 \end{bmatrix} \Omega$$

计算传输到 100 Ω 电阻的平均功率。

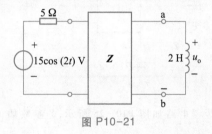

图 P10-20

P10-21 电路如图 P10-21 所示，已知 $\omega = 2$ rad/s，$Z_{11} = 10$ Ω，$Z_{12} = Z_{21} = j6$ Ω，$Z_{22} = 4$ Ω。求 a、b 端的戴维宁等效电路，并计算 u_o。

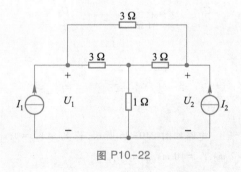

图 P10-21

P10-22 如图 P10-22 所示，电流源 $I_1 = 10$ A，$I_2 = -4$ A。

（a）用 Y 参数求 U_1 和 U_2。

（b）直接用电路分析方法验证（a）的结果。

图 P10-22

P10-23 图 P10-23 所示的双口网络 N 有 $Z_{11} = 2$，$Z_{12} = Z_{21} = 1$，$Z_{22} = 4$，求电流 I_1，I_2 和 I_3。

P10-24 电路如图 P10-24 所示，已知 $H_{11} = 800$ Ω，$H_{12} = 10^{-4}$，$H_{21} = 50$，$H_{22} = 0.5 \times 10^{-5}$ S。求输入阻抗 Z_i。

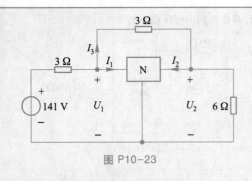

图 P10-23

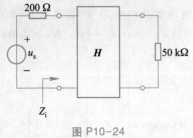

图 P10-24

P10-25　电路如图 P10-25 所示，Y 参数如何表示？

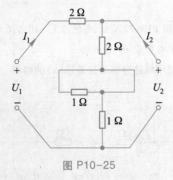

图 P10-25

P10-26　电路如图 P10-26 所示，若 $Y_{12} = Y_{21} = 0$，$Y_{11} = 2$ ms，$Y_{22} = 10$ ms，求 u_o/u_s。

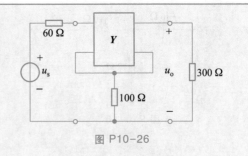

图 P10-26

P10-27　电路连接如图 P10-27 所示，求其 H 参数。

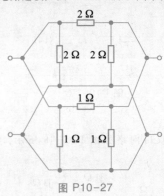

图 P10-27

P10-28　电路连接如图 P10-28 所示，求其 Y 参数。

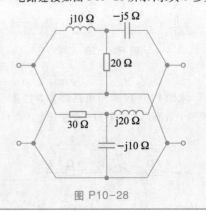

图 P10-28

工程题

P10-29　设计一个 LC 阶梯网络实现低通滤波器功能，网络函数

$$H(s) = \frac{1}{s^4 + 2.613s^3 + 3.414s^2 + 2.613s + 1}$$

P10-30　根据图 P10-30 所示网络，将下表补充完整，并求出 Y 参数。

序号	U_{s1}/V	U_{s2}/V	I_1/A	I_2/A
1	100	50	5	−32.5
2	50	100	−20	−5
3	20	0		
4			5	0
5			5	15

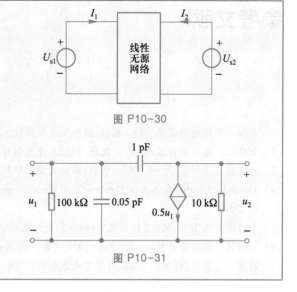

图 P10-30

P10-31 对于图 P10-31 所示晶体管高频等效电路,求 $\omega = 10^8$ rad/s 时的 Z 参数。

图 P10-31

参考文献

[1] 王源. 实用电路基础[M]. 北京:机械工业出版社,2004.

[2] 李良荣. 电子设计技术[M]. 北京:机械工业出版社,2007.

[3] 孙宪君. 工程电路分析[M]. 南京:东南大学出版社,2007.

[4] Alexander Charles K,Sadiku Matthew N O. Fundamentals of electric circuits[M].3rd ed. 北京:清华大学出版社,2008.

[5] 秦曾煌. 电工学[M].5版. 北京:高等教育出版社,2004.

[6] 李瀚荪. 电路分析基础(上、下册)[M].4版. 北京:高等教育出版社,2006.

[7] 刘健. 电路分析[M]. 北京:电子工业出版社,2006.

[8] 杜普选. 现代电路分析[M]. 北京:北京交通大学出版社,2002.

[9] 尼尔森詹姆斯 W,里德尔苏珊 A.电路[M].7版. 英文版. 北京:电子工业出版社,2005.

[10] Boylestod Robert L.Introductory Circuit Analysis[M].9th ed. 北京:高等教育出版社,2002.

郑重声明

高等教育出版社依法对本书享有专有出版权。任何未经许可的复制、销售行为均违反《中华人民共和国著作权法》，其行为人将承担相应的民事责任和行政责任;构成犯罪的,将被依法追究刑事责任。为了维护市场秩序,保护读者的合法权益,避免读者误用盗版书造成不良后果,我社将配合行政执法部门和司法机关对违法犯罪的单位和个人进行严厉打击。社会各界人士如发现上述侵权行为,希望及时举报,本社将奖励举报有功人员。

反盗版举报电话　（010）58581999　58582371　58582488

反盗版举报传真　（010）82086060

反盗版举报邮箱　dd@ hep.com.cn

通信地址　北京市西城区德外大街 4 号

　　　　　高等教育出版社法律事务与版权管理部

邮政编码　100120

防伪查询说明

用户购书后刮开封底防伪涂层,利用手机微信等软件扫描二维码,会跳转至防伪查询网页,获得所购图书详细信息。用户也可将防伪二维码下的 20 位密码按从左到右、从上到下的顺序发送短信至106695881280,免费查询所购图书真伪。

反盗版短信举报

编辑短信 "JB,图书名称,出版社,购买地点" 发送至 10669588128

防伪客服电话

（010）58582300

网络增值服务使用说明

一、注册/登录

访问 http://abook.hep.com.cn/,点击"注册",在注册页面输入用户名、密码及常用的邮箱进行注册。已注册的用户直接输入用户名和密码登录即可进入"我的课程"页面。

二、课程绑定

点击"我的课程"页面右上方"绑定课程",正确输入教材封底防伪标签上的20 位密码,点击"确定"完成课程绑定。

三、访问课程

在"正在学习"列表中选择已绑定的课程,点击"进入课程"即可浏览或下载与本书配套的课程资源。刚绑定的课程请在"申请学习"列表中选择相应课程并点击"进入课程"。

如有账号问题,请发邮件至:abook@hep.com.cn。